HTML5 API 프로그래밍

조용준 저

HTML5 API를 이용하는
웹 브라우저용 어플리케이션 개발

멀티미디어 요소를 위한 나만의 미디어 플레이어 개발

HTML 입력 요소의 입력값 인증 처리 기법

스토리지/인덱스드디비를 이용한 사용자 자료 관리 기법

위치 정보를 이용한 지도 및 날씨 정보 서비스 기법

커뮤니케이션 API를 이용한 다른 서버와의 통신 기법

- 좋은 책 · 알찬 내용 -
가메출판사

1990년대 초 HTML이 처음 공개된 이후 다양한 내용과 기능이 추가되었지만 HTML5 만큼 강력한 변화는 없었다.

HTML5는 태그만 가지고 있던 기존의 마크업 언어의 형태에서 JavaScript로 제어되는 API를 추가함으로써 명실상부한 프로그래밍 언어가 되었다. 또한, 태생적으로 HTML5 를 해석해줄 수 있는 브라우저만 있다면 플랫폼(OS)을 가리지 않는 특성 때문에 단순한 웹 페이지를 제작하는 언어에서 H/W 제어 및 게임에 이르기까지 활용 분야가 넓어지고 있다.

최근의 웹 사이트들은 페이지의 개념에서 어플리케이션 개념으로 급격히 진화하고 있다. 구글의 Google Docs나 마이크로소프트의 Office 365 등도 HTML5의 기능을 이용 해서 과거에는 설치해야 했던 프로그램들을 그냥 웹 브라우저를 통해서 사용할 수 있게 하고 있다. 이런 멋진 기능들을 사용하기 위해 별도의 플러그인을 설치할 필요도 없다. 모두 HTML5의 API를 사용하기에 가능한 일들이다.

이 책은 HTML5에서 제시하는 API 중 가장 많이 사용될 수 있는 10개 분야의 API를 소 개하고, 이를 이용한 어플리케이션 작성 방법을 익힐 수 있게 구성하였다. 비디오 플레 이어부터 멀티 스레드의 활용까지 책의 내용을 실습하다 보면, 어느새 HTML5 API의 사용법에 익숙해져 새로운 것을 배워야 한다는 부담보다는 HTML5가 주는 편리함에 매 료될 것이다. 멋진 UX를 사용하는 웹 사이트로 한 단계 업그레이드하는 것을 계획하고 있다면 지금 바로 HTML5 API를 사용해보자.

대상 독자 및 필요 기술

이 책은 HTML5 API를 처음 사용하는 사람들을 대상으로 하는 입문서이다. 하지만, HTML5 API를 사용하기 위해서는 사전 지식으로 HTML 태그 사용법, JavaScript 프로 그래밍 기법이 필요하다. 풍부한 화면 구성을 위해서는 CSS에 대한 지식도 도움이 된다.

관련 지식이 부족한 독자라면 http://www.w3schools.com 등을 참조해서 사전 지식을 쌓고 학습하는 것을 권장한다.

일부 API는 서버 측의 스크립트 작성 기술도 필요하다. 이 책에서는 서버 측 스크립트 작성을 위한 기술로 Servlet/JSP를 사용한다.

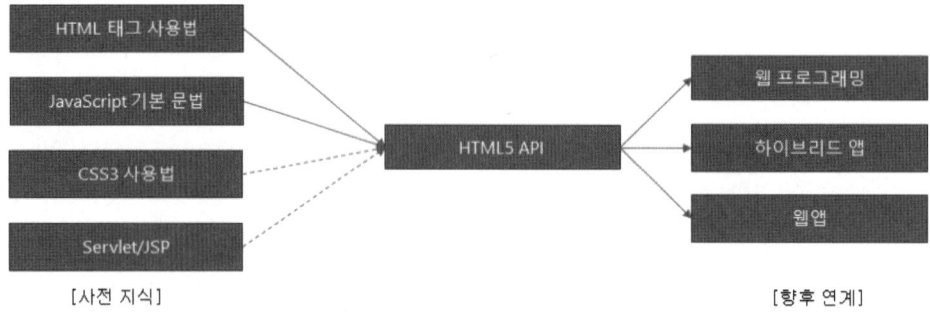

위 그림은 이 책에서 다루는 내용에 대한 사전 지식과 향후 연계 방향을 보여준다. 사전 지식에서 점선은 필요도가 그다지 높지 않음을 나타내고 실선은 필요도가 높음을 뜻한다. 이 책을 학습한 뒤 앞으로 연계되는 기술로는 역시 웹 프로그래밍 분야가 가장 적극적으로 활용될 수 있다. 또한, 웹 앱이나 하이브리드 앱도 많이 개발되고 있으므로 활용도가 점차 넓어질 것으로 예상한다.

책의 구성

이 책은 HTML5 API들에 대한 설명을 담고 있다. 각각의 API들은 서로 연계가 심하지 않기 때문에 처음부터 차례대로 학습할 필요는 없다. 필요한 부분이 있다면 해당 API를 먼저 학습하는 것도 권장할만하다.

전체적인 책의 구성은 12개의 장으로 되어 있으며 10개 분야의 API를 소개하고 있다.

1장 HTML5와 HTML5 프로그래밍
- HTML5에 대한 소개와 책에서 진행할 실습 환경 구축에 대해 다룬다.
- 기본 실습 환경은 Tomcat 서버, Eclipse, Chrome 브라우저를 사용한다.

2장 HTML5의 새로운 태그들
- HTML5로 작성되는 문서의 특징과 새롭게 등장한 태그들에 대해 다룬다.

3장 〈video〉와 〈audio〉
- 〈video〉와 〈audio〉 및 동영상과 음악을 다루는 관련 API의 사용법에 대해 다룬다.
- HTML5에서 처음으로 등장하는 API에 대한 소개이며 HTML 태그, HTML5 API, JavaScript의 3가지 요소가 어떻게 동작하는지에 대한 이해와 커스터마이징(customizing)이 필요한 이유에 대해 이해할 좋은 기회이다.

4장 〈canvas〉

- Context2D 객체를 이용해 브라우저에 도형, 색상, 스타일, 문자, 이미지 등을 출력하는 방법을 다룬다.
- 일반적인 웹 프로그램보다는 게임 제작 등 그래픽을 많이 다루어야 할 때 유용한 내용이다.

5장 폼 API

- HTML5에 새롭게 추가된 〈form〉 태그의 용법과 다양한 〈input〉 요소들에 대해 다룬다.
- 폼 API를 통해 입력 데이터의 유효성을 검증하는 방법과 다양한 웹 브라우저에서 같은 UI로 동작하는 데 필요한 내용을 학습한다.

6장 드래그앤드롭 API

- 웹 브라우저에서 다양한 요소들을 드래그앤드롭 처리하는 API를 다룬다.
- OS와의 통신, 파일 처리 등에서 웹 어플리케이션의 사용성을 크게 향상시킬 수 있다.

7장 지오로케이션 API

- 위치 정보에 대한 기본 개념과 지오로케이션 API 사용법을 다룬다.
- LBS 기반으로 Google Maps API, OpenWeatherMap API들을 사용해본다.

8장 웹 스토리지 API

- 기존의 쿠키를 대체할 수 있는 웹 스토리지 API를 다룬다.
- 로컬 스토리지와 세션 스토리지의 차이점과 용도를 학습한다.

9장 IndexedDB API

- 웹 브라우저에서 구동되는 데이터베이스인 인덱스드디비(Indexed DB; Indexed Database)의 구축과 사용을 위한 API를 다룬다.
- KeyRange, Index, Cursor 등을 이용한 고급 데이터 조회 기법을 학습한다.

10장 File API

- 파일 API에 대한 소개와 활용 방법을 다룬다.

11장 Communication API

- 다른 서버의 자원과 통신을 위한 커뮤니케이션 API를 다룬다.
- XMLHttpRequest Level 2, 다른 근원(origin) 간의 문서 메시징, 웹 소켓을 학습한다.

12장 Web Worker API

- 웹에서 멀티 스레드로 작업을 진행할 수 있는 웹 워커 API를 다룬다.
- 일반적인 웹 워커, 오류에 대한 처리 기법, 공유 워크 사용법 등을 학습한다.

책을 출간하면서

이 책을 쓰게 된 계기는 "그간의 강의 자료를 책으로 출판해 보자."라는 것이었다. 맨땅에서 출발하는 것도 아니고 기존 자료를 단지 형식만 출판 형태로 하는 것이기 때문에 대충 살만 붙이면 될 것 같은 순진한 생각으로 시작하였다. 하지만, 역시 쉬운 일은 없었다. 순간순간 대처하면서 진행할 수 있는 강의에 비해 한번 쓰고 나면 바뀔 수 없는 출판 형태의 집필은 훨씬 더 많은 짜임새를 고민하게 했다. 책을 집필하는 기간 내내 "말이나 생각은 글과 다르다."라는 것을 알게 된 시간이었다. 그동안 다양한 분야에서 책을 집필하신 많은 저자들을 더욱 존경하게 되었다.

아무튼, 책은 완성되었다. 결과물을 보면 또 부족한 부분이 생기겠지만, 지금은 멋진 결과물인 것 같다. 이 책이 출판되기까지 많은 분의 도움을 받았다. 처음 출판을 제안해주신 인경렬 강사님, HTML5를 전수해주신 최찬영 부장님, 서툰 집필자 덕에 답답하셨을 가메출판사 관계자분들께 감사드린다. 마지막으로 가족들, 특히 자기 사진을 사용한다며 미주알고주알 참견한 딸 은서에게 사랑을 전한다.

필자 조 용 준

Chapter 01 HTML5와 HTML5 프로그래밍

Chapter 02 HTML5의 새로운 태그들

Chapter O3 〈video〉와 〈audio〉

Chapter O4 〈canvas〉

Chapter 05 폼 API

Chapter 06 드래그앤드롭 API

Chapter 07 지오로케이션 API

Chapter 08 웹 스토리지 API

Chapter 09 IndexedDB API

Chapter 10 File API

Chapter 11 Communication API

Chapter 12 Web Worker API

HTML5와
HTML5 프로그래밍

이 책은 HTML5 프로그래밍에 관해 다룬다. 그동안 HTML을 통해 웹 사이트를 만들어 본 경험이 있다면 'HTML5 프로그래밍'이라는 단어에 대해 고개를 가우뚱할 수도 있다. HTML을 이용해 화면에 그리기는 많이 해보았지만, 그것을 프로그래밍이라고 하기는 조금 쑥스럽기 때문이다. 이 장에서는 HTML5 프로그래밍이 무엇인지 알아본다.

01 기존의 HTML과 HTML5

1.1 기존의 HTML

전통적으로 HTML은 CSS, JavaScript와 함께 웹 화면을 구성하는 3가지 요소 중 하나이다. 클라이언트가 http://www.poo.com과 같은 형식의 URL을 이용하여 서버에 요청하면 서버는 위 요소들을 조합해서 응답으로 보낸다. 그러면 클라이언트의 브라우저는 서버의 응답을 해석해서 화면에 보여준다. 이처럼 서버의 응답을 구성하는 HTML, CSS, JavaScript를 웹 클라이언트 3요소라고도 한다.

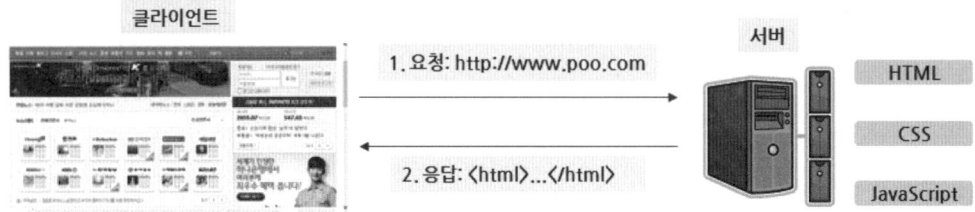

[그림 1.1] 웹 프로그램의 요청과 응답

다음 [표 1.1]은 웹 클라이언트 3요소 각각의 역할을 설명한다.

표 1.1 웹 클라이언트 3요소의 역할과 특징

구성 요소	역할	주요 특징
HTML	Content	페이지의 구조와 내용 표현 이미지 등 리소스 링크 저수준의 상호 작용
CSS	Presentation	페이지 디자인 색상, 글꼴 HTML 요소의 배치 등
JavaScript	Behavior	화면의 이벤트 처리 고수준의 상호 작용 DOM, BOM 등 객체 제어

다음은 간단한 HTML 파일을 작성한 것으로 HTML 태그와 CSS 그리고 JavaScript로 구성되어 있는 것을 알 수 있다.

```
1:  <!DOCTYPE html PUBLIC "-//W3C//DTD HTML4.01 Strict//EN"
2:          "http://www.w3.org/TR/html4/strict.dtd">
3:  <html>
4:  <head>
```

```
 5:    <meta http-equiv = "Content-Type" content = "text/html; charset = UTF-8">
 6:    <title>HTML 구성 요소</title>
 7:
 8:    <style>
 9:       #title {
10:          font-size: 2em;
11:          color: blue;
12:       }
13:    </style>
14:
15:    </head>
16:    <body>
17:       <p id = "title">HTML페이지 구성 요소</p>
18:       <ul>
19:          <li>HTML</li>
20:          <li>CSS</li>
21:          <li>JavaScript</li>
22:       </ul>
23:    </body>
24:
25:    <script>
26:       var lis = document.querySelectorAll("li");
27:       for(var i in lis) {
28:          lis[i].addEventListener("click", function() {
29:             alert(this.innerHTML);
30:          });
31:       }
32:    </script>
33:
34:    </html>
```

위 예제의 소스 코드를 이해하려 하지 말고 문서의 구성을 먼저 살펴보자.

문서를 구성하는 〈html〉, 〈li〉 등은 HTML의 태그들이다. HTML 태그는 여는 태그와 닫는 태그 사이에 콘텐츠를 포함한다. 예를 들어 위 코드의 19행에서 〈li〉는 여는 태그이고 〈/li〉는 닫는 태그이다. HTML은 사용자에게 보이는 콘텐츠다.

8~13행에서 〈style〉…〈/style〉 안의 내용은 CSS를 정의한다. 예제에서는 title이라는 id를 갖는 HTML 요소의 글꼴 크기(font-size)를 2em으로 설정하고, 글자의 색상(color)은 blue로 설정한다.

25~32행의 〈script〉…〈/script〉 영역은 JavaScript를 정의한다. 예제에서는 화면에 있는 모든 〈li〉 태그로 표현되는 문서 내용을 검색해서 마우스로 클릭했을 때 경고창으로 선택된 태그의 내용을 보이게 되어 있다.

1.2 HTML5

HTML5 어플리케이션을 만들기 위한 문서의 구성 또한 기존 HTML 문서의 구성과 같다. 즉, 웹 클라이언트 3요소 중에서 HTML 태그는 문서의 내용, CSS는 문서의 스타일(모양), JavaScript는 이벤트 처리를 담당한다.

기존 HTML 문서와 달라지는 점으로 HTML5는 기존에 제공하던 **마크업 태그와 함께 다양한 API**(Application Programming Interface)를 제공한다는 점이다.

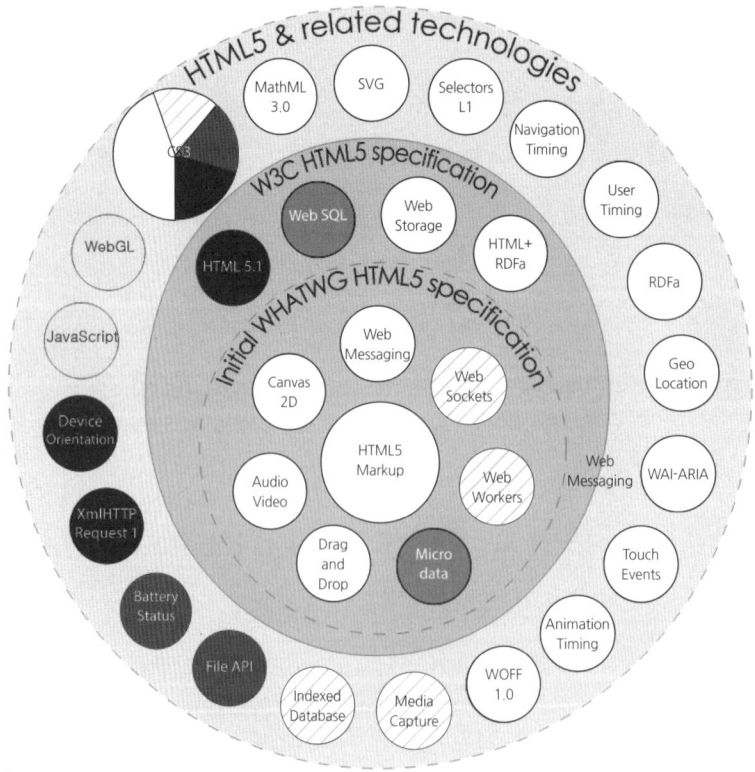

[그림 1.2] HTML5 API의 구성 자료(출처 : https://en.wikipedia.org/wiki/HTML5)

API는 프로그래머가 프로그래밍을 손쉽게할 수 있도록 미리 제공되는 다양한 기능이다. 예를 들어 프로그래머가 위치 정보를 사용하는 HTML5 프로그래밍을 진행할 때 어떻게 위치 정보를 가져오는지 세세하게 알 필요 없이 geolocation 관련 API를 사용하면 쉽게 위치 정보를 사용하여 프로그래밍 할 수 있다.

일반적으로 HTML5 API는 다음과 같이 8가지 분류로 구분된다.

분류	주요 특징
시맨틱 태그	시각적인 효과보다 의미적인 내용을 담아 문서의 구조화가 유리하고 사람은 물론 기계가 문서를 해석할 때도 유용하다. 내용 : 〈header〉, 〈section〉, 〈article〉 등 태그 지원
멀티미디어	브라우저 자체적으로 오디오나 비디오 재생 기능을 탑재함으로써 별도의 외부 플러그인이 불필요해졌다. 내용 : Audio API, Video API
오프라인 및 저장소	브라우저 자체에 데이터를 저장하는 로컬 저장소, 네트워크에 연결되지 않은 상태에서 사용하는 오프라인 처리, 파일 접근 등 웹의 둘레를 벗어나는 기반을 제공한다. 내용 : Web Storage, Indexed DB, File API
그래픽	하드웨어 가속을 지원받아 2D는 물론 3D 구현이 가능하다. 이를 위해 캔버스, SVG, WebGL 등을 지원한다. 과거에는 별도의 플러그인이 필요했으나 이제 HTML5로 충분하다. 내용 : Canvas 2D, WebGL, Inline SVG
장치 접근	브라우저를 통해 디바이스(PC, 스마트폰 등)의 GPS, 카메라, 센서 등 H/W에 접근하고 값을 불러오거나 직접 조작할 수 있다. 내용 : Geolocation, Drag & Drop, Speech Input
성능과 통합	비동기 통신이나 멀티 스레드를 이용해 웹 어플리케이션의 성능이 비약적으로 증대되었다. 이를 통해 일반 어플리케이션과 유사한 성능의 앱 어플리케이션 개발이 가능하다. 내용 : Web Worker, Async Event Model
통신	클라이언트와 서버 간에 HTTP 이외에 TCP 소켓을 이용한 통신이 가능해졌다. 또한, 메시징이나 다른 어플리케이션과의 통신도 지원한다. 내용 : XMLHttpRequest Level 2, Web Socket
CSS3 지원	CSS3를 완벽하게 지원한다. 이로써 기존 웹 문서의 변경과 성능 저하 없이 웹 어플리케이션의 UI 기능을 강화할 수 있게 되었다. 내용 : CSS 선택자, Animation

위와 같은 다양한 HTML5 API를 제어하기 위해서는 JavaScript에 의존하게 된다.

결국, HTML5 어플리케이션이란 HTML5가 제공하는 다양한 API를 JavaScript로 제어하면서 필요한 기능을 제공하는 웹 기반의 어플리케이션이다.

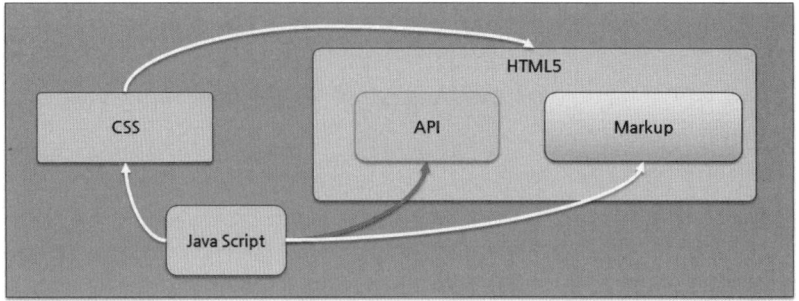

[그림 1.3] HTML5 어플리케이션의 개념

다음은 HTML5로 작성된 카메라 프로그램의 예이다. (코드가 아직은 낯설겠지만, 지금 은 구조만 보는 단계이므로 세부적인 내용은 몰라도 무관하다.)

```
1:  <!DOCTYPE html>
2:  <html>
3:  <head>
4:  <meta charset = "UTF-8">
5:  <title>HTML5 기반의 카메라 제어</title>
6:  <style>
7:    #video {
8:       width:800px;
9:       height:600px;
10:   }
11: </style>
12: </head>
13: <body>
14:   <video id = "video" autoplay></video>
15:   <br>
16:   <select id = "filter">
17:      <option>grayscale
18:      <option>sepia
19:      <option>opacity
20:   </select>
21:   <input type = "range" id = "range" min = "0" max = "100">
22: </body>
23: <script>
24:   window.addEventListener("load", function() {
25:      var video = document.querySelector("#video");
26:      var filter = document.querySelector("#filter");
27:      var range = document.querySelector("#range");
28:      navigator.webkitGetUserMedia( {
29:         video : true
30:      }, function(stream) {
31:         video.src = window.URL.createObjectURL(stream);
32:         localMediaStream = stream;
33:      }, function() {
34:         console.log("error");
```

```
35:        });
36:        filter.addEventListener("change", function() {
37:           video.style.webkitFilter = getFilter();
38:        });
39:        range.addEventListener("change", function() {
40:           video.style.webkitFilter = getFilter();
41:        });
42:        function getFilter() {
43:           return filter.value + "(" + range.value + "%)";
44:        }
45:     });
46:  </script>
47:  </html>cs
```

소스 코드의 구성은 앞선 예제와 마찬가지로 전체적으로 HTML 태그로 구성되어 있고 〈style〉 태그에서는 디자인을, 〈script〉 태그에서는 동작을 제어한다. 차이점이라면 JavaScript의 양이 앞서 살펴본 예제보다는 많아지고 훨씬 복잡해졌다는 것을 알 수 있다. 이처럼 HTML5에서는 JavaScript의 역할이 매우 중요하다.

위 예제는 단순히 HTML5 문서의 구조를 보이기 위한 코드이기 때문에 사용자 환경에 따라 실행되지 않을 수도 있다.

02 HTML의 역사

2.1 HTML5가 나오기까지

HTML은 1989년 팀 버너스리에 의해 발표되었다. 그는 유럽 입자물리 연구소의 직원으로 연구소 내 문서를 다른 연구원들과 공유할 필요가 있었다. 기존에는 단순히 텍스트만 공유하는 형태였는데 이미지와 같은 멀티미디어 자료를 추가로 전달해야 한다는 요구사항에 의해 HTML이 만들어지게 되었다.

이후 HTML은 그 효용성이 인정받게 되어 1994년에는 W3C라는 단체가 생기고 HTML에 대한 표준을 관리하게 된다. 하지만, W3C의 권고안들은 강제성이 미비해서 업체들이 반드시 준수하는 상황은 아니었다.

이때 당시 가장 인기가 많은 브라우저는 넷스케이프 사의 Navigator(네비게이터)였다.

시장의 개척자 넷스케이프의 독주에 제동을 걸고 나온 브라우저는 마이크로소프트의 인 터넷 익스플로러(이하 IE)이다. IE는 전 세계 OS 시장을 장악하고 있다는 점을 내세워 빠르게 점유율을 확대했으며 넷스케이프와 사활을 건 제1차 브라우저 전쟁을 시작한다. 두 회사는 시장을 장악하기 위해 각각 최신 기술을 적용한 플러그인을 남발하기 시작했 고 이런 비표준 플러그인은 W3C의 웹 표준과는 거리가 먼 것이었다. 2000년까지 W3C 는 계속해서 표준을 업그레이드 했지만, 현실과는 점점 거리가 먼 스펙[1]으로 치부되고 있었다.

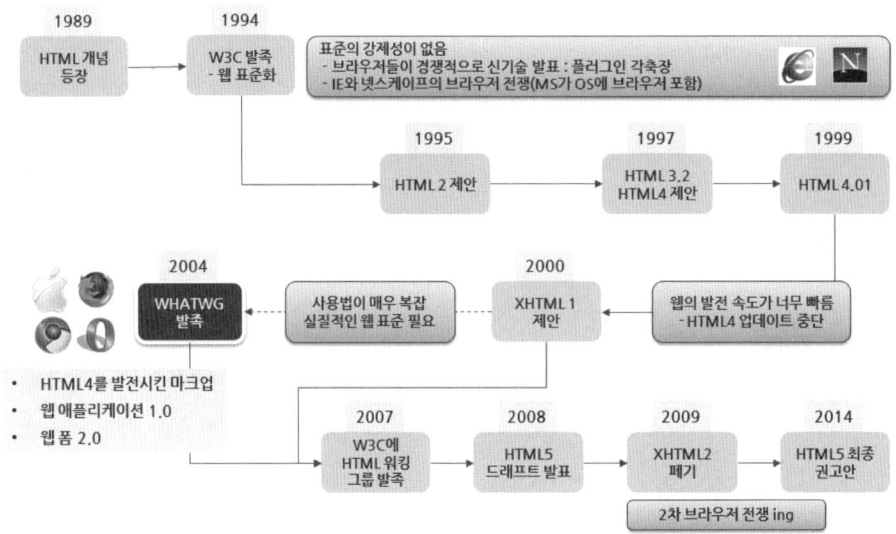

[그림 1.4] HTML5의 역사

1차 브라우저 전쟁은 막강한 인프라를 가진 마이크로소프트의 승리로 끝났지만, 이즈음 의 웹은 발전 속도가 너무 빨라 스펙이 기술을 따라가지 못하는 상황이 되었다. 승자인 마이크로소프트는 W3C를 쥐락펴락하며 기존의 HTML4.X 대신 XHTML이라는 것을 표 준으로 추진한다. 하지만, XHTML은 기존의 HTML에 비해 사용법이 매우 까다로웠고 거의 마이크로소프트 주도로 진행되고 있어서 업계에서는 환영받지 못했다.

급기야 IE 외의 브라우저들인 사파리, 파이어폭스, 크롬, 오페라 등의 개발사들은 별도의 조직을 구성하게 되었고, 이것이 WHATWG(Web Hypertext Application Technology Working Group)이다. WHATWG는 HTML4를 발전시킨 마크업, 웹 어플리케이션 1.0, 웹 폼 2.0을 기본으로 새로운 HTML 규약을 연구하기 시작했다.

WHATWG의 연구 성과가 인정되어 2007년에는 W3C 내에서 HTML5 워킹 그룹이 발 족하고, 2008년 드래프트 안이 발표되었다. 급기야는 2009년 그동안 표준으로 인정받던 XHTML2가 오히려 폐기되고, 2014년 HTML5의 최종 권고안이 발표되었다. 최종 권고

---

1) 스펙(spec, specification) : 표준으로 정의된 기술 또는 그 문서를 일컫는다.

안 이후에도 HTML5의 스펙은 계속 개발되어 2016년에는 HTML5.1 이 권고안으로 발표되었다.

표 1.2 HTML5 개발 현황

	2012	2013	2014	2015	2016
HTML5.0	후보 권고안	제안 권고안	최종 권고안		
HTML5.1	최종 권고안		최종 작업 초안	후보 권고안	최종 권고안
HTML5.2				1차 작업 초안	

Note

W3C에서는 배포하는 문서들의 단계를 다음과 같이 정의한다. 즉, 1번인 작업 초안에서 시작해서 5번인 최종 권고안이 되면 공식 스펙이 발표된다.

https://www.w3.org/2005/10/Process-20051014/tr.html#q74 참조

1. 작업 초안(WorkingDraft(WD))
2. 최종 작업 초안(LastCall WorkingDraft)
3. 후보 권고안(Candidate Recommendation(CR))
4. 제안 권고안(Proposed Recommendation(PR))
5. 최종 권고안(W3C Recommendation(REC))

2.2 HTML5 지원 현황

HTML에 대한 표준 단체인 W3C는 HTML에 대한 스펙을 발표할 뿐 직접 구현하지 않는다. 각 브라우저 벤더들이 스펙을 보고 적합하게 브라우저에서 구현한다. 이것은 스펙을 준수해서 만든 어플리케이션이라 하더라도 브라우저별로 지원하는 기능의 이름이 다르거나 미지원 기능들이 있어 각 브라우저에서의 동작이 다를 수 있다는 이야기이다.

따라서 HTML5 기반으로 어플리케이션을 작성할 때에는 내가 작성한 어플리케이션이 잘 동작하는지 브라우저별로 테스트해볼 필요가 있다. http://html5test.com 등의 사이트에서는 각각의 브라우저가 HTML5의 스펙을 얼마나 준수하고 있는지를 점수화해서 보여준다.

참고로 다음 그림은 2016년 11월을 기준으로 한 브라우저별 HTML5의 지원 현황이다.

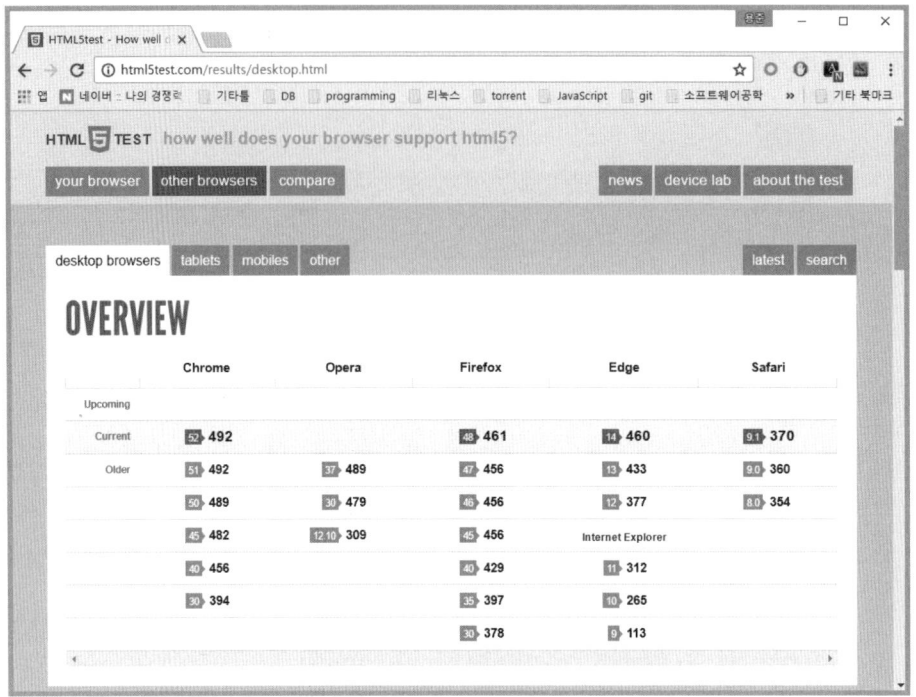

[그림 1.5] 브라우저별 HTML5 지원 현황(출처 : http://html5test.com)

구글의 크롬(Chrome) 브라우저가 492점으로 가장 HTML5의 스펙을 잘 준수하고 있으며, IE가 상대적으로 저조한 것을 볼 수 있다. 일반적으로 위 점수가 200점 미만이면 HTML5 어플리케이션이 거의 동작하지 않는 것으로 본다. 따라서 IE 9 버전 이하는 기본적으로는 HTML5를 지원하지 않는다고 판단할 수 있다.

http://caniuse.com 사이트는 브라우저별로 사용하려는 HTML5 태그의 지원 여부를 알려준다.

다음 예는 FileSystem 기능을 브라우저별로 얼마나 지원하고 있는지에 대한 정보이다.

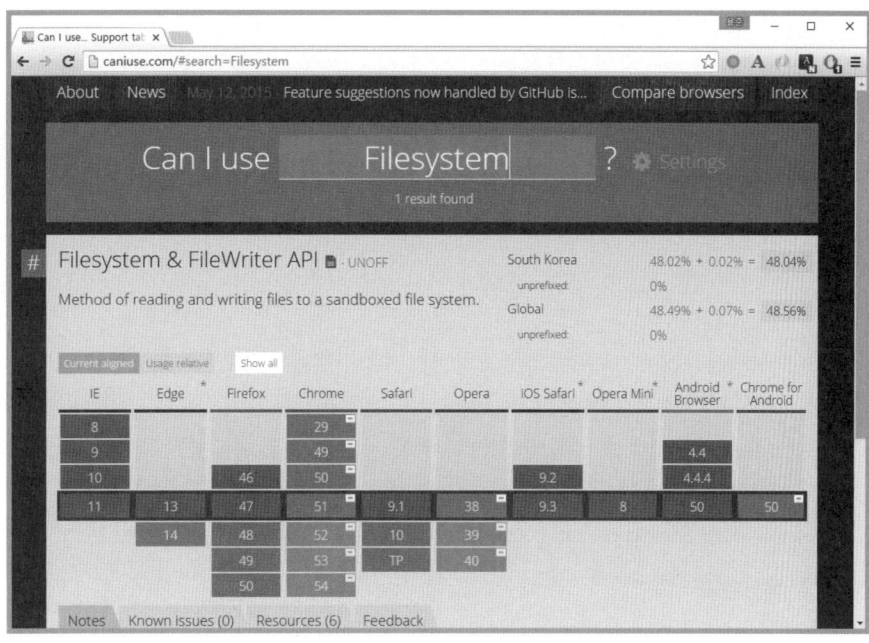

[그림 1.6] 브라우저별 FileSystem 지원 현황

[그림 1.6]의 내용으로 보면 FileSystem은 크롬(Chrome)과 오페라(Opera) 브라우저에서는 지원되지만, 다른 브라우저는 FileSystem을 지원하지 않는다. 그렇다면 특별한 경우가 아니라면 이런 기능은 아직 사용하지 않는 것이 좋다.

이처럼 HTML5의 API는 브라우저별로 구현 상황이 다르므로 HTML5 API 프로그래밍을 생각한다면 사용하려는 브라우저가 어떤 것인지에 대한 고려부터 어떤 브라우저까지 지원할 것인지 등에 대해서도 고민하고 사용해야 한다.

03 HTML5 어플리케이션 개발 환경 구축

HTML5 어플리케이션 개발을 위한 환경으로는 클라이언트, 서버, 에디터의 3가지 요소가 필요하다.

- 클라이언트는 어플리케이션 사용자이며 HTML5를 지원하는 브라우저이다.
- 서버는 웹 어플리케이션이 실행될 환경이다.
- 에디터는 어플리케이션을 작성하기 위한 도구이다.

일반적으로 HTML5는 서버 없이 단독으로 실행될 수도 있지만, geolocation이나 web storage 등의 API는 반드시 서버에서 실행되어야 한다.

3.1 클라이언트 – Chrome 브라우저

클라이언트는 어플리케이션을 실행하며 웹 서핑에 사용되는 브라우저이다. 이 책에서는 HTML5에 대한 지원이 가장 잘되어 있는 구글의 크롬(Chrome) 브라우저를 사용한다.

사용하는 컴퓨터에 크롬 브라우저가 설치되어 있지 않다면, 크롬 브라우저를 설치해 보자. 크롬 브라우저의 홈페이지(https://www.google.com/chrome/browser/desktop/index.html)로 이동해서 화면의 중앙에 있는 [Chrome 다운로드] 버튼을 클릭한다.

[그림 1.7] 크롬 브라우저 다운로드

[그림 1.8]의 화면에서 [동의 및 설치] 버튼을 클릭하면 다운로드가 진행된다. 이때 "Chrome을 기본 브라우저로 설정" 항목은 개별 선택사항이기 때문에 반드시 체크해야 할 필요는 없다.

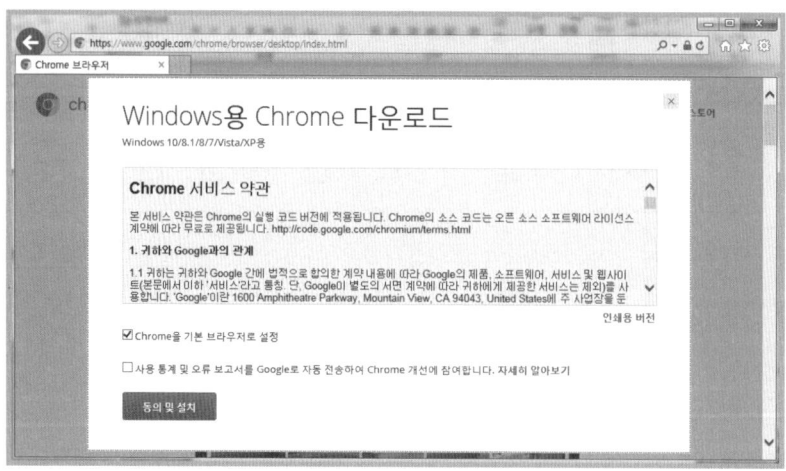

[그림 1.8] 크롬 브라우저 다운로드를 위한 서비스 약관 동의

다운로드가 완료되면 크롬 브라우저의 설치 프로그램 실행 창이 [그림 1.9]와 같이 나타난다. [실행] 버튼을 클릭하여 설치를 진행한다. 이후의 설치는 자동으로 진행된다.

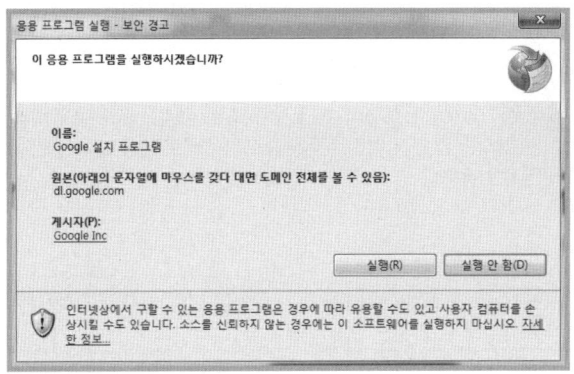

[그림 1.9] 크롬 브라우저 설치

3.2 서버 – Tomcat

웹 서버는 특정 서버 사이드 스크립트 기술(Servlet/JSP 또는 PHP 또는 ASP 등)과 상관없이 HTTP를 지원하면 된다. 단 뒤에서 학습할 Communication API의 Web Socket을 테스트하기 위해서는 WEB-Socket이 지원되는 웹 서버를 사용해야 한다. 이 책에서는 Tomcat 8.0(이하 톰캣)을 사용한다. Tomcat 8.0은 아파치 재단에서 관리하는 오픈소스로 무료이며 Web-Socket을 지원하므로 전체 내용을 진행하기에 적합한 웹 서버이다.

톰캣을 다운로드하기 위해서 웹 사이트(http://tomcat.apache.org/download-80.cgi)로 이동한다.

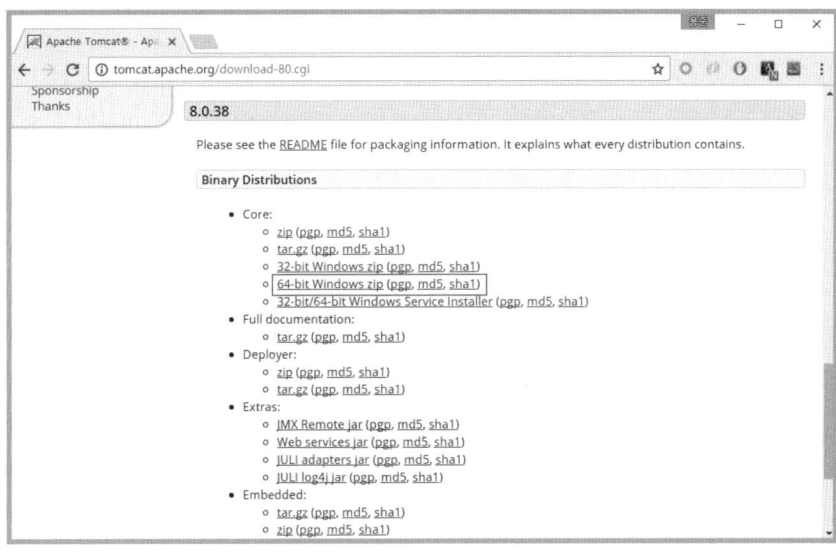

[그림 1.10] tomcat 다운로드

표시되는 웹 페이지에서 [8.0.38]->[Binary Distribution]->[Core]에서 플랫폼에 따라 선택하여 다운로드할 수 있다. 사용하는 시스템 환경에 따라 필요한 항목을 선택해야 한다. 이 책에서는 윈도우 64bit를 기준으로 "64-bit windows.zip"을 다운로드한다.

위 페이지를 방문하면 8.x 버전의 톰캣도 8.0.x와 8.5.x로 크게 나뉜다. 기본적으로 실습을 진행할 때 특별한 버전이 필요치는 않지만 8.5.x 버전은 이클립스에서 바로 연동되지 않는 문제가 있으므로 본 과정에는 8.0.X 버전을 사용한다.

사용하는 윈도우 시스템의 환경을 잘 모르면 [제어판]->[시스템 및 보안]->[시스템]을 선택한다.

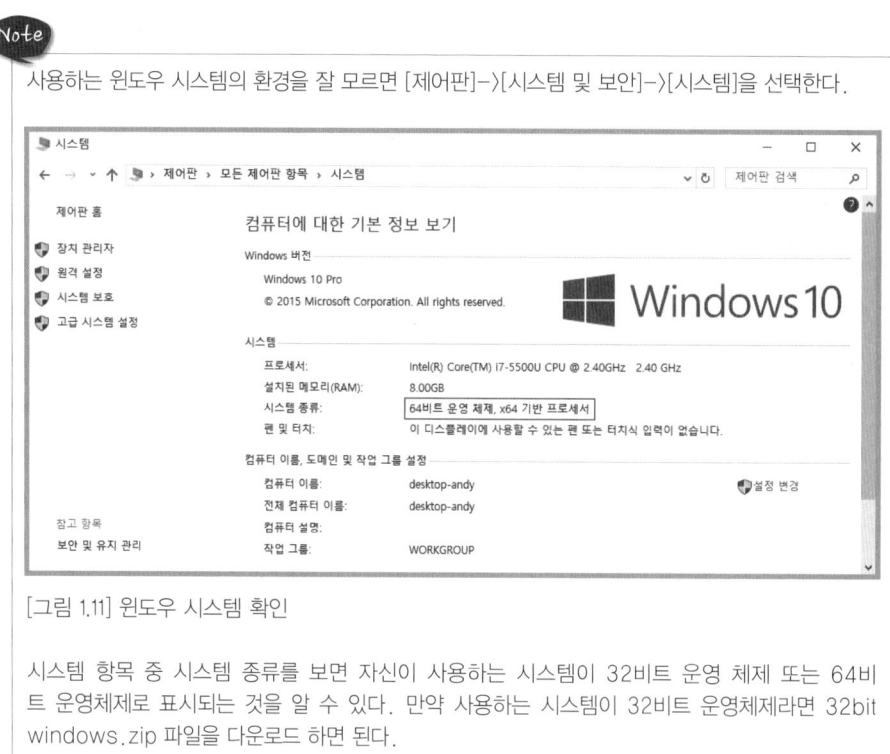

[그림 1.11] 윈도우 시스템 확인

시스템 항목 중 시스템 종류를 보면 자신이 사용하는 시스템이 32비트 운영 체제 또는 64비트 운영체제로 표시되는 것을 알 수 있다. 만약 사용하는 시스템이 32비트 운영체제라면 32bit windows.zip 파일을 다운로드 하면 된다.

다운로드한 파일의 압축을 푼다. 경로는 특별한 제약이 없지만, 전체적인 실습 환경을 통일하기 위해서 C:\Html5Application 폴더를 만들고 그 아래 압축을 푼다.

3.3 에디터 - Eclipse

에디터 역시 특별히 사용해야 하는 것은 없으며 프로그래머의 취향에 따라 설치하면 된다. 이 책에서는 서버로의 배포 용이성 등을 고려하여 Eclipse를 사용하기로 한다. Eclipse는 Java 기반으로 동작하기 때문에 JDK를 먼저 설치한 뒤에 Eclipse를 설치해야 한다.

3.3.1 JDK 설치

JDK는 자바 프로그램 개발 환경이다. JDK를 설치하기 위해 오라클 사이트(http://www.oracle.com/technetwork/java/javase/downloads/index.html)로 이동한다.

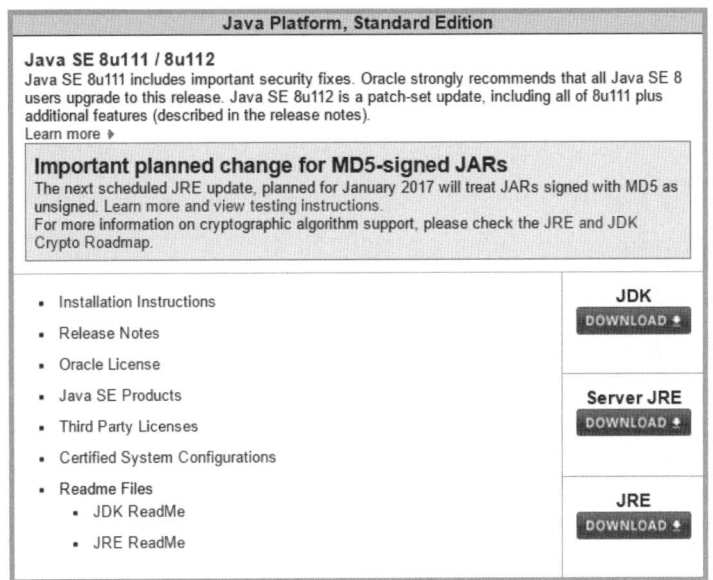

[그림 1.12] JDK 다운로드

[Java Platform, Standard Edition]에서 [JDK DOWNLOAD] 버튼을 클릭하면, 상세 페이지로 이동되어 사용자의 운영체제에 맞추어 적절한 JDK를 선택하여 다운로드할 수 있다. 이 책에서는 64비트 윈도우 운영체제를 기준으로 하므로 다음 그림과 같이 표시된 목록에서 "Windows x64: jdk-8u111-windows-x64.exe"를 다운로드할 것이다.

 Note

> 32비트 운영체제를 사용하는 경우는 톰캣의 경우와 마찬가지로 32비트 버전인 "Windows x86: jdk-8u111-windows-i586.exe" 파일을 다운로드한다.

Java SE Development Kit 8u111
You must accept the Oracle Binary Code License Agreement for Java SE to download this software.

○ Accept License Agreement   ● Decline License Agreement

Product / File Description	File Size	Download
Linux ARM 32 Hard Float ABI	77.78 MB	jdk-8u111-linux-arm32-vfp-hflt.tar.gz
Linux ARM 64 Hard Float ABI	74.73 MB	jdk-8u111-linux-arm64-vfp-hflt.tar.gz
Linux x86	160.35 MB	jdk-8u111-linux-i586.rpm
Linux x86	175.04 MB	jdk-8u111-linux-i586.tar.gz
Linux x64	158.35 MB	jdk-8u111-linux-x64.rpm
Linux x64	173.04 MB	jdk-8u111-linux-x64.tar.gz
Mac OS X	227.39 MB	jdk-8u111-macosx-x64.dmg
Solaris SPARC 64-bit	131.92 MB	jdk-8u111-solaris-sparcv9.tar.Z
Solaris SPARC 64-bit	93.02 MB	jdk-8u111-solaris-sparcv9.tar.gz
Solaris x64	140.38 MB	jdk-8u111-solaris-x64.tar.Z
Solaris x64	96.82 MB	jdk-8u111-solaris-x64.tar.gz
Windows x86	189.22 MB	jdk-8u111-windows-i586.exe
Windows x64	194.64 MB	jdk-8u111-windows-x64.exe

[그림 1.13] JDK 라이센스 동의 및 다운로드

"Accept License Agreement" 항목을 선택한 후 목록의 아랫부분에 있는 "Windows x64: jdk-8u111-windows-x64.exe" 항목을 클릭하여 다운로드한다. 참고로 다운로드하는 파일 이름의 중간에 있는 JDK 버전번호(예 : 8u111)는 다운로드하는 시기에 따라 달라질 수 있다.

JDK를 설치하는 방법은 진행 상황에 따라 계속 [다음] 또는 [Next] 버튼을 클릭하는 것뿐이므로 설명은 생략한다.

JDK가 정상으로 설치되었는지 확인하기 위해서는 명령 창(Command 창)을 열고 다음 그림에서와 같이 "java -version" 명령을 실행하여 결과가 출력되면 정상이다.

[그림 1.14] 설치된 JDK 버전 확인

3.3.2 Eclipse 설치

Eclipse를 다운로드하기 위해 Eclipse 사이트(http://www.eclipse.org/downloads/eclipse-packages)로 이동한다.

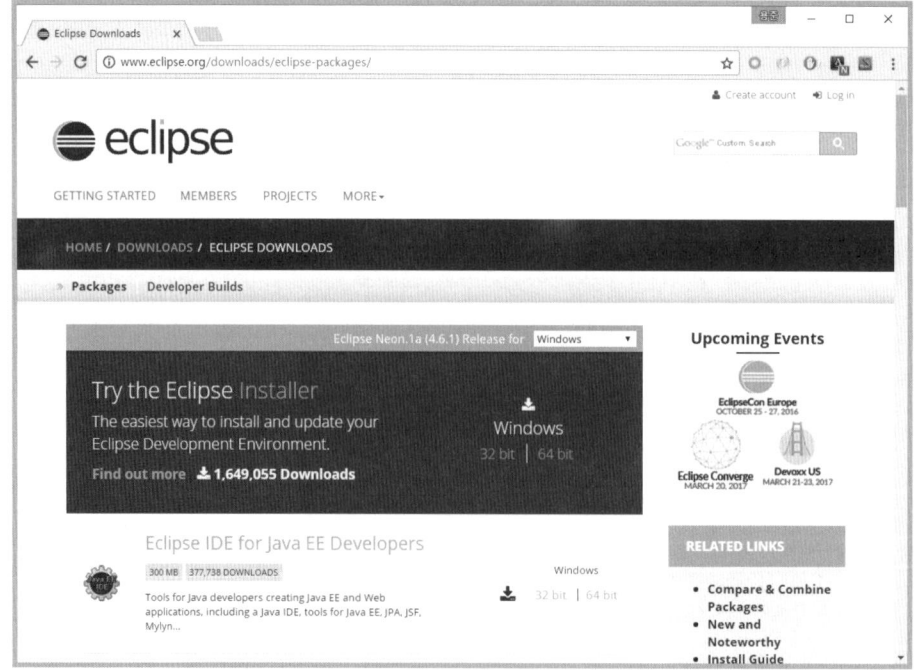

[그림 1.15] Eclipse 다운로드

Eclipse는 용도에 따른 다양한 버전이 있기 때문에 어떤 프로그래밍을 할 것인지 결정하고 다운로드해야 한다. 이 책에서는 웹 프로그래밍이기 때문에 "Eclipse IDE for Java EE Developers" 버전이 필요하다. Eclipse도 본인의 컴퓨터 환경에 적합하도록 32bit 또는 64bit 링크를 클릭한다.

다음 그림은 Eclipse를 다운로드할 수 있는 미러 사이트를 보여주는 화면이다. 그때그때 가장 빠른 속도를 낼 수 있는 사이트를 목록을 추천해준다. 적절한 사이트의 [DOWNLOAD] 버튼을 클릭한다.

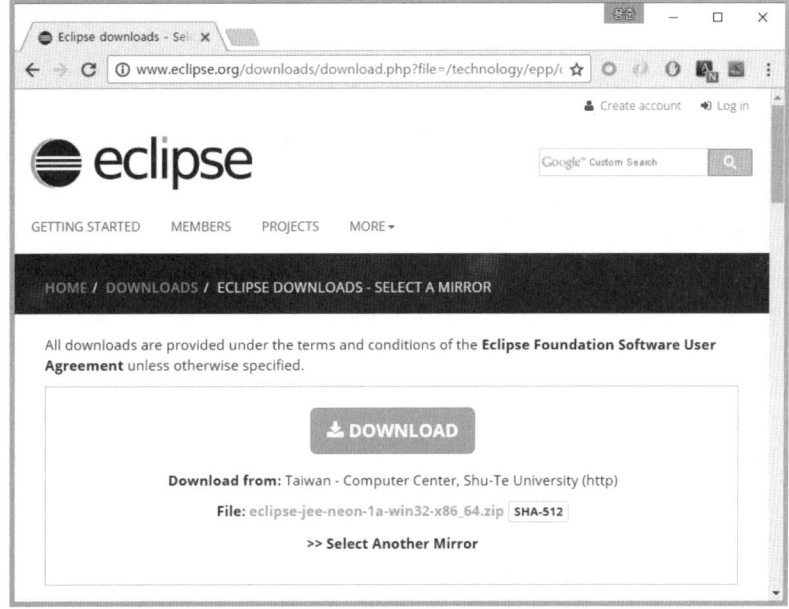

[그림 1.16] Eclipse 다운로드를 위한 미러 사이트 선택

다운로드가 완료되면 Tomcat 서버와 마찬가지로 C:\Html5Application\ 폴더 아래에 압축을 푼다.

3.4 Eclipse 환경 설정

3.4.1 workspace 설정

Eclipse에서 작성하는 모든 프로젝트 파일을 저장하기 위해서 C:\Html5Application\ workspace 폴더를 생성한다. 여기까지 완료되면 폴더 구조는 [그림 1.17]과 같다.

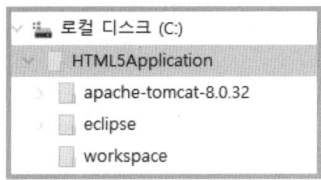

[그림 1.17] 실습을 위한 폴더 구조

이제 eclipse 폴더 안에 있는 "eclipse.exe" 파일을 더블클릭하여 Eclipse를 실행한다. 다음 그림과 같이 workspace 선택 창에서 [Browse] 버튼을 클릭해 앞서 생성한 workspace 폴더를 선택한다. 그리고 항상 같은 workspace를 사용할 것이기 때문에 하단의 "Use this as the default and do not ask again"을 체크한 뒤에 [OK] 버튼을 클릭한다.

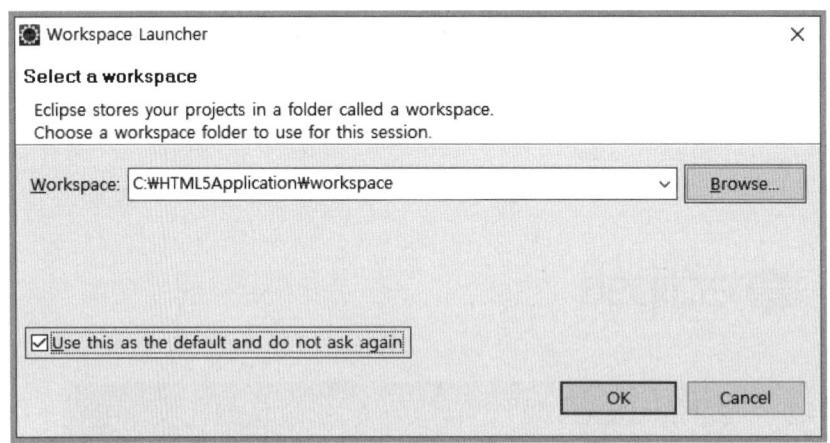

[그림 1.18] Eclipse의 workspace 설정

3.4.2 소스 파일의 encoding 설정

웹 어플리케이션은 다양한 문자 셋(Character Set)을 사용하는 클라이언트가 접속할 수 있기 때문에 "UTF-8"로 작성하는 것이 좋다.

Eclipse의 메뉴에서 [Window]->[Preferences] 메뉴를 클릭한다. 다음 [그림 1.19]와 같이 검색 창("type filter text"가 표시된 곳)에 "encoding"이라고 입력하면 encoding을 설정할 수 있는 메뉴들이 표시된다.

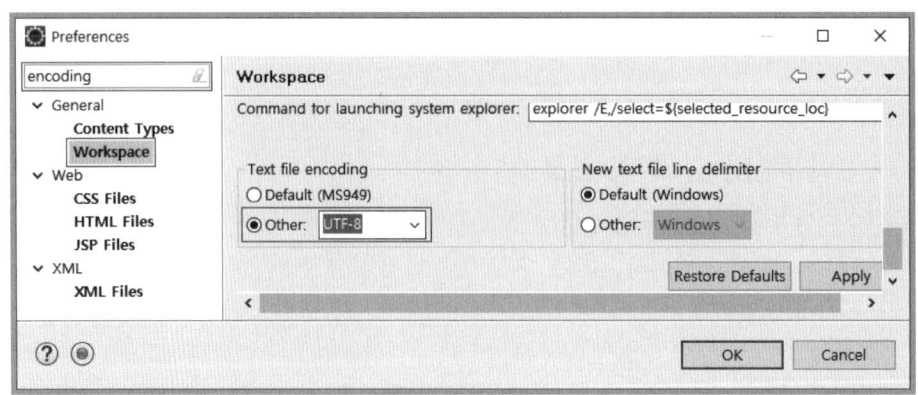

[그림 1.19] Eclipse 환경 설정 - Workspace Encoding

창 왼쪽의 메뉴 목록에서 [General]->[Workspace]를 선택하고, 오른쪽 내용 영역에서는 "Text file encoding"에서 "other" 항목의 라디오 버튼을 클릭한 후 선택 목록 상자에

서 "UTF-8"을 선택한다.

같은 방법으로 CSS files, HTML files, JSP files 메뉴 항목들의 Encoding도 다음 그림과 같이 "UTF-8"로 변경한 후 [OK] 버튼을 클릭한다.

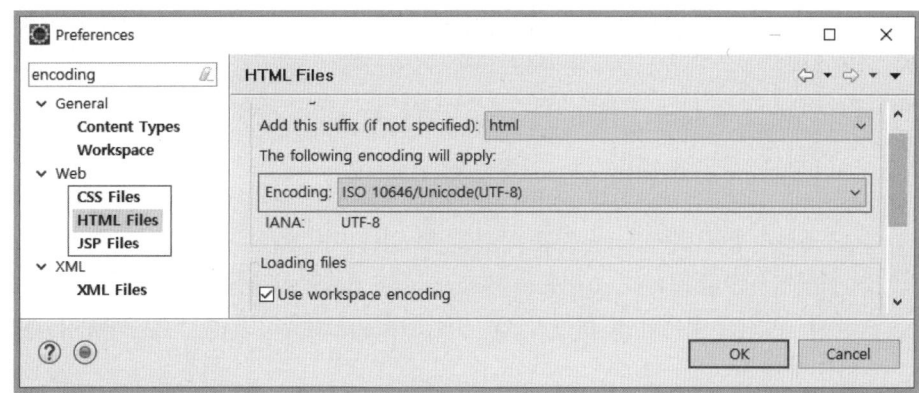

[그림 1.20] Eclipse 환경 설정 – HTML Encoding

3.4.3 브라우저 연결 설정

Eclipse에서 웹 어플리케이션을 실행했을 때 사용할 브라우저를 설정한다. Eclipse의 메뉴 [Window]→[Preferences]→[General]→[Web Browser]를 선택한다. 또는 Preferences 창의 "type filter text"가 표시된 곳에 "web browser"라고 입력하면 메뉴 항목을 쉽게 찾을 수 있다.

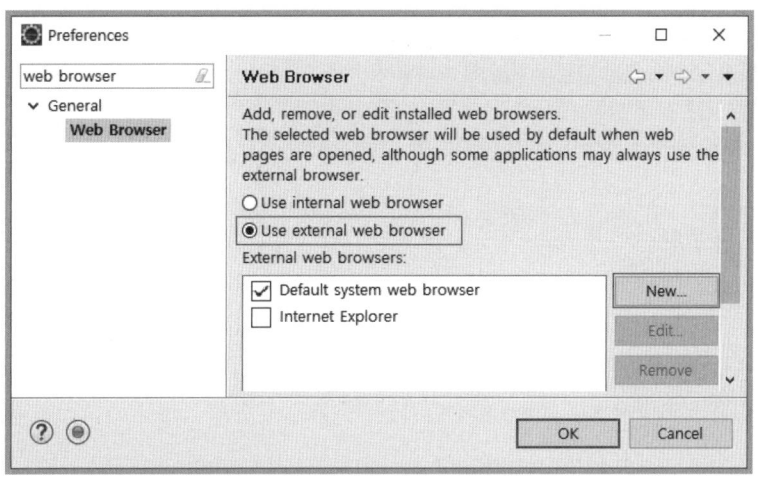

[그림 1.21] Eclipse 환경 설정 – Web Browser

"Use external web browser" 항목을 클릭해서 내장 브라우저가 아닌 외장 브라우저를 사용하도록 한다. [New] 버튼을 선택하면 새로운 브라우저를 등록할 수도 있다.

다음은 크롬 브라우저를 Eclipse에서 사용할 외부 브라우저로 등록해 보는 것이다.

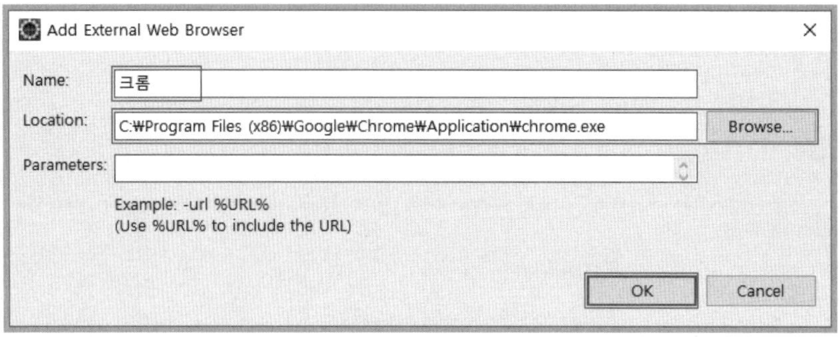

[그림 1.22] Eclipse 환경 설정 – 크롬 브라우저 설정

"Name" 항목에는 브라우저를 구별할 수 있는 이름으로 "크롬"을 입력한다. "Location" 항목에서는 [Browse...] 버튼을 이용해 크롬 브라우저가 설치된 경로를 찾아 "chrome. exe" 파일을 선택한다. 마지막으로 [OK] 버튼을 클릭하면 추가한 "크롬"이 외부 브라우저 목록에 표시된다.

[그림 1.23] Eclipse 환경 설정 – 기본 웹 브라우저

[크롬]을 선택하고 [OK] 버튼을 클릭하여 Preferences 창을 종료한다.

3.4.4 서버 연동

이제 Tomcat 서버와 Eclipse를 연동할 차례다. Eclipse의 하단을 살펴보면 [Servers] 탭이 있다. "No Servers ar available. Click this link to create a new server."가 링크로 표시되어 있다. 아직은 등록된 서버가 없는 상태임을 나타내는 링크이다. 링크를 클릭하여 설치한 Tomcat 서버를 Eclipse와 연결한다.

[그림 1.24] Eclipse 서버 설정 – 초기 상태

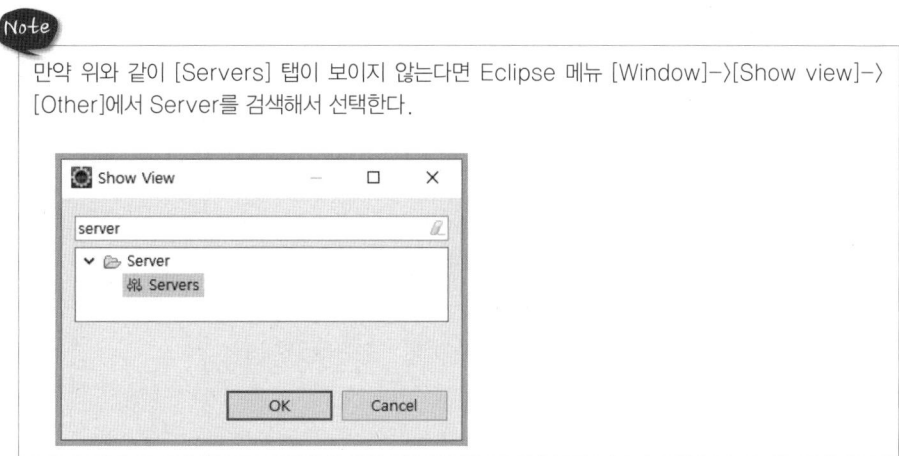

만약 위와 같이 [Servers] 탭이 보이지 않는다면 Eclipse 메뉴 [Window]->[Show view]->[Other]에서 Server를 검색해서 선택한다.

다음 [그림 1.25]의 "Define a New Server" 대화 상자에서 [Apache]-[Tomcat v8.0 Server]를 선택하고 하단의 서버 정보를 확인한다. Server's host name 항목에 표시된 "localhost"는 사용자의 컴퓨터를 나타낸다. [Next] 버튼을 클릭한다.

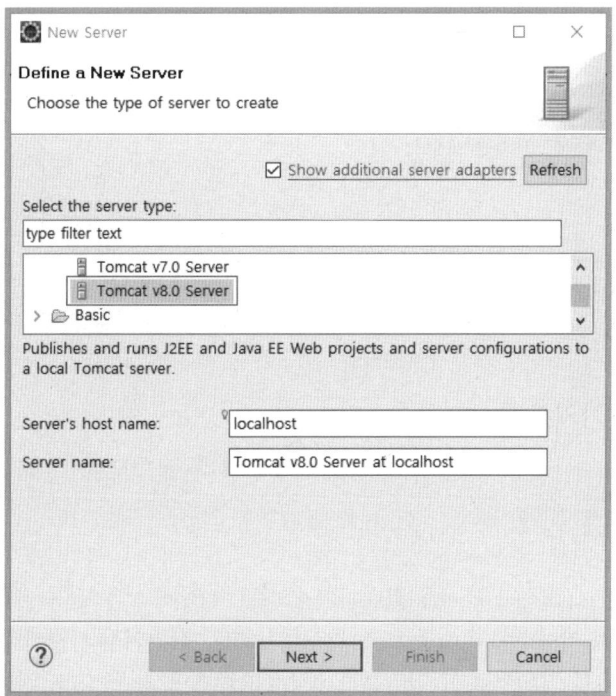

[그림 1.25] Tomcat 서버 설정 1 – 호스트 이름과 서버 이름 설정

새로운 웹 서버를 등록하는 "New Server" 대화 상자가 표시된다. [그림 1.26]의 대화 상자에서 [Browser] 버튼을 클릭해 앞에서 압축 해제한 Tomcat 폴더를 선택한 후 [Finish] 버튼을 클릭하여 Eclipse와 Tomcat의 연동 작업을 종료한다.

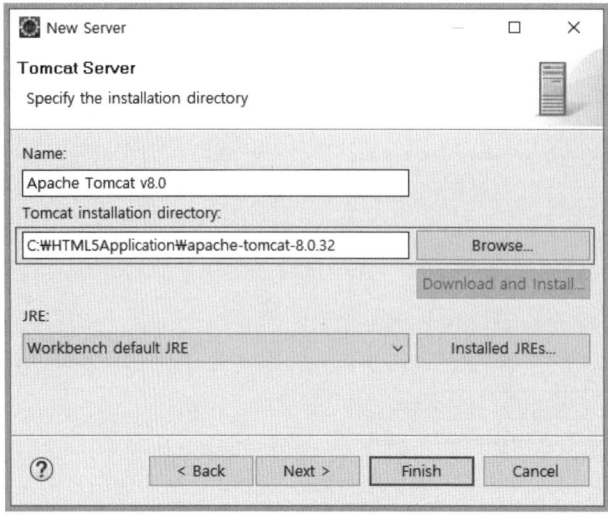

[그림 1.26] Tomcat 서버 설정 2 – Tomcat 설치 경로 선택

Eclipse의 [Servers] 탭에 위에서 추가한 Tomcat v8.0이 정상적으로 등록되었음을 확인한다.

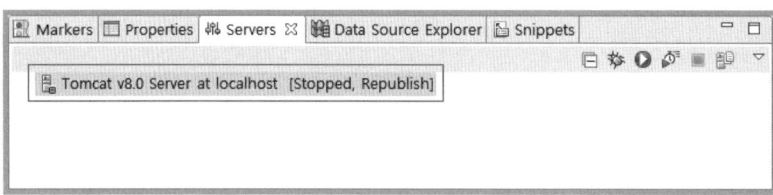

[그림 1.27] Eclipse에 등록된 서버 확인

3.5 샘플 프로젝트 가져오기

이 책에서 제공되는 예제는 git[2] 시스템을 이용해서 공유한다. 참고로 git를 사용하기 위해서는 네트워크 연결이 필요하다.

Eclipse에서 [File]->[Import]->[Git]를 선택하여 [그림 1.28]과 같은 "Import" 대화 상자를 연다. 어떤 종류의 저장소에서 샘플 프로젝트를 가지고 올 것인지를 선택해야 한다. 이 책에서는 git를 사용할 것이므로 표시된 목록에서 [Git]->[Projects from Git]를 선택하고 [Next] 버튼을 클릭한다.

---

2) git에 대해 궁금한 독자는 https://guides.github.com/activities/hello-world/를 참조한다.

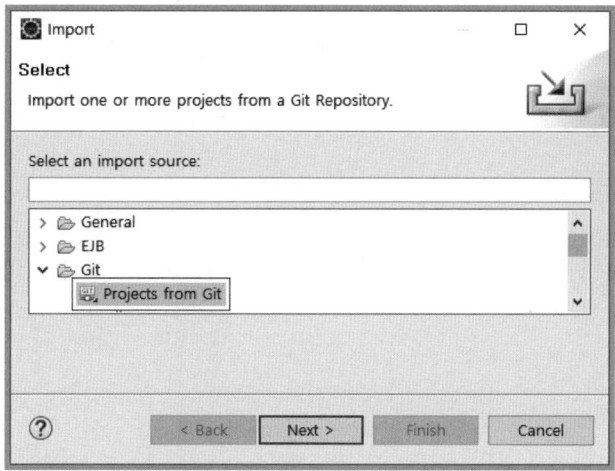

[그림 1.28] Eclipse의 import 1

다음 단계는 선택한 git로부터 어떤 방법으로 샘플 프로젝트를 가져올 것인지를 결정하기 위해 표시된 목록 중에서 "Clone URI"를 선택하고 [Next] 버튼을 클릭한다.

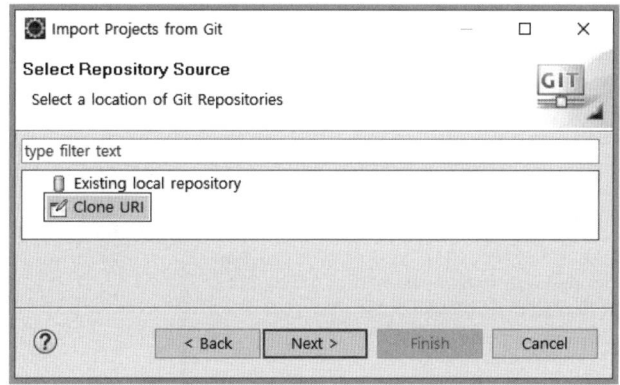

[그림 1.29] Eclipse의 import 2 – Clone URI

다음 단계로 git 시스템의 URL을 입력해야 한다. [그림 1.30]에서와 같이 Location의 URI 항목에 다음 URI를 입력한다. 나머지 Host와 Repository Path 항목은 자동으로 완성된다. [Next] 버튼을 클릭하여 다음 단계로 진행한다.

URI : https://github.com/itsmeyjc/HTML5app-kame.git

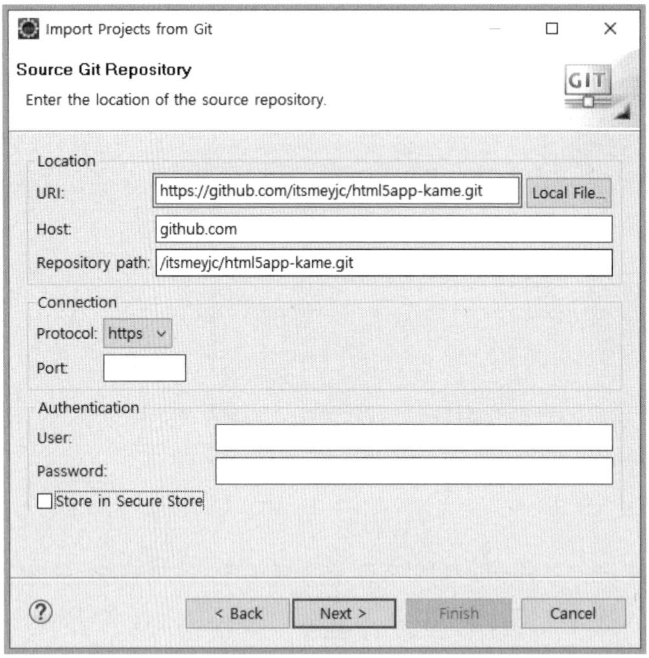

[그림 1.30] Eclipse의 import 3 – URI 설정

[그림 1.31]과 같은 Branch Selection 화면에서 "master"에 체크된 것을 확인하고 [Next] 버튼을 클릭한다.

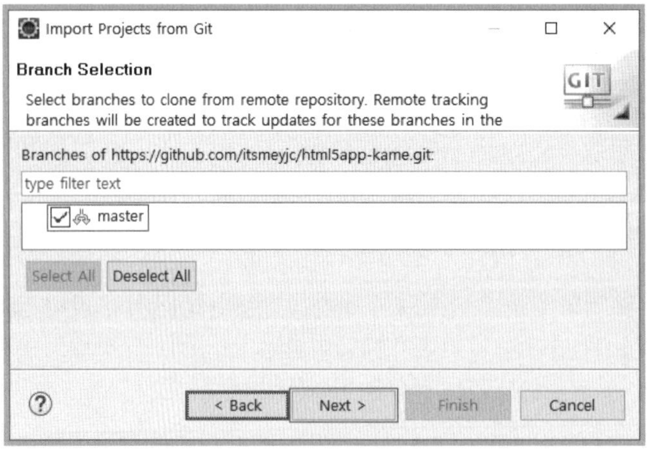

[그림 1.31] Eclipse의 import 4 – Branch Selection 설정

[그림 1.32]와 같은 Local Destination 화면에서 Directory 항목의 [Browse] 버튼을 클릭하여 앞서 생성한 Eclipse의 Workspace 폴더를 지정해준다. 나머지 항목은 기본값을 유지하고 [Next] 버튼을 클릭한다.

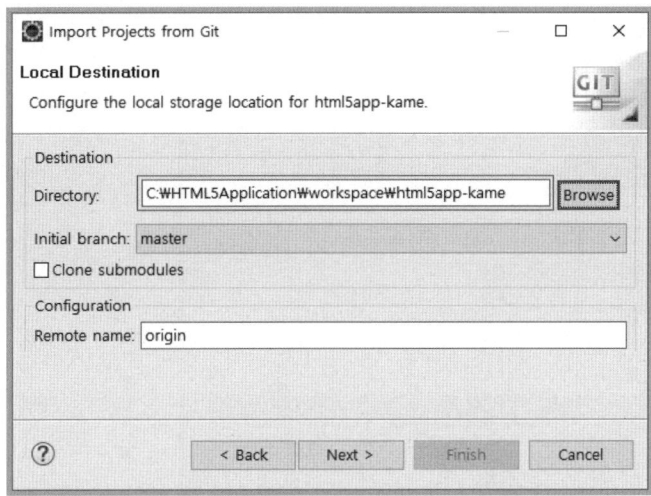

[그림 1.32] Eclipse의 import 5 – Local Destination 설정

Select a wizard to use for importing projects 화면에서 "Wizard for project import" 항목의 "Import existing Eclipse projects"를 선택한 뒤에 [Next] 버튼을 클릭한다.

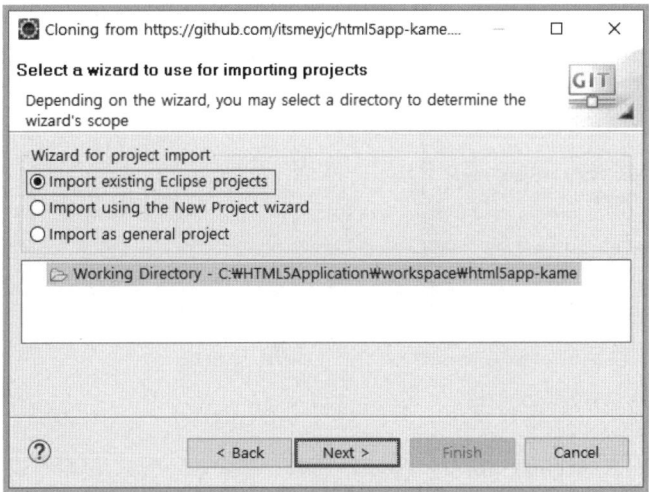

[그림 1.33] Eclipse의 import 6 – import할 프로젝트 선택

마지막 단계로 [그림 1.34]와 같은 Import Projects 화면에서 "Html5Application"이 체크된 것을 확인하고 [Finish] 버튼을 클릭한다.

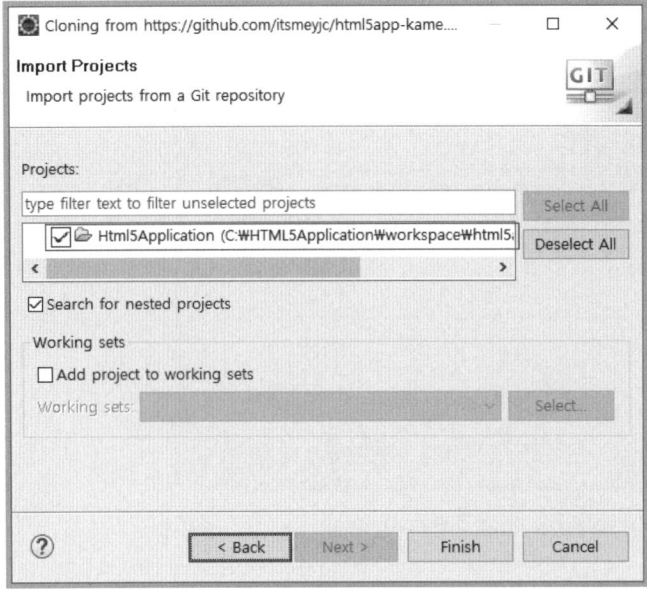

[그림 1.34] Eclipse의 import 7 – import하는 프로젝트를 저장할 로컬 폴더 선택

[그림 1.35]와 같이 Eclipse의 Project Explorer 창에 "HTML5Application"이란 새로운 프로젝트가 추가된 것을 확인한다.

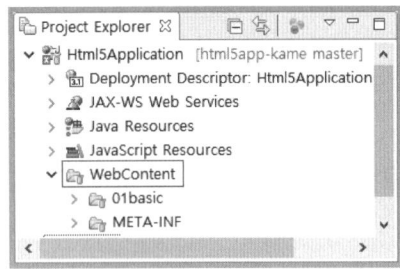

[그림 1.35] Eclipse의 프로젝트 탐색기

추가된 프로젝트 목록에 WebContent 폴더가 있다. 이곳에는 앞으로 작성할 HTML, CSS, JavaScript 파일들이 저장된다. 물론 책에서 사용되는 예제의 소스 코드들도 여기에 포함되어 있다.

3.6 새로운 파일 추가와 실행 점검

그럼 간단한 HTML 파일을 만들고 동작을 테스트해보자. 먼저 소스 코드를 분류해서 저장하기 위한 폴더를 생성한다. Project Explorer 창에서 Html5Application 프로젝트의 WebContent 폴더를 마우스 오른쪽 버튼으로 클릭하고 [New]→[Folder] 메뉴를 선택한다.

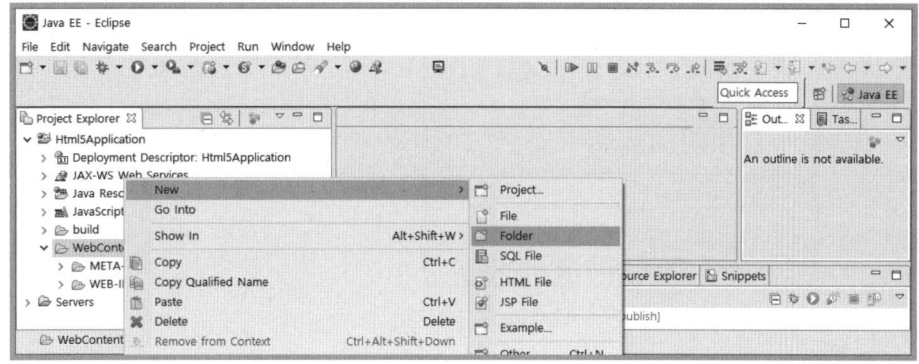

[그림 1.36] Eclipse에서 새 폴더 만들기 1

새로운 폴더를 생성할 수 있는 "New Folder" 대화 상자가 [그림 1.37]과 같이 나타난다.
Folder name 항목에 "hello"를 입력하고 [Finish] 버튼을 클릭한다.

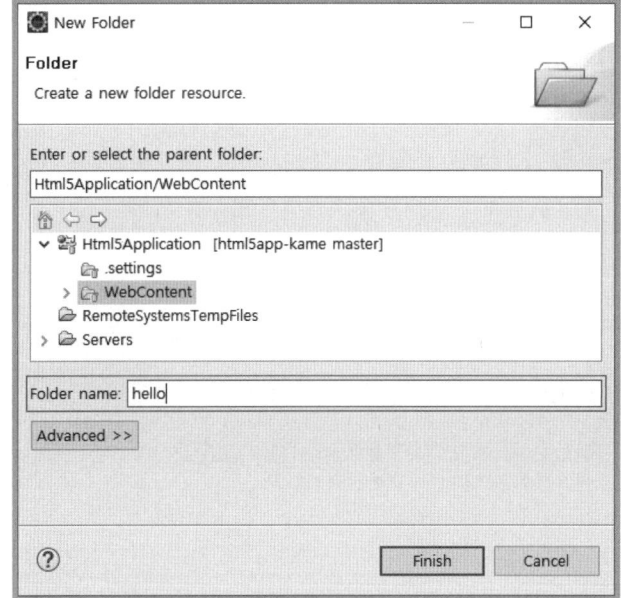

[그림 1.37] Eclipse에서 새 폴더 만들기 2

다음 그림과 같이 Project Explorer 창을 보면 WebContent 폴더 아래에 hello 폴더가
추가되었음을 확인할 수 있다.

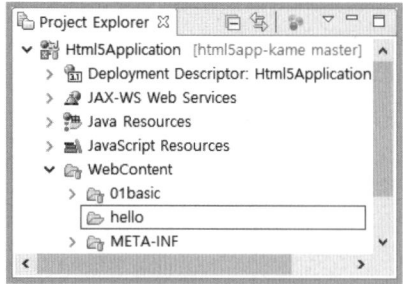

[그림 1.38] 프로젝트 탐색기에서 새 폴더 확인

같은 방법으로 hello 폴더를 마우스 오른쪽 버튼으로 클릭한 후 [New]→[HTML file]을 선택한다. 이어 나타나는 "New HTML file" 대화 상자의 File name 항목에 "Hello.html"을 입력하고 [Finish] 버튼을 클릭한다.

소스 편집 영역에 기본 템플릿을 바탕으로 작성된 HTML 내용이 표시된 것을 확인할 수 있다.

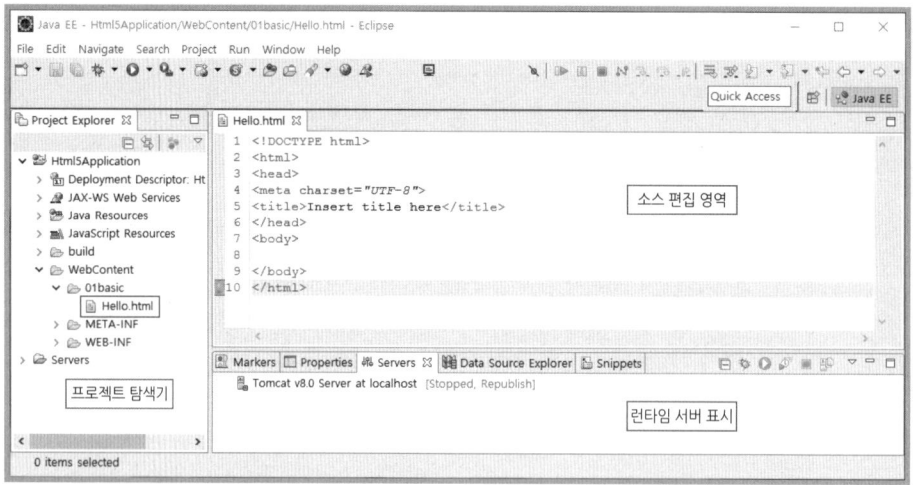

[그림 1.39] 추가된 HTML 파일의 코드

지금은 환경 설정에 대한 점검 단계이므로 소스 코드에 대한 설명은 생략한다. html 파일의 〈body〉와 〈/body〉 사이에 "Hello HTML5 Application!"을 입력하고 파일을 저장(Ctrl)+(S))한다.

파일을 실행할 때는 "Hello.html" 파일을 마우스 오른쪽 버튼으로 클릭하여 표시되는 단축 메뉴에서 [Run As]→[Run on Server]를 선택한다.

[그림 1.40]과 같이 "Run On Server" 대화 상자가 나타난다. How do you want to select the server 영역에서는 이미 서버 설정이 완료되었으므로 "Choose an existing server"를 선택한다. Server 목록에서는 앞서 설정한 Tomcat v8.0이 설정되어 있는 것을 확인한다.

참고로 하단의 "Always use this server when running this project" 항목을 체크해 두면 앞으로 어플리케이션을 실행할 때 더는 서버를 선택하는 대화 상자가 나오지 않는다.

[Finish] 버튼을 클릭하면 Eclipse에서 설정한 기본 브라우저를 통해 HTML이 실행되는 것을 확인할 수 있다.

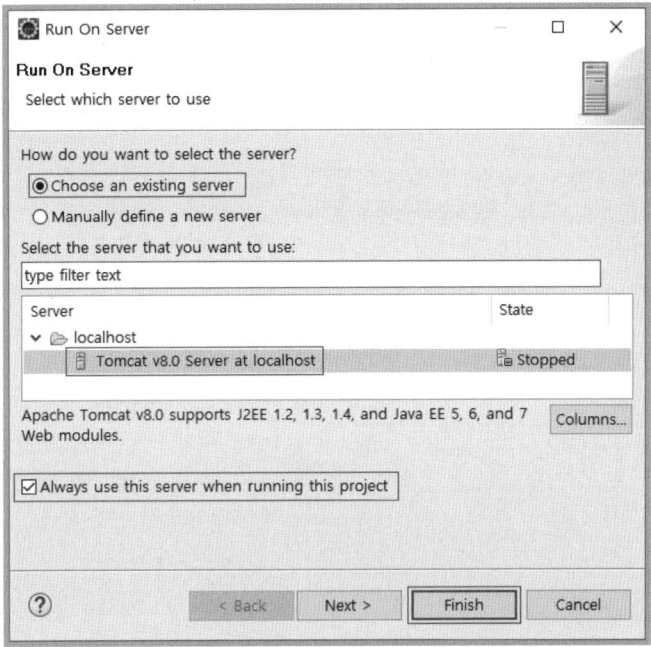

[그림 1.40] HTML 파일 실행

Chrome 브라우저를 통해 작성한 HTML이 [그림 1.41]과 같이 표시되면 기본 설정은 완료된 것이다.

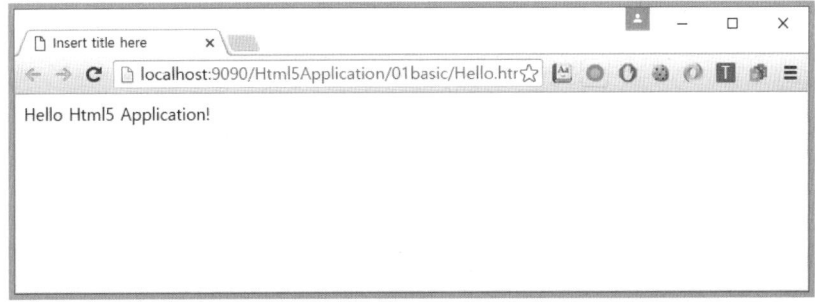

[그림 1.41] 크롬 브라우저에서의 결과

Note

간혹 다음 그림처럼 Tomcat 서버가 실행하지 못하는 경우가 있다. 내용을 보면 8080 포트를 Tomcat이 사용하도록 되어 있는데 이미 사용 중이므로 발생하는 오류이다.

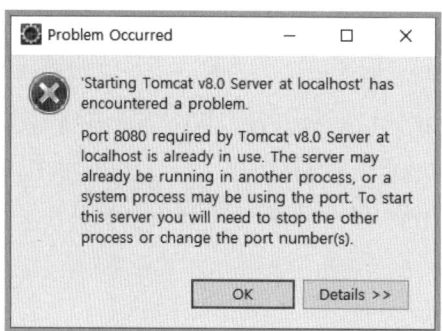

이때는 Tomcat이 사용할 포트를 변경해주어야 한다. Eclipse의 [Servers] 탭에서 "Tomcat v8.0 Server at localhost"를 더블클릭해서 서버의 Overview 화면을 열고 Ports 항목의 HTTP/1.1에 해당하는 Port Number 값을 9090과 같은 다른 값으로 변경 후 다시 시도해본다.

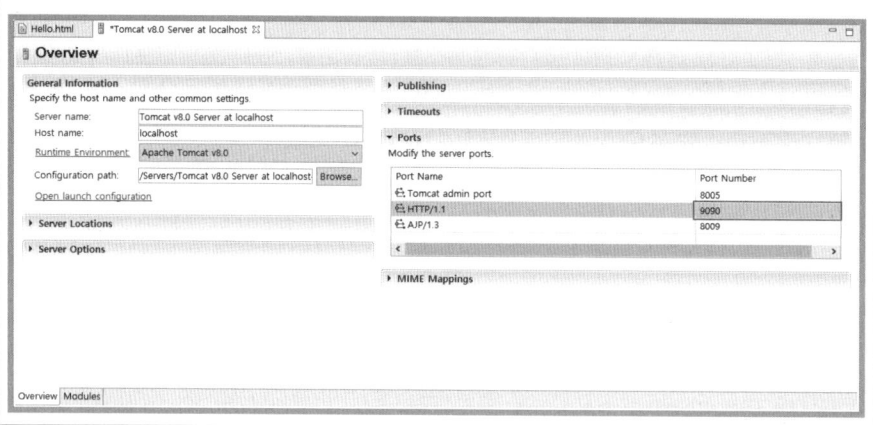

요약 정리

1. HTML의 3가지 구성 요소

구성 요소	역할	주요 특징
HTML	Content	페이지의 구조와 내용 표현 이미지 등 리소스 링크 저수준의 상호 작용
CSS	Presentation	페이지 디자인 색상, 글꼴 HTML 요소의 배치 등
JavaScript	Behavior	화면의 이벤트 처리 고수준의 상호 작용 DOM, BOM 등 객체 제어

2. HTML API의 8가지 분류

분류	주요 특징
시맨틱 태그	시각적인 효과보다 의미적인 내용을 담아 문서의 구조화가 유리하고 사람은 물론 기계가 문서를 해석할 때도 유용하다. 내용 : ⟨header⟩, ⟨section⟩, ⟨article⟩ 등 태그 지원
멀티미디어	브라우저 자체적으로 오디오나 비디오 재생 기능을 탑재함으로써 별도의 외부 플러그인이 불필요해졌다. 내용 : Audio API, Video API
오프라인 및 저장소	브라우저 자체에 데이터를 저장하는 로컬 저장소, 네트워크에 연결되지 않은 상태에서 사용하는 오프라인 처리, 파일 접근 등 웹의 둘레를 벗어나는 기반을 제공한다. 내용 : Web Storage, Indexed DB, File API
그래픽	하드웨어 가속을 지원받아 2D는 물론 3D 구현이 가능하다. 이를 위해 캔버스, SVG, WebGL 등을 지원한다. 과거에는 별도의 플러그인이 필요했으나 이제 HTML5로 충분하다. 내용 : Canvas 2D, WebGL, Inline SVG
장치 접근	브라우저를 통해 디바이스(PC, 스마트폰 등)의 GPS, 카메라, 센서 등 H/W에 접근하고 값을 불러오거나 직접 조작할 수 있다. 내용 : Geolocation, Drag & Drop, Speech Input
성능과 통합	비동기 통신이나 멀티 스레드를 이용해 웹 어플리케이션의 성능이 비약적으로 증대되었다. 이를 통해 일반 어플리케이션과 유사한 성능의 앱 어플리케이션 개발이 가능하다. 내용 : Web Worker, Async Event Model
통신	클라이언트와 서버 간에 HTTP 이외에 TCP 소켓을 이용한 통신이 가능해졌다. 또한, 메시징이나 다른 어플리케이션과의 통신도 지원한다. 내용 : XMLHttpRequest Level 2, Web Socket
CSS3 지원	CSS3를 완벽하게 지원한다. 이로써 기존 웹 문서의 변경과 성능 저하 없이 웹 어플리케이션의 UI 기능을 강화할 수 있게 되었다. 내용 : CSS 선택자, Animation

3. HTML5 어플리케이션의 특징

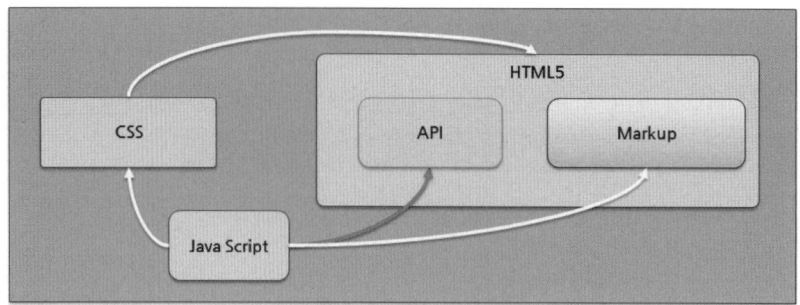

4. HTML의 역사

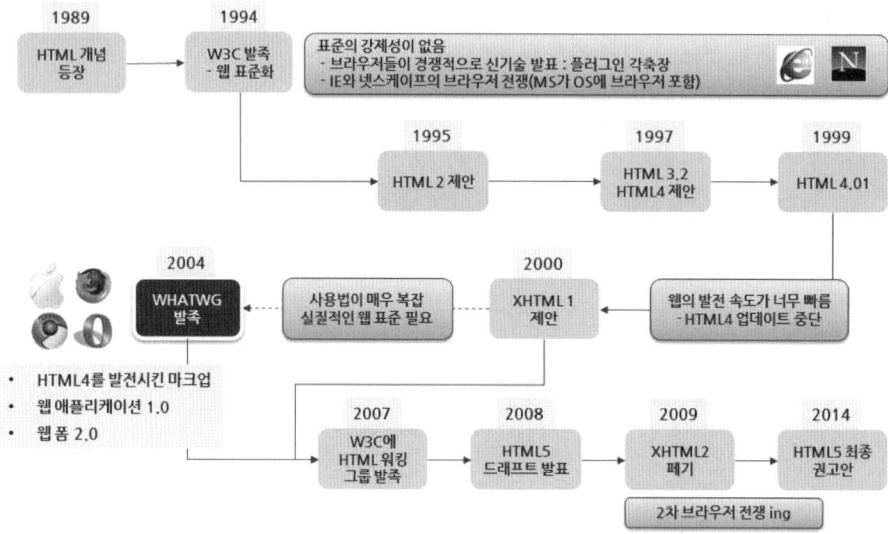

HTML5의 새로운 태그들

HTML5는 근본적으로 태그 기반의 Markup(이하 마크업)이다. 마크업은 태그 등을 이용해서 문서나 데이터의 구조를 나타내는 언어로 프로그래밍 언어와 달리 주로 데이터를 기술하는 용도로 사용된다. 태그 중심으로 HTML5를 봤을 때 달라진 점은 크게 2가지로 나눌 수 있다. 하나는 문서의 구조를 나타내는 부분이고 하나는 새롭게 추가된 태그들이다. HTML4와 어떤 점들이 달라졌는지 알아보자.

01 HTML5 문서의 특징

1.1 문서의 선언부와 메타 정보의 표현

HTML 문서는 본격적인 데이터를 표현하기 위해 문서의 성격과 환경을 설정하는 선언부와 메타 태그를 사용하게 된다. 마크업은 태그 등을 이용해서 문서나 데이터의 구조를 나타내는 언어로 프로그래밍 언어와 달리 주로 데이터를 기술하는 용도로 사용된다.

HTML과 같은 마크업 언어는 문서 작성 방법이 미리 선언되어 있고 그에 따라서 문서를 작성해야 한다. 문서 작성 방법의 예로 'HTML 문서는 〈html〉과 〈/html〉 사이에 다른 태그들을 삽입하는 형태로 작성한다.' 또는 '〈a〉라는 태그는 여는 태그와 닫는 태그로 구성되며 src라는 속성을 이용해 링크를 표현한다.' 등이 있다.

이런 특성들을 정의한 문서를 DTD(Doc Type Definition)라고 부르고 HTML 문서에서 특정 DTD에 대한 참조를 선언하는 부분이 〈!DOCTYPE〉이다.

메타 태그는 문서 자체를 설명하는 태그로 문서가 어떤 내용을 담고 있는지, 문서의 핵심 키워드는 무엇인지, 작성자는 누구이며 문자 세트는 무엇이지 등에 대한 정보를 담는다.

위 두 가지 요소가 HTML4와 HTML5에서 어떻게 사용되는지 살펴보자. 사실 두 버전의 문서를 구분하는 가장 쉬운 점은 〈!DOCTYPE〉을 살펴보는 것이다.

다음의 문서는 HTML4의 형태이다. HTML4의 〈!DOCTYPE〉은 한눈에 봐도 복잡해서 오타가 여기저기 발생할 것 같다. 〈meta〉 태그도 내용이 상당히 많다.

파일명 | ch02_tags/01_html4.html

```
 1:  <!DOCTYPE html PUBLIC "-//W3C//DTD HTML4.01 Strict//EN"
 2:    "http://www.w3.org/TR/html4/strict.dtd">
 3:  <html>
 4:  <head>
 5:  <meta http-equiv = "Content-Type" content = "text/html; charset = UTF-8">
 6:  <title>Insert title here</title>
 7:  </head>
 8:  <body>
 9:
10:  </body>
11:  </html>cs
```

다음은 HTML5의 형태이다. HTML5는 〈!DOCTYPE〉 및 〈meta〉 태그 부분이 간결해져서 문서 작성이 한층 쉬워졌다.

```
파일명 | ch02_tags/02_html5.html
 1:  <!DOCTYPE html>
 2:  <html>
 3:  <head>
 4:  <meta charset = "UTF-8">
 5:  <title>Insert title here</title>
 6:  </head>
 7:  <body>
 8:
 9:  </body>
10:  </html>cs
```

02 HTML5에 새로 등장한 태그들

2.1 시맨틱 태그(Semantic Tag)

태그 부분에서 HTML5의 가장 큰 변화는 다양한 시맨틱 태그(Semantic Tag)를 이용한 문서 영역 표시이다. 시맨틱 태그란 사용했을 때 특별한 모양의 변화가 없더라도 자체적인 의미가 있는 태그를 뜻한다.

화면에 반영되지도 않는 것을 군이 태그로 표현하려는 이유는 무엇일까? 이는 사람을 위하기보다는 기계를 위한 것이다. 사람은 시각적인 변화에 반응하지만, 기계에서 시각적인 변화는 의미 없다. 기계는 단지 태그를 보고 의미를 파악한다.

예를 들어 〈time〉 태그를 생각해보자. 생일을 중심으로 〈time〉 태그가 사용되었지만, 실행 결과 날짜에 대한 정보는 화면에 출력되지 않는다. 즉 우리에게 아무런 시각적 효과를 전달하지 않는다.

[그림 2.1]은 사람을 위한 웹 페이지의 동작이다. 브라우저가 HTML 소스를 읽어서 우리에게 화면을 표시해준다.

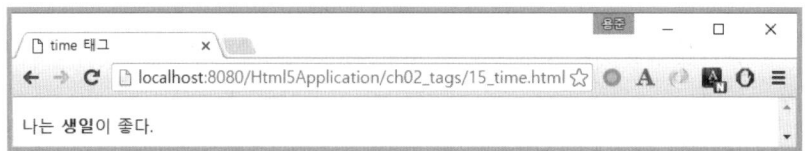

[그림 2.1] 〈time〉 태그의 출력 효과

하지만, 기계가 보는 웹은 다음과 같은 것이다. 즉 소스 코드 자체이다.

```
1:  <p>나는 <time datetime = "2007-02-05 03:00">생일</time>이 좋다.</p>
```

기계가 해당 코드를 읽었다면 어떨까? 요즘은 주변의 많은 전자 제품들이 인터넷에 연결된다. 예를 들어 TV가 위의 HTML을 읽었다면 생일날 TV를 틀면 자동으로 생일 축하음악을 연주할지도 모른다. 시각 장애인용 화면 읽기 프로그램들도 HTML을 읽는 기계에해당한다.

2.2 영역을 나타내는 태그

대부분의 웹 사이트 구조는 비슷하다. 일반적인 사이트의 구조를 잘 분석해보면 결국에는 가로 세로로 복잡하게 선을 그어 셀(영역)로 나눈 후 일부 셀(영역)을 병합한 뒤에 각셀 안에 데이터를 넣는 형태이다.

가장 쉽게 떠올릴 수 있는 구조가 바로 〈table〉이다. 전체 화면을 큰 〈table〉로 구성하고원하는 대로 〈tr〉과 〈td〉를 이용해서 화면을 격자 형태로 나눈다. 〈td〉가 가지고 있는 속성인 colspan이나 rowspan과 같은 속성을 이용하면 원하는 화면의 구조를 나타내기가아주 수월하다.

하지만, 이것은 〈table〉을 정말 잘못 사용하고 있는 예이다. 웹의 초창기에는 이 방법이시각적으로는 수월하게 화면을 구성하는 방법이었으나 기계가 생각할 때는 전혀 알 수없는 구조가 된다. 따라서 웹 표준에서는 절대적으로 지양해야 할 방법이다. 〈table〉은엑셀과 같이 데이터를 구분하는 용도로만 사용되어야 한다. 유지 보수 측면에서도 구조를 변경할 때 손이 많이 가게 된다.

두 번째로 사용된 방식은 〈div〉를 이용하는 방식이다. 〈div〉는 화면에 표시되지 않지만,영역을 묶을 때 사용되는 태그이다. 〈div〉에 id 속성을 주고 요소를 구별한 후 CSS를 적용시키는 방식이다. 이 방법은 HTML4까지 많이 사용되었다. (어쩌면 HTML5가 표준이된 지금도 가장 많이 사용되고 있다.)

세 번째 방식은 HTML5에서 제공되는 시맨틱 태그를 이용하는 방식이다. HTML5에서는 자주 사용되는 페이지 구조들을 미리 태그로 만들어 놓았다. 〈header〉, 〈nav〉, 〈section〉, 〈article〉, 〈aside〉, 〈footer〉 태그가 그것들이다.

[그림 2.2]를 보면서 HTML4와 HTML5 문서 형태를 비교해 보자.

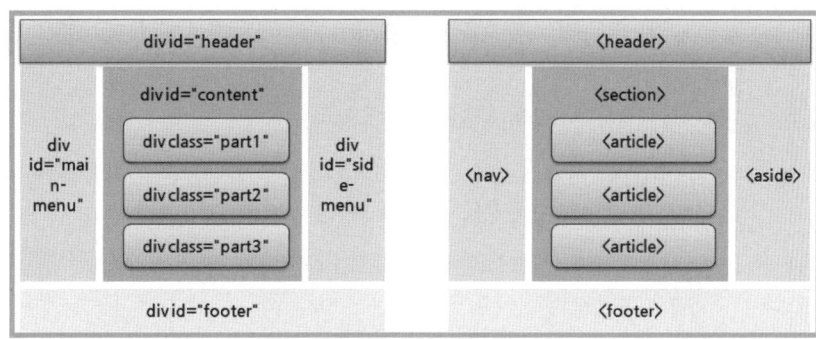

[그림 2.2] HTML4와 HTML5의 문서 구조

[그림 2.2]에서 왼쪽은 HTML4를 사용하는 기존의 웹 사이트이다. 〈div〉 태그를 곳곳에 남발해서 영역을 표시하고 있다. 따라서 태그 이름만 봐서는 문서에서 어떤 영역을 나타내는지, 어떤 역할을 하는지 파악하기 어렵고 태그에 선언된 id나 class를 보고 다시 해석해야 한다. 더군다나 id, class 값들은 작성자의 의도가 반영된 단순한 이름이기 때문에 쓰는 사람에 따라 달라질 수 있다. 즉 개발자 A는 제목을 header라고 쓰고, 개발자 B는 title이라고 쓸 수 있다. 이렇게 작성된 소스가 나중에 개발자 C에 의해 유지 보수될 때 상당한 어려움이 따르게 된다.

[그림 2.2]에서 오른쪽은 HTML5의 시맨틱 태그들을 적용한 모습이다. 보이는 모습 자체는 같지만, 태그를 보면 어떤 역할을 하는지 한눈에 파악할 수 있다. 즉 태그 자체의 역할이 규정되어 있기 때문에 〈header〉는 누가 봐도 〈header〉이다.

HTML5 문서의 구조를 나타내는 시맨틱 태그들은 다음과 같다.

(1) 〈section〉
문서의 내용 부분을 나타내는 요소이다. 하나의 〈section〉은 일반적으로 하나의 주제를 가지고 연관된 내용들을 그룹핑 한다. 또한, 〈section〉은 일반적으로 제목을 가지고 있다. 일반적인 웹 페이지들은 사이트 소개, 주요 콘텐츠, 접촉을 위한 정보 등의 〈section〉을 가진다.

파일명 | ch02_tags/03_section.html

```
1:  <section>
2:    <h1>HTML5</h1>
3:    <p>HTML5는 HTML의 5번째 버전이다.</p>
4:  </section>
```

각 태그는 문서에 한 번만 등장하지 않고 필요에 따라 여러 번 나올 수 있으며 다른 태그들을 포함할 수 있다. 또한, 한 페이지에서 다루는 주제가 여러 개라면 당연히 여러 개의 ⟨section⟩이 나올 수 있고 하나의 ⟨section⟩ 안에 다른 ⟨section⟩이 포함될 수도 있다.

파일명 | ch02_tags/03_section.html (계속)

```
 5:  <section>
 6:    <h1>웹 페이지의 구성 요소 설명</h1>
 7:    <section>
 8:      <h2>HTML</h2>
 9:      <p>HTML의 태그는 문서의 콘텐츠를 구성한다.</p>
10:    </section>
11:    <section>
12:      <h2>CSS</h2>
13:      <p>CSS는 태그의 스타일을 규정한다.</p>
14:    </section>
15:  </section>
```

(2) ⟨article⟩

⟨article⟩도 ⟨section⟩과 유사하게 문서의 내용을 다루기 때문에 둘을 명확히 구분하는 것은 조금 힘들다. ⟨article⟩은 좀 더 세분화되고 독립적인 주제를 다룬다. 어떤 포럼이나 블로그의 게시물, 신문의 사설 등을 생각하면 쉽다. 일반적으로 ⟨article⟩의 내용은 문서에서 분리하여 개별적으로 사용되는 단위로 이야기하기도 한다.

파일명 | ch02_tags/04_article.html

```
1:  <article>
2:    <h1>HTML5는 어디까지 진화할까?</h1>
3:    <p>HTML5의 스펙이 확정된 지 얼마 되지도 않아 5.2버전이 논의 중이다.</p>
4:  </article>
```

하지만, 여전히 ⟨section⟩과 ⟨article⟩의 구분은 애매한 부분이 있다. 많은 경우 ⟨section⟩이 다른 ⟨article⟩을 포함하기도 하고 ⟨article⟩에 거꾸로 ⟨section⟩이 포함되기도 한다.

(3) ⟨header⟩

⟨header⟩는 문서(페이지) 또는 ⟨section⟩, ⟨article⟩ 등의 맨 처음 등장하는 제목을 나타내는데 일반적으로 내용에 대한 소개의 성격을 띤다.

파일명 | ch02_tags/05_header.html

```
1:  <!DOCTYPE html>
2:  <html>
3:  <head>
4:  <meta charset = "UTF-8">
5:  <title>header</title>
6:  </head>
```

```
 7:  <body>
 8:    <article>
 9:      <header>
10:        <h1>HTML5는 어디까지 진화할까?</h1>
11:        <p>계속해서 진화하는 웹 어플리케이션의 미래</p>
12:      </header>
13:      <p>HTML5의 스펙이 확정된 지 얼마 되지도 않아 5.2버전이 논의 중이다.</p>
14:    </article>
15:  </body>
16:  </html>
```

주의할 점은 〈header〉와 〈head〉는 다르다는 것이다. 〈head〉는 웹 페이지에서 보이는 내용보다는 문서의 문자셋, 타이틀 등 정보를 전달하는 용도로 사용된다.

(4) 〈footer〉

〈footer〉는 문서(페이지) 또는 〈section〉, 〈article〉 등의 맨 마지막에 등장하며 요소의 정보를 표시한다. 일반적으로 어떤 포스트에 대한 〈footer〉라면 글쓴이에 대한 정보, 작성일, 클릭 수, 좋아요 개수 등이 표현될 수 있을 것이다. 문서의 〈footer〉는 회사의 연락처, 담당자, 각종 정보 취급 방침에 대한 링크 등이 사용된다.

파일명 | ch02_tags/06_footer.html

```
1:  <footer>
2:    <p>글쓴이: 홍길동</p>
3:    <p>연락처: <a href = "mailto:abc@def.com">abc@def.com</a></p>
4:    <p>작성일: 2015-01-01</p>
5:  </footer>
```

(5) 〈nav〉

〈nav〉는 탐색을 위한 링크를 제공하며 주로 화면의 상단이나 좌측에 위치한다.

파일명 | ch02_tags/07_nav.html

```
1:  <nav>
2:    <a href = "HTML5/">HTML5</a> |
3:    <a href = "css/">CSS</a> |
4:    <a href = "js/">JavaScript</a>
5:  </nav>
```

(6) 〈aside〉

〈aside〉는 콘텐츠와 관련이 있긴 한데 주요 요소는 콘텐츠를 표시한다. 예를 들어 'HTML5의 특징'에 대해 설명하면서 '마크업 언어'라는 용어가 사용된다고 생각해보자. '마크업 언어'에 대하여 추가 설명을 하고 싶지만, 그 내용을 주제와는 좀 떨어진 이야기이다. 이런 요소를 〈aside〉에 정리한다.

파일명 | ch02_tags/08_aside.html

```
 1:  <article>
 2:    <header>
 3:      <h1>HTML5는 어디까지 진화할까?</h1>
 4:      <p>계속해서 진화하는 웹 어플리케이션의 미래</p>
 5:    </header>
 6:    <p>HTML5의 스펙이 확정된 지 얼마 되지도 않아 5.2버전이 논의 중이다.</p>
 7:    <aside>
 8:      <header>
 9:        <h2>스펙(spec)이란?</h2>
10:      </header>
11:      <p>Specification의 준말로 표준으로 정의된 기술 또는 문서를 말한다.</p>
12:    </aside>
13:  </article>
14:  Colored by Color Scripter
```

다음의 페이지를 보면서 구성 요소들을 생각해보자.

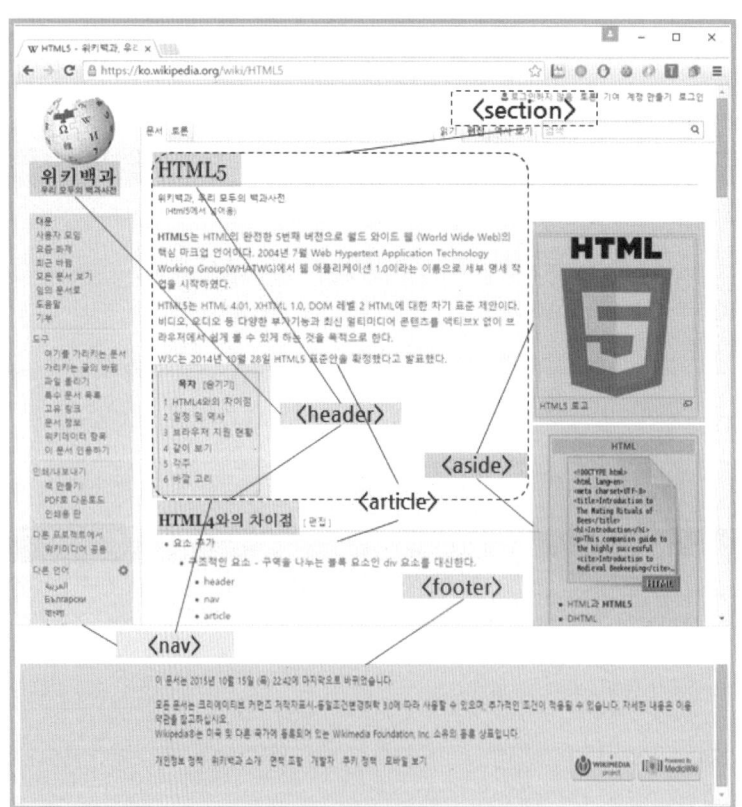

[그림 2.3] 일반적인 웹 사이트의 구조(출처 : https://ko.wikipedia.org)

먼저 〈header〉를 찾아보자. "위키백과"나 "HTML5", "HTML4와의 차이점"이 표시된 내용은 〈header〉 역할이다. 이들은 각각 웹 사이트의 제목, 페이지의 제목, 단락의 제목을 나타낸다.

문서 왼쪽의 링크들과 중앙의 목차가 〈nav〉에 해당한다. 〈nav〉에 있는 링크들을 통해 문서 또는 웹 사이트에 대한 탐색이 가능해진다.

다음은 〈section〉 태그이다. 〈section〉은 일반적으로 많이 중첩된다. 중앙의 HTML5에 대한 내용 페이지 전체가 하나의 〈section〉이 될 수 있고 그 안에 설명하는 부분도 하나의 〈section〉이 될 수도 있다.

문서에서 'HTML5에 대한 내용'이나 'HTML4와의 차이점'을 담은 부분은 각각 〈article〉이라고 볼 수 있다. 즉 〈article〉은 표현하려는 주요 내용 자체를 담는 용도이다.

〈aside〉 태그를 찾아보자. 오른쪽에 보면 HTML에 대한 내용이 표시된다. 문서의 전반적인 내용은 HTML5에 대한 것이지만 부가적으로 필요해서 정리한 자료이며 이것이 바로 〈aside〉의 용도이다.

마지막으로 문서 끝 부분에 사이트에 대한 정보를 담은 〈footer〉가 표시되어 있다.

다음 예제는 일반적인 〈div〉를 이용해서 문서를 작성한 경우이다.

파일명 | ch02_tags/09_abouthtml5.html

```
 1:  <!DOCTYPE html>
 2:  <html>
 3:  <head>
 4:  <meta charset = "UTF-8">
 5:  <title>HTML5 structure</title>
 6:  </head>
 7:  <body>
 8:    <div id = "wrapper">
 9:        <h1>HTML5 문서의 주요 구조</h1>
10:        <h2>HTML5를 처음 공부하는 당신을 위해</h2>
11:        <ul>
12:          <li>header</li>
13:          <li>nav</li>
14:          <li>section</li>
15:          <li>article</li>
16:          <li>footer</li>
17:        </ul>
18:        <h2>header란?</h2>
19:        posted 2016-01-01
20:        <p>header란 head와 다르다.</p>
21:        <p>주로 문서의 제목을 나타낼 때 사용된다.</p>
22:        <p>comments (0)</p>
23:        <h2>nav란?</h2>
24:        posted 2016-01-01
25:        <p>nav는 화면에서 메뉴를 주로 나타낸다.</p>
26:        <p>일반적으로 ul > li 항목으로 표현한다.</p>
27:        <p>comments (0)</p>
```

```
28:        <ul>
29:           <li>&lt;head&gt; 단순히 문서의 정보 표시</li>
30:           <li>javascript</li>
31:        </ul>
32:        <p>copyright &copy; 2014 ~</p>
33:     </div>
34:   </body>
35:   </html>cs
```

이 문서를 앞에서 학습한 태그들을 이용해서 변경해보면 다음과 같이 작성할 수 있다.

파일명 | ch02_tags/10_abouthtml5_symantec.html

```
 1:   <!DOCTYPE html>
 2:   <html>
 3:   <head>
 4:   <meta charset = "UTF-8">
 5:   <title>HTML5 structure</title>
 6:   </head>
 7:   <body>
 8:     <div id = "wrapper">
 9:       <header>
10:         <h1>
11:           <mark>HTML5</mark>문서의 주요 구조
12:         </h1>
13:         <h2>HTML5를 처음 공부하는 당신을 위해</h2>
14:       </header>
15:       <nav>
16:         <ul>
17:           <li>header</li>
18:           <li>nav</li>
19:           <li>section</li>
20:           <li>article</li>
21:           <li>footer</li>
22:         </ul>
23:       </nav>
24:       <section>
25:         <article>
26:           <header>
27:             <h2>header란?</h2>
28:             <time>posted 2016-01-01</time>
29:           </header>
30:           <p>header란 head와 다르다.</p>
31:           <p>주로 문서의 제목을 나타낼 때 사용된다.</p>
32:           <footer>
33:             <p>comments (0)</p>
34:           </footer>
35:         </article>
36:         <article>
37:           <header>
38:             <h2>nav란?</h2>
```

```
39:                <time>posted 2016-01-01</time>
40:            </header>
41:            <p>nav는 화면에서 메뉴를 주로 나타낸다.</p>
42:            <p>일반적으로 ul > li 항목으로 표현한다.</p>
43:            <footer>
44:                <p>comments (0)</p>
45:            </footer>
46:        </article>
47:        </section>
48:        <aside>
49:            <ul>
50:                <li><header><head></header>
51:                <p>단순히 문서의 정보 표시</p></li>
52:                <li>javascript</li>
53:            </ul>
54:        </aside>
55:        <footer>
56:            <p>copyright © 2014 ~</p>
57:        </footer>
58:    </div>
59: </body>
60: </html>
```

수정된 문서를 실행해보면 처음 문서와 시각적으로는 차이가 없다. 이처럼 시맨틱 태그는 눈에 보이기보다는 의미를 전달하기 때문이다.

위의 예제 10_abouthtml5_symantec.html의 실행 결과는 [그림 2.4]와 같다.

[그림 2.4] HTML5 태그를 이용한 어플리케이션

하지만, 모양이 밋밋한 것이 도저히 웹 사이트라고 볼 수 없다. 그럼 마지막으로 미리 작성된 CSS를 HTML 문서에 적용시켜보자. CSS를 적용하기 위해서는 〈style〉 태그를 이용해서 HTML 파일 내부에 직접 적용하거나 별도의 css 파일을 만들고 〈link〉 태그를 이용해 문서에 포함할 수 있다.

파일명 | ch02_tags/11_abouthtml5_css.html

```
1: <!DOCTYPE html>
2: <html>
3: <head>
4: <meta charset = "UTF-8">
5: <title>HTML5 structure</title>
6: <link rel = "stylesheet" href = "11_abouthtml5.css" />
7: </head>
```

[소스 설명]

6행 〈link〉를 이용해 미리 작성된 11_abouthtml5.css 파일을 연결한다.

CSS(Cascading Style Sheet)[3]는 문서의 스타일 즉, 모양을 작성하는 요소로 HTML 문서의 디자인을 담당하는 중요한 요소이다.

CSS 파일의 전체적인 내용을 살펴보기보다는 어떻게 HTML에 영향을 주는지 일부분만 살펴보자. 다음 내용은 〈header〉에 영향을 주는 CSS 부분이다.

파일명 | ch02_tags/11_abouthtml5.css

```
1:  body {
2:      text-align: center;
3:  }
4:
5:  #wrapper {
6:      width: 960px;
7:      margin: 15px auto;
8:      text-align: left;
9:  }
10:
11: #wrapper>header {
12:     background: #fffbb9;
13:     border: solid 1px #999999;
14:     padding: 20px;
15: }
16:
17: nav {
18:     background: #cccccc;
19:     padding: 5px 15px;
20:     text-align: right;
21: }
22:
```

---

3) CSS에 대한 내용은 http://www.w3schools.com/css/default.asp를 참조하도록 한다.

```
23:    nav>ul>li {
24:       display: inline-block;
25:       list-style: none;
26:       padding: 5px;
27:       font: bold 14px verdana, sans-serif;
28:    }
```

[소스 설명]

1-3행   <body>의 text-align을 가운데로 설정한다. 이로써 문서는 화면 가운데에 내용을
        배치하게 된다.

5-9행   id가 wrapper인 요소의 width를 960px, margin은 위, 아래는 15px, 좌우는 auto
        로 설정한다. text-align 속성을 left로 해서 내용이 좌측에 배치되도록 한다.

11-15행 id가 wrapper인 요소의 1촌 자식 <header> 요소에 대한 설정을 정의한다.
        background 색상을 설정하고 border를 1px 실선으로 처리한다. padding은 20px
        로 설정한다.

17-21행 <nav> 태그에 대해 설정한다. background 색상을 #cccccc로 설정한다. 여백 처
        리를 위해 padding을 상하 5px, 좌우 15px을 주고 text-align을 right로 해서 내용
        을 우측에 표시한다.

23-28행 <nav> 아래 <ul> 아래 <li>에 대해 설정한다. display 속성이 inline-block으로 <li>
        들을 가로로 배치한다. list-style을 none으로 해서 별도의 장식 없이 아이템을 배
        치한다.

위와 같은 스타일을 적용한 후 다시 11_abouthtml5_css.html을 실행하면 비로소 조금
은 괜찮은 결과를 얻을 수 있다.

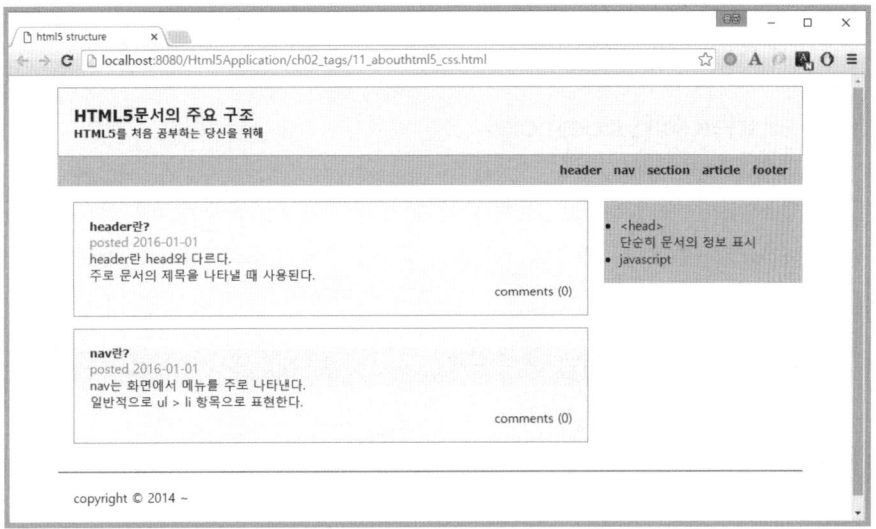

[그림 2.5] CSS까지 적용된 모습

2.3 표현을 위해 추가된 태그

구조를 나타내는 시맨틱 태그 이외에도 많은 태그가 HTML5에 추가되었다. 나머지 태그 중 표현을 위한 태그에 대해서 알아보자.

2.3.1 〈figure〉와 〈figcaption〉

캡션(caption)은 표나 그림의 아래에 붙는 짧은 설명문이다. 일반적으로 문서를 작성할 때 일련번호와 함께 캡션을 넣는다. 웹 페이지에서도 많은 〈img〉 태그들이 사용되는데 〈figcaption〉을 이용하여 이 〈img〉들에 캡션을 달 수 있다. 〈figure〉는 〈img〉와 〈figcaption〉을 그룹핑 할 때 사용된다.

```
파일명 | ch02_tags/12_figure.html
1:  <figure>
2:    <img src = "../images/banana.png">
3:    <figcaption>그림 1. 바나나</figcaption>
4:  </figure>
5:  <figure>
6:    <img src = "../images/orange.png">
7:    <figcaption>그림 2. 오렌지</figcaption>
8:  </figure>
```

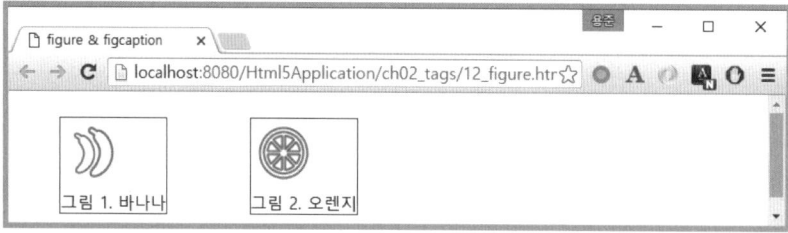

[그림 2.6] 〈figure〉와 〈figcaption〉

2.3.2 〈details〉와 〈summary〉

〈details〉는 추가적인 상세 내용을 숨기고 있다가 사용자가 요청하면 내용을 보여준다. 어떤 내용이라도 〈details〉 안에 넣을 수 있다. 〈summary〉는 〈details〉에 어떤 내용이 담겨 있는지를 표시하며 〈summary〉 태그를 클릭함으로써 〈details〉를 보이거나 숨길 수 있다.

```
파일명 | ch02_tags/13_details.html
1:  <details>
2:    <summary>HTML5에 대해서</summary>
3:    <p>HTML5는 더 이상 단순한 태그가 아니다.</p>
4:    <p>다양한 API를 이용해 멋진 어플리케이션 제작이 가능하다.</p>
5:  </details>
```

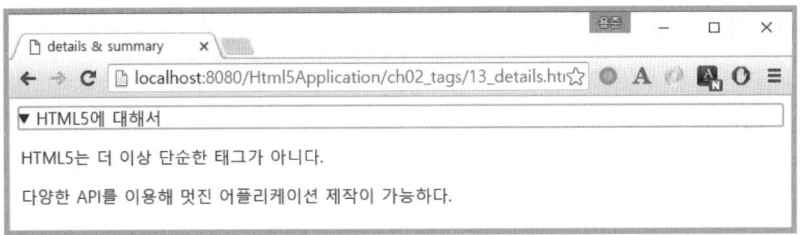

[그림 2.7] ⟨details⟩와 ⟨summary⟩

하지만, 이 태그는 모든 브라우저에서 지원하지는 않는다. http://caniuse.com에서 ⟨details⟩ 태그를 검색해보자.[4] 대부분 잘 지원하지만, IE, Edge, Opera Mini, Firefox 의 이전 버전은 지원하지 않음을 알 수 있다. 바로 이런 점이 HTML5 어플리케이션을 작성할 때 주의해야 하는 점이다.

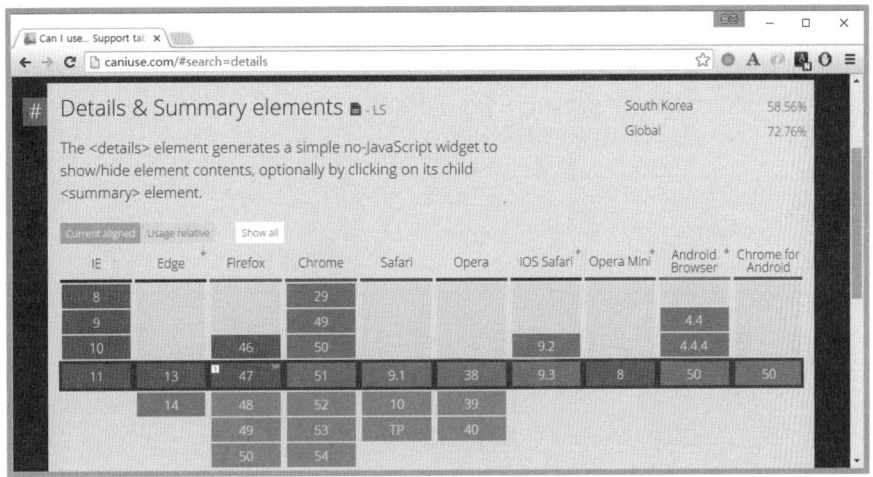

[그림 2.8] HTML5의 ⟨details⟩ 태그 지원 현황

2.3.3 ⟨mark⟩와 문자열 강조

⟨mark⟩는 문서 텍스트의 일부분을 강조하기 위해서 사용된다. 일반적으로는 노란색 배경에 검정 글씨로 표현되며 CSS를 통해서 배경과 글자의 색상은 변경할 수 있다.

⟨mark⟩ 이외에도 문자열을 강조하던 태그들이 존재한다. 기존의 태그로 ⟨i⟩는 기울임(italic), ⟨b⟩는 굵은(bold) 글씨로 문자열을 강조했는데 HTML5로 넘어오면서 용도가 변경되고 다른 태그들이 추가됐다. 이제 ⟨i⟩나 ⟨b⟩는 단순히 기울이거나 굵게 처리하는 의미를 가진다. 강조의 의미가 없어진 것이다. 대신 ⟨em⟩과 ⟨strong⟩이 강조하는 태그로 추가되었다.

---

4) 브라우저별 지원이 다른 경우 http://caniuse.com의 조회 결과를 참조한다.

파일명 | ch02_tags/14_mark.html

```
1:  <!DOCTYPE html>
2:  <html>
3:  <head>
4:  <meta charset = "UTF-8">
5:  <title>mark와 강조</title>
6:  <style>
7:  mark {
8:      background: red;
9:      color: blue;
10: }
11: </style>
12: </head>
13: <body>
14:     <h1>HTML5에서의 텍스트 강조</h1>
15:     <ul>
16:         <li><mark>mark - 다양한 형태로 텍스트 강조</mark>
17:         <li><em>em - 이탤릭으로 강조</em>
18:         <li><strong>strong - 굵은 글씨로 강조</strong>
19:         <li><i>i - 그냥 이탤릭 글씨</i>
20:         <li><b>b - 그냥 굵은 글씨</b>
21:     </ul>
22: </body>
23: </html>
```

[소스 설명]

7-10행 <mark>의 배경색과 글씨 색을 CSS로 변경하여 배경색(background)은 red로 하고 글자색(color)은 blue로 설정한다.

[그림 2.9] HTML5에서 문자열 강조

2.3.4 〈time〉

〈time〉은 날짜/시간 정보를 사람에게 의미를 주는 문자열과 기계에게 의미를 주는 타임스탬프 형태로 출력할 수 있다. 예를 들어 2007-01-01은 사람이 봤을 때는 날짜로 보이지만 기계가 읽었을 때는 단순한 문자열인지 시간에 대한 표현인지 알 길이 없다. 하지만 〈date〉 태그의 내용을 읽는다면 명확히 날짜를 표현함을 알 수 있을 것이다. 〈time〉은 datetime 속성을 이용해서 타임스탬프 정보를 설정한다.

파일명 | ch02_tags/15_time.html

```
1:   <p><time>09:00</time>까지 출근해야 합니다.</p>
2:   <p>나는 <time datetime = "2007-02-05 03:00"><strong>생일</strong></time>이 좋다.</p>
```

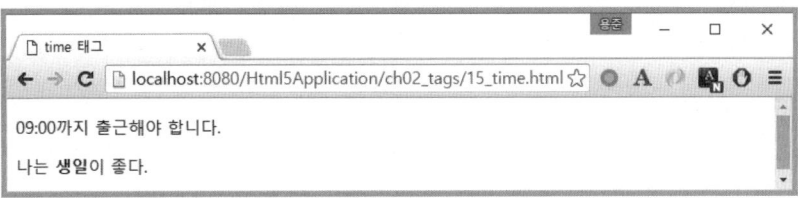

[그림 2.10] 〈time〉을 이용한 날짜/시간 표현

2.3.5 〈address〉

〈address〉는 주소이지만 일반적으로 글 작성자의 연락처의 의미를 가진다. 〈address〉가 〈body〉에서 사용되는 경우는 문서 전체에 대한 관계자의 연락처, 〈article〉에 사용되는 경우는 해당 〈article〉을 작성한 사람의 연락처를 나타낸다. 일반적으로 〈address〉는 〈footer〉 안에서 사용되는 경우가 많으며, 화면에 표시될 때는 이탤릭으로 기울여서 표시된다.

파일명 | ch02_tags/16_address.html

```
1:   <footer>
2:     <address>
3:        <p>작성자 <a href = "mailto:abc@def.com">홍길동</a>.</p>
4:        <p>홈페이지 <a href = "www.yuldokook.com">www.yuldokook.com</a><br>
5:        <p>주소: 율도국</p>
6:     </address>
7:   </footer>
```

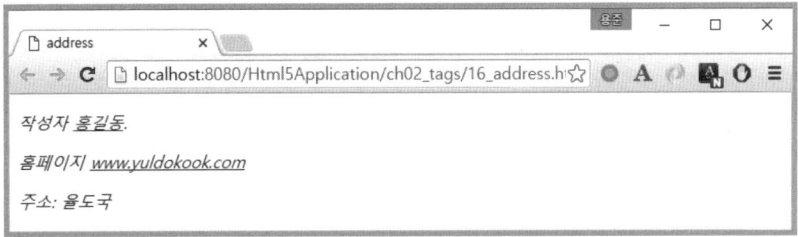

[그림 2.11] 〈address〉를 이용한 연락처 표현

2.3.6 〈cite〉

〈cite〉는 책, 영화, 음악 등의 제목 등을 인용할 때 사용하는 태그이다. 이 태그는 기본적으로 내용을 이태릭체로 기울여 표현한다.

파일명 | ch02_tags/17_cite.html

```
1:   <p>내가 가장 좋아하는 영화는 <cite>터미네이터</cite>이다</p>
```

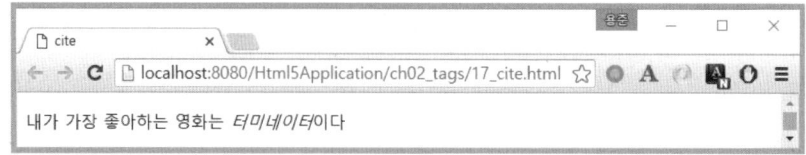

[그림 2.12] 〈cite〉를 이용한 인용

2.3.7 〈small〉

〈small〉은 원래 작은 문자를 표현하기 위해서 사용됐지만 HTML5에서는 추가적인 의미를 갖는다. 〈small〉은 저작권이나 면책 조항 등을 작은 문구로 나타내는 역할을 한다.

> 파일명 | ch02_tags/18_small.html

```
1:  <p>www.example.com</p>
2:  <p>
3:    <small>Copyright 1999-2050 개발자</small>
4:  </p>
```

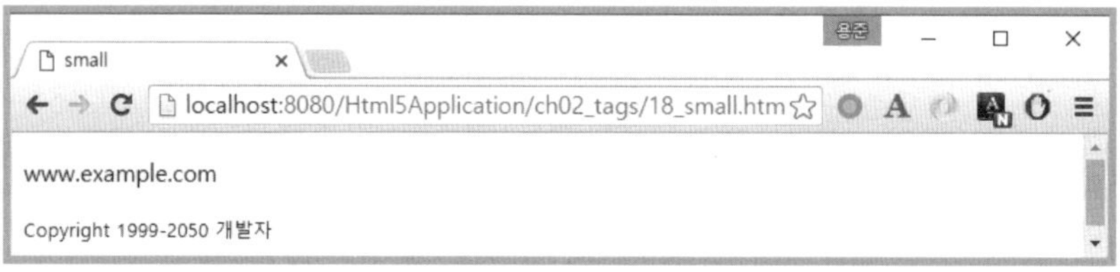

[그림 2.13] 〈small〉을 이용한 저작권 표현

2.3.8 〈progress〉

〈progress〉는 작업의 진행 정도를 나타내는데 사용된다. 파일을 다운로드하는 등 긴 작업을 할 때 작업의 진행 상태를 확인하는 용도이다. 〈progress〉는 최소값은 0으로 고정되어 있다. 추가로 max 속성은 최대값을, value 속성은 현재 값을 나타낸다. value 속성은 당연히 현재의 값을 나타내는데 값을 계속 변동시키기 위해서는 자바스크립트를 연동해야 한다. 만약 웹 브라우저가 〈progress〉를 지원하지 않는 경우 여는 태그와 닫는 태그 사이에 표시할 값을 써준다. 하지만, 현재 대부분 브라우저에서 이 태그를 지원한다.

자바스크립트에 대해서는 뒷부분에서 다루므로 지금 이해하기 어렵다고 겁낼 필요는 없다.

> 파일명 | ch02_tags/19_progress.html

```
1:  <body>
2:    <p>다운로드 중</p>
3:    <progress max = "100" id = "progress"></progress>
4:  </body>
5:  <script>
6:    var progress = document.getElementById("progress");
7:    var current = 0;
8:    var intervalId = setInterval(updateProgress, 100);
```

```
 9:
10:    function updateProgress() {
11:       progress.value = ++current;
12:       progress.innerHTML = current + "%"
13:       if(current == 100) {
14:          clearInterval(intervalId);
15:       }
16:    }
17: </script>
```

[소스 설명]

　　6행 id가 progress인 요소를 찾아서 변수 progress에 할당한다.

　　7행 현재 상태를 나타내기 위한 변수 current를 선언한다.

　　8행 setInterval() 함수를 이용해서 100ms마다 updateProgress() 함수를 호출한다.

　10−16행 변수 current의 값을 1 증가시켜 변수 progress의 value와 innerHTML 속성에 할
　　　　　당한다. 변수 current 값이 100이 되면 반복 작업을 종료한다.

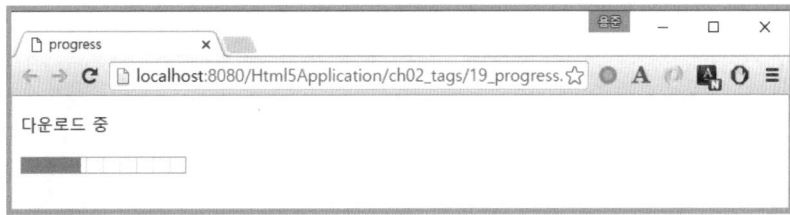

[그림 2.14] 〈progress〉를 이용한 진행률 표시

2.3.9 〈meter〉

〈meter〉 태그도 〈progress〉와 매우 유사한데 개념적으로 진행 상태가 아니라 전체 대
비 현재의 상태를 나타낸다. 예를 들어 'HDD의 용량이 200Gb인데 현재 80Gb를 사용
중'이라는 상태 정보를 표현하는 용도이다. 〈meter〉는 min, max, value 속성 이외 low,
optimum, high 속성을 갖는다. 각각 하한값, 적정값, 상한값을 나타내고 요소에 색으로
표시해준다.

파일명 | ch02_tags/20_meter.html

```
 1: <label>value < 하한</label>
 2: <meter max = "100" low = "30" optimum = "60" high = "90" value = "10"></meter>
 3: <br>
 4: <label>하한 <= value <적정</label>
 5: <meter max = "100" low = "30" optimum = "60" high = "90" value = "50"></meter>
 6: <br>
 7: <label>적정 <= value <상한</label>
 8: <meter max = "100" low = "30" optimum = "60" high = "90" value = "70"></meter>
 9: <br>
10: <label>상한 <= value</label>
11: <meter max = "100" low = "30" optimum = "60" high = "90" value = "95"></meter>
```

[소스 설명]

1-11행 max와 low, optimum, high 그리고 value 속성이 설정된 <meter>를 사용한다.
value 속성의 값에 따라 태그의 색상이 달라지는 것을 확인하자.

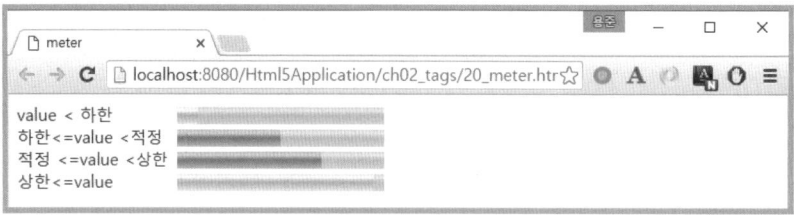

[그림 2.15] 〈meter〉를 이용한 상태 표시

〈meter〉 역시 브라우저별로 지원 현황을 확인할 필요가 있다.

이 외에도 특히 〈form〉과 관련된 많은 〈input〉 요소들과 속성들이 추가되었다. 그들에
대해서는 5장 form API에서 알아본다.

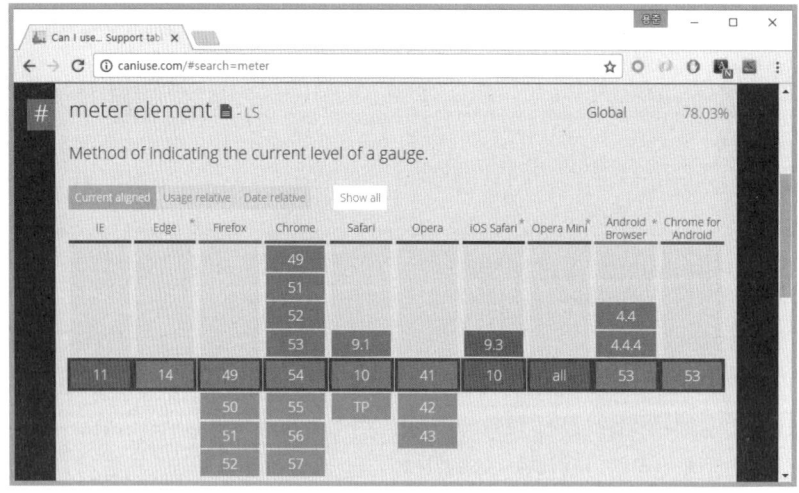

[그림 2.16] 브라우저별 〈meter〉를 지원 현황

요약 정리

1. HTML4와 HTML5의 차이

HTML4의 선언부

```
1:  <!DOCTYPE html PUBLIC "-//W3C//DTD HTML4.01 Strict//EN"
2:            "http://www.w3.org/TR/html4/strict.dtd">
3:  <html>
4:  <head>
5:  <meta http-equiv = "Content-Type" content = "text/html; charset = UTF-8">
6:  <title>Insert title here</title>
7:  </head>
```

HTML5의 선언부

```
1:  <!DOCTYPE html>
2:  <html>
3:  <head>
4:  <meta charset = "UTF-8">
5:  <title>Insert title here</title>
6:  </head>
```

문서 구성의 차이

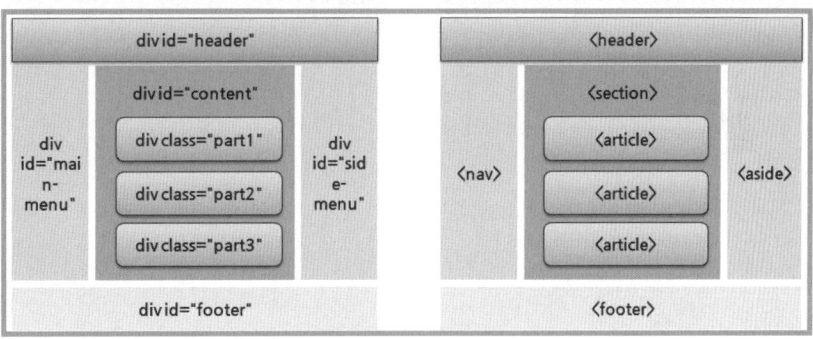

2. HTML5의 구조를 결정하는 태그

태그명	설명
〈header〉	제목, 로고, 메뉴, 검색창을 표시하는 〈body〉 태그의 구성 요소이다.
〈nav〉	문서를 연결하는 링크들을 표시하는 태그로 주로 〈ul〉과 〈li〉 태그를 이용해 표시한다.
〈section〉	큰 영역을 표시할 때 사용되며 다른 〈section〉이나 〈header〉 등을 포함한다.
〈article〉	실제 전달하려는 콘텐츠의 내용을 등록한다.
〈aside〉	본문 이외의 부가적인 내용을 표시한다.
〈footer〉	문서의 끝 부분에 제작정보, 저작권 등의 정보를 표시한다. 〈article〉 등에서도 정리하는 내용은 〈footer〉로 정의하기도 한다.

3. 표현을 위한 태그

태그명	설명
〈figure〉	〈figcaption〉과 〈img〉를 그룹핑하는 태그이다.
〈figcaption〉	〈img〉에 캡션을 추가하는 태그이다.
〈details〉	사용자와의 상호작용으로 상세 내용을 보이거나 숨기는 태그이다.
〈summary〉	〈details〉에서 클릭하는 부분으로 요약 정보를 지정하는 태그이다.
〈mark〉	문자열을 강조하기 위해 사용되는 태그이다.
〈time〉	기계에게 날짜/시간 정보를 전달하기 위해 사용되는 태그이다.
〈address〉	글의 작성자 연락처 등을 표시하는 태그로 이탤릭으로 표시된다.
〈cite〉	책이나 영화 음악 등의 제목을 인용할 때 사용되는 태그이다.
〈small〉	저작권이나 면책 조항 등을 작게 표현하기 위해 사용되는 태그이다.
〈progress〉	일반적으로 전체 진행률을 %로 표현하기 위해 사용되는 태그이다.
〈meter〉	전체 대비 현재의 상태를 나타내기 위해 사용되는 태그이다.

`<video>`와 `<audio>`

이제부터 본격적으로 HTML5 어플리케이션 작성에 대해 알아보자. 비디오나 오디오는 웹 환경에서 자주 사용되는 멀티미디어 요소들이다. HTML5 이전에는 HTML을 이용해 멀티미디어 요소를 브라우저에서 직접 재생할 수 없어서 별도의 플러그인을 설치해야만 했다. 대표적인 플러그인으로 마이크로 소프트의 미디어 플레이어나 애플의 퀵타임 플레이어, 리얼 플레이어 등이 한때 유행했었다.

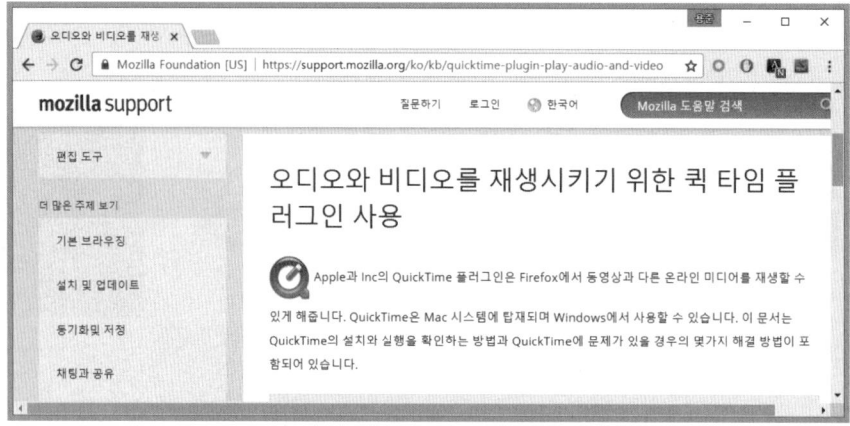

[그림 3.1] Firefox에 퀵타임 플러그인 설치

하지만, HTML5에서는 〈audio〉, 〈video〉 태그가 추가되어 플러그인 없이 멀티미디어 요소들을 바로 사용할 수 있다.

이 장에서는 HTML5에서 〈audio〉, 〈video〉 두 가지 태그의 사용법과 자바스크립트가 중간에 필요한 이유에 대해서 알아본다. 이를 통해서 HTML5, CSS와 자바스크립트가 어떻게 협업하는지 익힐 수 있다.

01 비디오

1.1. HTML과 비디오

초기 HTML이 고려될 때 주된 표현 대상은 문자열과 이미지에 대한 것이었다. 온통 텍스트로만 이루어진 화면에서 이미지 하나를 보이는 것만 해도 대단한 일이었을 것이다. 사실 당시는 네트워크 상황이 좋지 않았기 때문에 온라인으로 영화나 음악처럼 용량이 큰 미디어를 소모한다는 것은 상상하기 어려운 일이었다. (90년대 초에 모뎀을 통해서 영화를 본다면 속도도 속도겠지만 비용이 만만찮게 청구되었을 것이다.)

이제는 빠른 네트워크 속도로 수 기가(GiGa) 용량의 동영상 파일들은 몇 분 만에 서버에서 클라이언트 컴퓨터로 다운로드되고, 동영상은 웹에서 즐길 수 있는 가장 대중적인 미디어 중 하나가 되었다.

HTML5 이전의 W3C 스펙에는 동영상 재생에 대한 규약이 없어서 관련 회사들은 자사의 콘텐츠를 소모시키기 위해 별도의 플러그인을 개발해서 공급했다. 사용자들은 번거롭지만 어쩔 수 없이 플러그인을 통해 동영상을 시청해야만 하였기 때문에 브라우저 환경은 많은 플러그인으로 인해 점점 무거워졌다.

사람들은 동영상을 다운로드하고 다시 동영상 플레이어를 실행시키기 보다는 웹 브라우저를 통해 바로 동영상을 보고 싶은 욕구가 당연히 생긴다. 그래서, HTML5에서는 사용자들의 요구사항을 적극적으로 반영하여 동영상 파일들을 별도의 플러그인 없이 시청할 수 있게 되었다.

전 세계에서 가장 많은 동영상을 서비스하는 YouTube(http://www.youtube.com) 역시 지난 2015년부터 별도의 플러그인을 설치하지 않고 HTML5의 〈video〉 태그를 기반으로 동영상을 시청할 수 있도록 시스템을 개선했다.

[그림 3.2] 〈video〉 태그를 이용한다는 YouTube의 공지

1.2 <video> 사용

현재 대부분의 브라우저는 〈video〉를 지원하고 있다. IE8 버전은 이미 마이크로소프트에서도 업데이트를 지원하지 않기 때문에 더는 고려의 대상으로 삼지 않는 것이 좋다.

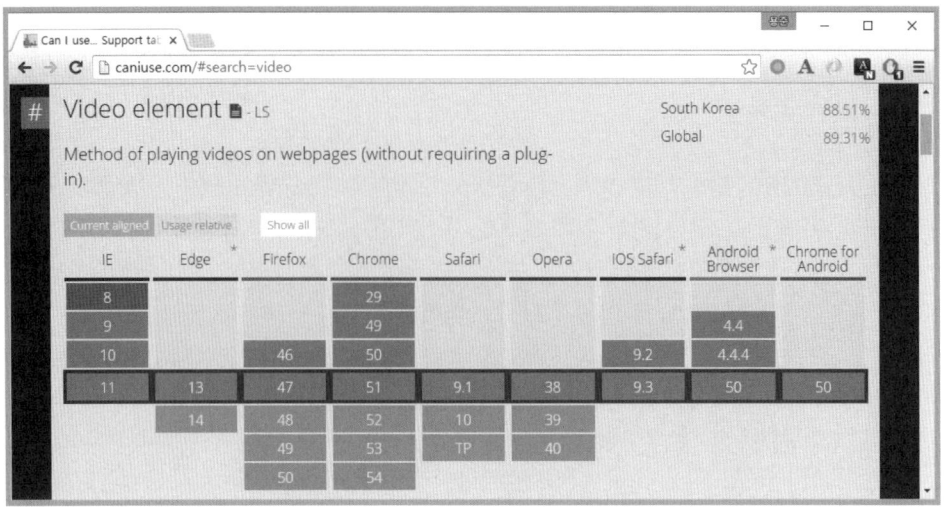

[그림 3.3] 브라우저별 〈video〉 지원 현황

〈video〉가 가질 수 있는 주요 속성들에 대해 알아보자.

● src : src 속성은 재생하려는 동영상의 경로이다.

```
1:  <video src = "../video/big_buck_bunny.webm"></video>
```

하지만 이렇게 작성되면 이 〈video〉는 webm 포맷의 동영상만을 지원해 활용도가 떨어진다. 가급적 여러 포맷의 동영상을 지원하기 위해서는 이 속성을 사용하지 않고 별도의 〈source〉 태그를 사용하는 것이 좋다. (다양한 포맷의 동영상 문제는 뒤에 다시 다룬다.)

```
1:  <video controls width = "640" height = "360">
2:    <source src = "../video/big_buck_bunny.webm">
3:    <source src = "../video/big_buck_bunny.mp4">
4:  </video>
```

경로를 지정할 때는 절대경로를 지정할 수도 있고 상대경로를 지정할 수도 있다. 위 예에서는 상대경로로 현재 HTML 파일이 있는 폴더 위치보다 한 단계 위의 경로에서 video 폴더 안에 있는 "big_buck_bunny.webm" 파일을 사용하고 있다.

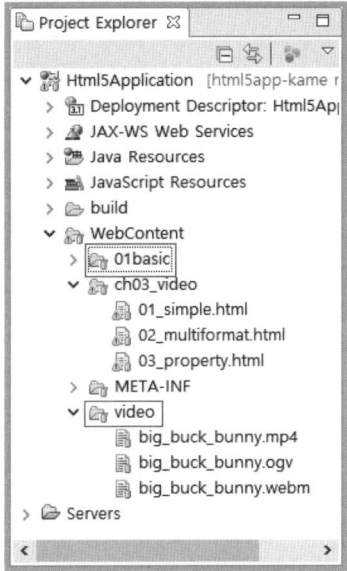

[그림 3.4] 〈video〉 태그에서 사용하는 동영상 파일의 경로

여는 태그(〈video〉)와 닫는 태그(〈/video〉) 사이에는 일반 문자열을 넣을 수 있는데 이는 〈video〉 태그를 지원하지 않을 때 대체 문자열로 출력된다.

● width, height : 재생하려는 동영상의 가로, 세로 크기를 설정한다. 기본 단위는 픽셀(px)을 사용한다.

```
1:   <video src = "../video/big_buck_bunny.webm" width = "640" height = "360"></video>
```

● controls : 재생, 일시정지, 특정 위치로 이동, 볼륨 조절 등 동영상을 제어하기 위한 컨트롤 UI를 보여줄 것인지를 설정한다. controls를 설정할 때는 단순히 controls와 같이 속성만 사용할 수도 있고 controls = "controls"와 같이 값을 설정할 수도 있다. true 또는 false와 같은 boolean 값은 사용하지 않는다는 것을 유념하자.

```
1:   <video src = "../video/big_buck_bunny.webm" controls = "controls"></video>
```

[그림 3.5] 크롬에서 〈video〉 태그의 컨트롤러

● loop : 동영상의 반복 재생 여부를 설정한다. loop가 설정되면 동영상 재생이 종료되었을 때 처음부터 다시 재생된다. loop와 같이 속성만 사용하거나 loop = "loop"와 같이 값을 설정할 수도 있다.

```
1:   <video src = "../video/big_buck_bunny.webm" loop = "loop"></video>
```

● autoplay : 자동 재생 여부를 설정한다. autoplay가 설정되면 〈video〉를 포함하는 페이지가
로딩되었을 때 자동으로 동영상이 재생된다. autoplay처럼 속성만 지정해도 되고 autoplay =
"autoplay"처럼 값을 설정할 수도 있다.

```
1:  <video src = "../video/big_buck_bunny.webm" autoplay = "autoplay"/>
```

● poster : 동영상이 재생되기 전에 화면에 포스터 이미지를 설정할 수 있다.

```
1:  <video src = "../video/big_buck_bunny.webm" poster = "../images/virus.png"></video>
```

● preload : 동영상을 재생 여부와 상관없이 미리 로딩할 것인지를 설정한다. preload 속성에는
auto | metadata | none 중에서 하나를 설정할 수 있으며 기본값은 auto이다. auto로 설정된 경
우 페이지를 로딩할 때 자동으로 동영상을 다운로드한다. metadata는 페이지를 로딩할 때 동영상의
metadata만 다운로드한다. 이를 통해 동영상의 크기, 포맷 등을 알 수 있다. none은 미리 다운로
드를 하지 않는다.

```
1:  <video controls width = "640" height = "360" preload = "auto"></video>
```

다음 예는 〈video〉에 다양한 속성들을 적용해본 것이다.

파일명 | ch03_video/01_video_property.html

```
 1:  <!DOCTYPE html>
 2:  <html>
 3:  <head>
 4:  <meta charset = "UTF-8">
 5:  <title>HTML5의 Video</title>
 6:  </head>
 7:  <body>
 8:    <video src = "../video/big_buck_bunny.webm"
 9:        width = "640" height = "360"
10:        controls = "controls"
11:        loop = "loop"
12:        autoplay = "autoplay"
13:        poster = "../images/virus.png"
14:        preload = "auto" >
15:      당신의 브라우저는 HTML5의 video 태그를 지원하지 않습니다.
16:    </video>
17:  </body>
18:  </html>
```

[소스 설명]

8행　〈video〉를 통해 big_buck_bunny.webm. 파일을 재생한다.

9행　〈video〉의 크기는 가로 640px, 세로 360px로 설정한다.

10행　controls 속성을 설정해 동영상에 마우스를 올리면 조정 컨트롤러가 표시되고 마우스가 벗어나면 사라진다.

11행　loop 속성을 이용해 비디오의 재생이 끝나면 다시 재생을 반복한다.

12행　autoplay 속성이 설정되어 페이지를 열면 바로 동영상을 재생한다.

13행　poster 속성으로 동영상 재생이 시작되기 직전까지 virus.png가 화면에 출력된다.

14행　preload 속성으로 페이지가 열리면 재생 여부와 상관없이 동영상을 다운로드한다.

15행　〈video〉 태그가 지원되지 않을 때 대체 텍스트를 설정한다.

1.3 〈video〉의 문제점

앞에서 살펴본 바와 같이 〈video〉의 사용법은 매우 간단하다. 하지만, 실제 어플리케이션을 만들기에는 두 가지의 큰 문제점을 가지고 있다.

1.3.1 표준화된 코덱의 부재

첫 번째 문제는 〈video〉에서 사용되는 동영상의 코덱(codec)[5]에 대한 표준이 없다는 점이다.

〈video〉 태그는 두 가지 형태로 사용할 수 있다.

파일명 | ch03_video/02_simple_src.html

```
 1:  <!DOCTYPE html>
 2:  <html>
 3:  <head>
 4:  <meta charset = "UTF-8">
 5:  <title>HTML5의 Video</title>
 6:  </head>
 7:  <body>
 8:     <video controls width = "640" height = "360"
 9:            src = "../video/big_buck_bunny.webm">
10:      당신의 브라우저는 HTML5 video를 지원하지 않습니다.
11:     </video>
12:  </body>
13:  </html>
```

---

5) 코덱이란 미디어 재생을 위해 특정 오디오나 비디오 스트림을 인코딩/디코딩하는 데 사용되는 알고리즘이다. 압축이 안 된 상태의 미디어 파일들은 크기가 너무 커서 인터넷을 통해 유포하기에 무리가 있다. 따라서 전송하기 전 인코더에서 코덱을 이용해 압축해서 전송하고 받은 후 디코더에서 역시 코덱을 이용해 압축을 해지한 후 재생하게 된다.

[소스 설명]

8행 동영상 재생을 위한 <video>가 선언됐다.

9행 재생될 동영상의 위치 정보가 상대경로로 설정되어 있다.

10행 <video> 태그가 지원되지 않는 브라우저를 위한 대체 메시지를 설정한다.

앞의 예에서는 〈video〉 태그 안에 src 속성으로 재생할 동영상을 설정한다. 만약 브라우저가 〈video〉 태그를 지원하면 동영상이 재생될 것이고, 그렇지 않다면 지원 불가에 대한 메시지가 출력될 것이다.

다음 [그림 3.6]은 크롬에서의 실행 화면이다.

[그림 3.6] 크롬에서 재생된 동영상
(동영상 출처 : http://camendesign.com/code/video_for_everybody/test.html)

크롬에서는 동영상이 원활히 재생되는 것을 확인할 수 있다. 이번에는 마이크로소프트의 에지(Edge)에서 실행해보자. 물론 IE 8 버전만 아니라면 IE에서 실행해도 상관없다.

하지만, 에지에서는 약간 이상한 결과를 보여준다. 다음 [그림 3.7]은 에지에서 실행한 어플리케이션의 모습이다.

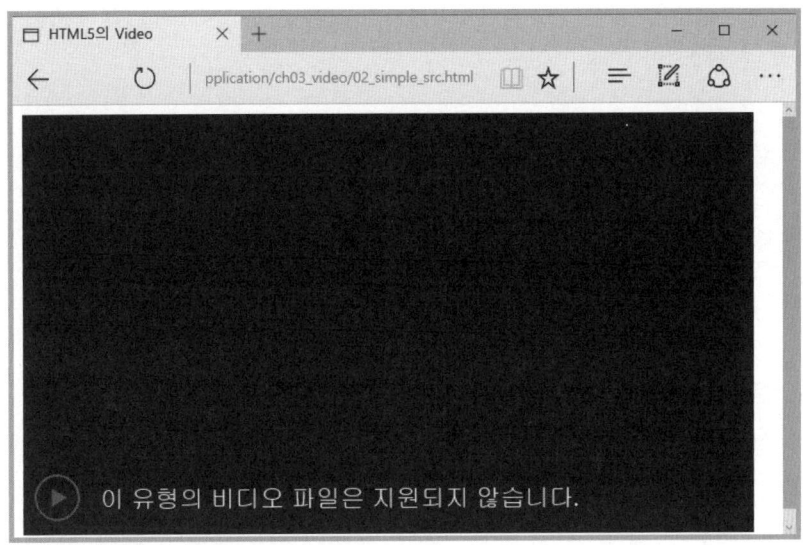

[그림 3.7] 에지에서 재생된 동영상

'당신의 브라우저는 HTML5 video를 지원하지 않습니다.'라는 메시지가 출력되지 않았으므로 분명히 에지는 〈video〉 태그를 지원하는 것 같다. 대신 '이 유형의 비디오 파일은 지원되지 않습니다.'라는 오류 메시지를 출력한다.

문제의 원인은 코덱에 있다.

HTML5는 〈video〉를 위한 태그와 속성들을 표준으로 잘 정의해 놓았지만, 표준이 되는 비디오 코덱에 대해서는 정하지 않았다. 따라서 〈video〉 태그를 지원함에도 동영상 파일에 적용된 코덱에 따라 일부 브라우저에서는 동영상이 재생되고 또 일부에서는 재생되지 않는 것이다.

1.3.2 브라우저별 코덱 지원 현황
다음의 [표 3.1]은 브라우저별 동영상 코덱 지원 현황이다.

표 3.1 브라우저별 동영상 코덱 지원 현황

브라우저	MP4 (H.264 and AAC)	WebM (VP8 and Vorbis)	Ogg (Theora and Vorbis)
Internet Explorer	YES	NO	NO
Chrome	YES	YES	YES
Firefox	YES	YES	YES
Safari	YES	NO	NO
Opera	YES	YES	YES

결론으로 말하면 MP4는 모든 브라우저에서 지원되고 WebM과 Ogg는 사파리와 IE에서는 지원되지 않는다.

왜 W3C는 코덱의 표준을 정하지 못할까?

현재 지원되는 동영상 코덱은 크게 MP4, Ogg, WebM 세 종류이다. Ogg 포맷은 무료이지만 상대적으로 성능이 낮다는 단점이 있다. 반면 MP4는 성능은 좋지만 유료이다. 즉 MP4로 동영상을 압축하게 되면 라이선스에 대한 비용이 발생한다.

다음은 MP4(AAC/H.264)의 라이선스 비용이다.

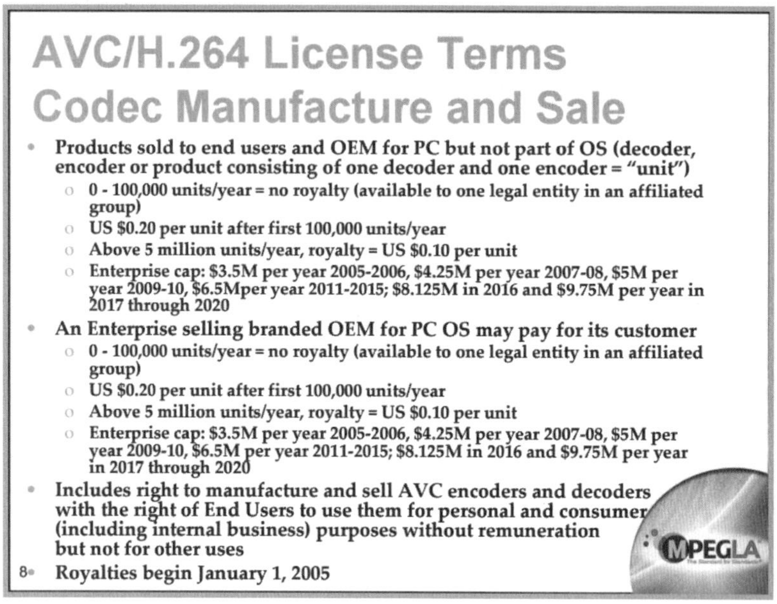

[그림 3.8] MP4의 라이선스 비용 – 자료 출처 http://www.mpegla.com/

즉 10만 unit까지는 무료이고 이후로 10만 unit까지는 1년에 $0.2가 청구된다.

웹의 특성상 유료가 어울리지는 않지만, MP4의 성능은 그런 불만을 잠재우기 충분했다. 그래서 Google이 무료이면서 성능이 좋은 WebM이라는 포맷의 동영상 코덱을 만들어서 오픈소스로 제공했다.

하지만, 그동안 라이선스로 많은 수익을 올리고 있던 회사들의 입장에서는 큰 수입원을 갑자기 잃을 수는 없었을 것이다. 그들의 격렬한 저항으로 WebM은 표준이 되지 못한 상태이다. 그러나 WebM을 사용하는 브라우저가 점차 늘어나고 있어 언젠가는 표준으로 정해지지 않을까 생각한다.[6]

---

6) 기존 동영상을 webm 형식으로 변환하기 위한 다양한 무료 툴이 지원된다.
http://easyHTML5video.com/

1.3.3 코덱 문제의 해결

하지만, 다행히도 코덱에 대한 문제는 조금의 노력으로 해결할 수 있다. 다음의 코드를 살펴보자. ⟨video⟩에 새롭게 mp4 파일을 src로 사용하는 ⟨source⟩가 하나 더 추가되었다.

파일명 | ch03_video/03_multiformat_src.html

```
 1:  <!DOCTYPE html>
 2:  <html>
 3:  <head>
 4:  <meta charset = "UTF-8">
 5:  <title>HTML5의 Video</title>
 6:  </head>
 7:  <body>
 8:     <video controls width = "640" height = "360">
 9:        <source src = "../video/big_buck_bunny.webm">
10:        <source src = "../video/big_buck_bunny.mp4">
11:        당신의 브라우저는 HTML5 video를 지원하지 않습니다.
12:     </video>
13:  </body>
14:  </html>
```

[소스 설명]

　9행　webm 타입의 파일이 소스로 등록되어 있다. webm을 재생할 수 있는 브라우저라면 9행을 바탕으로 동영상을 재생한다.

　10행　webm을 재생할 수 없었던 브라우저에서는 두 번째 선택으로 mp4를 재생할 수 있도록 소스를 등록한다.

이 예제 파일을 에지 웹 브라우저에서 테스트해보면 [그림 3.9]와 같다.

[그림 3.9] 에지 브라우저에서 재대로 재생되는 동영상

이제 두 브라우저에서 동영상이 잘 재생되는 것을 확인할 수 있다. 이처럼 〈source〉는 마치 프로그래밍에서 if ~ else 문장처럼 동작한다. 즉 브라우저는 〈video〉 안에 선언된 〈source〉를 위에서부터 순차적으로 확인해보며 자신이 실행할 수 있으면 실행하고 아니면 다음 〈source〉로 넘어가게 된다. 결국, 하나라도 재생할 수 있으면 해당 동영상은 재생되는 것이다.

즉 아래와 같은 가상 코드로 브라우저의 동작을 생각할 수 있다.

```
1:  if(webm 재생 가능?)
2:    <source src = "../video/big_buck_bunny.webm">
3:  else if(mp4 재생 가능?)
4:    <source src = "../video/big_buck_bunny.mp4">
5:  else
6:    당신의 브라우저는 HTML5 video를 지원하지 않습니다.
```

〈source〉는 속성으로 type을 가질 수 있다. type은 재생되는 동영상의 타입으로 video/ogg, video/mp4, video/webm, audio/mpeg, audio/ogg, audio/mp4를 사용할 수 있다. 사실 이 type 정보는 명시하지 않아도 재생에 지장이 없다. 하지만, 이 정보가 없다면 브라우저가 해당 영상을 재생할 수 있는지를 파악하기 위해서 일단 파일을 다운로드해야 한다. 즉 간단한 문자열 몇 개를 사용하지 않음으로 불필요한 네트워크 트래픽이 발생하는 것이다. 따라서 가급적 type을 명시하여 사용하는 것이 좋다.

1.3.4 서로 다른 브라우저의 구현
앞에서 살펴본 예제의 결과를 두 브라우저를 통해서 비교해보자. 재생되었다는 기쁨도 잠시, 잘 살펴보면 어색한 부분이 발생한다.

[그림 3.10] 브라우저별 동영상 재생 모습 비교(구글 크롬과 마이크로소프트 에지)

바로 동영상 하단에 표시된 컨트롤 부분이 다른 것이다. 물론 기능은 동일하게 동작한다. 하지만, 어플리케이션이라고 만들었는데 실행되는 브라우저마다 보이는 모습이 다르다면 사용자의 입장에서는 혼선이 있을 것이다.

이것은 W3C가 배포한 스펙을 각 브라우저 공급자들이 나름대로 구현하기 때문에 나오는 현상이다. 예를 들어 '컨트롤러에는 재생 버튼이 있다'라는 스펙은 있을 수 있지만 '재생 버튼은 원으로 감싸져야 한다'는 내용은 없다. 이를 개선하기 위해 우리가 직접 컨트롤을 그리고 제어해야 한다. 컨트롤을 그릴 때는 HTML과 CSS를 적용하고 제어를 위해서는 자바스크립트가 필요하다.

1.4 ⟨video⟩ API

⟨video⟩는 자바스크립트의 DOM에서 HTMLVideoElement 인터페이스[7]로 관리된다. HTMLVideoElement는 [그림 3.11]과 같은 상속 구조를 갖는다.

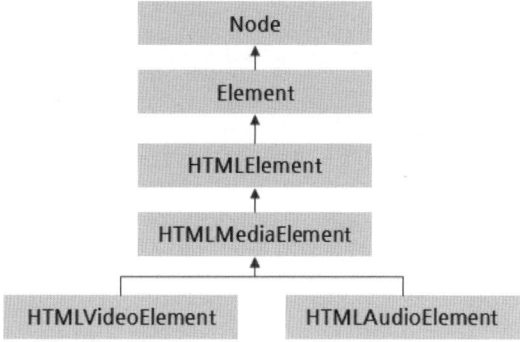

[그림 3.11] HTMLVideoElement의 상속 관계

이 계층 구조는 W3C에서 선언한 스펙이고 모두 인터페이스이다. 하단부를 살펴보면 ⟨video⟩의 DOM 객체인 HTMLVideoElement와 ⟨audio⟩의 DOM 객체인 HTMLAudioElement는 모두 HTMLMediaElement를 상속받는다. 다행인 것은 ⟨video⟩나 뒤에 살펴볼 ⟨audio⟩를 제어하기 위한 대부분의 속성이나 기능들은 HTMLMediaElement에 선언되어 있기 때문에 두 미디어 태그를 제어하는 방법은 거의 동일하다.

HTMLMediaElement API에 대해 알아보자.

먼저 HTMLMediaElement의 속성값이다.

표 3.2 HTMLMediaElement API의 주요 속성

속성 이름	설명
double currentTime	현재 재생중인 위치의 시간(초)을 double 형태로 반환한다. currentTime에 값이 설정되면 해당 위치에서부터 재생을 시작한다.

---

7) W3C는 스펙을 선언하고 구현은 브라우저들이 담당한다. 따라서 브라우저별로 자바스크립트의 동작(구현)이 약간씩 차이가 날 수 있다.

double duration	미디어의 전체 재생 시간(초)을 double형으로 나타내는 읽기 전용의 값이다. 단 미디어가 가능하지 않은 상태에서는 0이 반환된다. 총 재생시간을 알 수 없는 경우 NaN 값이 반환된다.
Boolean ended	미디어의 재생이 끝났는지를 나타내는 읽기 전용의 속성으로 Boolean 값을 반환한다.
Boolean loop	불리언 타입으로 HTML 속성에서 loop 설정 여부를 나타낸다.
Boolean muted	불리언 타입으로 현재 오디오가 음 소거 상태인지 반환한다.
unsigned short networkState	미디어의 현재 네트워크 상태를 나타낸다. 0 : NETWORK_EMPTY – 미디어가 아직 초기화되지 않음 1 : NETWORK_IDLE – 미디어가 활성화되었으며 사용하지 않음 2 : NETWORK_LOADING – 미디어 데이터 수신 중 3 : NETWORK_NO_SOURCE – 미디어를 찾을 수 없음
Boolean paused	미디어가 현재 정지 상태인지를 나타내는 읽기 전용의 속성으로 Boolean 값을 반환한다.
unsigned short readyState	미디어의 현재 준비 상태를 반환한다. 0 = HAVE_NOTHING – 미디어가 준비되었는지 아닌지, 정보가 없는 상태 1 = HAVE_METADATA – 미디어를 위한 메타데이터가 준비된 상태 2 = HAVE_CURRENT_DATA – 현재위치를 재생하기 위한 데이터가 사용 가능 하지만 다음 프레임을 재생하기 위한 데이터가 충분치 않은 상태 3 = HAVE_FUTURE_DATA – 현재 데이터와 적어도 다음 프레임이 사용 가능한 상태 4 = HAVE_ENOUGH_DATA – 재생을 시작하기 위한 데이터가 충분히 사용 가능한 상태
double volume	오디오 음량을 0.0에서 1.0 사이의 값으로 설정한다.

다음은 API에서 제공되는 함수들이다.

표 3.3 HTMLMediaElement API의 주요 함수

함수 이름	설명
play()	미디어를 재생시킨다. 미디어가 다른 지점에서 중지된 경우 중지된 지점에서부터 재생하고, 그렇지 않으면 처음부터 재생을 시작한다.
pause()	현재 재생 중인 미디어를 일시 정지한다.
load()	미디어 파일을 로딩하고 재생되도록 준비한다. preload 속성이 none일 경우는 재생 시작 전에 명시적으로 호출되어야 한다.
canPlayType(mediaType)	mediaType이 재생 가능한지 반환하는 함수이다. 일반적으로 사용되는 파라미터는 video/ogg, video/mp4, video/webm, audio/mpeg, audio/ogg, audio/mp4 등을 사용할 수 있다. 필요하다면 타입과 함께 코덱의 이름을 기입할 수도 있다. (예 : video/ogg; codecs="theora, vorbis") 함수의 반환 값은 3가지 중 하나이다. probably : 지원 가능 maybe : 재생해보기 전에는 정확히 알 수 없음 "" (빈 문자열) : 지원하지 않음

다음은 HTMLMediaElement에 발생할 수 있는 이벤트들이다.

표 3.4 HTMLMediaElement API의 주요 이벤트

이벤트 이름	설명
abort	미디어의 로딩이 취소됐을 때 발생하는 이벤트이다.
canplay	미디어가 재생 가능한 상태가 되었을 때 발생하는 이벤트이다.
canplaythrouth	모든 데이터를 다 수신해서 미디어의 재생이 끊임없이 가능할 때 발생하는 이벤트이다.
error	미디어 재생 중 에러 상황에서 발생하는 이벤트이다.
loadstart	미디어 로딩이 시작했을 때 발생하는 이벤트이다.
pause	미디어가 일시 정지 상태로 되었을 때 발생하는 이벤트이다.
play	미디어가 재생될 때 발생하는 이벤트이다.
progress	미디어가 다운로드되는 상황에서 주기적으로 발생하는 이벤트로 진행 상황을 화면에 업데이트하기 위해 주로 사용된다.
timeupdate	미디어를 재생하면서 currentTime이 적용될 때 발생하는 이벤트이다.

1.4.1 API의 적용

API를 적용하기 위해서는 먼저 DOM을 통해 〈video〉에 해당하는 HTMLVideoElement 요소를 얻은 후 앞에서 소개한 속성과 함수를 적용하면 된다. 한 가지 기억할 것은 함수와 속성들이 모두 HTMLMediaElement에 선언되어 있다는 점이다. 따라서 뒤에서 살펴볼 HTMLAudioElement에서도 동일한 방식으로 사용할 수 있다. 물론 HTMLVideoElement에도 특화된 속성, 기능이 있으나 많이 사용되지는 않는다.

파일명 | ch03_video/04_simpleapi.html

```
1:  <!DOCTYPE html>
2:  <html>
3:  <head>
4:  <meta charset = "UTF-8">
5:  <title>HTML5의 Video</title>
6:  </head>
7:  <body>
8:    <video id = "media" controls width = "640" height = "360">
9:      <source src = "../video/big_buck_bunny.webm">
10:     <source src = "../video/big_buck_bunny.mp4">
11:   </video>
12:   <br>
13:   <button id = "btnPlay">재생</button>
14:   <button id = "btnPause">일시정지</button>
15:   <span id = "info"></span>
16: </body>
17: <script>
18:   var media = document.querySelector("#media");
19:   var info = document.querySelector("#info");
20:   document.querySelector("#btnPlay").addEventListener("click", function() {
21:     media.play();
22:   });
```

```
23:    document.querySelector("#btnPause").addEventListener("click", function() {
24:      media.pause();
25:    });
26:    media.addEventListener("timeupdate", function() {
27:      info.innerHTML = "상태:" + media.currentTime + "/" + media.duration;
28:    });
29: </script>
30: </html>
```

[소스 설명]

18행 ID가 media인 요소를 찾아서 변수 media에 할당한다. 8행의 <video> 요소가 선택
      된다.

19행 ID가 info인 요소를 찾아서 변수 info에 할당한다. 15행의 <span> 요소가 선택된다.

20행 ID가 btnPlay인 요소를 찾아서 click 이벤트를 처리하는 리스너를 등록한다. 이에
      따라 [재생] 버튼을 클릭하면 media의 play() 메서드가 호출된다.

23행 ID가 btnPause인 요소를 찾아서 click 이벤트를 처리하는 리스너를 등록한다. 이
      에 따라 [일시정지] 버튼을 클릭하면 media의 pause() 메서드가 호출된다.

26행 media에 timeupdate 이벤트를 처리하는 리스너를 등록한다. 이에 따라 info 영
      역에 비디오의 "현재 재생위치(media.currentTime) / video의 전체길이(media.
      duration)"가 출력된다.

위와 같이 HTML5가 제공해주는 API들은 자바스크립트에서 사용된다.

> 자바스크립트 프로그래밍이 어려운 점 중 하나는 대소문자를 구분하지만, 대문자를 소문자로 썼
> 을 때 오류가 발생하지 않는다는 점이다. 단지 동작을 하지 않을 뿐이다. 예를 들어 media.
> currentTime은 media의 현재 재생 시점을 반환하지만 media.CurrentTime은 undefined를
> 반환한다. 오류는 발생하지 않는다.

1.5 나만의 비디오 컨트롤 만들기

본격적으로 비디오 컨트롤을 만들어보자.

앞서도 자주 이야기했지만, 앞으로의 대부분 작업은 HTML과 CSS, 자바스크립트의 협
업으로 이뤄진다. 다음 예제는 소스 코드의 길이가 길어서 3가지 별도의 파일로 분리해
서 작성한다.

먼저 HTML 부분부터 살펴보자.

```
파일명 | ch03_video/05_customvideocontrol.html
 1:  <!DOCTYPE html>
 2:  <html>
 3:  <head>
 4:  <meta charset = "UTF-8">
 5:  <title>커스텀 컨트롤러의 제작</title>
 6:  <link rel = "stylesheet" href = "05_customvideocontrol.css">
 7:  </head>
 8:  <body>
 9:     <div id = "container">
10:        <video id = "video">
11:           <source src = "../video/big_buck_bunny.webm">
12:           <source src = "../video/big_buck_bunny.mp4">
13:        </video>
14:        <div id = "controller">
15:           <button id = "play">재생</button>
16:           <input type = "range" id = "seek" value = "0">
17:           <div id = "current">00:00</div>
18:           <button id = "mute">음소거</button>
19:           <input type = "range" id = "volume" max = "1" step = "0.1" value = "1">
20:           <button id = "fullScreen">전체화면</button>
21:        </div>
22:     </div>
23:  </body>
24:  <script src = "05_customvideocontrol.js"></script>
25:  </html>
```

[소스 설명]

6행 별도로 CSS 파일을 만들고 링크한다. HTML 파일과 동일한 폴더에 05_customvideocontrol.css 파일이 존재해야 한다.

9행 전체 요소를 감싸는 <div> 태그의 ID를 container로 설정한다.

11-12행 재생할 미디어를 설정한다. 여러 브라우저를 지원하기 위해 webm 형식과 함께 mp4 형식의 파일을 등록한다.

14행 사용자 정의 컨트롤러를 만들기 위한 <div> 태그의 id를 controller로 설정한다.

15행 동영상을 재생하거나 일시 정지시킬 수 있는 버튼이다.

16행 동영상의 재생 위치를 표시할 range 타입의 <input> 태그를 선언한다. 이 요소의 최대값은 동영상의 메타 정보를 읽어야만 계산할 수 있기 때문에 초기값만 0으로 설정한다.

17행 현재 동영상의 재상 시간을 표시하는 요소이다. 00:00의 포맷으로 시간 정보를 출력해야 한다.

18행 동영상의 소리를 없애거나 다시 나오게 하는 버튼이다.

19행 동영상의 볼륨을 조절하는 range 타입의 <input> 태그를 선언한다. 초기값은 0이고 최대값은 1이며 값은 0.1씩 조절한다. 초기값은 최대인 1을 갖는다.

20행 동영상을 전체화면으로 재생하기 위한 버튼이다.

24행 자바스크립트를 별도의 파일로 만들고 링크한다. HTML 파일과 동일한 폴더에 05_
customvideocontrol.js 파일이 있어야 한다.

다음은 CSS를 정의하는 부분이다.

파일명 | ch03_video/05_customvideocontrol.css

```
 1:  @CHARSET "UTF-8";
 2:  body {
 3:     text-align: center;
 4:  }
 5:  #container {
 6:     width: 640px;
 7:     margin: 20px auto;
 8:     padding: 5px;
 9:     background: #999999;
10:     position: relative;
11:  }
12:  #controller {
13:     position: absolute;
14:     bottom: 0;
15:     left: 0;
16:     right: 0;
17:     background: orange;
18:     align-items: center;
19:     display: none;
20:  }
21:  #seek {
22:     width: 100%;
23:  }
24:  #video {
25:     width: 100%;
26:     height: 100%;
27:  }
28:  #volume {
29:     width: 100px;
30:  }
31:  button {
32:     height: 22px;
33:     width: 140px;
34:  }
```

[소스 설명]

2-4행 <body> 태그의 text-align 속성을 center로 해서 모든 요소들을 화면 가운데에 배
치하도록 한다.

5-11행　id가 container인 요소의 width는 640px, 다른 요소와의 간격(margin)은 위와 아래는 20px, 좌우는 auto 속성이므로 화면의 중간에 배치된다. 배경색을 #999999로 설정하고 position을 relative의 상대 좌표로 잡는다.

12-20행　id가 controller로 선언된 〈div〉 태그에 스타일을 적용한다. position 속성을 absolute로 정해서 다른 요소와 상관없이 절대 좌표로 배치되도록 한다. bottom, left, right 속성을 각각 0으로 하여 부모 요소의 맨 아래에 좌, 우로 꽉 들어차게 배치한다. 배경색은 오렌지색으로 정한다. align-item은 display 속성이 flex일 경우 자식 요소들의 가로방향 정렬을 가운데로 맞춰준다. 마지막에 display 속성을 none으로 지정함으로써 처음에는 화면에 표시되지 않는다.

21-23행　id가 seek인 〈input〉 태그의 width를 100%로 하여 다른 요소를 배치한 후 남는 공간을 다 차지하도록 한다.

24-27행　id가 video인 〈video〉 태그의 width와 height를 각각 100%로 설정하여 부모 영역을 꽉 채우도록 한다.

28-30행　id가 volume인 〈input〉 요소의 width를 100px로 고정시킨다.

31-34행　화면의 모든 〈button〉 태그들의 height를 22px, width를 140px로 고정시킨다.

마지막으로 자바스크립트 부분을 살펴보자. 자바스크립트는 소스 코드의 분량이 길어 하나의 소스를 부분별로 끊어서 설명한다.

먼저 변수 선언부분이다. document 객체가 가지는 getElementById 함수의 파라미터로 HTML 요소의 id 값을 넘겨주면 해당 요소의 DOM 객체를 반환한다. 소스 전체적으로 사용할 요소들을 모두 변수로 등록시켜 놓는다.

파일명 | ch03_video/05_customvideocontrol.js

```
 1:  /* 변수의 선언*/
 2:  var container = document.getElementById("container")
 3:  var controller = document.getElementById("controller");
 4:  var video = document.getElementById("video");
 5:  var play = document.getElementById("play");
 6:  var current = document.getElementById("current");
 7:  var seek = document.getElementById("seek");
 8:  var mute = document.getElementById("mute");
 9:  var volume = document.getElementById("volume");
10:  var fullScreen = document.getElementById("fullScreen");
```

[소스 설명]

1-10행　화면에 설정된 id 값을 기반으로 DOM 객체를 찾아 변수에 저장한다.

다음은 container에서의 이벤트를 처리해보자. 앞서 controller는 기본 display 속성을 none으로 설정했기 때문에 화면에서 보이지 않는다. container에 마우스가 올라가면 controller를 보이게 하고 마우스가 내려가면 다시 숨기도록 처리해보자. 화면에 보일 때

controller의 자식 요소들을 가로로 배치하기 위해서 display 속성은 flex로 설정한다.

```
파일명 | ch03_video/05_customvideocontrol.js (계속)
11:   /* container에서의 이벤트 처리 */
12:   container.addEventListener("mouseover", function() {
13:       controller.style.display = "flex";
14:   });
15:
16:   container.addEventListener("mouseout", function() {
17:       controller.style.display = "none";
18:   });
```

[소스 설명]

12-14행   container에 mouseover 이벤트를 처리하기 위한 리스너를 등록한다. 리스너는
          controller의 style 중 display 속성을 flex로 변경한다. 이제 container에 마우스가
          올라가면 controller가 자식들을 가로로 배치한 상태로 보인다.

16-18행   container에 mouseout 이벤트를 처리하기 위한 리스너를 등록한다. 리스너는
          controller의 style 중 display 속성을 none으로 변경한다. 즉 마우스가 container
          영역에서 벗어나면 controller는 보이지 않게 된다.

마우스가 올라갔을 때 모습   마우스가 내려갔을 때 모습

[그림 3.12] container의 마우스 이벤트 처리

다음은 〈video〉 요소에서 일어나는 이벤트를 처리한다. video에서는 canplay,
timeupdate, ended를 처리한다. canplay는 재생이 가능해지는 시점에 동작하며 video
의 duration 속성을 이용해서 전체 동영상의 길이를 가져온다. 동영상 길이는 탐색을 위
한 seek 객체의 최대값으로 설정된다.

timeupdate 이벤트는 video의 currentTime 속성이 변경될 때마다 호출된다. 이 이벤트
에서는 seek 객체의 value 속성을 video의 currentTime으로 업데이트하고 updateTime
함수에 currentTime을 전달해서 화면 값을 갱신하도록 한다. (updateTime 함수는 뒤에
설명한다.)

마지막 ended 이벤트는 동영상이 끝까지 재생된 경우 호출되는데 화면의 초기화를 처리한다. play의 내용을 재생으로 변경하고 seek의 value와 video의 currentTime 값을 0으로 변경한다. 마지막으로 updateTime 함수를 파라미터 0으로 호출해 표현되는 시간도 초기화한다.

파일명 | ch03_video/05_customvideocontrol.js (계속)

```
19:  /* video에서의 이벤트 처리 */
20:  video.addEventListener("canplay", function() {
21:      seek.max = this.duration;
22:  });
23:
24:  video.addEventListener("timeupdate", function(e) {
25:      seek.value = this.currentTime;
26:      updateTime(this.currentTime);
27:  });
28:
29:  video.addEventListener("ended", function() {
30:      play.innerHTML = "재생";
31:      seek.value = 0;
32:      video.currentTime = 0;
33:      updateTime(0);
34:  });
```

[소스 설명]

20-22행 video의 canplay 이벤트에 대한 리스너를 등록한다. video의 duration(전체 길이)을 seek의 max 속성에 할당한다.

24-27행 video의 timeupdate 이벤트에 대한 리스너를 등록한다. video의 currentTime(현재 재생 위치) 값을 seek의 value로 사용하고 updateTime 함수에 파라미터로 전달하여 재생 시간을 업데이트 하도록 한다.

29-34행 video의 ended 이벤트에 대한 리스너를 등록한다. 재생이 종료했을 때 play의 버튼 라벨, seek의 value, video의 currentTime, 화면의 재생 시간 값을 모두 초기화한다.

[그림 3.13] video 재생과 관련된 요소

다음은 [재생] 버튼을 클릭할 때 발생하는 이벤트 처리이다. 현재 video의 상태가 paused이거나 ended 상태이면 video를 재생하고 버튼의 라벨을 '일시정지'로 바꾼다. 그렇지 않은 경우는 video를 일시 정지시키고 버튼의 라벨을 '재생'으로 바꾼다.

파일명 | ch03_video/05_customvideocontrol.js (계속)

```
35:   /* play 이벤트 처리 */
36:   play.addEventListener("click", function() {
37:     if (video.paused || video.ended) {
38:       video.play();
39:       this.innerHTML = "일시정지";
40:     } else {
41:       video.pause();
42:       this.innerHTML = "재생";
43:     }
44:   });
```

[소스 설명]

36행 play가 클릭될 때 동작할 이벤트 리스너를 등록한다.

37-39행 일시정지 상태이거나 재생이 끝났으면 video의 play()를 호출하고 play의 innerHTML을 '일시정지'로 변경한다.

40-43행 그렇지 않은 경우(즉 재생 중인 경우) video의 pause를 호출하고 play의 innerHTML을 '재생'으로 변경한다.

다음은 seek에서 발생하는 이벤트 처리이다. seek에서는 click, mousedown, mouseup, input 이벤트를 처리해보자.

먼저 클릭되었을 때는 클릭된 좌표를 이용해 seek의 value를 계산해야 한다. seek의 전체 길이(seek.offsetWidth)는 video의 전체 길이(video.duration)에 해당하고 seek의 클릭된 지점(e.offsetX)은 video의 재생 위치(video.currentTime)이므로 재생 위치는 다음과 같이 구할 수 있다.

```
1:   var newTime = video.duration * e.offsetX / this.offsetWidth;
```

이 값을 seek의 value에 할당해서 보이는 값을 수정하고 video의 currentTime에 할당해서 video의 재생 위치를 변경한다.

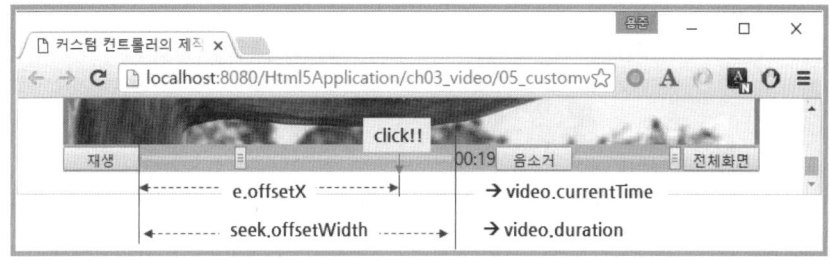

[그림 3.14] click 이벤트의 위치 -> 재생 위치로 환산

mousedown과 mouseup, input 이벤트에서는 seek를 클릭하지 않고 현재의 핸들을 마우스로 잡아서 이동하다가 원하는 재생 위치에서 놓는 경우 연계 동작으로 일어난다.

mousedown이 발생하면 동영상 재생을 일시 정지해야 한다. 핸들이 이동되는 과정에서는 동영상이 재생을 멈춰야 원하는 위치를 쉽게 잡을 수 있기 때문이다.

input은 마우스로 핸들을 이동하는 과정에서 값이 바뀔 때마다 발생한다. 이때는 seek의 value를 video의 currentTime에 할당해서 해당 위치의 화면을 확인할 수 있게 한다.

mouseup 이벤트가 발생하면 이벤트 발생 전에 동영상이 재생 상태였다면(이 경우는 play의 라벨이 '일시정지'이다.) 다시 재생시킨다.

파일명 | ch03_video/05_customvideocontrol.js (계속)

```
45:  /* seek 이벤트 처리 */
46:  seek.addEventListener("click", function(e) {
47:      var newTime = video.duration * e.offsetX / this.offsetWidth;
48:      seek.value = newTime;
49:      video.currentTime = newTime;
50:  });
51:
52:  seek.addEventListener("mousedown", function() {
```

```
53:    video.pause();
54: });
55:
56: seek.addEventListener("input", function() {
57:    video.currentTime = seek.value;
58:    updateTime(seek.value);
59: });
60:
61: seek.addEventListener("mouseup", function() {
62:    if (play.innerHTML == "일시정지") {
63:       video.play();
64:    }
65: });
```

[소스 설명]

46-50행 seek에 click 이벤트를 처리할 이벤트 리스너를 등록한다.

47행 click 이벤트 발생 지점(e.offsetX)을 기준으로 재생할 시간 정보(newTime)를 계산한다.

48-49행 newTime을 seek의 value와 video의 currentTime에 할당한다.

52-54행 seek에 mouseover 이벤트 처리에 대한 리스너를 등록한다. 이 이벤트가 발생하면 video는 무조건 재생을 일시 정지한다.

56-59행 input 이벤트를 처리할 리스너를 등록한다. seek의 value를 이용해 video의 currentTime을 변경하고 화면에서 재생 시간을 업데이트 한다.

61-65행 mouseup 이벤트가 발생했을 때 만약 play 버튼의 라벨이 '일시정지'인 경우 video를 재생시킨다.

다음은 음소거와 관련된 기능이다. video의 muted 속성을 mute 버튼과 연계해서 처리한다. 버튼의 click 이벤트에서 video가 muted이면 mute의 라벨을 '음재생'으로 변경하고, 반대의 경우 '음소거'로 변경해준다.

파일명 | ch03_video/05_customvideocontrol.js (계속)

```
66: /* 음소거 관련 기능 */
67: mute.addEventListener("click", function() {
68:    video.muted = !video.muted;
69:    if (video.muted) {
70:       this.innerHTML = "음재생";
71:    } else {
72:       this.innerHTML = "음소거";
73:    }
74: });
```

[소스 설명]

67행 mute의 click 이벤트 처리를 위한 리스너를 등록한다.

68행 video의 muted 속성을 기존과 반대로 한다.

69-74행 변경한 video의 muted 속성에 따라 버튼의 라벨을 '음재생' 또는 '음소거'로 변경
한다.

다음은 볼륨 조절과 관련된 기능이다. volume에서 input 이벤트가 발생할 때 video의
volume을 변경하면 된다.

파일명 | ch03_video/05_customvideocontrol.js (계속)

```
75:  /* volume 조절 기능 */
76:  volume.addEventListener("input", function(e) {
77:      video.volume = this.value;
78:  });
```

[소스 설명]

76-78행 volume의 input 이벤트에 대한 리스너를 등록한다. 이벤트 발생 시 volume 객체
의 value를 video의 volume에 할당한다.

다음 단계로 전체화면에 대한 처리이다. 전체화면 모드를 사용할 때는 HTML 요소가 가
지는 requestFullscreen 함수를 사용한다. 전체화면 모드에서는 container의 width를
100%로 처리해서 화면을 꽉 채우도록 한다.

전체화면 모드에서 (Esc)키를 누르면 다시 원 상태로 돌아가게 된다. 이때는 document
의 fullscreenchange 이벤트가 발생한다. fullscreenchange 이벤트는 전체화면이
되었을 때나 전체화면이 취소되어 원래의 화면으로 될 경우 모두 발생한다. 따라서
isFullScreen 속성을 이용해서 현재의 모드가 전체화면 모드인지 파악하고 맞는다면 다
시 원래대로 사이즈를 변경한다.

파일명 | ch03_video/05_customvideocontrol.js (계속)

```
79:  fullScreenB.addEventListener("click", function() {
80:      container.requestFullscreen();
81:      container.style.width = "100%";
82:  });
83:
84:  document.addEventListener("fullscreenchange", function() {
85:      if (!document.isFullScreen) {
86:          container.style.width = "640px";
87:      }
88:  });
```

[소스 설명]

79-82행 fullScreenB 버튼에 대한 click 이벤트 리스너를 등록한다. 이벤트 발생 시
container의 requestFullscreen 함수를 호출하고 폭을 100%로 설정해 화면을 채
운다.

84-88행 document 객체의 fullscreenchange 이벤트에 대한 이벤트 리스너를 등록한다.
이벤트 발생 시 document의 isFullScreen이 false로 평가된다면 container의 폭
을 640px로 설정한다.

하지만 위에서 사용한 requestFullScreen()이나 fullscreenchange, isFullScreen은 아직 브라우저들이 동일하게 구현하지 않은 사항이다. 이런 경우는 크로스 브라우징을 위해 벤더프리픽스를 이용해서 다음과 같이 브라우저별로 소스 코드를 작성해야 한다.

Note

크로스 브라우징(Cross Browsing)이란 어떤 브라우저로 웹 어플리케이션을 실행하더라도 동일하게 보이고 동작할 수 있도록 웹 표준 기술을 이용해서 작성하는 것을 말한다. 브라우저 공급자들은 스펙에는 있지만, 아직 완벽하지 않은 기능을 지원하기 위해 벤더 프리픽스(vendor prefix)를 이용해서 일단 사용할 수 있게 해준다. 이후 해당 기능이 완벽히 적용됐을 때 벤더프리픽스를 제외하고 사용한다. 따라서 기능이 확정되어 벤더 프리픽스를 제외해도 되는 시점에서는 공통된 이름의 기능으로 변경해주는 것이 좋다.

다음은 브라우저별로 사용되는 벤더 프리픽스이다.
 - webkit : 구글의 크롬, 애플의 사파리, 새로운 버전의 오페라
 - moz   : 파이어폭스에 적용
 - ms   : 마이크로소프트의 IE에 적용
 - o   : 옛날 버전의 오페라 브라우저에 적용

따라서 위의 requestFullScreen에 벤더 프리픽스를 적용해서 작성하면 다음과 같다.
 - 표준   : container.requestFullScreen
 - 파이어폭스 : container.mozRequestFullScreen
 - 구글 등   : container.webkitRequestFullscreen
 - IE 계열   : container.msRequestFullscreen;

크로스 브라우징을 이용하면서 많이 사용되는 연산자는 || 이다. || 연산자는 첫 번째 값이 true이면 두 번째 값을 평가하지 않는다. 물론 처음 값이 false이면 두 번째 값을 확인한다. 자바스크립트에서 || 연산자의 특징은 단순히 논리값을 반환하는 것이 아니라 마지막 실행 결과를 반환하는 것을 유의해야 한다. 다음 두 결과를 살펴보자.

```
1:  var ud;
2:  console.log( 1 || ud);
3:  console.log(ud || 1 );s
```

1행에서 ud 변수는 선언만 되고 초기화가 안 된 상태이므로 undefined이다. undefined는 논리식에서는 false로 평가된다. 따라서 2행은 '1 || false'와 같고 처음 값은 true로 평가되기 때문에 바로 반환되는데 이때 반환되는 값은 true가 아니라 값 자체인 1이다. 3행의 경우 'false || 1'이 된다. 처음 값이 false이므로 두 번째 항목까지 확인하고 최종 결과는 역시 1이 된다.

파일명 | ch03_video/05_customvideocontrol.js (계속)

```
89: /* 전체화면 */
90: fullScreenB.addEventListener("click", function() {
91:    container.reqFullScreen = container.requestFullScreen
92:        || container.mozRequestFullScreen
93:        || container.webkitRequestFullscreen
94:        || container.msRequestFullscreen;
95:    container.reqFullScreen();
96:    container.style.width = "100%";
97:
98: });
99:
100: // Webkit
101: document.addEventListener("webkitfullscreenchange", function() {
102:    if (!document.webkitIsFullScreen) {
103:        container.style.width = "640px";
104:    }
105: });
106:
107: // Firefox
108: document.addEventListener("mozfullscreenchange", function() {
109:    if (!document.mozIsFullScreen) {
110:        container.style.width = "640px";
111:    }
112: });
113:
114: // Explorer
115: document.addEventListener("MSFullscreenChange", function() {
116:    if (!document.msFullscreenElement) {
117:        container.style.width = "640px";
118:    }
119: });
```

[소스 설명]

90행 fullScreen이 클릭되었을 때 동작할 이벤트 리스너를 등록한다.

81~95행 container로부터 사용 가능한 requestFullScreen 함수를 확인해서 가능한 값을 container의 reqFullScreen에 할당하고 실행한다.

96행 container의 width를 100%로 변경한다.

100~ 119행 document의 fullscreenchange 이벤트에 대한 리스너를 등록한다. 이때 벤더프리 픽스를 이용해 여러 종류의 브라우저에서 동작하도록 한다. 리스너 안에서는 역시 document의 fullscreenElement 속성이 false인 경우 container의 width를 원래의 크기인 640px로 변경한다.

마지막인 시간 변경이다. 재생 경과 시간을 mm:ss의 형태로 표시한다. 주의할 점은 currentTime의 단위는 초이고 Date 객체의 기본 단위는 밀리초(1/1000 초)이다. 따라서 연산을 위해서는 1000을 곱해야 한다.

파일명 | ch03_video/05_customvideocontrol.js (계속)

```javascript
120: /* 시간 업데이트 함수 */
121: function updateTime(time) {
122:    var date = new Date(1000 * time);
123:    var m = date.getMinutes();
124:    var s = date.getSeconds();
125:    current.innerHTML = (m <= 9 ? "0" + m:m) + ":" + (s <= 9 ? "0" + s:s);
126: }
```

[소스 설명]

122행 인자로 받은 time을 이용해 Date 객체를 생성한다.

123-124행 Date 객체로부터 각각 분과 초에 대한 정보를 얻는다.

125행 10 이하인 경우는 앞에 0을 붙여서 current에 출력한다.

Note

자바스크립트 프로그래밍이 어려운 점 중 하나는 버그도 있다. 스펙이 브라우저별로 준수되다보니 여기저기 버그도 많다. 다음 코드는 위와 같이 현재 재생시각을 사용하기 위해 Intl.DateTime Format 객체를 사용하는 예이다. 정식 함수로 등록되어 있고 심지어 MSDN(Microsoft Developer Network)에도 잘 등록되어 있지만, MS 계열 브라우저에서는 제대로 동작하지 않는다. 따라서 아쉽게도 기능이 있다고 100% 신뢰하고 프로그래밍할 수는 없는 상황이다. 프로그래밍하고 결과를 잘 확인하는 방법이 최선이다.

```javascript
1:   var date = new Date(1000 * time);
2: current.innerHTML = new Intl.DateTimeFormat("ko-KR", {
3:      minute : "numeric",
4:      second : "numeric"
5:   }).format(date);
```

작성된 예제를 이제 여러 브라우저에서 실행해보자. 모든 종류의 브라우저에서 동일한 컨트롤이 보이는 것을 확인할 수 있다.[8]

---

8)   아직 〈input〉의 스타일이라든지 폰트 등은 달라 보이는데 이런 모양은 전체적인 CSS를 통해서 일괄적으로 처리할 수 있다.

[그림 3.15] 브라우저별 재생 모습 비교

02 오디오

2.1 〈audio〉 사용

HTML5는 〈video〉와 함께 〈audio〉를 지원해 웹상에서 별도의 플러그인 없이 음악을 감상할 수 있게 했다.

〈audio〉 역시 대부분의 브라우저에서 지원한다.

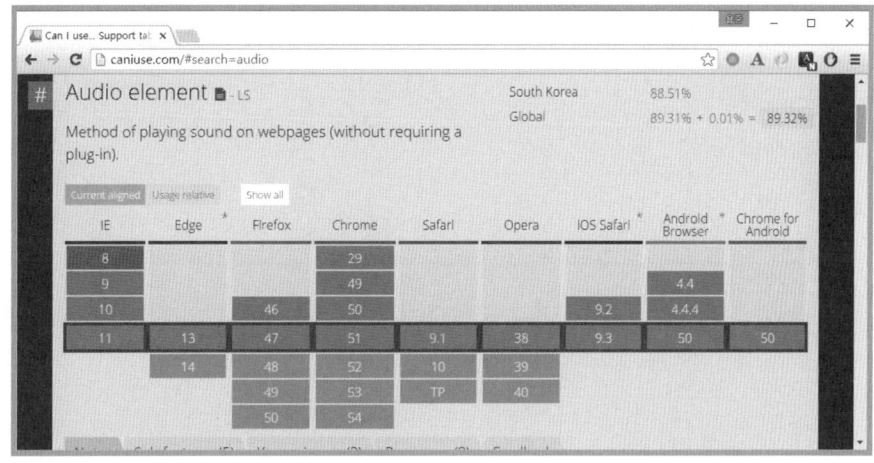

[그림 3.16] 브라우저별 〈audio〉의 지원 현황

〈audio〉는 〈video〉와 모든 측면에서 유사하다.

2.1.1 HTML 작성

파일명 | ch03_video/06_audio.html

```
 1:  <!DOCTYPE html>
 2:  <html>
 3:  <head>
 4:  <meta charset = "UTF-8">
 5:  <title>HTML5의 Audio</title>
 6:  </head>
 7:  <body>
 8:    <audio id = "media" preload = "auto" controls = "controls">
 9:       <source src = "../audio/sample.mp3">
10:       <source src = "../audio/sample.oga">
11:    </audio>
12:  </body>
13:  </html>
```

[소스 설명]

8행 <audio>에 preload 속성과 control 속성이 사용되었다.

9-10행 다양한 코덱의 오디오 소스들이 설정될 수 있다. <video>와 마찬가지로 브라우저
별로 재생할 수 있는 형색을 만나면 재생을 시작한다.

2.1.2 ⟨audio⟩의 문제점

⟨audio⟩에서 재생되는 미디어의 코덱도 ⟨video⟩와 마찬가지로 아직 표준이 없는 상태이
다. [표 3.5]는 브라우저별로 지원되는 코덱 현황이다.

표 3.5 브라우저별 오디오 코덱 지원 현황

브라우저	MP3(audio/mpeg)	Wav(audio/wav)	Ogg(audio/ogg)
Internet Explorer	YES	NO	NO
Chrome	YES	YES	YES
Firefox	YES	YES	YES
Safari	YES	YES	NO
Opera	YES	YES	YES

오디오 코덱에서는 MP3가 유료 코덱이다. 역시 기존에 광범위하게 유료로 배포되던 코
덱이 있어서인지 표준화의 길은 멀고도 험하다.

PC Software Applications		
mp3	Decoder	· US$ 0.75 per unit
	Codec	· US$ 2.50 - US$ 5.00 per unit
mp3PRO	Decoder	· US$ 1.25 per unit
	Codec	· US$ 5.00 per unit

Hardware Products		
mp3	Decoder	· US$ 0.75 per unit
	Codec	· US$ 1.25 per unit
mp3PRO	Decoder	· US$ 1.25 per unit
	Codec	· US$ 5.00 per unit

[그림 3.17] mp3의 라이선스 비용 – 출처:http://www.mp3licensing.com/

또한, 브라우저별로 표현되는 컨트롤러도 다르다. ⟨video⟩와 마찬가지로 컨트롤러에 대한 커스터마이징(사용자 구현)이 필요하다.

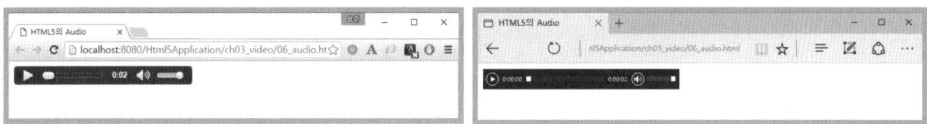

[그림 3.18] 브라우저별 ⟨audio⟩ 재생 모습 비교

2.1.3 API의 적용

⟨audio⟩의 DOM 객체는 HTMLAudioElement이다. 이는 HTMLVideoElement처럼 HTMLMediaElement를 상속한다.

앞서 살펴본 HTMLVideoElement의 대부분 속성과 기능들은 HTMLMediaElement에 선언된 것들이었다. 따라서 HTMLAudioElement에서도 동일하게 사용할 수 있다.

요약 정리

1. HTML의 3가지 구성 요소

- src : src 속성은 재생하려는 동영상의 경로를 입력한다.
- width, height : 각각 재생하려는 동영상의 가로, 세로 크기를 설정한다.
- controls : 재생, 일시정지, 특정 위치로 이동, 볼륨 조절 등 동영상을 제어하기 위한 컨트롤 UI 를 보여줄 것인지를 설정한다.
- loop : 동영상의 반복 재생 여부를 설정한다.
- autoplay : 자동 재생 여부를 설정한다. autoplay가 설정되면 페이지가 로딩될 때 자동으로 동 영상이 재생된다.
- poster : 동영상이 재생되기 전에 화면에서 보여줄 이미지를 설정할 수 있다.
- preload : 동영상을 재생 여부와 상관없이 미리 로딩할 것인지를 설정한다. preload 속성에는 auto | metadata | none 중에서 하나를 설정할 수 있으며 기본값은 auto이다.

2. 〈video〉의 기본 사용법

```
1:  <!DOCTYPE html>
2:  <html>
3:  <head>
4:  <meta charset = "UTF-8">
5:  <title>HTML5의 Video</title>
6:  </head>
7:  <body>
8:     <video controls width = "640" height = "360">
9:        <source src = "../video/big_buck_bunny.webm">
10:       <source src = "../video/big_buck_bunny.mp4">
11:       당신의 브라우저는 HTML5 video를 지원하지 않습니다.
12:    </video>
13: </body>
14: </html>
```

3. 브라우저별 동영상 코덱 지원 현황

브라우저	MP4 (H.264 and AAC)	WebM (VP8 and Vorbis)	Ogg (Theora and Vorbis)
Internet Explorer	YES	NO	NO
Chrome	YES	YES	YES
Firefox	YES	YES	YES
Safari	YES	NO	NO
Opera	YES	YES	YES

4. Video API의 계층

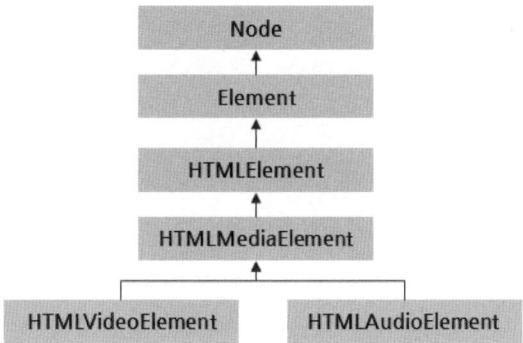

5. HTMLMediaElement의 특성

□ 속성
- **double currentTime**: 현재 재생중인 위치의 시간(초)을 double 형태로 반환한다. currentTime에 값이 설정되면 해당 위치에서부터 재생을 시작한다.
- **double duration**: 미디어의 전채 재생 시간(초)을 더블 형태로 나타내는 읽기 전용의 값이다. 단 미디어가 가능하지 않은 상태에서는 0이 반환된다. 총 재생시간을 알 수 없는 경우 NaN 값이 반환된다.
- **Boolean ended**: 미디어의 재생이 끝났는지를 나타내는 읽기 전용의 속성으로 Boolean 값을 반환한다.
- **Boolean muted**: 불리언 타입으로 현재 오디오가 음 소거 상태인지 반환한다.
- **Boolean paused**: 미디어가 현재 정지 상태인지를 나타내는 읽기 전용의 속성으로 Boolean 값을 반환한다.
- **double volume**: 오디오 음량을 0.0에서 1.0 사이의 값으로 설정한다.

□ 함수
- **play()**: 미디어를 재생시킨다. 미디어가 다른 지점에서 중지된 경우 중지된 지점에서, 그렇지 않은 경우 처음부터 재생을 시작한다.
- **pause()**: 현재 재생 중인 미디어를 일시 정지한다.
- **load()**: 미디어 파일을 로딩하고 재생되도록 준비한다. preload 속성이 none일 경우는 재생 시작 전에 명시적으로 호출돼야 한다.

□ 이벤트
- **canplay**: 미디어가 재생 가능한 상태가 되었을 때 발생하는 이벤트이다.
- **error**: 미디어 재생 중 에러 상황에서 발생하는 이벤트이다.
- **progress**: 미디어가 다운로드 되는 상황에서 주기적으로 발생하는 이벤트로 진행 상황을 화면에 업데이트하기 위해 주로 사용된다.
- **timeupdate**: 미디어를 재생하면서 currentTime이 적용될 때 발생하는 이벤트이다.

6. 브라우저별 오디오 코덱 지원 현황

웹 브라우저	MP3(audio/mpeg)	Wav(audio/wav)	Ogg(audio/ogg)
Internet Explorer	YES	NO	NO
Chrome	YES	YES	YES
Firefox	YES	YES	YES
Safari	YES	YES	NO
Opera	YES	YES	YES

<canvas>

⟨canvas⟩는 HTML5에 추가된 가장 강력한 기능 중 하나다. ⟨canvas⟩를 이용하면 브라우저에서의 사각형, 선, 선을 이용한 다각형, 원호 등을 쉽게 작성할 수 있다. 또한, 텍스트 표현, 그림자, 이미지 처리, 패턴 설정, 애니메이션 외에도 다양한 변형 옵션들을 적용해볼 수 있다. 많은 노력을 들인다면 훌륭한 웹 기반 게임을 제작할 수도 있을 것이다.

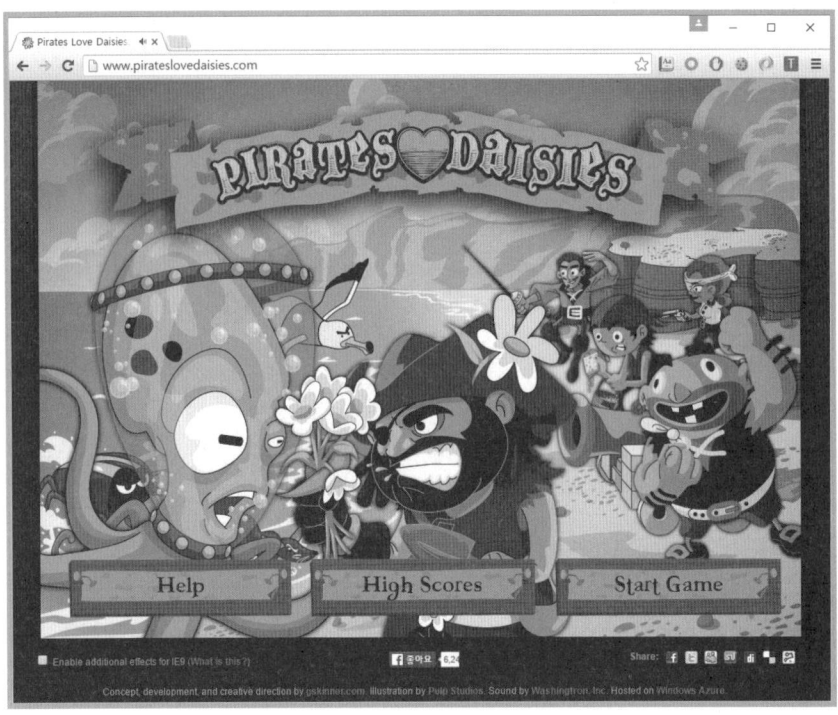

[그림 4.1] HTML5를 이용한 게임의 예(http://www.pirateslovedaisies.com/)

01 ⟨canvas⟩와 Context2D

1.1 <canvas> 사용

⟨canvas⟩는 현재 대부분 브라우저에서 지원하는 기능이다.

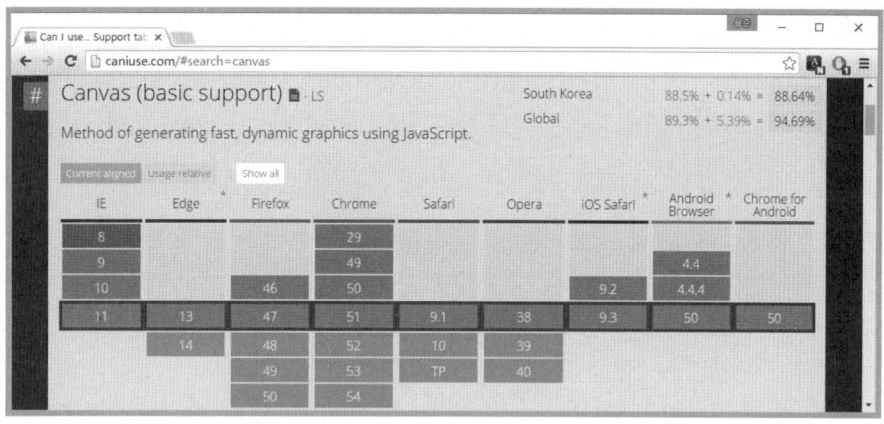

[그림 4.2] 브라우저별 〈canvas〉 지원 현황

〈canvas〉를 사용하면 비어 있는 사각형이 화면에 표시된다. 태그가 가지는 속성은 단순히 width와 height뿐이다. HTML에서의 역할은 태그의 선언이 끝이며 나머지 작업은 모두 자바스크립트에서 처리된다.

파일명 | ch04_canvas/01_canvas.html

```
 1: <!DOCTYPE html>
 2: <html>
 3: <head>
 4: <meta charset = "UTF-8">
 5: <title>기본 canvas</title>
 6: <style>
 7: #canvas {
 8:     border: solid blue thin;
 9: }
10: </style>
11: </head>
12: <body>
13:     <canvas id = "canvas" width = "150" height = "150">
14:         당신의 브라우저는 canvas를 지원하지 않습니다.
15:     </canvas>
16: </body>
17: </html>
```

[소스 설명]

7행 id가 canvas인 요소를 선택해 border 속성을 파란색(blue)의 얇은(thin) 실선
      (solid)으로 적용한다.

13행 <canvas>를 만들면서 id로 canvas를 사용하고 가로 폭(width=150)과 높이
      (height=150)를 적용한다.

14행 만약 브라우저에서 <canvas>를 지원하지 않는 경우라면 이를 대체해서 표시될 내
      용을 추가할 수 있다.

1.2 CanvasRenderingContext2D 객체의 생성

〈canvas〉의 DOM 객체는 HTMLCanvasElement이다. HTMLCanvasElement는 getContext() 함수를 제공하는데 문자열로 사용하려는 Context(이하 컨텍스트)의 유형을 입력한다.

```
1:   var ctx = canvas.getContext(contextType);
```

다음은 사용 가능한 컨텍스트 유형의 종류이다.

- **2d** : CanvasRenderingContext2D 객체를 생성하며 2차원으로 이미지를 표현한다.
- **webgl** : WebGLRenderingContext 객체를 생성하며 3차원으로 이미지를 표현한다. 이 속성은 브라우저가 WebGL 1 버전을 지원해야 사용할 수 있다.
- **webgl2** : WebGL2RenderingContext 객체를 생성하며 3차원의 이미지를 표현한다. 이 속성은 브라우저가 WebGL 2 버전을 지원해야 사용할 수 있다.
- **bitmaprenderer** : ImageBitmapRenderingContext 객체를 생성하며 canvas의 내용을 ImageBitmap으로 대체하기 위해 사용된다.

위와 같이 다양한 형태의 컨텍스트를 사용할 수 있는데 특히 3차원을 지원하는 기술들은 아직은 많은 개발이 진행되고 있어 사용이 원활하지 않다. 이 책에서는 2d를 이용한 작업에 대해서 알아본다.

02 도형 그리기

2.1 사각형 그리기

본격적인 그리기에 앞서 브라우저가 사용하는 좌표계에 대한 이해가 필요하다. 브라우저는 왼쪽 위를 기준점(0, 0)으로 잡고 오른쪽으로 갈수록 x 좌표가, 아래로 갈수록 y 좌표가 증가한다.

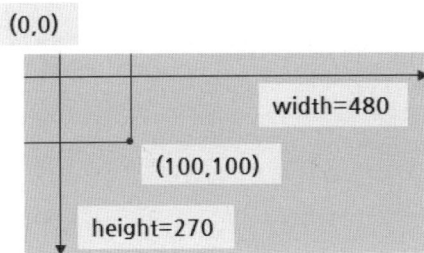

[그림 4.3] 브라우저의 좌표계

이제 Context 객체를 이용해서 사각형을 그려보자.

CanvasRenderingContext2D 객체는 사각형을 그리기 위해 [표 4.1]과 같은 함수를 제공한다.

표 4.1 사각형을 그리는 함수

함수명	설명
strokeRect(x, y, width, height)	(x, y)를 시작점으로 가로(width), 세로(height)인 테두리만 있는 사각형을 그린다.
fillRect(x, y, width, height)	(x, y)를 시작점으로 가로(width), 세로(height)인 속이 채워진 사각형을 그린다.
clearRect(x, y, width, height)	(x, y)를 시작점으로 가로(width), 세로(height)인 영역을 지운다.

이제 API를 이용해 사각형을 그려보자. 채워진 사각형 안에 일정 영역을 지우고 다시 빈 사각형을 차례로 그린다.

파일명 | ch04_canvas/02_rectangle.html

```
 1:  <!DOCTYPE html>
 2:  <html>
 3:  <head>
 4:  <meta charset = "UTF-8">
 5:  <title>canvas에서 사각형 표현</title>
 6:  <style>
 7:  #canvas {
 8:      border: solid blue thin;
 9:  }
10:  </style>
11:  </head>
12:  <body>
13:     <canvas id = "canvas" width = "150" height = "150">
14:        당신의 브라우저는 canvas를 지원하지 않습니다.
15:     </canvas>
16:  </body>
```

```
17:   <script>
18:     var canvas = document.getElementById("canvas");
19:     var ctx = canvas.getContext("2d");
20:     function drawRect() {
21:         ctx.fillRect(25, 25, 100, 100);
22:         ctx.clearRect(45, 45, 60, 60);
23:         ctx.strokeRect(50, 50, 50, 50);
24:     }
25:     drawRect();
26:   </script>
27: </html>
```

[소스 설명]

13행 가로 150px, 세로 150px이며, id 속성이 canvas인 <canvas>를 선언한다.

18행 id가 canvas로 선언된 요소의 DOM 객체를 변수 canvas에 저장한다.

19행 getContext() 함수를 이용해 2차원 도형을 그리기 위한 컨텍스트를 생성한다.

20행 사각형을 그리는 함수를 작성한다.

21행 (25, 25)의 좌표에서 가로 100, 세로 100으로 속이 채워진 사각형을 그린다.

22행 (45, 45)의 좌표에서 가로 60, 세로 60으로 사각형 영역을 지운다.

23행 (50, 50)의 좌표에서 가로 50, 세로 50만큼 속이 비워진 사각형을 그린다.

어플리케이션을 실행하면 아래와 같은 사각형을 확인할 수 있다.

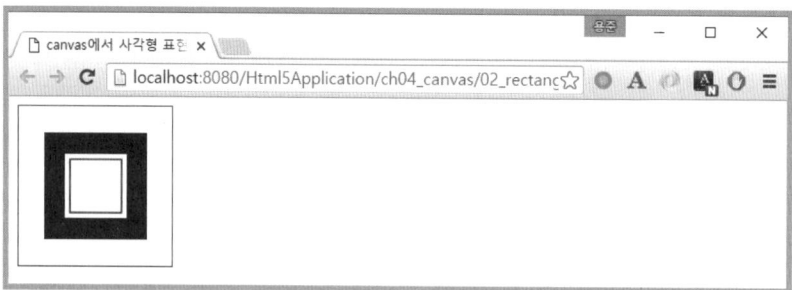

[그림 4.4] 〈canvas〉를 통한 사각형 출력

그런데 여기서 주의할 점이 있다. 〈canvas〉의 기본 크기는 300 × 150픽셀이며 width
와 height 속성을 통해서 제어할 수 있다. 위의 예제에서는 150 × 150으로 〈canvas〉에
서 크기를 지정하고 있다.

일반적으로 HTML 요소의 크기는 CSS를 통해 지정한다. 그런데 CSS는 이미지를 일
단 그린 후 필요한 크기로 확대 또는 축소하는 과정이 들어간다. 즉, 초기 사이즈를 정하
지 않았기 때문에 〈canvas〉의 처음 크기는 300 × 150이었고, 이것을 CSS에서 150 ×
150으로 변경한다. 이에 따라 이미지에 왜곡 현상이 발생한다.

위 예제에서 크기 지정 방식을 HTML 속성이 아닌 CSS에서 처리하는 형태로 변경 해보자. 즉 〈canvas〉에서 width, height 속성을 지우고 CSS 영역에 width=150px, height=150px를 추가한다.

```
1:  <style>
2:  #canvas {
3:      border: solid blue thin;
4:      width:150px;
5:      height:150px;
6:  }
7:  <!-- 중간 생략 -->
```

실행 결과를 확인해보면 원래의 이미지와 달리 좌우가 왜곡된 것을 볼 수 있다. 변경하는 과정에서 가로를 300px에서 150px로 줄인 것이다. 따라서 〈canvas〉의 크기는 CSS를 사용하지 않는 것이 좋을 수도 있다.

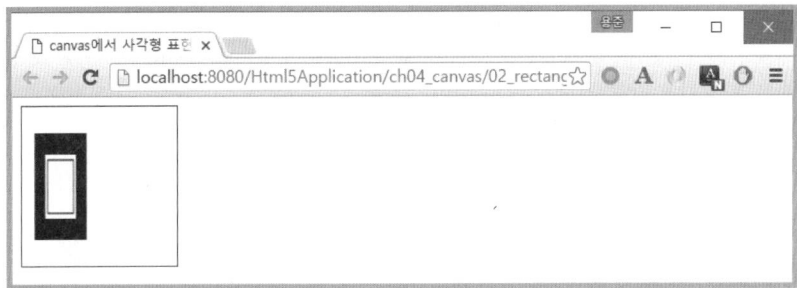

[그림 4.5] CSS 설정으로 왜곡된 이미지

2.2 패스(Path) 생성

앞서 살펴본 사각형은 〈canvas〉에 직접 도형을 그리는 형태였다. 패스(path)를 이용하면 백그라운드에서 도형과 이미지를 처리하고 작업이 완료되면 결과를 컨텍스트에 전달해 〈canvas〉에 그린다. 패스는 펜이 지나가는 경로라고 생각하면 된다. 패스를 통해서 직선, 다각형, 호는 물론 복잡한 도형을 생성할 수 있고 필요에 따라 다양한 선을 설정할 수도 있다.

[표 4.2]는 패스에서 사용되는 주요 함수를 설명한다.

표 4.2 패스에서 사용되는 함수

함수명	설명
beginPath()	패스 지정을 초기화해서 새로운 패스를 만든다. 시작된 패스는 closePath()를 호출하면 종료된다.
stroke()	〈canvas〉에 패스를 따라 테두리만 선의 형태로 출력한다.

fill()	⟨canvas⟩에 패스를 따라 테두리를 그리고 안을 채운다. 자동으로 closePath()가 호출되며 마지막 점의 위치에서 원점이 직선으로 닫힌다.
clip()	clipping area(이하 클리핑 영역)은 ⟨canvas⟩에 그리는 영역이다. 캔버스 초기화 시 기본 클리핑 영역은 ⟨canvas⟩ 전체이다. clip() 함수를 호출하면 패스를 이용해 마스크를 만들고 마스크 밖에 있는 부분은 보이지 않게 만든다. 즉 마스크 영역 내부에서만 그림이 그려진다.
closePath()	패스를 닫고 패스의 마지막 지점을 원점과 직선으로 연결한다. 열린 패스를 원하거나 fill() 함수를 사용할 경우 생략 할 수 있다.

[표 4.2]의 함수들은 단지 패스를 생성하거나 종료하고 결과를 ⟨canvas⟩에 반영할 뿐 실제로 그림을 그리지는 않는다. [표 4.3]은 실제 그림을 그릴 수 있는 함수들이다.

표 4.3 그림을 그리는 함수

함수명	설명
moveTo(x, y)	지정한 지점 (x, y)로 펜을 이동한다.
lineTo(x, y)	이전 지점에서 지정한 지점 (x, y)로 선을 그린다.
rect(x, y, width, height)	(x, y) 좌표에 가로 width, 세로 height 크기의 사각형을 그린다.
arc(x, y, radius, startAngle, endAngle, direction)	중심점 (x, y) 좌표에 radius 만큼의 반지름으로 startAngle에서 endAngle까지 원호를 direction 방향으로 그린다. 각도는 수평이 0도이다.
quadraticCurveTo(cpx, cpy, x, y)	현재 위치에서 (x, y)까지 (cpx, cpy)를 제어점으로 사용하는 2차 베지어 곡선을 그린다.
bezierCurveTo(cpx1, cpy1, cpx2, cpy2, x, y)	현재 위치에서 (x, y)까지 (cpx1, cpy1)을 1차 제어점으로, (cpx2, cpy2)를 2차 제어점으로 사용하는 3차 베지어 곡선을 그린다.

패스를 이용해 도형을 그리기 위해서는 다음 순서에 따른다.

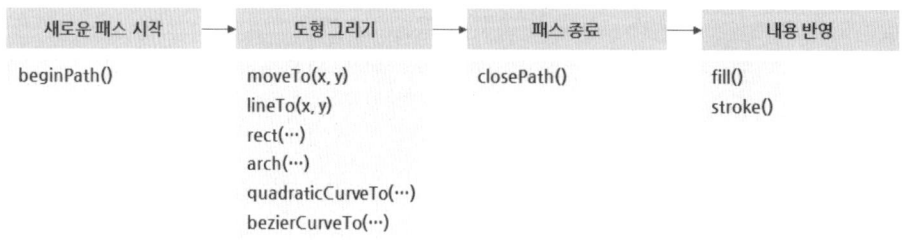

[그림 4.6] 패스를 이용한 그리기 순서

2.2.1 패스를 이용한 사각형 그리기

패스를 이용해서 사각형을 그려보자. 특정 지점으로 펜을 이동시킨 후 사각형의 꼭지점으로 이동하면서 선을 그리고 마지막에 채울 건지, 비울 건지 결정하면 된다.

파일명 | ch04_canvas/03_path_rect.html

```
 1: <!DOCTYPE html>
 2: <html>
 3: <head>
 4: <meta charset = "UTF-8">
 5: <title>Path를 활용한 사각형</title>
 6: <style>
 7: #canvas {
 8:    border: solid blue thin;
 9: }
10: </style>
11: </head>
12: <body>
13:    <canvas id = "canvas" width = "450" height = "150"></canvas>
14: </body>
15: <script>
16:    var canvas = document.getElementById("canvas");
17:    var ctx = canvas.getContext("2d");
18:    function drawStrokeRect() {
19:       ctx.beginPath();
20:       ctx.moveTo(10, 10);
21:       ctx.lineTo(110, 10);
22:       ctx.lineTo(110, 110);
23:       ctx.lineTo(10, 110);
24:       ctx.closePath();
25:       ctx.stroke();
26:    }
27:
28:    function drawFillRect() {
29:       ctx.beginPath();
30:       ctx.moveTo(160, 10);
31:       ctx.lineTo(260, 10);
32:       ctx.lineTo(260, 110);
33:       ctx.lineTo(160, 110);
34:       ctx.fill();
35:    }
36:
37:    drawStrokeRect();
38:    drawFillRect();
39:
40: </script>
41: </html>
```

[소스 설명]

13행 가로 150px, 세로 150px이고 id 속성의 값이 canvas인 <canvas>를 선언한다.

16행 id가 canvas로 선언된 요소의 DOM 객체를 변수 canvas에 저장한다.

17행 getContext() 함수를 이용해 2차원 도형을 그리기 위한 컨텍스트를 생성한다.

18행 비어 있는 사각형을 그리기 위한 drawStrokeRect() 함수를 작성한다.

19행 패스 작성을 시작한다.

20행 펜의 위치를 (10, 10)으로 이동시킨다.

21-23행 (10, 10) -> (110, 10) -> (110, 110) -> (10, 110)으로 이동하면서 선을 그린다.

24행 작성 중인 패스를 닫는다. 이로써 (10, 110)에서 (10, 10)으로 선이 연결된다.

25행 stroke() 함수를 호출해서 캔버스에 내용을 그린다.

28행 채워진 사각형을 그리기 위한 drawFillRect() 함수를 선언한다.

29행 새로운 패스를 시작한다.

30-33행 (160, 10) -> (260, 10) -> (260, 110) -> (160, 110)으로 선을 연결한다.

34행 fill() 함수를 호출해서 캔버스에 내용을 그린다. fill() 함수가 호출되면 자동으로 closePath() 함수가 호출된다.

위의 예제를 실행하면 각각 테두리만 있는 사각형과 속이 채워진 사각형을 확인할 수 있다.

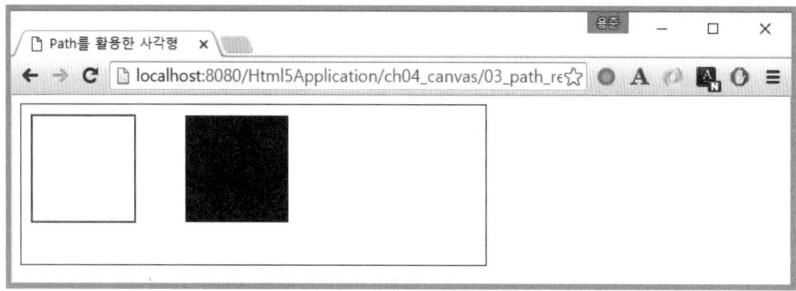

[그림 4.7] 패스를 이용한 사각형 그리기

2.2.2 패스를 이용한 호 그리기

호를 그리기 위해서는 함수의 사용법이 약간 복잡하다. 호를 그리기 위한 arc 함수를 살펴보자.

arc(x, y, radius, startAngle, endAngle, direction)

- x와 y는 중심점의 좌표를 나타낸다.
- radius는 반지름의 길이를 나타낸다.
- startAngle은 처음 그리기 시작하는 각도이며 수평으로 오른쪽이 0도를 나타낸다. 각도는 도(degree)를 사용하지 않고 라디언(radian) 값을 사용하므로 Math.PI를 이용해서 계산한다. 예를 들어 Math.PI는 180°를 나타내므로 45°를 표현하기 위해서는 Math.PI / 180 × 45와 같이 구할 수 있다.
- direction은 그리는 방향이며 불리언 값을 갖는다. true는 반시계 방향으로 그리고, false는 시계 방향으로 그린다.
- endAngle은 그리기를 종료하는 각도이다.

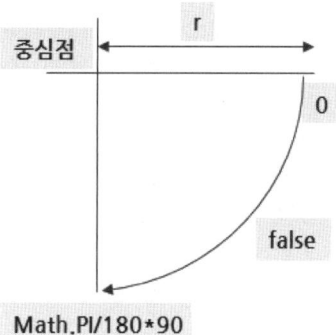

[그림 4.8] 호 작성을 위한 구성 요소

다음 예제는 (75, 75)를 중심으로 반지름의 크기 50으로 하고, 0°에서 반시계방향으로 270°로 호의 테두리만 하나 그린다. 다시 (85, 85)를 중심으로 반지름의 크기를 50으로 하여 0°에서 90°만큼 채워진 호를 추가하는 어플리케이션이다.

| 파일명 | ch04_canvas/04_path_arc.html |

```
 1:  <!DOCTYPE html>
 2:  <html>
 3:  <head>
 4:  <meta charset = "UTF-8">
 5:  <title>Path를 활용한 호</title>
 6:  <style>
 7:  #canvas {
 8:      border: solid blue thin;
 9:  }
10:  </style>
11:  </head>
12:  <body>
13:     <canvas id = "canvas" width = "450" height = "150"></canvas>
14:  </body>
15:  <script>
16:     var canvas = document.getElementById("canvas");
17:     var ctx = canvas.getContext("2d");
18:     function drawArc() {
19:       ctx.beginPath();
20:       ctx.moveTo(75, 75);
21:       ctx.lineTo(125, 75);
22:       ctx.arc(75, 75, 50, 0, Math.PI / 180 * 90, true);
23:       ctx.closePath();
24:       ctx.stroke();
25:
26:       ctx.beginPath();
27:       ctx.moveTo(85, 85);
28:       ctx.lineTo(135, 85);
29:       ctx.arc(85, 85, 50, 0, Math.PI / 180 * 90, false);
30:       ctx.fill();
```

```
31:    }
32:
33:    drawArc();
34: </script>
35: </html>
```

[소스 설명]

    18행 도형을 그리기 위한 drawArc() 함수를 정의한다.

    20행 큰 원의 중심점인 (75, 75)로 이동한다.

    21행 (75, 75)에서 (125, 75)까지 선을 그린다.

    22행 (75, 75)를 중심으로 반지름 50인 원을 0°에서 반시계 방향으로 90°까지 그린다.

    23행 closePath() 함수로 호의 끝점을 패스의 시작점인 (75, 75)에 연결한다.

    24행 지금까지의 내용을 실선으로 테두리만 표시한다.

    26행 새롭게 패스를 시작한다.

    27행 새로운 중심점인 (85, 85)로 이동한다.

    28행 (85, 85)에서 (135, 85)까지 선을 그린다.

    29행 (85, 85)를 중심으로 반지름 50인 원을 0°에서 시계 방향으로 90°까지 그린다.

    30행 fill() 함수로 호의 끝점과 패스의 시작점인 (85,85)를 연결하고 도형을 채운다.

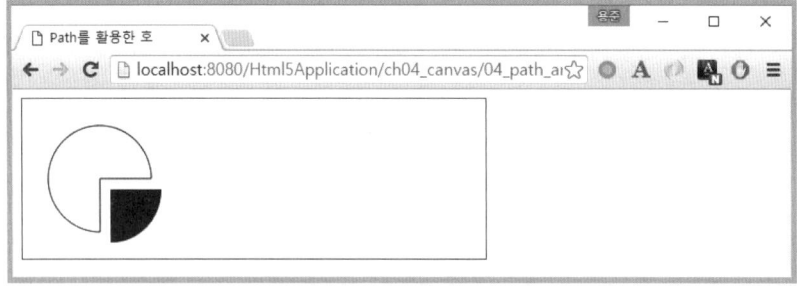

[그림 4.9] 패스를 이용한 호 그리기

앞의 예에서 26행을 주석으로 처리한 뒤에 다시 실행해보자. 새로운 패스가 시작되지 않기 때문에 처음 beginPath() 함수를 호출한 시점부터 fill() 함수가 호출된 시점까지 모든 영역을 채우게 된다.

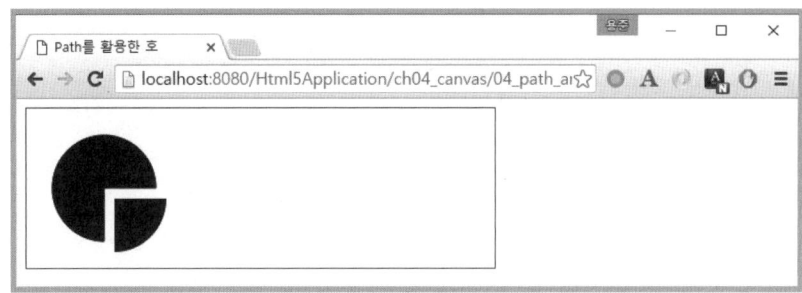

[그림 4.10] 새로운 패스를 시작하지 않은 경우

2.2.3 패스를 이용한 베지에 곡선 그리기

다음은 베지에 곡선(Bezier Curve)[9]을 이용해 복잡한 곡선을 그려보자. quadratic CurveTo() 함수는 2차 베지에 곡선을, bezierCurveTo() 함수는 3차 베지에 곡선을 만든다.

```
quadraticCurveTo(cpx, cpy, x, y);
bezierCurveTo(cp1x, cp1y, cp2x, cp2y, x, y);
```

2차와 3차 베지에 곡선의 차이점은 몇 개의 제어점을 갖느냐에 있다.

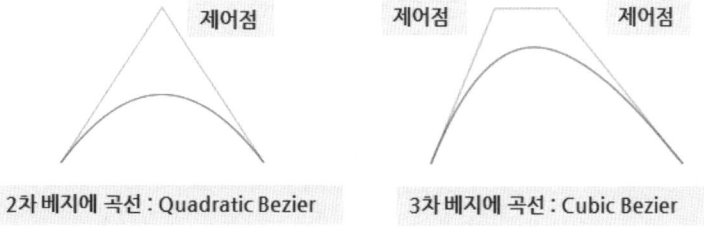

[그림 4.11] 베지에 곡선의 특징

베지에 곡선으로 말풍선과 하트를 그려보자. 말풍선을 그릴 때는 quadraticCurveTo() 함수, 하트를 그릴 때는 bezierCurveTo() 함수를 사용한다.

파일명 | ch04_canvas/06_bezier2.html

```
1:  <!DOCTYPE html>
2:  <html>
3:  <head>
4:  <meta charset = "UTF-8">
5:  <title>Path 활용을 이용한 베지에 곡선</title>
6:  <style>
7:  #canvas {
8:      border: solid blue thin;
```

---

9) 베지에 곡선은 1962년 르노자동차의 피에르 베지에가 자동차 몸체를 디자인하면서 사용한 곡선으로 알려졌다. 이는 폰트에도 많이 적용되는데 트루타입 폰트에는 2차 베지에 곡선 알고리즘이, 포스트스크립트 글꼴, 메타폰트, 김프 등에서는 3차 베지에 곡선이 사용된다.

```
 9:  }
10:  </style>
11:  </head>
12:  <body>
13:      <canvas id = "canvas" width = "450" height = "150"></canvas>
14:  </body>
15:  <script>
16:      var canvas = document.getElementById("canvas");
17:      var ctx = canvas.getContext("2d");
18:      function speechBaloon() {
19:          ctx.beginPath();
20:          ctx.moveTo(75, 25);
21:          ctx.quadraticCurveTo(25, 25, 25, 62.5);
22:          ctx.quadraticCurveTo(25, 100, 50, 100);
23:          ctx.quadraticCurveTo(50, 120, 30, 125);
24:          ctx.quadraticCurveTo(60, 120, 65, 100);
25:          ctx.quadraticCurveTo(125, 100, 125, 62.5);
26:          ctx.quadraticCurveTo(125, 25, 75, 25);
27:          ctx.stroke();
28:      }
29:
30:      function heart() {
31:          ctx.beginPath();
32:          ctx.moveTo(275, 40);
33:          ctx.bezierCurveTo(275, 37, 270, 25, 250, 25);
34:          ctx.bezierCurveTo(220, 25, 220, 62.5, 220, 62.5);
35:          ctx.bezierCurveTo(220, 80, 240, 102, 275, 120);
36:          ctx.bezierCurveTo(310, 102, 330, 80, 330, 62.5);
37:          ctx.bezierCurveTo(330, 62.5, 330, 25, 300, 25);
38:          ctx.bezierCurveTo(285, 25, 275, 37, 275, 40);
39:          ctx.fill();
40:      }
41:
42:      speechBaloon();
43:      heart();
44:  </script>
45:  </html>
```

[소스 설명]

19행 말풍선을 그리기 위해 beginPath()를 이용해 새로운 그리기를 시작한다.

20행 그리기 출발점인 (75, 25) 좌표로 이동한다.

21행 (75, 25)에서 (25, 62.5)로 곡선을 그린다. 이때 (25, 25)를 제어점으로 사용한다.

22행 (25, 62.5)에서 (50, 100)으로 곡선을 그린다. 이때 (25, 100)을 제어점으로 사용한다.

23-26행 점들을 순차적으로 이동하며 곡선을 그린다.

27행 stroke()를 호출해서 선 그리기를 마무리한다.

31행 하트를 그리기 위해 beginPath()를 이용해 새로운 그리기를 시작한다.

32행 그리기 출발점인 (275, 40)으로 이동한다.

33행 (275, 40)에서 (250, 25)로 곡선을 그린다. 이때 (275, 37)와 (270, 25)을 각각 제어점으로 사용한다.

34행 (250, 25)에서 (220, 62.5)로 곡선을 그린다. 이때 (220, 25)와 (220, 62.5) 두 점을 제어점으로 사용한다.

35~38행 점들을 순차적으로 이동하며 곡선을 그린다.

39행 fill()을 호출해서 폐곡선 내부를 채운다.

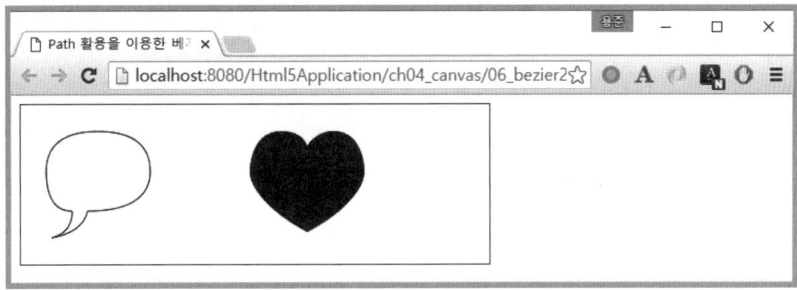

[그림 4.12] 패스를 이용한 베지에 곡선 그리기

03 색상과 스타일

3.1 색상과 투명도 적용하기

3.1.1 색상 지정하기

〈canvas〉에 출력할 때 기본적으로 적용되는 색상은 검은색이다. 색을 변경하기 위해서는 다양한 형태의 CSS 색상 지정 방법을 쓸 수 있다. 오렌지색을 지정하는 다양한 방법을 알아보자.

먼저 미리 지정된 문자열을 이용하는 방법이다. 별도의 색상값을 계산하지 않아도 되는 장점이 있지만 사용할 수 있는 색상값이 많지는 않다.

```
1:  ctx.fillStyle = "orange";
```

두 번째 방식은 16진수의 RGB 코드를 이용한 방법이다. #뒤로 문자들은 각각 2개씩 Red, Green, Blue를 나타내며 0부터 F 사이의 값을 갖는다.

```
1:   ctx.fillStyle = "#FFA500";
```

세 번째 방법은 rgb() 함수 호출 형태를 이용해 3가지 색의 값을 지정하는 방법이다. 역시 3가지 색이 섞인 결과를 사용한다. 각각의 색상에는 0부터 255까지 지정할 수 있다.

```
1:   ctx.fillStyle = "rgb(255, 165, 0)";
```

> **Note**
>
> 여기서 주의할 것은 rgb는 자바스크립트의 함수가 아니라는 것이다. 즉, 따옴표 없이 ctx.fillStyle = rgb(255, 165, 0)의 형태로 사용할 수 없다. fillStyle에는 DOMString 형태로 CSS의 컬러값이 설정되어야 한다.
>
> 일반적으로 CSS 영역에서 색상을 지정할 때 color: rgb(255, 165, 0)와 같이 사용하는데 서로 사용법이 다름을 유의하자.

마지막 방법은 rgba() 함수를 사용한다. 세 번째 방법에 투명도(alpha)를 뜻하는 a 값을 추가한다. a는 0.0(투명)부터 1.0(불투명)까지의 값을 사용한다.

```
1:   ctx.fillStyle = "rgba(255, 165, 0, 1)";
```

위와 같은 방법으로 색상을 컨텍스트의 속성에 할당하면 그리려는 도형의 색상을 지정할 수 있다. 다음의 [표 4.4] 컨텍스트에서 색상을 지정하는 속성들이다.

표 4.4 컨텍스트의 색상 관련 속성

속성명	설명
fillStyle	도형을 채울 때 사용되는 색상을 지정한다.
strokeStyle	도형의 외곽선을 그릴 색상을 지정한다.
globalAlpha	캔버스에 그려지는 모든 도형의 투명도를 0.0(투명)에서 1.0(불투명)의 값으로 지정한다.

색상을 적용해서 다시 사각형을 그려보자.

파일명 | ch04_canvas/07_colorstyle.html

```
1:   <!DOCTYPE html>
2:   <html>
3:   <head>
4:   <meta charset = "UTF-8">
5:   <title>Canvas에서의 color 표현</title>
```

```
 6:  <style>
 7:  #canvas {
 8:    border: solid blue thin;
 9:  }
10:  </style>
11:  </head>
12:  <body>
13:    <canvas id = "canvas" width = "450" height = "150">
14:      당신의 브라우저는 canvas를 지원하지 않습니다.
15:    </canvas>
16:  </body>
17:  <script>
18:    var canvas = document.getElementById("canvas");
19:    var ctx = canvas.getContext("2d");
20:    var rect_width = 15;
21:
22:    function drawFillRect() {
23:      for (var i = 0; i < 10; i++) {
24:        for (var j = 0; j < 10; j++) {
25:          ctx.fillStyle = 'rgba(' + Math.floor(255 - 25.5 * i) + ','
26:              + Math.floor(255 - 25.5 * j) + ',0,' + i/10.0+')';
27:          ctx.fillRect(j * rect_width, i * rect_width, rect_width,
28:              rect_width);
29:        }
30:      }
31:    }
32:    function drawStrokeRect() {
33:      for (var i = 0; i < 10; i++) {
34:        for (var j = 0; j < 10; j++) {
35:          ctx.strokeStyle = 'rgb(' + Math.floor(255 - 25.5 * i) +
36:              ','+ Math.floor(255 - 25.5 * j) + ',0)';
37:          ctx.strokeRect(300+ j * rect_width, i * rect_width, rect_width,
38:              rect_width);
39:        }
40:      }
41:    }
42:    drawFillRect();
43:    drawStrokeRect();
44:  </script>
45:  </html>
```

[소스 설명]

22행 drawFillRect() 함수에서 채워진 사각형을 그리도록 구현한다. 2중 for 문을 통해 10 × 10(100)개의 사각형을 그린다.

25행 rgba() 함수를 이용해 색상과 함께 alpha 값을 설정한다. Math.floor() 함수는 실수 값의 소수점 이하를 버리고 정수로 표현해준다.

27행 25행에서 설정한 스타일을 바탕으로 속이 채워진 사각형을 그린다.

32행　drawStrokeRect() 함수에서 속이 빈 사각형을 그리도록 구현한다. 2중 for 문을 통해 10 × 10(100)개의 사각형을 그린다.

35행　rgb() 함수를 이용해 색상을 설정한다.

37행　35행에서 설정한 스타일을 바탕으로 속이 빈 사각형을 그린다.

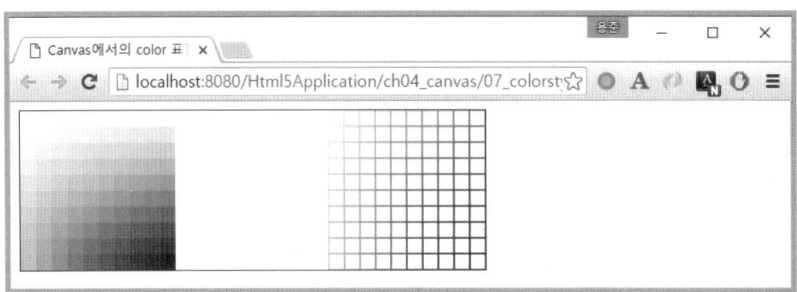

[그림 4.13] rgba와 rgb를 이용한 색상 적용

3.2 선의 스타일

지금까지의 선은 단순한 실선만을 이용해봤는데 이제 선의 두께, 끝 모양, 합쳐지는 부분 등을 변경해서 다양한 선의 형태를 표현해보자.

[표 4.5]에서는 선의 특성과 관련된 속성을 설명하고, [표 4.6]에서는 선의 특성과 관련된 함수를 설명한다.

표 4.5 선의 특성 관련 속성

속성명	설명
lineWidth	앞으로 그릴 선의 두께를 설정하거나 조회한다.
lineCap	선의 끝부분 형태를 지정하거나 조회한다.
lineJoin	두 선이 겹치는 부분의 형태를 지정하거나 조회한다.
lineDashOffset	대시 화살표가 선에서 시작하는 위치를 지정하거나 조회한다.

표 4.6 선의 특성 관련 함수

함수명	속성
getLineDash()	현재 선에 설정된 대시의 스타일을 반환한다.
setLineDash(dash_style)	현재 선에 특정 스타일의 대시 스타일을 적용한다.

3.2.1 다양한 선 그리기

다음 예제는 1부터 10까지 반복문을 이용해서 선의 두께를 바꿔가며 선을 그리는 예제이다.

파일명 | ch04_canvas/08_linewidth.html

```html
 1: <!DOCTYPE html>
 2: <html>
 3: <head>
 4: <meta charset = "UTF-8">
 5: <title>lineWidth 속성</title>
 6: <style>
 7: #canvas {
 8:    border: solid blue thin;
 9: }
10: </style>
11: </head>
12: <body>
13:    <canvas id = "canvas" width = "150" height = "150">
14:        당신의 브라우저는 canvas를 지원하지 않습니다.
15:    </canvas>
16: </body>
17: <script>
18:    var canvas = document.getElementById("canvas");
19:    var ctx = canvas.getContext("2d");
20:    function drawLine() {
21:      for(var i = 0; i < 10; i++) {
22:         ctx.beginPath();
23:         ctx.lineWidth = 1 + i;
24:         ctx.moveTo(5, 5 + 15 * i);
25:         ctx.lineTo(145, 5 + 15 * i);
26:         ctx.stroke();
27:      }
28:    }
29:    drawLine();
30: </script>
31: </html>
```

[소스 설명]

23행 컨텍스트에 lineWidth 속성을 설정한다. 반복문을 통해 1.0 ~ 10.0까지 증가한다. lineWidth 속성의 기본값은 1.0이다.

24-25행 가로로 선을 그린다.

26행 그린 내용을 캔버스에 반영한다.

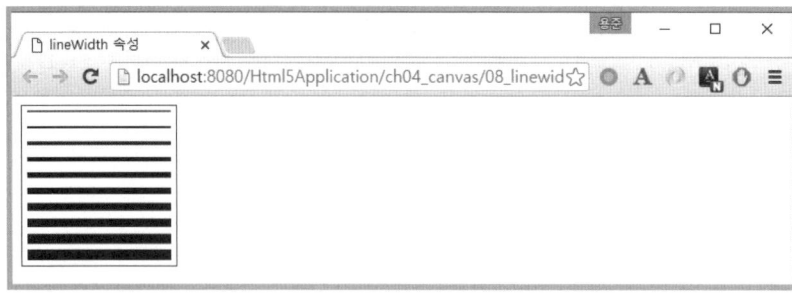

[그림 4.14] 선의 lineWidth 속성 적용

3.2.2 lineCap

lineCap 속성은 선의 끝 부분을 표현하는 스타일을 결정한다. 이 속성은 [표 4.7]과 같이 3가지 값 중 하나를 선택할 수 있다. 기본값은 butt이다.

표 4.7 lineCap의 값

값	설명
butt	끝 부분에서 정확히 사각형으로 끝남. 기본값
round	끝 부분에서 둥근 형태로 튀어나옴
square	끝 부분에서 선과 같은 두께의 사각형 형태로 튀어나옴

파일명 | ch04_canvas/09_linecap.html

```
 1:  <!DOCTYPE html>
 2:  <html>
 3:  <head>
 4:  <meta charset = "UTF-8">
 5:  <title>lineCap 속성</title>
 6:  <style>
 7:  #canvas {
 8:     border: solid blue thin;
 9:  }
10:  </style>
11:  </head>
12:  <body>
13:     <canvas id = "canvas" width = "150" height = "150">
14:        당신의 브라우저는 canvas를 지원하지 않습니다.
15:     </canvas>
16:  </body>
17:  <script>
18:     var caps = [ "buff", "round", "square" ];
19:     var canvas = document.getElementById("canvas");
20:     var ctx = canvas.getContext("2d");
21:     function drawLine() {
22:        ctx.fillStyle = "rgb(255, 165, 0)";
23:        ctx.fillRect(20, 20, 110, 110);
24:
```

```
25:        ctx.lineWidth = 20;
26:        for (var i = 0; i < 3; i++) {
27:            ctx.beginPath();
28:            ctx.lineCap = caps[i];
29:            ctx.moveTo(20, 50 + 30 * i);
30:            ctx.lineTo(130, 50 + 30 * i);
31:            ctx.stroke();
32:        }
33:    }
34:    drawLine();
35: </script>
36: </html>
```

[소스 설명]

18행 사용할 lineCap 속성을 배열로 선언한다.

22-23행 선의 가이드라인을 위해 rgb(255, 165, 0) 색상의 사각형을 그린다.

25행 선의 두께를 20으로 설정한다.

26행 반복문을 이용해 3개의 선을 그린다.

28행 배열 값을 이용해 컨텍스트의 lineCap 속성을 설정한다.

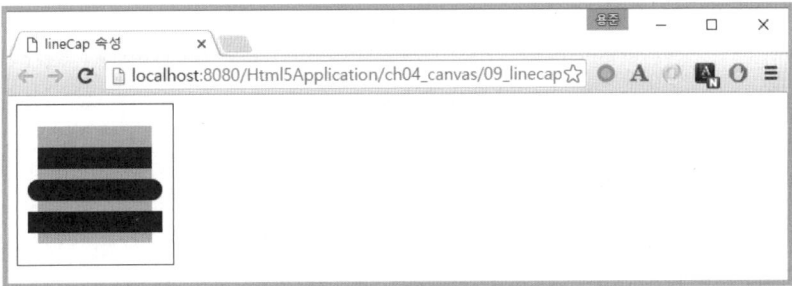

[그림 4.15] 선의 lineCap 속성 적용

3.2.3 lineJoin

lineJoin 속성은 두 선이 만나는 지점의 표현 방식을 설정한다. 이 속성은 [표 4.8]과 같은 3가지 값 중 하나를 선택할 수 있다. 기본값은 miter이다.

표 4.8 lineJoin의 값

값	설명
round	두 선의 접점 부분을 호로 채워 둥글게 마무리
bevel	두 선의 접점을 삼각형을 채워 편편하게 마무리
miter	두 선의 접점을 사각형으로 채워 날카롭게 마무리(기본값)

파일명 | ch04_canvas/10_lineJoin.html

```
1:  <!DOCTYPE html>
2:  <html>
3:  <head>
4:  <meta charset = "UTF-8">
5:  <title>lineJoin 속성</title>
6:  <style>
7:  #canvas {
8:     border: solid blue thin;
9:  }
10: </style>
11: </head>
12: <body>
13:    <canvas id = "canvas" width = "150" height = "150">
14:       당신의 브라우저는 canvas를 지원하지 않습니다.
15:    </canvas>
16: </body>
17: <script>
18:    var join = [ "round", "bevel", "miter" ];
19:    var canvas = document.getElementById("canvas");
20:    var ctx = canvas.getContext("2d");
21:    function drawLine() {
22:       ctx.lineWidth = 20;
23:       for (var i = 0; i < 3; i++) {
24:          ctx.beginPath();
25:          ctx.lineJoin = join[i];
26:          ctx.moveTo(15 + 30 * i, 10);
27:          ctx.lineTo(15 + 30 * i, 135 - 30 * i);
28:          ctx.lineTo(140, 135 - 30 * i)
29:          ctx.stroke();
30:       }
31:    }
32:    drawLine();
33: </script>
34: </html>
```

[소스 설명]

18행 배열로 사용할 수 있는 lineJoin 속성값을 저장한다.

23행 반복문을 통해 3개의 선을 그린다.

25행 배열 값을 이용해 컨텍스트의 lineJoin 속성을 설정한다.

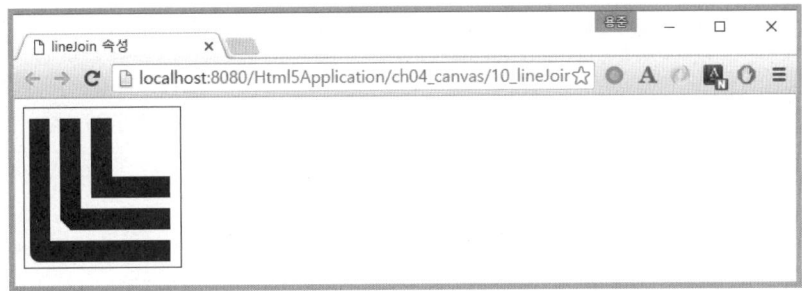

[그림 4.16] 선의 lineJoin 속성 적용

3.2.4 lineDashOffset

대시(점선을 구성하는 −)를 표현할 때 사용되는 속성에 대해 알아보자. 점선을 설정할 때는 setLineDash() 함수를 사용한다. 이 함수의 파라미터는 number 형태의 1차원 배열이다. 점선이 그려질 때는 배열의 내용이 계속 반복된다. 예를 들어 파라미터를 [10, 20]으로 입력하면 10, 20, 10, 20…의 형태로 반복되고 파라미터가 [10, 20, 30]으로 입력된 경우 10, 20, 30, 10, 20, 30 …의 형태로 반복된다. 이 숫자들은 각각 $2n$ 번째는 대시의 길이, $2n+1$ 번째는 다음 대시와의 거리로 구성된다.

getLineDash() 함수는 설정된 대시 정보를 반환한다. lineDashOffset 속성은 처음 대시를 그릴 때 생략할 길이를 설정하거나 확인할 수 있다.

```
파일명 | ch04_canvas/11_linedash.html
 1:  <!DOCTYPE html>
 2:  <html>
 3:  <head>
 4:  <meta charset = "UTF-8">
 5:  <title>점선의 표현</title>
 6:  <style>
 7:  #canvas {
 8:      border: solid blue thin;
 9:  }
10:  </style>
11:  </head>
12:  <body>
13:      <canvas id = "canvas" width = "150" height = "150">
14:          당신의 브라우저는 canvas를 지원하지 않습니다.
15:      </canvas>
16:  </body>
17:  <script>
18:      var canvas = document.getElementById("canvas");
19:      var ctx = canvas.getContext("2d");
20:
21:      function draw() {
22:          ctx.setLineDash([ 20, 10 ]);
23:          ctx.lineDashOffset = 10;
```

```
24:       ctx.strokeRect(10, 10, 130, 130);
25:       console.log(ctx.getLineDash());
26:    }
27:    draw();
28:
29: </script>
30: </html>
```

[소스 설명]

22행 컨텍스트에 대시를 설정한다. 점선의 길이는 20을 표현하고 10의 공백을 두는 형식의 패턴을 반복한다.

23행 10의 offset을 주었으므로 20짜리의 대시에서 10은 생략하고 처음은 10만큼을 그려준다. 따라서 처음 점선의 길이는 10이 된다.

24행 대시가 적용된 선으로 사각형을 그린다.

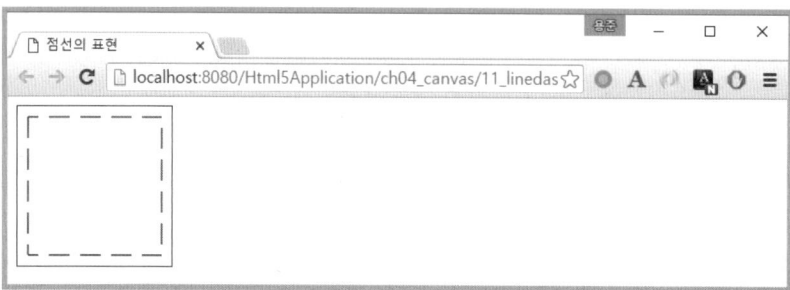

[그림 4.17] 대시가 적용된 선 활용

3.3 그래디언트

하나의 색에서 다른 색으로 단계적으로 변화하는 그래픽을 그래디언트(gradient)라고 한다. 〈canvas〉에서 그래디언트를 표현하기 위해서는 CanvasGradient 객체를 이용한다. [표 4.9]는 CanvasGradient 객체의 생성 및 정지점을 표시하는 함수들에 대한 설명이다.

표 4.9 CanvasGradient 객체의 생성과 정지점을 표시하는 함수

함수명	설명
createLinearGradient(x1, y1, x2, y2)	시작점(x1, y1)과 끝점(x2, y2)을 이용해 선형의 CanvasGradient 객체를 생성한다.
createRadialGradient(x1, y1, r1, x2, y2 r2)	중심점(x1, y1)에 반지름 r1으로 구성된 원과 중심점(x2, y2)에 반지름 r2로 구성된 원을 이용한 원형의 CanvasGradient 객체를 생성한다.
gradient.addColorStop(position, color)	색상 결합을 위해 정지점을 설정하는 함수이다. position은 전체 그라데이션 영역의 길이를 1로 봤을 때 특정 색에 대한 그라데이션이 시작하는 위치로 0.0 ~ 1.0 사이의 실수 값을 사용한다.

그래디언트는 일반적으로 다음 순서로 사용한다.

- createXXX 함수를 이용해 CanvasGradient 객체 생성
- CanvasGradient 객체에 colorstop 지정
- 컨텍스트의 fillStyle 또는 strokeStyle에 CanvasGradient 할당
- 도형 그리기

선형의 그래디언트를 그려보자. 다음 예제는 빨강, 녹색, 파랑, 흰색으로 정지점을 설정한 그라데이션의 예제이다.

파일명 | ch04_canvas/12_gradient_linear.html

```
 1: <!DOCTYPE html>
 2: <html>
 3: <head>
 4: <meta charset = "UTF-8">
 5: <title>Gradient 활용</title>
 6: <style>
 7: #canvas {
 8:     border: solid blue thin;
 9: }
10: </style>
11: </head>
12: <body>
13:     <canvas id = "canvas" width = "450" height = "150"></canvas>
14: </body>
15: <script>
16:     var canvas = document.getElementById("canvas");
17:     var ctx = canvas.getContext("2d");
18:
19:     function draw() {
20:         var lingrad = ctx.createLinearGradient(0, 0, 450, 0);
21:         lingrad.addColorStop(0, 'rgb(255, 0, 0)');
22:         lingrad.addColorStop(0.3, 'rgb(0, 255, 0)');
23:         lingrad.addColorStop(0.7, 'rgb(0, 0, 255)');
24:         lingrad.addColorStop(1, 'rgb(255, 255, 255)');
25:         ctx.fillStyle = lingrad;
26:         ctx.fillRect(0, 0, 450, 150);
27:     }
28:     draw();
29: </script>
30: </html>
```

[소스 설명]

20행 선형의 그래디언트 객체를 생성한다. 이 객체는 (0, 0)~(450, 0)의 선을 따라 형성된다.

21행 시작 지점(0%)의 정지점 색상을 rgb(255, 0, 0) 즉, 빨강으로 설정한다. 다음 정지점으로 가면서 빨강은 두 번째 색과 점점 섞이게 된다.

22행 30% 지점의 정지점 색상을 녹색으로 설정한다. 첫 번째 정지점 색인 **빨강**은 이 지점에서 완전히 녹색으로 바뀐다. 이후 녹색은 다음 정지점 색으로 점차 변경한다.

23행 70% 지점의 정지점 색을 파란색으로 설정한다.

24행 끝(100%) 지점의 정지점 색상을 흰색으로 설정한다.

25행 컨텍스트의 fillStyle에 앞서 설정한 그래디언트 객체를 할당한다.

26행 컨텍스트를 통해 사각형을 그린다.

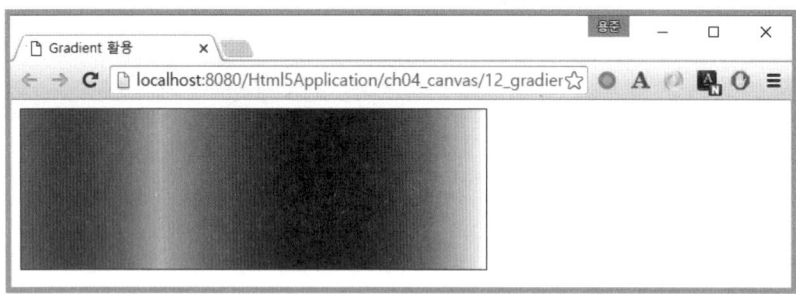

[그림 4.18] 선형 그래디언트 적용

3.4 패턴

패턴은 동일한 문양을 반복해서 전체적인 이미지를 나타내는 작업을 말한다.

[표 4.10]은 패턴 적용에 사용되는 함수이다.

표 4.10 패턴 생성 함수

함수명	설명
createPattern(image, type)	CanvasImageSource를 이용해 CanvasPattern 객체를 생성한다. type은 이미지를 반복할 방식을 결정한다.

패턴을 만들 때 사용되는 CanvasImageSource는 다음과 같다.

- HTMLImageElement (⟨img⟩)
- HTMLVideoElement(⟨video⟩)
- HTMLCanvasElement(⟨canvas⟩)
- CanvasRenderingContext2D
- ImageBitmap
- ImageData
- Blob

type에 적용되는 값은 아래 4개의 문자열이 사용된다.

- "repeat" : 패턴을 수평과 수직 방향으로 반복한다. type을 생략하면 기본값으로 "repeat"가 적용된다.
- "repeat-x" : 패턴을 수평 방향으로 반복한다.
- "repeat-y" : 패턴을 수직 방향으로 반복한다.
- "no-repeat" : 패턴을 반복하지 않는다.

패턴을 적용하는 절차 다음과 같으며, 그래디언트를 적용하는 절차와 매우 유사하다.

- createPattern 함수를 이용해 CanvasPattern 객체를 생성한다.
- 패턴에서 사용될 CanvasImageSource를 설정한다.
- 컨텍스트의 fillStyle에 CanvasPattern 객체를 할당한다.
- 도형을 그린다.

다음 예제는 HTMLImageElement 객체를 생성해서 패턴을 적용하는 방식의 예제이다.

파일명 | ch04_canvas/13_pattern.html

```
 1: <!DOCTYPE html>
 2: <html>
 3: <head>
 4: <meta charset = "UTF-8">
 5: <title>패턴</title>
 6: <style>
 7: #canvas {
 8:     border: solid blue thin;
 9: }
10: </style>
11: </head>
12: <body>
13:     <canvas id = "canvas" width = "450" height = "150"></canvas>
14: </body>
15: <script>
16:     var canvas = document.getElementById("canvas");
17:     var ctx = canvas.getContext("2d");
18:
19:     function draw() {
20:         var img = new Image();
21:         img.src = "../images/Canvas_createpattern.png";
22:         img.addEventListener("load", function() {
23:             var pattern = ctx.createPattern(this, "repeat");
24:             ctx.fillStyle = pattern;
25:             ctx.fillRect(0, 0, 450, 150);
26:         });
27:     }
28:     draw();
29: </script>
30: </html>
```

[소스 설명]

20-21행 Image 객체를 생성하고 src 속성에 사용할 이미지 파일을 설정한다. Image 객체
는 <img>의 DOM 객체에 해당한다.

22행 이미지 로딩 이벤트에 대한 리스너를 등록한다.

23행 Image 객체(this)를 이용해 패턴을 생성한다. 이때 type 속성에는 "repeat"를 설정
했으므로 가로와 세로로 반복되는 패턴이 생성된다.

24행 컨텍스트의 fillStyle에 패턴 객체를 할당한다.

25행 컨텍스트를 이용해 패턴으로 채워진 사각형을 그린다.

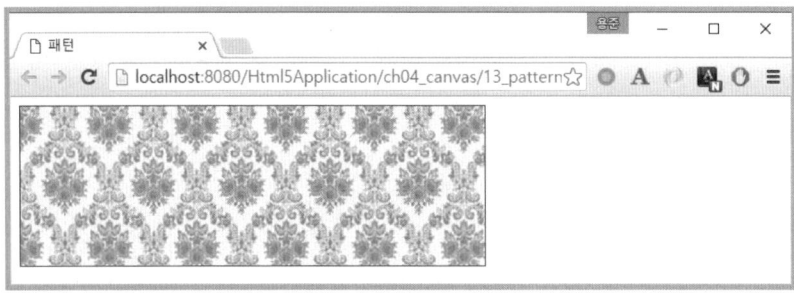

[그림 4.19] 패턴 적용

3.5 그림자

HTML5는 [표 4.11]의 4가지 속성을 이용해 그림자를 표현한다.

표 4.11 그림자 속성

속성명	설명
shadowOffsetX	실제 그림과 그림자 사이의 수평 방향 거리로 기본값은 0이다. Infinity나 NaN 값은 무시된다.
shadowOffsetY	실제 그림과 그림자 사이의 수직 방향 거리로 기본값은 0이다. Infinity나 NaN 값은 무시된다.
shadowBlur	그림자의 흐림 정도로 기본값은 0이다. 음수나 Infinity, NaN 값은 무시된다.
shadowColor	CSS의 색상값으로 그림자의 색상을 지정하며 기본값은 투명한 검은색이다.

파일명 | ch04_canvas/14_shadow.html

```
1:  <!DOCTYPE html>
2:  <html>
3:  <head>
4:  <meta charset = "UTF-8">
5:  <title>그림자</title>
6:  <style>
7:  #canvas {
8:      border: solid blue thin;
```

```
 9:  }
10:  </style>
11:  </head>
12:  <body>
13:    <canvas id = "canvas" width = "450" height = "150"></canvas>
14:  </body>
15:  <script>
16:    var canvas = document.getElementById("canvas");
17:    var ctx = canvas.getContext("2d");
18:    function drawStrokeRect() {
19:      ctx.shadowOffsetX = 10;
20:      ctx.shadowOffsetY = 10;
21:      ctx.shadowBlur = 10;
22:      ctx.shadowColor = "rgba(255, 0, 0, 1)";
23:      ctx.fillRect(20, 20, 410, 110);
24:    }
25:
26:    drawStrokeRect();
27:  </script>
28:  </html>
```

[소스 설명]

19행 컨텍스트에 shadowOffsetX를 10으로 설정한다.

22행 컨텍스트에 shadowOffsetY를 10으로 설정한다.

21행 컨텍스트에 shadowBlur를 10으로 설정한다.

22행 컨텍스트에 shadowColor를 rgba(255, 0, 0, 1)로 설정한다.

23행 속이 채워진 사각형을 그린다.

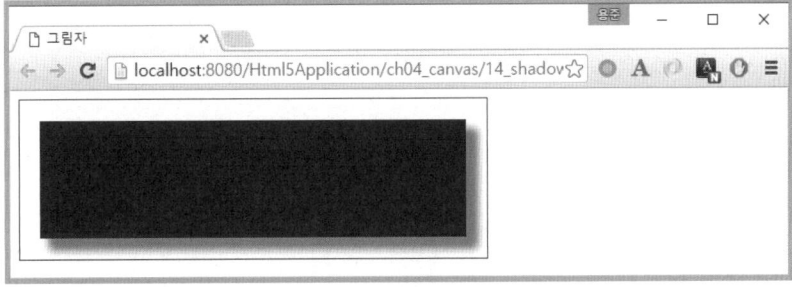

[그림 4.20] 그림자 표현

04 문자 출력

4.1 간단한 문자 표현

〈canvas〉를 통해 문자를 표현할 때는 [표 4.12]의 속성과 [표 4.13]의 함수를 사용한다.

표 4.12 문자 표현 속성

속성명	설명
font	문자를 그릴 때 사용될 폰트를 설정한다. 값으로는 CSS의 font 속성을 사용하며 기본값은 10px sans-serif이다.
textAlign	문자의 정렬 기준을 설정한다. 사용 가능한 값으로는 start, end, left, right, center가 있고 기본값은 start이다
textBaseline	베이스라인 정렬 기준을 설정한다. 가능한 값은 top, hanging, middle, alphabetic, ideographic, bottom이며 기본값은 alphabetic이다.
direction	문자의 출력 방향을 설정한다. 가능한 값은 ltr, rtl, inherit이며 기본값은 inherit이다

표 4.13 문자 표현 함수

함수명	설명
fillText(text, x, y [, maxWidth])	(x, y) 좌표에 채워진 text를 그린다. 좌표는 문자의 베이스라인을 의미한다. 옵션으로 최대 길이를 지정할 수 있다.
strokeText(text, x, y [, maxWidth])	(x, y) 좌표에 윤곽선을 따라 text를 그린다. 좌표는 문자의 베이스라인을 의미한다. 옵션으로 최대 길이를 지정할 수 있다.

WHATWG의 자료를 참조하면 HTML5가 지원하는 베이스라인 속성은 다음과 같다.

[그림 4.21] 다양한 베이스라인
(출처 : https://html.spec.whatwg.org/images/baselines.png)

다음 예제를 통해 기본 alphabetic과 middle을 베이스라인으로 하는 문자열을 그려보자.

파일명 | ch04_canvas/15_text.html

```
 1: <!DOCTYPE html>
 2: <html>
 3: <head>
 4: <meta charset = "UTF-8">
 5: <title>문자</title>
 6: <style>
 7: #canvas {
 8:     border: solid blue thin;
 9: }
10: </style>
11: </head>
12: <body>
13:     <canvas id = "canvas" width = "450" height = "150"></canvas>
14: </body>
15: <script>
16:     var canvas = document.getElementById("canvas");
17:     var ctx = canvas.getContext("2d");
18:
19:     function draw() {
20:        ctx.beginPath();
21:        ctx.moveTo(0, 50);
22:        ctx.lineTo(450, 50);
23:        ctx.moveTo(0, 120);
24:        ctx.lineTo(450, 120);
25:        ctx.stroke();
26:
27:        ctx.font = "3em Serif";
28:        ctx.fillText("HTML5 Application", 10, 50);
29:
30:        ctx.textBaseline = "middle";
31:        ctx.font = "3em 맑은 고딕";
32:        ctx.strokeText("HTML5 Application", 10, 120);
33:     }
34:     draw();
35: </script>
36: </html>
```

[소스 설명]

21-25행 베이스 행을 확인하기 위해 가로줄을 출력한다.

27행 그릴 문자의 폰트를 설정한다. Serif 폰트를 써서 일반 문자열의 3배(3em) 크기로 설정한다.

28행 (10, 50) 좌표에 HTML5 Application을 출력한다. 이때 좌표는 문자의 베이스 행을 나타낸다.

30행 베이스 행을 middle로 변경한다.

31행 문자의 폰트를 맑은 고딕으로 설정한다.

32행 (10, 100)의 위치에 HTML5 Application을 윤곽선 형태로 출력한다.

[그림 4.22] 문자 출력

05 이미지

지금까지는 직접 이미지를 그리는 작업에 대해 알아보았다. 이제 미리 작성된 이미지 소스(CanvasImageSource)를 〈canvas〉에 표현하는 방법을 알아보자. 〈canvas〉에서 사용할 수 있는 외부 이미지의 포맷은 브라우저에서 표현할 수 있는 png, gif, jpeg 등을 사용할 수 있다.

[표 4.14]는 이미지를 그리는 함수에 대한 설명이다.

표 4.14 이미지 함수

함수명	설명
drawImage(image, x, y)	(x, y) 좌표에 image를 그린다.
drawImage(image, x, y, width, height)	주어진 width와 height로 크기를 변경해서 (x, y) 좌표에 image를 그린다. 즉 스케일을 변경할 수 있다.
drawImage(image, sx, sy, swidth, sheight, dx, dy, dwidth, dheight)	image의 (sx, sy)에서 가로=swidth, 세로=sheight 만큼 잘라내서 (dx, dy)에 가로=dwidth, 세로=dheight 만큼의 크기로 그린다. 즉 그림의 일부를 잘라서 원하는 스케일로 그릴 수 있다.

일반적으로 〈canvas〉에 이미지를 표현하기 위해서는 다음과 같은 두 가지 절차를 거친다.

1. 이미지 리소스에서 이미지 가져오기
2. drawImage() 함수를 이용해서 〈canvas〉에 이미지 그리기

5.1 그리기 위한 이미지의 획득

캔버스 API가 처리할 수 있는 이미지 소스는 CanvasImageSource 타입으로 다음과 같이 크게 3가지로 분류할 수 있다.

- HTMLImageElement : 〈img〉나 Image() 생성자를 통해 획득할 수 있다.
- HTMLVideoElement : 〈video〉에서 현재 재생되고 있는 프레임을 복사해서 〈canvas〉에 출력할 수 있다.
- HTMLCanvasElement : 다른 〈canvas〉를 이미지 소스로 사용할 수 있다.

세 가지 타입의 이미지 소스를 사용하는 방법에 대해 알아보자.

5.1.1 HTMLImageElement 사용하기

이 방법은 HTML에 〈img〉 태그로 선언된 요소나 자바스크립트에서 Image 객체를 생성해서 사용하는 것이다.

다음 예제는 id 속성값이 source로 선언된 〈img〉의 이미지를 캔버스에 그리는 방법을 보여준다.

파일명 | ch04_canvas/16_image1.html

```
 1:  <!DOCTYPE html>
 2:  <html>
 3:  <head>
 4:  <meta charset = "UTF-8">
 5:  <title>이미지</title>
 6:  <style>
 7:  body {
 8:      display: flex;
 9:      align-items: center;
10:  }
11:  #source {
12:      width: 320px;
13:      height: 213px;
14:  }
15:  #canvas {
16:      border: solid blue thin;
17:  }
18:  </style>
19:  </head>
```

```
20:   <body>
21:     <figure>
22:       <img id = "source" src = "../images/Canvas_sample.png">
23:       <figcaption>이미지 소스</figcaption>
24:     </figure>
25:     <figure>
26:       <canvas id = "canvas" width = "320" height = "213"></canvas>
27:       <figcaption>캔버스</figcaption>
28:     </figure>
29:   </body>
30:   <script>
31:     var canvas = document.getElementById("canvas");
32:     var ctx = canvas.getContext("2d");
33:     var imageSource = document.getElementById("source");
34:     imageSource.addEventListener("load", function() {
35:       ctx.drawImage(this, 0, 0);
36:     });
37:   </script>
38: </html>
```

[소스 설명]

22행 사용할 원본 <img>의 id가 source로 선언되어 있다.

33행 id가 source로 선언된 객체를 변수 imageSource에 할당한다.

34행 imageSource의 load 이벤트가 발생하면, 즉 로딩이 완료되면 <canvas>에 이미지
　　　를 그리는 함수를 실행한다.

35행 drawImage() 함수를 이용하여 캔버스의 (0, 0) 좌표부터 이미지를 그린다.

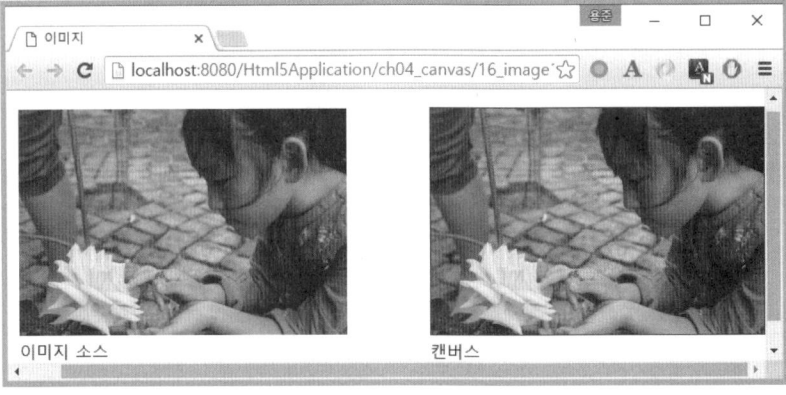

[그림 4.23] 〈img〉의 내용을 〈canvas〉에 출력하기

Note

다음처럼 작성하면 왜 안 될까?

```
1:  var canvas = document.getElementById("canvas");
2:  var ctx = canvas.getContext("2d");
3:  var imageSource = document.getElementById("source");
4:  ctx.drawImage(this, 0, 0);
```

훨씬 간단해 보이지만 동작하지 않는다. 이미지의 로딩은 비동기적으로 처리되는데 위와 같은 코드는 아직 로딩이 완료되지 않은 상태에서 ctx.drawImage() 함수가 호출되기 때문이다. 따라서 ch04_canvas/16_image.html의 예에서처럼 〈img〉의 로딩이 완료되면 호출되는 load 이벤트에서 처리해야 한다.

〈img〉를 이용하지 않고 직접 이미지를 얻어올 수 있다. 예를 들어 도메인에 포함되어 있지만, 페이지에 등장하지 않은 그림이나 다른 사이트의 이미지들을 이용하는 경우이다. 이때는 Image 객체를 활용한다.

파일명 | ch04_canvas/17_image2.html

```
1:  <!DOCTYPE html>
2:  <html>
3:  <head>
4:  <meta charset = "UTF-8">
5:  <title>이미지</title>
6:  <style>
7:  body {
8:      display: flex;
9:      align-items: center;
10: }
11: #source {
12:     width: 320px;
13:     height: 213px;
14: }
15: #canvas {
16:     border: solid blue thin;
17: }
18: </style>
19: </head>
20: <body>
21:     <figure>
22:         <canvas id = "canvas1" width = "320" height = "213"></canvas>
23:         <figcaption>동일 서버 이미지</figcaption>
24:     </figure>
25:     <figure>
26:         <canvas id = "canvas2" width = "320" height = "213"></canvas>
27:         <figcaption>다른 서버 이미지</figcaption>
28:     </figure>
29:
```

```
30:   </body>
31:   <script>
32:     var canvas1 = document.getElementById("canvas1");
33:     var ctx1 = canvas1.getContext("2d");
34:     var img1 = new Image();
35:     img1.src = "../images/Canvas_sample.png";
36:     img1.addEventListener("load", function() {
37:       ctx1.drawImage(this, 0, 0);
38:     });
39:     var canvas2 = document.getElementById("canvas2");
40:     var ctx2 = canvas2.getContext("2d");
41:     var img2 = new Image();
42:     img2.src = "https://www.w3.org/html/logo/img/mark-word-icon.png";
43:     img2.addEventListener("load", function() {
44:       ctx2.drawImage(this, 0, 0);
45:     });
46:   </script>
47:   </html>
```

[소스 설명]

34-35행 Image 객체를 생성해서 변수 img1에 할당하고, src 속성에 사용할 이미지의 경로
를 설정한다.

36-38행 img1의 load 이벤트에서 ctx1에 이미지를 그린다.

41-42행 이미지 객체(img2)를 만들고 다른 사이트에 있는 이미지의 URL을 src 속성에 설정
한다.

43-45행 img2의 load 이벤트에서 ctx2에 이미지를 그린다.

[그림 4.24] Image() 함수를 이용해 〈canvas〉에 출력하기

5.1.2 다른 〈canvas〉를 이미지 소스로 사용하기

다른 〈canvas〉를 이미지 소스로 사용하기 위해서는 같은 페이지의 이미지를 가져오는
것처럼 DOM을 이용하면 된다.

다음 예제는 원본 캔버스의 내용을 이미지 소스로 다른 캔버스에 그리는 내용이다.

파일명 | ch04_canvas/18_image_canvas.html

```
 1: <!DOCTYPE html>
 2: <html>
 3: <head>
 4: <meta charset = "UTF-8">
 5: <title>이미지</title>
 6: <style>
 7: body {
 8:    display: flex;
 9:    align-items: center;
10: }
11: canvas {
12:    border: solid blue thin;
13: }
14: </style>
15: </head>
16: <body>
17:    <figure>
18:      <canvas id = "canvas1" width = "150" height = "150"></canvas>
19:      <figcaption>원본 캔버스</figcaption>
20:    </figure>
21:    <figure>
22:      <canvas id = "canvas2" width = "150" height = "150"></canvas>
23:      <figcaption>대상 캔버스</figcaption>
24:    </figure>
25: </body>
26: <script>
27:    var canvas1 = document.getElementById("canvas1");
28:    var ctx1 = canvas1.getContext("2d");
29:    var canvas2 = document.getElementById("canvas2");
30:    var ctx2 = canvas2.getContext("2d");
31:
32:    function drawAndCopy() {
33:        ctx1.fillRect(10, 10, 130, 130);
34:        ctx2.drawImage(canvas1, 0, 0);
35:    }
36:    drawAndCopy();
37: </script>
38: </html>
```

[소스 설명]

33행 첫 번째 캔버스의 컨텍스트를 이용해 사각형을 그린다.

34행 첫 번째 캔버스를 이미지 소스로 두 번째 캔버스의 컨텍스트에 복사해 넣는다. 따라서 원본과 대상 캔버스는 동일한 이미지를 갖게 된다.

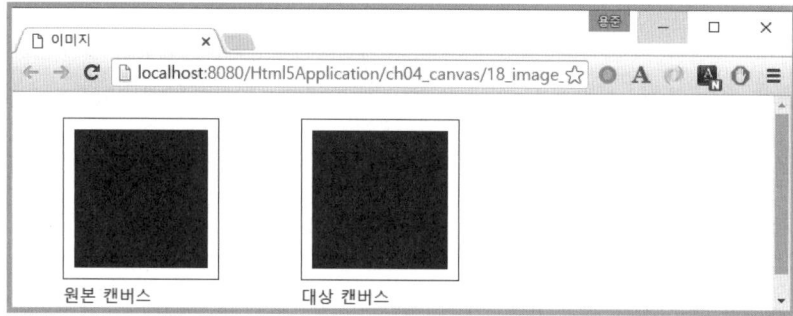

[그림 4.25] ⟨canvas⟩를 이미지 소스로 사용하는 경우

5.1.3 ⟨video⟩를 이미지 소스로 사용하기

⟨video⟩의 내용을 캔버스에 그릴 때도 ⟨img⟩나 ⟨canvas⟩를 이용할 때와 다르지 않다. 다만, 화면에 보이는 크기의 ⟨video⟩의 내용을 그리는 것이 아니라 원본의 ⟨video⟩을 내용을 캔버스에 그리게 된다. 따라서 원하는 크기로 변경해서 사용해야 한다.

다음 예제는 ⟨video⟩를 이미지 소스로 사용하는 예제이다. 예제에서는 ⟨video⟩가 클릭되었을 때 내용을 복사해서 ⟨canvas⟩에 그리고 있다.

파일명 | ch04_canvas/19_image_video.html

```
 1:  <!DOCTYPE html>
 2:  <html>
 3:  <head>
 4:  <meta charset = "UTF-8">
 5:  <title>이미지</title>
 6:  <style>
 7:  body {
 8:      display: flex;
 9:      align-items: center;
10:  }
11:  canvas {
12:      border: solid blue thin;
13:  }
14:  </style>
15:  </head>
16:  <body>
17:     <figure>
18:        <video id = "video" width = "250" height = "150" controls = "controls">
19:           <source src = "../video/big_buck_bunny.ogv">
20:        </video>
21:        <figcaption>원본 동영상</figcaption>
22:     </figure>
23:     <figure>
24:        <canvas id = "canvas" width = "250" height = "150"></canvas>
25:        <figcaption>대상 캔버스</figcaption>
26:     </figure>
```

```
27:   </body>
28:   <script>
29:     var video = document.getElementById("video");
30:     var canvas = document.getElementById("canvas");
31:     var ctx = canvas.getContext("2d");
32:
33:     video.addEventListener("click", function() {
34:       ctx.drawImage(video, 0, 0, this.width, this.height);
35:     });
36:   </script>
37:   </html>
```

[소스 설명]

33행 video에서의 click 이벤트를 처리하기 위한 리스너를 등록한다.

34행 컨텍스트에 video 요소를 이미지 소스로 이미지를 그린다. 이때 video의 원본 사이즈가 크기 때문에 이미지를 그릴 때는 video의 width 속성과 height 속성으로 축소해서 그림을 그린다.

어플리케이션을 실행시킨 후 원본 동영상을 클릭하면 대상 캔버스에 원본 캔버스의 내용이 그려진다. 따라서 동영상이 재생 중인 경우는 재생 중인 영상을 캡처해서 그리게 된다.

[그림 4.26] 〈video〉를 〈canvas〉의 이미지 소스로 사용하는 경우

5.2 이미지 일부분 활용

이미지를 그대로 출력하거나 확대/축소하는 스케일링 작업은 이해하기가 쉽지만, 이미지 일부를 잘라내서 사용하는 경우는 약간의 이해가 필요하다.

이때 사용되는 함수를 다시 살펴보자.

```
drawImage(image, sx, sy, swidth, sheight, dx, dy, dwidth, dheight)
```

● sx와 sy는 원본 이미지에서 잘라내는 시작점이다.

● swidth와 swidth는 원본에서 잘라낼 이미지의 가로와 세로이다. 즉 (sx, sy)에서 swidth ×

sheight 만큼의 영역을 복사해서 원본 이미지로 삼는다.

- dx와 dy는 목적지 캔버스에서 이미지를 붙일 좌표이다.
- dwidth와 dheight는 목적지 캔버스에 그릴 이미지의 크기이다. 즉, (dx, dy)에 dwidth ×
  dheight 만큼의 크기로 원본 이미지를 늘여서 붙이게 된다.

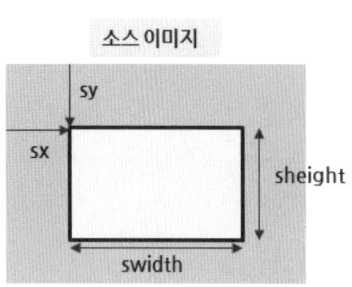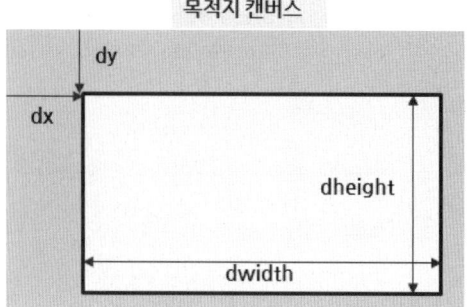

[그림 4.27] 이미지 잘라내기

원본 이미지의 일부분만을 캔버스에 옮겨 그리는 예제 어플리케이션을 작성해보자.

파일명 | ch04_canvas/20_image_slicing.html

```
1:  <!DOCTYPE html>
2:  <html>
3:  <head>
4:  <meta charset = "UTF-8">
5:  <title>이미지</title>
6:  <style>
7:  body {
8:      display: flex;
9:      align-items: center;
10: }
11: #source {
12:     width: 320px;
13:     height: 213px;
14: }
15: #canvas {
16:     border: solid blue thin;
17: }
18: </style>
19: </head>
20: <body>
21:     <figure>
22:         <img id = "source" src = "../images/Canvas_sample.png">
23:         <figcaption>원본 이미지</figcaption>
24:     </figure>
25:     <figure>
26:         <canvas id = "canvas" width = "320" height = "213"></canvas>
27:         <figcaption>대상 캔버스</figcaption>
28:     </figure>
```

```
29:    </body>
30:    <script>
31:      var canvas = document.getElementById("canvas");
32:      var ctx = canvas.getContext("2d");
33:      var imageSource = document.getElementById("source");
34:      imageSource.addEventListener("load", function() {
35:        ctx.drawImage(this, 140, 0, 180, 130, 0, 0, 320, 213);
36:      });
37:    </script>
38:    </html>
```

[소스 설명]

34행 imageSource에 load 이벤트에 대한 리스너를 등록한다.

35행 원본의 (140, 0)부터 180 × 130 크기만큼을 캔버스의 (0, 0)에 320 × 213의 크기로 그린다. 따라서 캔버스에서는 확대된 그림을 볼 수 있다.

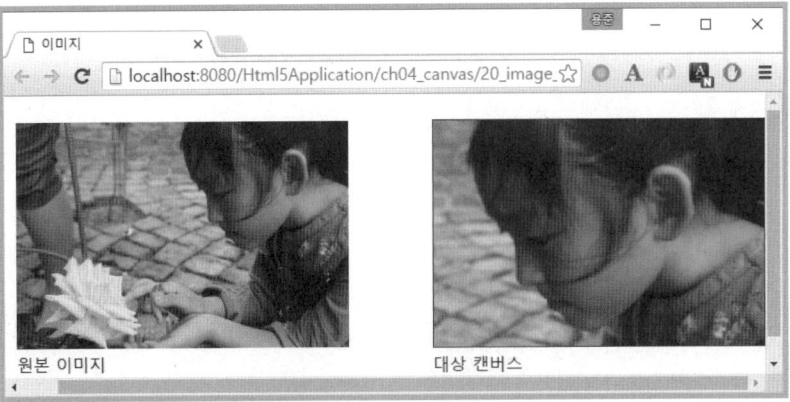

[그림 4.28] 원본 이미지의 일부만을 잘라내서 사용하는 경우

06 이미지 변형

6.1 상태의 저장과 복원

캔버스에 그려진 이미지를 회전하거나 크기를 변경하거나 투명도를 조정하는 것을 변형이라고 한다. 본격적인 변형에 대해 알아보기 전에, 먼저 [표 4.15]와 같은 먼저 변형에 사용되는 중요한 두 가지 함수를 알아야 한다.

표 4.15 컨텍스트 상태 관련 함수

함수명	설명
save()	컨텍스트의 상태를 저장한다.
restore()	가장 최근에 저장된 컨텍스트의 상태로 복원한다.

앞서 fillStyle이나 strokeStyle 등을 이용해 컨텍스트의 상태를 바꾸어 보았다. 이런 상태들은 스택 구조로 저장된다. 매번 save() 함수가 호출될 때마다 상태가 저장되고 restore() 함수가 호출되면 가장 최근의 상태가 복원된다.

컨텍스트는 다음의 상태 값들을 가질 수 있다.

- 색상 관련 : strokeStyle, fillStyle, globalAlpha
- 라인 속성 관련 : lineWidth, lineCap, lineJoin, miterLimit, lineDashOffset
- 그림자 관련 : shadowOffsetX, shadowOffsetY, shadowBlur, shadowColor
- 문자 관련 : font, textAlign, textBaseline, direction

다음 예제처럼 여러 단계로 속성을 변경해가며 캔버스에 그림을 그리는 경우를 생각해보자.

```
 1:  var canvas = document.getElementById("canvas");
 2:  var ctx = canvas.getContext("2d");
 3:  function draw() {
 4:      ctx.fillRect(0, 0, 150, 150);
 5:      ctx.fillStyle = 'blue';
 6:      ctx.fillRect(15, 15, 120, 120);
 7:      ctx.fillStyle = 'red';
 8:      ctx.globalAlpha = 0.5;
 9:      ctx.fillRect(30, 30, 90, 90);
10:      ctx.fillStyle = 'blue';
11:      ctx.globalAlpha = 1;
12:      ctx.fillRect(45, 45, 60, 60);
13:      ctx.fillStyle = 'black';
14:      ctx.fillRect(60, 60, 30, 30);
15:  }
16:  draw();
```

[소스 설명]

4행 기본 스타일로 사각형을 그린다.

5-6행 채우는 스타일 색을 파란색으로 변경 후 사각형을 그린다.

7-9행 채우는 스타일 색을 빨간색으로 하고 투명도를 0.5로 설정 후 사각형을 그린다.

10-12행 채우는 스타일 색을 다시 파란색으로 하고 투명도를 1로 설정 후 사각형을 그린다.

13-14행 채우는 스타일 색을 초기값인 검은색으로 설정 후 사각형을 그린다.

위 소스는 단계별로 스타일 등 속성을 변경하면서 그림을 그리고 있다 만약 이전 단계로 돌리기 위해 변경해야 할 속성이 많다면 어떨까? save()와 restore() 함수를 사용하면 호출 시점의 상태를 저장했다가 한 번에 되돌릴 수 있게 된다. 다음의 예제를 살펴보자.

파일명 | ch04_canvas/21_status.html

```
 1: <!DOCTYPE html>
 2: <html>
 3: <head>
 4: <meta charset = "UTF-8">
 5: <title>save와 restore</title>
 6: <style>
 7: body {
 8:    display: flex;
 9:    align-items: center;
10: }
11:
12: #canvas {
13:    border: solid blue thin;
14: }
15: </style>
16: </head>
17: <body>
18:    <canvas id = "canvas" width = "150" height = "150"></canvas>
19: </body>
20: <script>
21:    var canvas = document.getElementById("canvas");
22:    var ctx = canvas.getContext("2d");
23:    function draw() {
24:      ctx.fillRect(0, 0, 150, 150);    // 상태 1
25:      ctx.save();
26:
27:      ctx.fillStyle = 'blue';
28:      ctx.fillRect(15, 15, 120, 120); // 상태 2
29:      ctx.save();
30:
31:      ctx.fillStyle = 'red';
32:      ctx.globalAlpha = 0.5;
33:      ctx.fillRect(30, 30, 90, 90);    // 상태 3
34:
35:      ctx.restore();
36:      ctx.fillRect(45, 45, 60, 60);
37:
38:      ctx.restore();
39:      ctx.fillRect(60, 60, 30, 30);
40:    }
41:    draw();
42: </script>
43: </html>
```

[소스 설명]

24-25행 기본 스타일로 사각형을 그린다. 이때의 상태를 '상태 1'이라고 생각하자. save() 함수로 현재 상태를 저장한다.

27-29행 채우기 스타일을 파랑으로 설정하고 사각형을 그린다. 이때의 상태를 '상태 2'라고 하자. 다시 현재 상태를 save() 함수로 저장한다.

31-33행 채우기 스타일을 빨강, 알파 속성을 0.5로 설정 후 사각형을 그린다. 이때의 상태를 '상태 3'이라고 하자. 이 상태는 저장하지 않았다.

35-35행 restore() 함수로 마지막에 저장된 '상태 2'를 불러 사각형을 그린다. 따라서 파란색 채우기에 alpha 속성은 1(기본값)인 상태로 사각형이 출력된다.

18-19행 다시 restore() 함수를 호출하여 '상태 1'로 이동 후 사각형을 그린다. 따라서 검은색의 사각형을 그리게 된다.

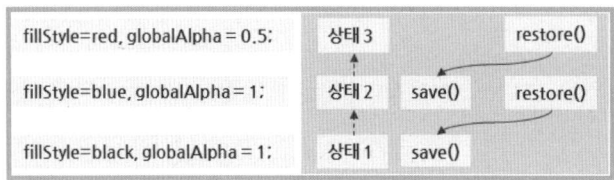

[그림 4.29] 스택의 형태로 관리되는 컨텍스트의 상태

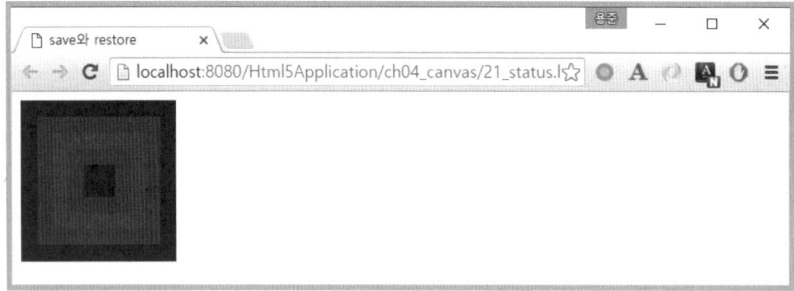

[그림 4.30] save()와 restore() 함수

6.2 다양한 변형 함수

다음의 [표 4.16]은 컨텍스트의 이미지를 변형시켜주는 함수들이다.

표 4.16 이미지 변형 함수

함수명	설명
translate(x, y)	컨텍스트의 원점을 (x, y)로 옮긴다.
rotate(angle)	지정된 각도만큼 도형을 시계방향으로 회전시킨다. 각도는 radian 값으로 (Math.PI/180) * degree로 계산할 수 있다.
scale(x, y)	이미지를 가로로 x, 세로로 y만큼 확대 또는 축소한다. 기본값은 1.00이며 음수를 사용하면 각 축을 중심으로 거울 효과를 낼 수 있다.

transform(a, b, c, d, e, f)	translate, rotate, scale을 동시에 적용해 도형을 변형시키는 함수이다. a는 수평 방향 스케일, b는 수평 방향 기울기, c는 수직 방향 기울기, d는 수직 방향 스케일, e는 수평 방향 이동, f는 수직 방향 이동을 나타낸다.
setTransform(a, b, c, d, e, f)	현재 변형을 초기화하고 지정한 속성값으로 새로운 변형을 적용한다. 각 변수의 의미는 transform과 같다.
resetTransform()	변형 속성을 최초의 초기값으로 변경한다. 이 함수는 ctx. setTransform(1, 0, 0, 1, 0, 0)을 호출한 것과 같다.

다음 예제는 translate(), rotate(), scale() 함수를 활용하는 예제이다.

파일명 | ch04_canvas/22_transform1.html

```
 1:  <!DOCTYPE html>
 2:  <html>
 3:  <head>
 4:  <meta charset = "UTF-8">
 5:  <title>변형 1</title>
 6:  <style>
 7:  body {
 8:      display: flex;
 9:      align-items: center;
10:  }
11:
12:  #canvas {
13:      border: solid blue thin;
14:  }
15:  </style>
16:  </head>
17:  <body>
18:      <canvas id = "canvas" width = "450" height = "150"></canvas>
19:  </body>
20:  <script>
21:      var canvas = document.getElementById("canvas");
22:      var ctx = canvas.getContext("2d");
23:      function draw() {
24:          ctx.font = "2em 고딕";
25:          ctx.fillText("Trans", 10, 50);     // 상태 1
26:          ctx.save();
27:
28:          ctx.translate(0, 80);
29:          ctx.fillText("원점이동", 10, 50); // 상태 2
30:
31:          ctx.restore();                     // 상태 1
32:          ctx.save();
33:          ctx.translate(200, 0);
34:          ctx.rotate(Math.PI / 180 * 15);
35:          ctx.fillText("회전", 10, 50);       // 상태 3
36:
```

```
37:        ctx.restore();                    // 상태 1
38:        ctx.translate(200, 80);
39:        ctx.scale(2, 1);
40:        ctx.fillText("확대", 10, 50);
41:    }
42:    draw();
43: </script>
44: </html>
```

[소스 설명]

24-25행 2em 크기의 고딕 폰트로 (10, 50) 지점에 'Trans' 문자열을 출력한다.

26행 현재 상태를 저장한다. 현재는 기본 속성에 font만 변경된 상태이다.

28-29행 원점을 (0, 80)으로 이동시킨 후 (10, 50)의 위치에 '원점이동'이라는 문자열을 출력한다. 'Trans' 문자열로부터 80만큼 아래 영역에 내용이 출력된다.

31-32행 restore()로 이전 상태로 복원시킨 후 다시 현재의 상태를 저장한다.

33-35행 원점을 다시 (200, 0)으로 이동시킨 후 15° 만큼 회전시켜 '회전'이라는 문자열을 (10, 50) 지점에 출력한다.

37행 restore()를 호출해 이전 상태로 복원시킨다.

38-40행 원점을 (200, 80)으로 이동시킨 후 가로로 2배만큼 확대하여 '확대'라고 출력한다.

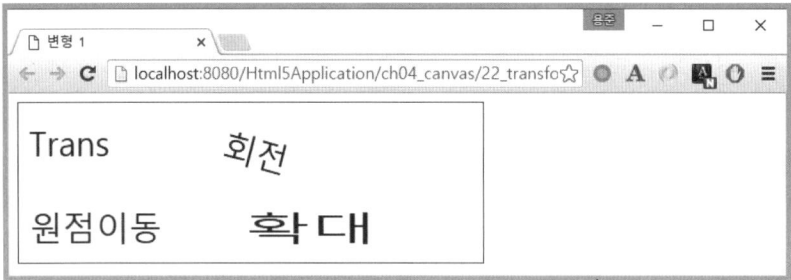

[그림 4.31] translate(), rotate(), scale() 함수의 적용

앞의 예제에서 살펴보았듯이 변형의 속성은 계속 누적되기 때문에 save()와 restore() 함수를 반복해서 호출하며 상태를 잘 파악해야 한다. 이를 transform()과 setTransform() 함수를 이용하면 더욱 간단히 처리할 수 있다.

파일명 | ch04_canvas/23_transform2.html

```
1: <!DOCTYPE html>
2: <html>
3: <head>
4: <meta charset = "UTF-8">
5: <title>이미지</title>
6: <style>
7: body {
8:     display: flex;
```

```
 9:      align-items: center;
10:  }
11:
12:  #canvas {
13:      border: solid blue thin;
14:  }
15:  </style>
16:  </head>
17:  <body>
18:      <canvas id = "canvas" width = "450" height = "150"></canvas>
19:  </body>
20:  <script>
21:      var canvas = document.getElementById("canvas");
22:      var ctx = canvas.getContext("2d");
23:      function draw() {
24:          ctx.font = "2em 고딕";
25:          ctx.fillText("Trans", 10, 50);
26:
27:          ctx.transform(1, 0, 0, 1, 0, 80);
28:          ctx.fillText("원점이동", 10, 50);
29:
30:          ctx.setTransform(1, Math.PI / 180 * 15, Math.PI / 180 * -15, 1, 200, 0);
31:          ctx.fillText("회전", 10, 50);
32:
33:          ctx.setTransform(2, 0, 0, 1, 200, 80);
34:          ctx.fillText("확대", 10, 50);
35:      }
36:      draw();
37:  </script>
38:  </html>
```

[소스 설명]

27-28행 transform() 함수를 이용해 원점을 (0, 80) 지점으로 이동 후 '원점이동'을 출력한다.

30-31행 setTransform() 함수를 호출해 기존 변경 내용을 초기화한 후 수평 방향으로 15°,
수직 방향으로 -15°만큼의 회전 설정과 원점을 (200, 0)으로 이동시킨 후 '회전'을
출력한다.

33-34행 setTransform() 함수를 호출해 다시 기존 변경 내용을 초기화시킨 후 수평 방향으
로 2배 확대, 원점을 (200, 80)으로 이동시킨 후 '확대'를 출력한다.

결과는 앞선 예와 동일하지만 save()와 restore() 함수를 이용한 상태 변화를 기억할 필
요는 없어졌다.

07 이미지 합성(compositing)과 클리핑(clipping)

지금까지의 이미지는 하나의 층으로 그려졌다. 하지만, 이미지를 많이 사용하다 보면 다른 이미지와 겹쳐지는 부분이 발생하게 된다. 이때 겹쳐지는 부분을 처리하는 방법과 마스킹을 통해 특정 부분에만 그리는 방법에 대해 알아본다.

7.1 이미지 합성(compositing)

여러 이미지가 겹칠 때 그리는 속성을 결정하기 위해서는 globalCompositeOperation 속성을 사용한다.

- globalCompositeOperation : 기존 내용 위에 새로운 내용이 그려질 때 겹치는 부분을 처리할 속성을 문자열 형태로 지정한다.

이때 사용되는 속성값은 다음 [표 4.17]과 같다. 표의 이해를 돕기 위해 작업에 대해 잠깐 설명하면 먼저 파란색 사각형이 그려진 후 빨간색 사각형을 그린다. 이때 먼저 그려진 파란색 사각형이 source에 해당하며, 나중에 그려진 빨간색 사각형이 destination이 된다.

표 4.17 이미지 합성을 위한 속성값

값	기존 내용(destination)	새로운 내용(source)	
source-over (기본값)	source 아래에 전체 내용이 그려진다.	destination 위에 전체 내용이 그려진다.	
source-in	투명 처리된다.	destination과 겹치는 부분만 표시된다.	
source-out	투명 처리된다.	destination과 겹치는 부분은 투명 처리되고 나머지 영역은 표시된다.	
source-a-top	source 아래에 전체 내용이 그려진다.	destination과 겹치는 부분만 그려지고 나머지는 투명 처리된다.	
destination-over	전체 내용이 그려진다.	destination 아래에 전체 내용이 그려진다.	
destination-in	source와 겹치는 부분만 그려지고 나머지는 투명 처리된다.	투명 처리된다.	
destination-out	source와 겹치지 않는 부분만 그려지고 나머지는 투명 처리된다.	전부 투명 처리된다.	
destination-atop	source와 겹치는 부분만 그려지고 나머지는 투명 처리된다.	destination 아래에 전체 내용이 그려진다.	

xor	source와 겹치지 않는 부분만 그려지고 나머지는 투명 처리된다.	destination과 겹치는 부분은 투명 처리되고 나머지 영역은 표시된다.	
copy	투명 처리된다.	전부 그려진다.	
lighter	destination과 source가 모두 그려지며 겹치는 부분은 두 색상 값의 합으로 결정된다.		

다음 예제를 통해 [표 4.17]의 속성값을 사용했을 때 결과를 비교해 보자.

파일명 | ch04_canvas/24_composite.html

```
1:  <!DOCTYPE html>
2:  <html>
3:  <head>
4:  <meta charset = "UTF-8">
5:  <title>합성</title>
6:  <style>
7:  body {
8:      display: flex;
9:      align-items: center;
10: }
11:
12: #canvas {
13:     border: solid blue thin;
14: }
15: </style>
16: </head>
17: <body>
18:     <canvas id = "canvas" width = "150" height = "150"></canvas>
19:     globalCompositeOperation :
20:     <select id = "compositeValue">
21:         <option>source-over
22:         <option>source-in
23:         <option>source-out
24:         <option>source-atop
25:         <option>destination-over
26:         <option>destination-in
27:         <option>destination-out
28:         <option>destination-atop
29:         <option>xor
30:         <option>copy
31:         <option>lighter
32:     </select>
33:     <button id = "btnDraw">그리기</button>
34: </body>
35: <script>
36:     function draw() {
37:         var canvas = document.getElementById("canvas");
38:         var ctx = canvas.getContext("2d");
```

```
39:         var type =  document.getElementById("compositeValue").value;
40:         ctx.clearRect(0, 0, 150, 150);
41:         ctx.globalCompositeOperation = "source-over";
42:
43:         ctx.fillStyle = "rgb(0, 0, 255)";
44:         ctx.fillRect(0, 0, 150, 75);
45:
46:         ctx.globalCompositeOperation =type;
47:         ctx.fillStyle = "rgb(255, 0, 0)";
48:         ctx.fillRect(25, 25, 100, 100);
49:     }
50:
51:     document.getElementById("btnDraw").addEventListener("click", draw);
52: </script>
53: </html>
```

[소스 설명]

20행 globalCompositeOperation의 value들을 옵션으로 갖는 select의 id 속성값을 compositeValue로 선언한다.

39행 DOM을 통해 id가 compositeValue로 선택된 요소의 값을 가져온다.

40행 컨텍스트의 사각형 영역을 지운다.

41행 globalCompositeOperation을 기본값인 source-over로 변경한다.

43−44행 destination에 해당하는 사각형을 파란색으로 그린다.

46행 globalCompositeOperation 값을 type 속성으로 변경한다.

47−48행 source에 해당하는 사각형을 빨간색으로 그린다.

예제 어플리케이션을 실행하여 globalCompositeOperation 값을 변경하면서 각 속성을 테스트해보자.

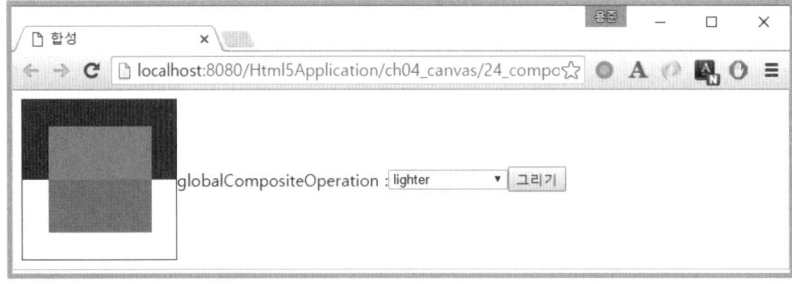

[그림 4.32] 이미지 합성

7.2 이미지 클리핑(clipping)

지금까지의 그림은 캔버스 전체 영역을 대상으로 하는 것이었다. 클리핑은 캔버스에 일정 영역을 설정하고 그 영역만을 대상으로 그리기를 한정하게 한다.

클리핑 영역을 지정하기 위해서는 clip() 함수를 사용한다.

● clip() : 패스를 이용해 클리핑 영역을 만들고 영역 밖에 있는 부분은 보이지 않게 만든다. 즉 클리핑 영역 내부에서만 그림이 그려진다.

다음 예제에서 (75, 75) 지점에 반지름 60인 원을 클리핑 영역으로 하고 무작위로 원을 그렸을 때 이미지가 생성되는 부분을 살펴보자.

파일명 | ch04_canvas/25_clipping.html

```
 1: <!DOCTYPE html>
 2: <html>
 3: <head>
 4: <meta charset = "UTF-8">
 5: <title>클리핑</title>
 6: <style>
 7: #canvas {
 8:    border: solid blue thin;
 9: }
10: </style>
11: </head>
12: <body>
13:    <canvas id = "canvas" width = "150" height = "150"></canvas>
14:
15: </body>
16: <script>
17:    var canvas = document.getElementById("canvas");
18:    var ctx = canvas.getContext("2d");
19:
20:    function draw() {
21:      ctx.beginPath();
22:      ctx.arc(75, 75, 60, Math.PI * 2, false);
23:      ctx.clip();
24:
25:      for (var i = 0; i < 100; i++) {
26:        ctx.beginPath();
27:        var x = Math.random() * 150;
28:        var y = Math.random() * 150;
29:        var r = Math.random() * 10;
30:        ctx.arc(x, y, r, Math.PI * 2, false);
31:        ctx.fill();
32:      }
33:    }
34:    draw();
```

```
35: </script>
36: </html>
```

[소스 설명]

21−22행 패스를 설정하고 원을 그린다.

23행 clip() 함수로 영역을 클리핑한다. 이제부터는 위에서 표시한 원형 내부에서만 그림
이 출력된다.

25−32행 랜덤한 크기와 위치를 갖는 100개의 원을 그린다.

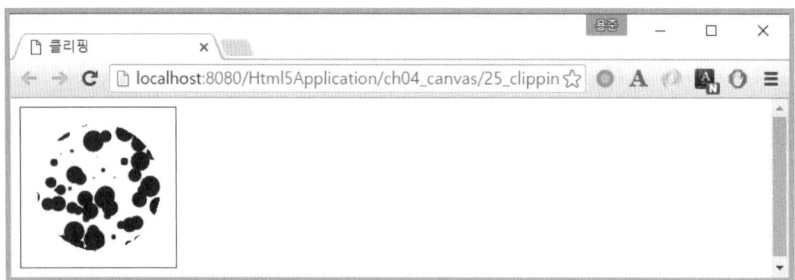

[그림 4.33] clip()으로 한정된 영역에만 그림 그리기

08 ImageData

ImageData(이미지 데이터)는 캔버스의 픽셀 하나하나를 직접 읽고 쓸 수 있게 해주는
객체로 캔버스에서 얻을 수 있다. ImageData를 이용해서 각 픽셀을 이루는 RGBA 값을
조회할 수 있고 색을 반전시키거나 회색조로 변경하는 등 필터 효과를 표현할 수 있다.

ImageData 객체는 다음 [표 4.18]과 같은 3가지의 읽기 전용 속성을 제공한다.

표 4.18 ImageData 객체의 읽기 전용 속성

속성명	설명
width	이미지 데이터의 폭을 말한다.
height	이미지 데이터의 높이를 말한다.
data	1차원 배열로 R, G, B, A에 대응하는 값들이 연속적으로 나열된다. 즉 [R, G, B, A, R, G, B, A …….]의 형태다. 이 값들은 각각 0 ~ 255의 값을 갖는다.

캔버스 API는 ImageData 객체를 다루기 위해 [표 4.19]와 같은 3가지 함수를 제공한다.

표 4.19 ImageData 객체의 함수

함수명	설명
getImageData(x, y, width, height)	(x, y)에서 width × height만큼의 영역을 ImageData로 변형해서 리턴한다.
putImageData(imageData, x, y)	ImageData를 (x, y) 지점에 그린다.
createImageData(width, height)	투명한 검은색([0, 0, 0, 0])으로 구성된 width × height 크기의 IamgeData를 생성한다.

캔버스에 마우스를 올리면 해당 위치의 RGBA 값을 표시하는 어플리케이션을 만들어보자. 또한, ImageData 객체의 RGBA 값을 조작해서 색을 반전시키거나 회색조 이미지로 변경하는 기능을 구현해보자.

파일명 | ch04_canvas/26_imageData.html

```
1:  <!DOCTYPE html>
2:  <html>
3:  <head>
4:  <meta charset = "UTF-8">
5:  <title>ImageData</title>
6:  <style>
7:  #source {
8:      width: 320px;
9:      height: 213px;
10: }
11: #canvas {
12:     border: solid blue thin;
13: }
14: </style>
15: </head>
16: <body>
17:     <canvas id = "canvas" width = "320" height = "213"></canvas>
18:     <div>
19:         <input type = "text" id = "colorPicker">
20:         <button id = "grayScale">회색조</button>
21:         <button id = "invert">색반전</button>
22:     </div>
23: </body>
24: <script>
25:     var canvas = document.getElementById("canvas");
26:     var bGrayScale = document.getElementById("grayScale");
27:     var bInvert = document.getElementById("invert");
28:     var colorPicker = document.getElementById("colorPicker");
29:
30:     var ctx = canvas.getContext("2d");
31:     var img = new Image();
32:     img.src = "../images/Canvas_sample.png";
```

```
33:      img.addEventListener("load", function() {
34:        ctx.drawImage(this, 0, 0);
35:      });
36:
37:      canvas.addEventListener("mousemove", function(e) {
38:        var imageData = ctx.getImageData(e.layerX, e.layerY, 1, 1);
39:        var data = imageData.data;
40:        colorPicker.value = data;
41:        var r = data[0];
42:        var g = data[1];
43:        var b = data[2];
44:        var a = data[3];
45:        colorPicker.style.background = "rgba("+r+", "+g+", "+b+","+a+")";
46:      });
47:
48:      bGrayScale.addEventListener("click", function() {
49:        var imageData = ctx.getImageData(0, 0, canvas.width, canvas.height);
50:        var data = imageData.data;
51:        for (var i = 0; i < data.length; i += 4) {
52:          var avg = (data[i] + data[i + 1] + data[i + 2]) / 3;
53:          data[i] = avg;
54:          data[i + 1] = avg;
55:          data[i + 2] = avg;
56:        }
57:        ctx.putImageData(imageData, 0, 0);
58:      });
59:
60:      bInvert.addEventListener("click", function() {
61:        var imageData = ctx.getImageData(0, 0, canvas.width, canvas.height);
62:        for (var i = 0; i < imageData.data.length; i++) {
63:          if (i % 4 == 3) {
64:            continue;
65:          } else {
66:            imageData.data[i] = 255 - imageData.data[i];
67:          }
68:        }
69:        ctx.putImageData(imageData, 0, 0);
70:      });
71:  </script>
72:  </html>
```

[소스 설명]

37행 캔버스의 mousemove 이벤트에 대한 리스너를 등록한다.

38행 컨텍스트에서 이미지 데이터를 얻는다. 이때 x와 y 좌표는 이벤트에서 가져오고 가로 × 세로는 1 × 1의 크기로 설정한다. 즉 마우스가 있는 지점의 이미지 데이터를 얻어온다.

39행 이미지 데이터가 갖는 data 속성을 data 변수에 할당한다. 현재는 1 × 1의 크기로 이미지 데이터를 생성했으므로 RGBA를 각 하나씩 값을 가지고 있다.

40행 colorPicker의 value 속성에 data를 할당해서 배열 값을 확인하게 한다.

41-45행 data의 r, g, b, a 값을 colorPicker의 배경색으로 사용한다.

48행 bGrayScale의 click 이벤트에 대한 리스너를 등록한다.

49행 캔버스 전체에 대한 이미지 데이터를 가져온다.

51-56행 이미지 데이터를 회색조로 변경한다.[10]

57행 변경한 이미지 데이터를 다시 컨텍스트 전체의 이미지 데이터로 설정한다.

60행 bInvert의 click 이벤트에 대한 리스너를 등록한다.

61행 캔버스 전체에 대한 이미지 데이터를 가져온다.

62-68행 R, G, B 값에 대한 반전 색을 구해 이미지 데이터를 업데이트 한다.

69행 변경한 이미지 데이터를 다시 컨텍스트 전체의 이미지 데이터로 설정한다.

[그림 4.34] 이미지 데이터의 활용

---

10) 회색조에 대한 자세한 설명은 https://en.wikipedia.org/wiki/Grayscale을 참조한다.

요약 정리

1. ⟨canvas⟩와 CanvasRenderingContext2D 객체의 생성

var canvas = document.getElementById("canvas");
var ctx = canvas.getContext("2d");

2. 캔버스 API

(1) 사각형을 그리는 함수

- strokeRect(x, y, width, height) : (x, y)를 시작점으로 가로(width), 세로(height)인 테두리만 있는 사각형을 그린다.
- fillRect(x, y, width, height) : (x, y)를 시작점으로 가로(width), 세로(height)인 속이 채워진 사각형을 그린다.
- clearRect(x, y, width, height) : (x, y)를 시작점으로 가로(width), 세로(height)인 인 영역을 지운다.

(2) 패스에서 사용되는 함수

- beginPath() : 패스 지정을 초기화해서 새로운 패스를 만든다. 시작된 패스는 closePath()를 호출하면 종료된다.
- stroke() : ⟨canvas⟩에 패스를 따라 테두리만 선의 형태로 출력한다.
- fill() : ⟨canvas⟩에 패스를 따라 테두리를 그리고 안을 채운다. 자동으로 closePath()가 호출되며 마지막 점의 위치에서 원점이 직선으로 닫힌다.
- clip() : clipping area(이하 클리핑 영역)은 ⟨canvas⟩에 그리는 영역이다. 캔버스 초기화 시 기본 클리핑 영역은 ⟨canvas⟩ 전체이다. clip() 함수를 호출하면 패스를 이용해 마스크를 만들고 마스크 밖에 있는 부분은 보이지 않게 만든다. 즉 마스크 영역 내부에서만 그림이 그려진다.
- closePath() : 패스를 닫고 패스의 마지막 지점을 원점과 직선으로 연결한다. 열린 패스를 원하거나 fill() 함수를 사용하는 경우 생략할 수 있다.

(3) 그림을 그리는 함수

- moveTo(x, y) : 지정한 지점 (x, y)로 펜을 이동한다.
- lineTo(x, y) : 이전 지점에서 지정한 지점 (x, y)로 선을 그린다.
- rect(x, y, width, height) : (x, y) 좌표에 가로 width, 세로 height 크기의 사각형을 그린다.
- arc(x, y, radius, startAngle, endAngle, direction) : 중심점 (x, y) 좌표에 radius 만큼의 반지름으로 startAngle에서 endAngle까지 원호를 direction 방향으로 그린다. 각도는 수평이 0도이다.
- quadraticCurveTo(cpx, cpy, x, y) : 현재 위치에서 (x, y)까지 (cpx, cpy)를 제어점으로 사용하는 2차 베지어 곡선을 그린다.
- bezierCurveTo(cpx1, cpy1, cpx2, cpy2, x, y) : 현재 위치에서 (x, y)까지 (cpx1, cpy1)을 1차 제어점으로, (cpx2, cpy2)를 2차 제어점으로 사용하는 3차 베지어 곡선을 그린다.

(4) 색상 지정 관련 속성

- fillStyle : 도형을 채울 때 사용되는 색상을 지정한다.
- strokeStyle : 도형의 외곽선을 그릴 색상을 지정한다.
- globalAlpha : 캔버스에 그려지는 모든 도형의 투명도를 0.0(투명)에서 1.0(불투명)의 값으로 지정한다.

(5) 선 스타일을 위한 속성과 함수

▫ 속성
- lineWidth : 앞으로 그릴 선의 두께를 설정하거나 조회한다.
- lineCap : 선의 끝부분 형태를 지정하거나 조회한다.
- lineJoin : 두 선이 겹치는 부분의 형태를 지정하거나 조회한다.
- lineDashOffset : 대시 화살표가 선에서 시작하는 위치를 지정하거나 조회한다.

▫ 함수
- getLineDash() : 현재 선에 설정된 대시의 스타일을 반환한다.
- setLineDash(dash_style) : 현재 선에 특정 스타일의 대시 스타일을 적용한다.

(6) 그래디언트를 위한 함수

- createLinearGradient(x1, y1, x2, y2) : 시작점(x1, y1)과 끝점(x2, y2)을 이용해 선형의 CanvasGradient 객체를 생성한다.
- createRadialGradient(x1, y1, r1, x2, y2 r2) : 중심점(x1, y1)에 반지름 r1으로 구성된 원과 중심점(x2, y2)에 반지름 r2로 구성된 원을 이용한 원형의 CanvasGradient 객체를 생성한다.
- gradient.addColorStop(position, color) : 색상 결합을 위해 정지점을 설정하는 함수이다. position은 전체 그라데이션 영역의 길이를 1로 봤을 때 특정 색에 대한 그라데이션이 시작하는 위치로 0.0 ~ 1.0 사이의 실수 값을 사용한다.

(7) 패턴 생성 함수

- createPattern(image, type) : CanvasImageSource를 이용해 CanvasPattern 객체를 생성한다. type은 이미지를 반복할 방식을 결정한다.

(8) 그림자 표현을 위한 속성

- shadowOffsetX : 실제 그림과 그림자 사이의 수평 방향 거리로 기본값은 0이다. Infinity나 NaN 값은 무시된다.
- shadowOffsetY : 실제 그림과 그림자 사이의 수직 방향 거리로 기본값은 0이다. Infinity나 NaN 값은 무시된다.
- shadowBlur : 그림자의 흐림 정도로 기본값은 0이다. 음수나 Infinity, NaN 값은 무시된다.
- shadowColor : CSS의 색상값으로 그림자의 색상을 지정하며 기본값은 투명한 검은색이다.

(9) 문자 표현을 위한 속성과 함수

□ 속성
- **font** : 문자를 그릴 때 사용될 폰트를 설정한다. 값으로는 CSS의 font 속성을 사용하며 기본값은 10px sans-serif이다.
- **textAlign** : 문자의 정렬 기준을 설정한다. 사용 가능한 값으로는 start, end, left, right, center가 있고 기본값은 start이다.
- **textBaseline** : 베이스라인 정렬 기준을 설정한다. 가능한 값은 top, hanging, middle, alphabetic, ideographic, bottom이며 기본값은 alphabetic이다.
- **direction** : 문자의 출력 방향을 설정한다. 가능한 값은 ltr, rtl, inherit이며 기본값은 inherit 이다

□ 함수
- **fillText(text, x, y [, maxWidth])** : (x, y) 좌표에 채워진 text를 그린다. 좌표는 문자의 베이스라인을 의미한다. 옵션으로 최대 길이를 지정할 수 있다.
- **strokeText(text, x. y [, maxWidth])** : (x, y) 좌표에 윤곽선을 따라 text를 그린다. 좌표는 문자의 베이스라인을 의미한다. 옵션으로 최대 길이를 지정할 수 있다.

(10) 이미지를 그리기 위한 함수

- **drawImage(image, x, y)** : (x, y) 좌표에 image를 그린다.
- **drawImage(image, x, y, width, height)** : 주어진 width와 height로 크기를 변경해서 (x, y)좌표에 image를 그린다. 즉 스케일을 변경할 수 있다.
- **drawImage(image, sx, sy, swidth, sheight, dx, dy, dwidth, dheight)** : image 의 (sx, sy)에서 가로 = swidth, 세로 = sheight 만큼 잘라내서 (dx, dy)에 가로 = dwidth, 세로 = dheight 만큼의 크기로 그린다. 즉 그림의 일부를 잘라서 원하는 스케일로 그릴 수 있다.

(11) 이미지 변형을 위한 함수

- **save()** : 컨텍스트의 상태를 저장한다.
- **restore()** : 가장 최근에 저장된 컨텍스트의 상태로 복원한다.
- **translate(x, y)** : 컨텍스트의 원점을 (x, y)로 옮긴다.
- **rotate(angle)** : 지정된 각도만큼 도형을 시계방향으로 회전시킨다. 각도는 radian 값으로 (Math.PI / 180) × degree로 계산할 수 있다.
- **scale(x, y)** : 이미지를 가로로 x, 세로로 y만큼 확대 또는 축소한다. 기본값은 1.00이며 음수를 사용하면 각 축을 중심으로 거울 효과를 낼 수 있다.
- **transform(a, b, c, d, e, f)** : translate, rotate, scale을 동시에 적용해 도형을 변형시키는 함수이다. a는 수평 방향 스케일, b는 수평 방향 기울기, c는 수직 방향 기울기, d는 수직 방향 스케일, e는 수평 방향 이동, f는 수직 방향 이동을 나타낸다.
- **setTransform(a, b, c, d, e, f)** : 현재 변형을 초기화하고 지정한 속성값으로 새로운 변형을 적용한다. 각 변수의 의미는 transform과 같다.
- **resetTransform()** : 변형 속성을 최초의 초기값으로 변경한다. 이 함수는 ctx.

setTransform(1 , 0 , 0 , 1 , 0 , 0)을 호출한 것과 같다.

(12) 합성, 클리핑을 위한 속성과 함수

▫ 속성
- globalCompositeOperation : 기존 내용 위에 새로운 내용이 그려질 때 겹치는 부분을 처리할 속성을 문자열 형태로 지정한다.

▫ 함수
- clip() : 패스를 이용해 클리핑 영역을 만들고 영역 밖에 있는 부분은 보이지 않게 만든다. 즉 클리핑 영역 내부에서만 그림이 그려진다.

(13) 이미지 데이터를 위한 함수
- getImageData(x, y, width, height) : (x, y)에서 width × height만큼의 영역을 이미지 데이터로 변형해서 리턴 한다.
- putImageData(imageData, x, y) : 이미지 데이터를 (x, y) 지점에 그린다.
- createImageData(width, height) : 투명한 검은색([0, 0, 0, 0])으로 구성된 width × height 크기의 이미지 데이터를 생성한다.

3. 이미지 데이터 API

▫ 속성
- width : 이미지 데이터의 폭을 말한다.
- height : 이미지 데이터의 높이를 말한다.
- data : 1차원 배열로 R, G, B, A에 대응하는 값들이 연속적으로 나열된다. 즉 [R, G, B, A, R, G, B, A …….]의 형태다. 이 값들은 각각 0 ~ 255의 값을 갖는다.

폼 API

이 장에서는 사용자로부터 정보를 입력받는 〈input〉과 입력된 정보를 서버로 전송하기 위해 〈form〉을 제어하는 form(이하 폼) API에 대해서 알아보자. 웹 어플리케이션을 만들면서 사용자와 소통하기 위해 가장 많이 사용되는 것이 〈form〉이기 때문에 능숙한 폼 API의 사용은 웹 개발자에게 매우 중요하다.

이 장에서는 기본적인 〈form〉 사용법과 HTML5에서 추가된 다양한 〈input〉 요소들, 그리고 폼 API를 통한 이 요소들의 제어에 대해 학습한다.

01 HTML5 폼

〈form〉은 다양한 〈input〉을 통해 사용자의 입력을 받아 서버로 전송하기 위해 사용된다. 로그인, 검색, 쇼핑 등 대부분 웹 프로그램 사용자들은 데이터를 서버로 전송하고 서버는 이 정보를 이용해서 사용자가 원하는 작업을 처리한다.

[그림 5.1] 다양한 〈form〉의 활용(출처 : naver.com, google.com, facebook.com)

하지만, HTML5 이전의 〈input〉들은 데이터의 형태에 따라서 단순히 정보의 입력 창구로써만 존재했기 때문에 그 종류도 작았고 기능도 거의 없었다. 또한, 사용자들이 값을 입력하기 때문에 악의적인 또는 단순한 실수 탓에 프로그래머가 의도하지 않은 형태의 값이 입력될 수도 있었다. 이를 처리하기 위해 많은 양의 자바스크립트가 필요했다. 예를 들어 이메일 주소를 입력해야 하는 항목에서 '@'나 '.'이 빠져 입력되는 경우 입력이 잘못되었음을 알리는 경고를 띄우고 다시 입력을 요청하는 형태였다.

파일명 | ch05_form/01_oldform.html

```
1:  <!DOCTYPE html>
2:  <html>
3:  <head>
4:  <meta charset = "UTF-8">
5:  <title>old form</title>
6:  </head>
7:  <body>
8:  <form id = "myform" action = "#">
9:     <label for = "email">email</label>
10:    <input type = "text" id = "email" name = "email">
11:    <input type = "submit">
12: </form>
13: </body>
14: <script>
15:    document.querySelector("#myform").addEventListener("submit", function(e) {
16:       var email = document.querySelector("#email");
17:       var isValidate = false;
18:       var regexp = /[a-z]+[a-z0-9]*\.?[a-z0-9]*@[a-z0-9]+\.?[a-z0-9]*/i;
19:        if(!regexp.test(email.value)) {
20:          alert("이메일 형식이 다릅니다.");
21:          e.preventDefault();
22:        }
23:    });
24: </script>
25: </html>
```

[소스 설명]

　　10행 이메일 주소를 입력받을 수 있는 text 타입의 <input>을 선언한다.

15-23행 사용자가 입력한 이메일 주소값이 이메일 주소 양식에 적합한지 정규표현식을 이
　　　　　용해서 검증한다.

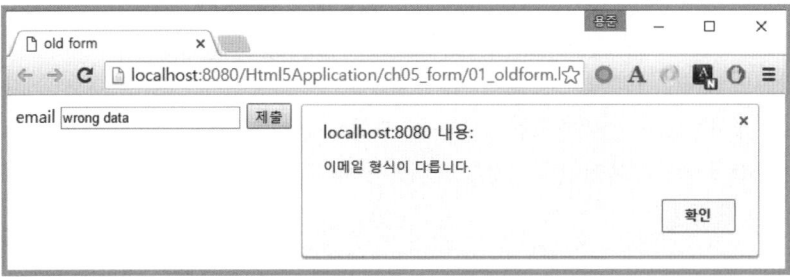

[그림 5.2] 기존 방식으로 처리된 이메일 검증

하지만, HTML5로 넘어오면서 다양한 〈input〉 형태가 지원되면서 프로그래머가 직접
하던 유효성 검증 작업들은 자체적으로 처리된다.

파일명 | ch05_form/02_HTML5form.html

```
 1:  <!DOCTYPE html>
 2:  <html>
 3:  <head>
 4:  <meta charset = "UTF-8">
 5:  <title>new form</title>
 6:  </head>
 7:  <body>
 8:  <form id = "myform" action = "#">
 9:      <label for = "email">email</label>
10:      <input type = "email" id = "email" name = "email">
11:      <input type = "submit">
12:  </form>
13:  </body>
14:  <script>
15:
16:  </script>
17:  </html>
```

[소스 설명]

10행 이메일을 입력받을 수 있는 email 타입의 <input>을 선언한다.

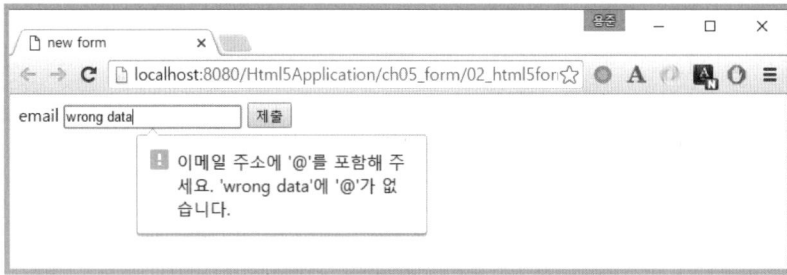

[그림 5.3] HTML5에서 처리된 이메일 검증

위의 두 예제는 이메일 주소가 잘못되었을 때 모두 경고를 보내며 서버로 부적절한 자료가 전송되는 것을 막는다. 하지만, 첫 번째 예제는 기존 방식으로 프로그래머가 직접 데이터에 대한 검증을 자바스크립트를 통해 진행하지만, 두 번째 예제는 HTML5를 사용하여 자바스크립트 부분에 아무런 코드도 없다. 즉 내부적으로 폼에 대한 검증을 처리하는 것이다.

1.1 <form> 사용법

일단 <form>에 대해 알아보자. 다음의 [표 5.1]은 <form>에서 사용되는 주요 속성들이다.

표 5.1 〈form〉의 주요 속성

속성명	설명
method	〈form〉의 데이터를 서버로 전송하는 방식을 결정한다. get | post 중 하나를 사용할 수 있으며 기본값은 get 방식이다.
action	〈form〉이 전달하는 데이터를 처리하는 서버 페이지를 설정한다. 서버가 없는 경우 가상의 페이지로 '#'을 사용한다.
target	〈form〉을 통해 정보 전달 후 응답 내용이 출력될 창을 지정한다. 기본은 자기 창에 다시 출력되며 _blank를 사용하면 새 창에서 출력된다.
autocomplete	〈form〉이 포함하는 〈input〉 요소들에 자동 완성 기능을 활성화시킬 것인지 설정한다. on | off 중 하나를 사용할 수 있으며 기본은 on이다. 이 기능이 on 상태일 경우 〈input〉에서 값을 입력할 때 이전 입력 항목을 보여줘서 손쉽게 입력 할 수 있게 도와준다. 이 속성은 〈form〉에서 전체적으로 설정 가능하며 〈input〉 요소들이 개별적으로 선언할 수도 있다.
novalidate	〈form〉이 포함하는 〈input〉 요소들의 유효성 검증을 실시 할 것인지를 설정한다. 기본은 유효성 검증을 실시하는 것이다. HTML5 〈form〉의 특징 중 하나가 유효성 검증 기능의 내장으로 〈form〉의 자료가 서버로 전송되기 전 자동으로 검증을 실시한다. 이 동작을 사용하지 않으려면 novalidate 옵션을 사용한다. novalidate로 autocomplete와 마찬가지로 〈form〉에서 일괄적으로 적용할 수 있고 내부에 있는 〈input〉 요소들에서 개별적으로 설정을 달리 할 수 있다.

이 중 autocomplete와 novalidate는 HTML5에서 표준화되거나 추가되었다.

다음 예제는 〈form〉의 autocomplete와 novalidate 속성을 적용한 예제이다

파일명 | ch05_form/03_form_property.html

```
 1:  <!DOCTYPE html>
 2:  <html>
 3:  <head>
 4:  <meta charset = "UTF-8">
 5:  <title>form의 속성</title>
 6:  </head>
 7:  <body>
 8:     <form action = "#" autocomplete = "off" novalidate = "novalidate">
 9:        <label for = "email">email</label>
10:        <input type = "email" name = "email" id = "email" />
11:        <input type = "submit">
12:     </form>
13:  </body>
14:  </html>
```

[소스 설명]

8행 action 속성의 '#'은 가상의 서버를 뜻한다. <form>의 내용이 제대로 서버로 전송된다면 페이지가 새로 고침되면서 입력한 항목은 없어진다. autocomplete 항목이 off로 되어 있기 때문에 값을 입력할 때 기존 값이 힌트로 제시되지 않는다. novalidate 항목은 email이 제대로 형식을 갖추었는지 확인하지 않는다.

10행 값을 입력받기 위한 <input>을 email 타입으로 선언한다.

11행 <form>을 서버로 전송한다.

위 예제를 실행하면 email 항목에 커서를 두고 입력하려 할 때 아무런 반응이 없다. 또한, 이메일 형식이 아닌 값을 넣어도 잘 전송된다.

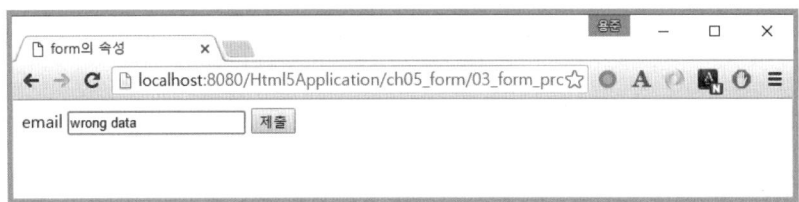

[그림 5.4] 자동완성과 유효성 검증 1

위의 예에서 8행의 autocomplete 속성의 값을 on으로 변경하고 novalidate 옵션을 삭제한 뒤에 다시 실행해서 결과의 차이점을 살펴보자. email을 입력하기 위해 클릭하면 기존에 입력했던 내용이 팝업으로 제시된다. 또한, [제출] 버튼을 클릭하면 입력값이 형식에 맞지 않음을 알려주고 서버로 전송도 되지 않는다.

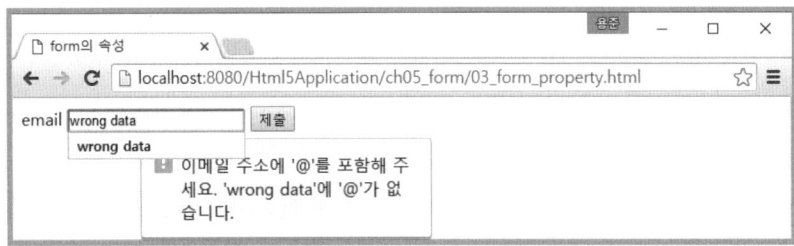

[그림 5.5] 자동완성과 유효성 검증 2

Note

자동완성이 동작하지 않는다면, ...

자동완성은 태그의 속성 설정 외에 다음 조건이 만족해야 한다. 먼저 서버로 1회 이상 성공적으로 전송된 데이터가 자동완성 대상이다. 다음으로, 브라우저 자체에서 자동완성 기능을 꺼놓았는지 확인해보자. 크롬의 경우 [설정] → [고급 설정 표시] → [비밀번호 및 양식] 항목에서 자동 완성 사용을 체크해야 한다.

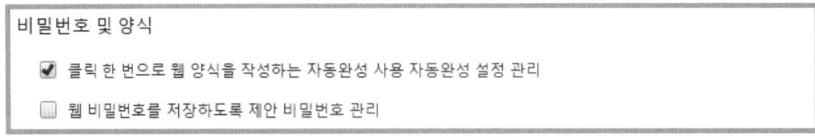

[그림 5.6] 크롬 브라우저의 자동완성 기능 사용

인터넷 익스플로러(IE)의 경우 [설정] → [인터넷 옵션] → [내용] → [설정] 항목에서 옵션을 조절할 수 있다.

1.2 \<input> 요소의 기존 타입과 속성들

〈input〉은 다양한 속성을 갖는다. 다음은 이전부터 사용되던 〈input〉의 속성들이다.

- name : 서버로 전달되는 파라미터의 이름이 된다.
- id : 페이지에서 유일한 값이며 주로 DOM에서 객체 구별에 사용된다.

```
1:  <input type = "text" id = "myId" name = "myName">
2:
3:  <script>
4:      console.log(document.getElementById("myId"));
5:  </script>
```

- value : 〈input〉에 값을 설정한다. 사용자 입력 전에 기본값으로 동작한다.

```
1:  <input type = "text" value = "홍길동">
```

- readonly : 〈input〉을 읽기 전용으로 만든다. 즉 값을 편집할 수 없다.

```
1:  <input type = "text" value = "홍길동" readonly>
```

- disabled : 〈input〉을 사용 불가로 설정한다. 이 요소는 서버로 전송되지 않는다.

```
1:  <input type = "text" value = "홍길동" disabled>
```

- size : 〈input〉 요소의 넓이를 영문 글자 개수로 설정한다. 하지만, 글자 수 제한과는 상관없이 초기 크기만을 규정한다.

```
1:  <input type = "text" size = "40">
```

- maxlength : 〈input〉에 입력할 수 있는 최대 글자 수를 설정한다.

```
1:  <input type = "text" maxlength = "10">
```

- type : 〈input〉에 입력할 수 있는 데이터의 형태이다.

```
1:  <input type = "password" maxlength = "10">
```

〈input〉의 가장 큰 기능은 사용자로부터 값을 입력받는 기능이다. 이를 위해 용도와 입력받을 값의 형태에 따라 다양한 type 속성을 지정할 수 있다.

- button : 버튼 모양으로 일반적으로 click 이벤트를 등록해 다양한 기능을 줄 수 있다.
- checkbox : 주어진 항목에서 하나 이상의 선택이 가능하게 한다.
- file : 버튼 형태로 파일을 첨부할 수 있다.
- hidden : 사용자에게 보이지 않지만, 서버로 전송할 값을 갖는 필드이다.
- image : submit의 버튼 대신 이미지로 표현한다.
- password : 비밀번호를 마스킹 형태(****)로 표시한다.
- radio : 주어진 항목에서 하나만 선택할 수 있게 한다.
- reset : 〈form〉의 모든 〈input〉들을 초기화한다.
- submit : 버튼 형태로 〈form〉의 내용을 서버로 전송한다.
- text : 단순한 한 줄의 문자열을 입력받는다.

1.3 〈input〉 요소의 신규 타입과 속성들

HTML5로 넘어오면서 입력 데이터의 형태에 따라 좀 더 다양한 type들이 추가되었다. 추가된 요소들의 입력값 처리는 크게 2가지 측면에서 유용하다.

- 자체 유효성 검증이 내장되었다.
  이에 따라 대부분의 경우 프로그래머가 직접 유효성 검증을 수행할 필요가 없을 정도이다. email, number 등의 타입뿐 아니라 최대값, 최소값, 문자열의 길이 등에 대한 체크가 단순 선언으로 처리된다. 단 아무 값도 입력하지 않았을 때는 유효성 검사를 하지 않는다.
- 다양한 가상 키보드를 지원한다.
  대부분 모바일 단말기들은 물리적인 키보드가 없고 가상의 키보드를 이용한다. 이때 사용되는 키보드가 입력하는 데이터의 형태에 따라 달라진다. 예를 들어 email을 입력할 때는 '@'가 있는 키보드, number를 입력할 때는 숫자 패드 형태가 자동으로 선택된다.

〈input type = "text"〉　　　　　　　　　　〈input type = "email"〉

[그림 5.7] 〈input〉의 type 속성에 따른 키보드 레이아웃 변경(windows 10)

HTML5에 추가된 타입의 종류에 대해 알아보자.

(1) color

color는 색상을 입력받기 위한 타입이다. 색상이 배경색으로 칠해진 버튼이 제공되며 버튼을 클릭하면 색을 선택할 수 있는 다이얼로그가 팝업 된다.

```
1:  <input type = "color" id = "color" name = "color">
```

(2) date

date는 날짜를 입력받기 위한 타입이다. 화살표를 통해 연도, 월, 일을 입력받거나 화살표를 이용한 값 변경, 또는 달력에서의 선택이 가능하다.

```
1:  <input type = "date" id = "birth" name = "birth">
```

연도, 월, 일에 모두 값이 입력되지 않는 경우 유효성 검증에 실패한다.

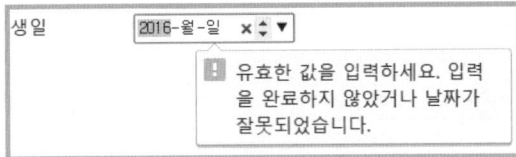

[그림 5.8] date 타입에 대한 유효성 검증 실패 처리

(3) email

email은 이메일을 입력받기 위한 타입이다.

```
1:  <input type = "email" id = "email" name = "email"> 11)
```

기존에는 이메일을 입력받기 위해 text 타입을 사용하고 입력한 값에 대해 정규표현식 등을 이용해서 입력값 검증을 처리했으나 더는 그럴 필요가 없어졌다. 이제 입력한 값에 대한 유효성 검증이 실패하면 해당 〈input〉으로 포커스를 이동시키고 경고 메시지를 출력하며 서버로 값을 전송하지 않는다.

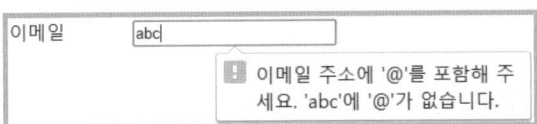

[그림 5.9] email 타입에 대한 유효성 검증 실패 처리

---

11) 동일하게 email이 여러 번 사용되고 있어서 혼돈이 있을 수 있으나 3개의 속성은 각각 역할이 다르다. type = "email"은 input의 속성을 나타내는 것이고 id = "email"은 페이지에서 이 〈input〉을 찾을 때 사용된다. name = "email"은 서버로 전송되는 파라미터의 이름을 나타낸다. 책에서는 서버 프로그램을 작성하지 않기 때문에 사실 name은 필요 없지만, 일반적인 〈input〉의 구성 요소이므로 남겨둔다.

가상 키보드가 사용될 때는 이메일 입력을 위해서 '@'가 추가된 키보드 레이아웃을 요청한다.

(4) number

number는 정수를 입력받기 위한 타입이다. step에 따라 값이 변경되는 화살표를 제공한다.

```
1:   <input type = "number" name = "children" min = "0" max = "10" id = "children" step = "2">
```

number는 유효성 검증을 위해 추가로 다음과 같은 3가지 속성을 사용할 수 있다.

- min : 입력할 수 있는 최솟값을 지정한다. 기본은 제한이 없다.
- max : 입력할 수 있는 최댓값을 지정한다. 기본은 제한이 없다.
- step : 증가 또는 감소할 수 있는 단위를 지정한다. 기본은 1이다.

다음과 같이 코드가 작성된 경우 상황에 따라 다양한 유효성 검증 실패 메시지를 볼 수 있다.

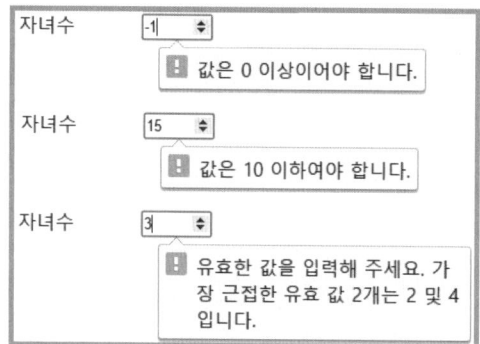

[그림 5.10] number 타입에 대한 유효성 검증 실패 처리

가상 키보드가 사용될 때는 주소 입력을 위해서 숫자로 구성된 레이아웃을 요청한다.

(5) range

range는 일정 범위의 정수를 입력받기 위한 타입이다. 값을 입력받기 위해 슬라이더를 제공한다.

```
1:   <input type = "range" id = "satis" name = "satis">
```

range도 number와 동일하게 min, max, step 속성을 갖는다. 하지만, 값을 입력하지 않고 슬라이더로 선택하는 형태이기 때문에 별도의 유효성 검증이나 키보드 변경은 지원되지 않는다.

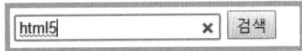

[그림 5.11] range의 표현

(6) search

search는 사용자가 사이트 내에서 검색을 위해 사용할 수 있는 타입이다.

```
1:  <input type = "search" id = "search" name = "search">
```

별도의 유효성 검증이나 키보드 레이아웃 변경은 없다. 다만, 입력한 값을 초기화할 수 있는 'X'가 표시된다.

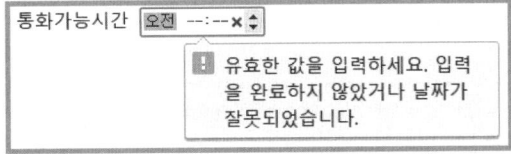

[그림 5.12] search 타입

(7) tel

tel은 전화번호를 입력받기 위한 타입이다.

```
1:  <input type = "tel" id = "tel" name = "tel">
```

하지만, 반드시 숫자를 입력해야 하는 것은 아니며 유효성 검증 내용도 없다. 다만, 가상 키보드가 사용될 때는 전화번호 입력을 위해서 숫자로 구성된 키보드 레이아웃을 요청한다.

(8) time

time은 시간을 입력받기 위한 타입이다. 화살표를 통해 오전/오후 및 시, 분을 설정할 수 있다.

```
1:  <input type = "time" id = "time" name = "time">
```

오전/오후, 시, 분이 모두 설정하지 않는 경우 유효성 검증에 실패한다.

통화가능시간 [오전 --:-- × ▲▼]
⚠ 유효한 값을 입력하세요. 입력을 완료하지 않았거나 날짜가 잘못되었습니다.

[그림 5.13] time 타입에 대한 유효성 검증 실패 처리

(9) url

url은 절대 경로의 웹 사이트 주소를 입력받기 위한 타입이다.

```
1:   <input type = "url" id = "url" name = "url">
```

절대 경로를 입력받기 때문에 유효성 검증을 통과하기 위해서는 입력값이 http:// 또는 https://로 시작해야 한다.

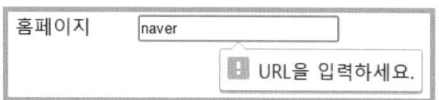

[그림 5.14] url 타입에 대한 유효성 검증 실패 처리

가상 키보드가 사용될 때는 주소 입력을 위해서 '.com'이 추가된 키보드 레이아웃을 요청한다.

이 외에도 week, month, time, datetime, datetime-local 등 날짜와 시간에 관련된 타입들이 있는데 사용법은 date 또는 time과 유사하다.

HTML5에서는 속성 측면에서도 많은 속성이 추가되었다. 대부분 이런 속성들은 ⟨input⟩의 유효성 검사에 직, 간접적으로 영향을 주는 요소들이다.

HTML5에 추가된 속성들에 대해 알아보자.

(10) autocomplete 속성

⟨form⟩에서 사용된 autocomplete 속성은 ⟨form⟩ 안에 배치된 모든 ⟨input⟩에 영향을 미치지만, 개별 ⟨input⟩에 사용된 autocomplete는 해당 ⟨input⟩에만 적용된다. 만약 ⟨form⟩에서 autocomplete 속성의 값이 off로 되어 있다 하더라도 ⟨input⟩의 autocomplete 속성값이 on이면 autocomplete가 적용된다.

```
1:   <input type = "email" name = "mail" id = "mail" autocomplete = "on">
```

(11) autofocus 속성

autofocus 속성이 적용되면 페이지 로딩이 완료되었을 때 해당 ⟨input⟩으로 포커스가 자동으로 이동한다.

```
1:   <input type = "text" name = "id" id = "id" autofocus = "autofocus">
```

(12) form 속성

일반적으로 ⟨input⟩ 요소들은 ⟨form⟩ 안에 배치한다. 하지만, form 속성을 이용하면 id 속성값을 기반으로 ⟨form⟩ 외부에서도 연동할 수 있다. 이 특성을 이용하면 서버로 전송할 ⟨input⟩들을 반드시 한 군데 집중해서 배치할 필요가 없어진다.

```
1:  <form id = "myforrm" name = "formname" action = "#">
2:      <input type = "submit">
3:  </form>
4:
5:  <input type = "email" name = "mail" id = "mail" form = "myforrm">
```

(13) formnovalidate 속성

formnovalidate 속성은 〈form〉 차원에서 유효성 검사를 수행하지 않음을 선언하는 속성이다. formnovalidate는 개별 〈input〉 차원에서 유효성 검증 여부를 결정할 수 있다.

```
1:  <input type = "email" name = "mail" id = "mail" formnovalidate = "formnovalidate">
```

formnovalidate을 submit 타입의 〈input〉 요소에서 사용하면 〈form〉에 대한 유효성 검증 옵션을 조절할 수 있다. 예를 들어 다음의 코드에서 〈form〉은 기본 설정만 가지고 있으므로 유효성 검증을 기본적으로 진행하려 한다. 이 〈form〉은 두 개의 submit을 가지는데 두 번째 submit은 formnovalidate 속성이 선언되었으므로 입력된 데이터를 서버로 전송할 때 유효성 검증을 하지 않는다.

```
1:  <form action = "#">
2:      <input type = "email" name = "mail"/>
3:      <input type = "submit">
4:      <input type = "submit" formnovalidate = "formnovalidate">
5:  </form>
```

(14) multiple 속성

multiple은 email이나 file과 같은 입력 타입에서 사용할 수 있다. multiple이 선언된 〈input〉은 필드에 여러 개의 값을 입력할 수 있게 하며 입력값은 쉼표로 구분한다. 각각의 내용은 모두 유효성 검증에 통과해야 한다.

```
1:  <input type = "email" name = "email" required = "required" multiple = "multiple">
```

[그림 5.15] email 타입의 〈input〉에서 multiple 속성에 대한 유효성 검증 실패 처리

(15) pattern 속성

pattern은 입력된 문자열에 대해 사용자 정의 유효성 검증규칙을 만들고 적합성을 파악한다. 패턴은 정규 표현식을 이용해서 작성한다. 입력값이 표현식에 적합하지 않은 경우 출력할 메시지는 title 속성을 이용해서 표현한다.

```
1:   <input type = "text"  id = "name" pattern = "^[가-힣]{2,5}$" title = "한글 2~5글자 이내">
```

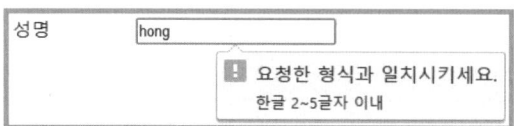

[그림 5.16] pattern이 적용된 〈input〉의 유효성 검증 실패 처리

(16) placeholder 속성

placeholder는 입력 필드에 대한 힌트를 제공한다. 힌트는 약간 흐릿하게 표시되고 실제
값은 아니며 실제 값을 입력하기 시작하면 사라진다.

```
1:   <input type = "search" name = "search" placeholder = "검색할 단어를 입력하세요.">~
```

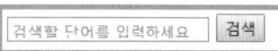

[그림 5.17] placeholder가 적용된 search 타입

(17) required 속성

required는 〈input〉 요소를 필수 입력 항목으로 설정한다. 즉 값을 입력하지 않으면 유
효성 검증에 실패한다. email과 같은 타입들은 기본적으로 값이 비어 있을 경우는 유효
성 검사에 바로 통과하는데 이때 required 속성과 같이 사용하면 효과적이다.

```
1:   <input type = "email" name = "email" required = "required">
```

[그림 5.18] required 속성에 대한 유효성 검증 실패 처리

파일명 | ch05_form/04_input_types.html

```
 1:   <!DOCTYPE html>
 2:   <html>
 3:   <head>
 4:   <meta charset = "UTF-8">
 5:   <title>form</title>
 6:   <style>
 7:   label {
 8:       display: inline-block;
 9:       width: 100px;
10:       height: 25px;
11:   }
12:   </style>
13:   </head>
```

```
14:   <body>
15:     <form>
16:       <input type = "search" name = "search"
17:                       placeholder = "검색할 단어를 입력하세요.">
18:       <input type = "submit" value = "검색">
19:     </form>
20:     <h2>회원 가입</h2>
21:     <form method = "get" action = "#">
22:       <input type = "hidden" name = "hidden" value = "클라이언트는 모르는 값">
23:       <fieldset>
24:         <legend>개인 신상 정보</legend>
25:         <label for = "name">성명</label>
26:         <input type = "text" name = "name" id = "name"
27:                       pattern = "^[가-힣]{2,5}$" title = "한글 2~5글자 이내">
28:
29:         <label for = "id">아이디</label>
30:         <input type = "text" name = "id" id = "id" autofocus = "autofocus">
31:         <br>
32:         <label for = "tel">전화번호</label>
33:         <input type = "tel" name = "tel" id = "tel" required = "required">
34:
35:         <label for = "url">홈페이지</label>
36:         <input type = "url" name = "url" id = "url">
37:         <br>
38:         <label for = "email">이메일</label>
39:         <input type = "email" name = "email" id = "email" multiple = "multiple">
40:
41:         <label for = "pass">비밀번호</label>
42:         <input type = "password" name = "password" id = "pass">
43:         <br>
44:         <label for = "color">선호색상</label>
45:         <input type = "color" name = "color" id = "color">
46:       </fieldset>
47:
48:       <fieldset>
49:         <legend>부가 정보</legend>
50:         <label>외국어 능력</label>
51:         <input type = "checkbox" name = "lang" id = "lang_eng" value = "eng"
52:                                  checked>
53:         <label for = "lang_eng">영어 </label>
54:         <input type = "checkbox" name = "lang" id = "lang_chi" value = "chi">
55:         <label for = "lang_chi">중국어 </label>
56:         <input type = "checkbox" name = "lang" id = "lang_jpa" value = "jap">
57:         <label for = "lang_jpa">일본어 </label><br>
58:         <label>성별</label>
59:         <input type = "radio" name = "gender" id = "gender_m" value = "male">
60:         <label for = "gender_male">남성 </label>
61:         <input type = "radio" name = "gender" id = "gender_f" value = "female">
62:         <label for = "gender_female">여성</label>
63:       </fieldset>
```

```
64:        <fieldset>
65:          <legend>기타 정보</legend>
66:          <label for = "birth">생일</label>
67:          <input type = "date" name = "date" id = "birth">
68:
69:          <label for = "children">자녀수</label>
70:          <input type = "number" name = "children" id = "children"
71:                            min = "0" max = "10" step = "2">
72:          <br>
73:          <label for = "time">통화가능시간</label>
74:          <input type = "time" name = "time" id = "time">
75:
76:          <label for = "satis">행복지수</label>
77:          <input type = "range" name = "satis" id = "satis"
78:                            min = "0" max = "10" value = "5">
79:        </fieldset>
80:        <input type = "submit" value = "전송">
81:        <input type = "reset" value = "새로">
82:      </form>
83:    </body>
84:  </html>
```

[소스 설명]

16-17행 검색어를 입력하도록 search 타입의 <input>을 작성한다. placeholder를 이용해 사용자에게 입력값에 대한 힌트를 제공한다.

22행 hidden 타입의 <input>을 작성한다. 이 값은 사용자의 화면에 보이지는 않지만, 서 로는 전송된다.

26행 이름을 입력받는 text 타입의 <input>을 작성한다. 입력값은 한글로만 2~5자 이내 로 작성해야 하며 입력 오류 시 화면에 보일 값은 title 속성으로 정리한다.

30행 id를 입력받는 text 타입의 <input>을 작성한다. autofocus 속성으로 페이지가 로 딩 되면 이 <input>에 포커스가 위치한다.

33행 전화번호를 입력받는 tel 타입의 <input>을 작성한다. 여기는 required 속성이 있 으므로 반드시 값을 입력해야 한다.

36행 홈페이지 주소를 입력받을 수 있는 url 타입의 <input>을 작성한다. 입력값은 반드 시 http:// 또는 https://로 시작해야 한다.

39행 이메일을 입력받을 수 있는 email 타입의 <input>이다. 입력값은 @와 .이 포함되 는 등 이메일의 형식에 맞아야 한다. 추가로 multiple 속성 선언 때문에 여러 개의 이메일 주소를 받을 수 있다.

42행 비밀번호를 입력받을 수 있는 password 타입의 <input>이다. 입력값은 * 등으로 마스킹 처리된다.

45행 색상을 선택할 수 있는 color 타입의 <input>이다.

51-57행 여러 외국어 능력을 선택할 수 있는 checkbox로 구성되었다. 이중 id가 lang_eng 는 checked 상태이므로 기본적으로 선택되어 있다.

59-62행 성별을 입력받을 수 있는 radio로 두 <input>은 서로 배타적으로 동작한다.

67행 생일을 입력받기 위해 date 타입의 <input>을 사용한다.

70행 정수 타입인 자녀수를 입력받기 위해 number 타입의 <input>을 사용한다. 여기서는 최소 0에서 최대 10까지의 값을 가질 수 있으며 step이 2이므로 0, 2, 4, 6, 8 10을 가질 수 있다.

74행 통화 가능 시간을 입력받기 위해 time 속성의 <input>을 사용한다.

77-78행 행복지수를 입력받기 위해 range 타입의 <input>을 사용한다. 이 값은 0 ~10까지의 정수이며 초기값은 5로 설정한다.

80행 submit 타입의 <input>으로 버튼 모양을 한다. 클릭하면 <form>에 속한 <input>들이 서버로 전송된다.

81행 reset 타입의 <input>으로 버튼 모양이다. 클릭하면 <form>에 속한 모든 <input>들이 초기화된다.

어플리케이션을 실행시킨 후 앞서 살펴봤던 속성과 〈input〉 요소들이 잘 동작하는지 확인해보자.

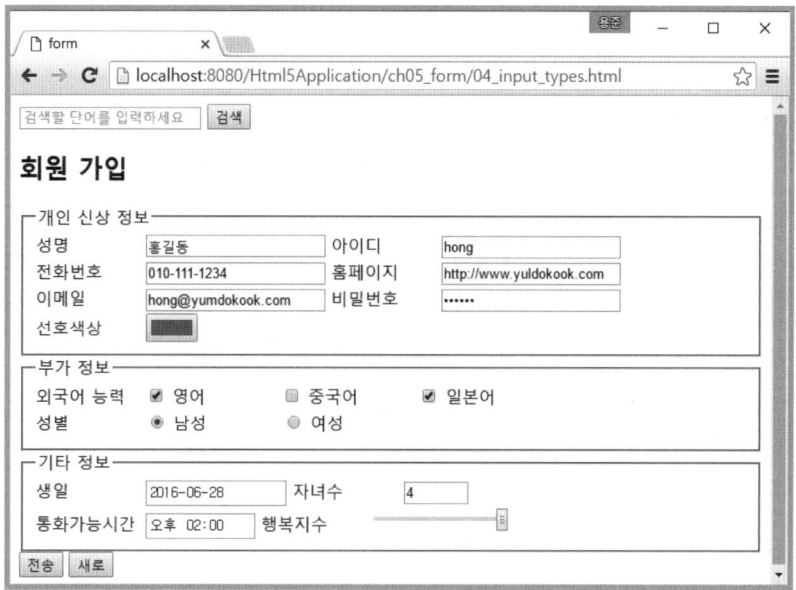

[그림 5.19] 다양한 〈input〉의 활용

1.4 추가된 폼 요소(<datalist>)

〈datalist〉는 텍스트 필드에 입력할 수 있는 값들을 목록 형태로 제시한다. 여기서 정리된 리스트들은 text 타입의 〈input〉에서 list 속성에서 〈datalist〉의 id 값을 참조함으로써 드롭다운 형식으로 참조될 수 있다.

〈datalist〉는 자식 요소로 〈option〉을 가질 수 있는데 크게 label과 value 속성을 갖는다. label은 화면에서 확인하는 이름이고 value는 실제 서버로 전송되는 값이다. label 속성은 〈option〉 태그의 텍스트로 표현할 수 있고 생략시 value 속성의 값이 사용된다.

```
파일명 | ch05_form/05_form_datalist.html
 1:  <form method = "get" action = "#">
 2:    <datalist id = "langs">
 3:      <option value = "java" label = "자바"></option>
 4:      <option value = "js">자바스크립트</option>
 5:      <option value = "sql"></option>
 6:    </datalist>
 7:    <label for = "mylang">사용언어</label>
 8:    <input type = "text" id = "mylang" name = "mylang" list = "langs">
 9:    <input type = "submit" value = "전송">
10:  </form>
```

[소스 설명]

2-6행 langs라는 아이디로 <datalist>를 선언한다.

8행 text 타입의 <input>으로 list 속성으로 위에서 만든 langs를 참조한다.

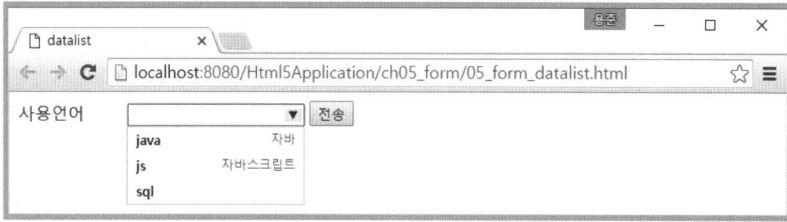

[그림 5.20] 〈datalist〉와 〈input〉의 연계

02 폼 API

이제는 폼 API에 대해서 알아보자. 〈form〉과 폼 API는 〈canvas〉와 캔버스 API의 관계와 동일하다. 폼 API의 핵심은 유효성 검증에 있다.

유효성 검증에 대한 API는 대부분 브라우저에서 지원되고 있다.

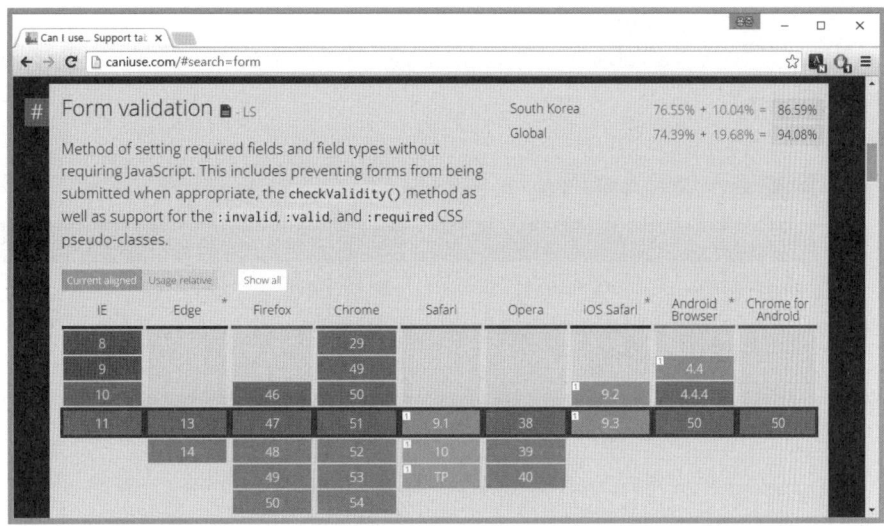

[그림 5.21] 브라우저별 폼 유효성 검증 지원 여부

2.1 <input>의 유효성 검증 기준

각각의 〈input〉들이 유효성 검증을 어떻게 처리하는지 알아보자. 유효성 검증과 관련된 API는 HTMLSelectElement 인터페이스에 선언되어 있다. HTMLElement가 HTMLSelectElement를 상속받음으로 모든 속성은 이미 물려받았다.

[표 5.2]는 HTMLSelectElement의 유효성 검증과 관련된 주요 속성을 설명한다.

표 5.2 HTMLSelectElement의 주요 속성

속성명	설명
validity	요소가 유효성에 적합한지를 판단하는 ValidityState 타입을 반환한다. 읽기 전용이다.
validationMessage	로컬화된 유효성 검사 오류 메시지를 반환한다. 읽기 전용이다.

[표 5.3]은 HTMLSelectElement의 유효성 검증과 관련된 주요 함수를 설명한다.

표 5.3 HTMLSelectElement의 주요 함수

함수명	설명
setCustomValidity(string)	요소에 대한 사용자 정의 유효성 오류 메시지를 설정한다. 만약 빈 문자열이 할당된 경우 오류가 없는 것으로 간주한다.
checkValidity()	요소가 제약 사항에 맞춰 유효한지를 점검하는 함수로 유효하지 않으면 요소에 invalid 이벤트를 발생시키고 false를 반환한다.

⟨input⟩들이 validity라는 속성으로 가지고 있는 ValidityState 객체는 [표 5.4]에서 설명하는 10개의 속성을 갖는다. ValidityState의 속성들은 ⟨input⟩의 HTML의 속성들과 연계된다.

표 5.4 ValidityState 객체의 속성

속성명	설명
valueMissing	required 속성이 지정된 ⟨input⟩이 비어있는 경우 true이다.
typeMismatch	⟨input⟩에 입력된 값이 지정한 타입(email, url 등)을 준수하지 않는 경우 true 이다.
patternMismatch	⟨input⟩에 pattern 속성이 지정된 경우 입력값이 지정한 패턴과 일치하지 않는 경우 true이다.
tooLong	⟨input⟩에 maxLength가 선언된 상태에서 입력값이 지정된 값보다 긴 경우는 true이다.
rangeUnderFlow	⟨input⟩에 min이 선언된 상태에서 입력값이 지정된 값보다 작을 때 true이다.
rangeOverFlow	⟨input⟩에 max가 선언된 상태에서 입력값이 지정된 값보다 클 때 true이다
stepMismatch	⟨input⟩에 min과 max가 설정된 상태에서 step에 부적합한 값이 설정될 때 true이다.
badInput	사용자의 입력값을 브라우저가 변환하지 못할 때 true이다. 현재는 파이어폭스 계열만 지원한다.
customError	setCustomValidity()로 사용자 지정 오류 메시지가 설정된 경우 true이다.
valid	위 요소 중 하나라도 true가 있으면 false이다.

[표 5.4]에서 상위 9개는 입력값의 유효성 여부를 개별적으로 판단하는 속성들이고, 마지막 valid 속성은 일종의 종합 의견이다. 따라서 대부분은 valid 속성의 값만으로 요소의 유효성 여부를 파악할 수 있다.

HTML5가 자동으로 진행하는 검증 외에 직접 어플리케이션에서 검증을 처리해보자. 다음의 예제 어플리케이션에는 3개의 ⟨input⟩을 사용한다. 우선 ⟨input⟩들에 설정된 제약 사항들을 먼저 살펴보자.

파일명 | ch05_form/07_validitystate.html

```
 1:  <!DOCTYPE html>
 2:  <html>
 3:  <head>
 4:  <meta charset = "UTF-8">
 5:  <title>form API</title>
 6:  <style>
 7:     label {
 8:        display:inline-block;
 9:        width: 80px;
10:     }
11:  </style>
```

```
12:    </head>
13:    <body>
14:       <form name = "info" id = "info" action = "#" novalidate = "novalidate">
15:          <label for = "nickname">별명</label>
16:          <input id = "nickname" pattern = "[A-Za-z]{3,}" maxlength = "10" value = "1">
17:          <br>
18:          <label for = "myemail">이메일</label>
19:          <input type = "email" id = "myemail" required>
20:          <br>
21:          <label for = "myage">나이</label>
22:          <input type = "number" id = "myage" min = "0" max = "100" step = "20" value = "23">
23:          <br>
24:          <input type = "submit" id = "send" value = "전송">
25:       </form>
26:    </body>
27:    <script>
28:       var form = document.getElementById("info");
29:       var inputs = document.querySelectorAll("input");
30:       form.addEventListener("submit", function(e) {
31:          e.preventDefault();
32:          for (var i = 0; i < inputs.length; i++) {
33:             var input = inputs[i];
34:             var vs = input.validity;
35:             console.log(input.type + ":" + input.id+", 유효성 통과 여부 : " + vs.valid);
36:             for ( var prop in vs) {
37:                console.log("--" + prop + " : " + vs[prop]);
38:             }
39:          }
40:       });
41:    </script>
42:    </html>
```

[소스 설명]

14행 <form>에 novalidate 속성이 적용되므로 이 폼은 HTML5의 기본적인 유효성 검증은 수행하지 않는다.

16행 별명을 입력받는데 maxlength 속성이 있으므로 최대 10자까지 입력 가능하다. 또한, pattern 값은 [A-Za-z]{3,0}으로 되어 있는데 알파벳으로 3자 이상 입력해야 한다. 현재 value가 1로 설정되어 있어 pattern에 불일치한다. 따라서 이대로 전송하면 이 항목은 typeMismatch를 유발한다.

19행 이메일을 입력받는데 required가 선언되어 있다. 현재 아무런 value가 설정되어 있지 않기 때문에 이대로 전송하면 valueMissing을 유발한다.

22행 나이를 입력받는데 min = 0, max = 100, step = 20으로 설정되어 있다. 따라서 입력 가능한 값은 0, 20, 40, 60, 80, 100뿐이다. 현재 입력값으로 23이 설정되어 있기 때문에 이대로 전송하면 stepMismatch를 유발한다.

28행 id가 info로 선언된 요소의 DOM 객체를 가져온다.

29행　태그 이름이 input인 모든 HTML 요소의 DOM 객체를 배열로 가져온다.

30행　입력 데이터를 서버로 전송할 때 직접 유효성 검사를 확인해보기 위해 submit 이벤트에 리스너를 등록한다.

31행　콘솔을 통해 로그를 확인하기 위해 이벤트의 기본 동작(여기서는 전송)을 중지시킨다.

32행　반복문을 통해 화면에 있는 <input>들을 조사한다.

34행　<input>이 validity 속성으로 가지고 있는 ValidityState 객체를 vs에 할당한다.

35행　콘솔에 <input>의 정보와 함께 ValidityState가 가지는 valid 속성을 출력한다. valid 값은 ValidityState의 다른 모든 요소의 값이 false일 경우만 true이다.

36~38행　반복문을 통해 ValidityState의 모든 속성값을 출력한다.

파일을 실행하면 부적절한 값들이 입력된 상태로 화면에 표시된다. 즉 검증에 실패되는 상황이다.

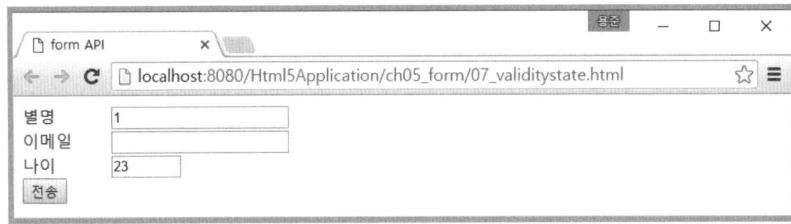

[그림 5.22] ValidityStatus 확인 화면

이제 F12 키를 눌러 개발자 도구를 활성화하고 [전송] 버튼을 눌러보자. 각각의 <input>들이 어떤 항목에서 유효성 검사에 실패했는지 알 수 있다.[12] [그림 5.23]은 nickname 요소가 유효성 검증에 실패했는데 원인은 patternMismatch가 true이기 때문임을 보여주고 있다.

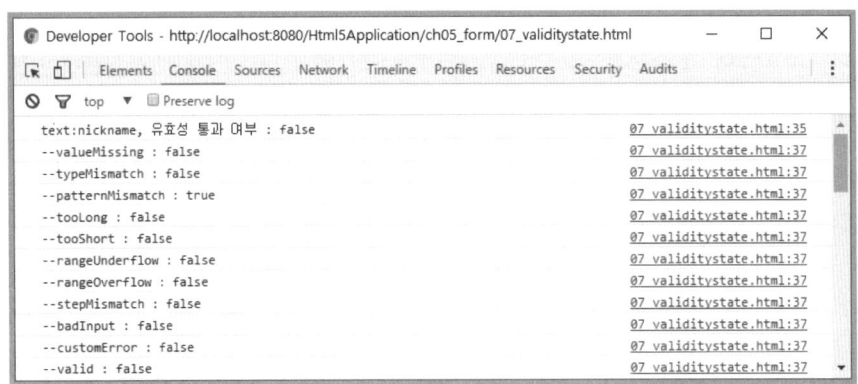

[그림 5.23] 콘솔 확인

---

12)　[그림 5.23]에서는 tooShort가 표시되는데, 이는 크롬 브라우저에서만 표시된다.

2.2 사용자 정의 유효성 검증 추가

폼 API가 다양한 유효성 검증 기준을 제시하지만, 필요에 따라서 직접 유효성 기준을 추가해야 할 필요가 있다. 예를 들어 비밀번호 입력과 비밀번호 확인 입력이 있을 때 두 값이 같아야 하거나 입학일과 수료일이 있는데 입학일은 수료일보다 빨라야 하는 등이 있을 수 있다.

위와 같은 사용자 정의 유효성을 처리하기 위해서는 〈input〉에서 input 이벤트가 발생할 때 조건을 확인해서 setCustomValidity() 함수를 이용해 유효성 검사 실패 메시지를 설정한다.

```
파일명 | ch05_form/08_custom_validity.html
 1:  <!DOCTYPE html>
 2:  <html>
 3:  <head>
 4:  <meta charset = "UTF-8">
 5:  <title>사용자 정의 validation 처리</title>
 6:  </head>
 7:  <body>
 8:      <form id = "myform" action = "#">
 9:        <label for = "pass1">비밀번호</label>
10:        <input type = "password" id = "pass1" required>
11:        <label for = "pass2">비밀번호 확인</label>
12:        <input type = "password" id = "pass2" required>
13:        <input type = "submit">
14:      </form>
15:  </body>
16:  <script>
17:      var pass1 = document.getElementById("pass1");
18:      var pass2 = document.getElementById("pass2");
19:
20:      pass2.addEventListener("input", function() {
21:        if(pass1.value != this.value) {
22:          this.setCustomValidity("비밀 번호가 일치하지 않습니다.");
23:          this.style.background = "rgba(255, 0, 0, 0.5)";
24:        } else {
25:          this.setCustomValidity("");
26:          this.style.background = "rgba(0, 0, 0, 0)";
27:        }
28:      });
29:  </script>
30:  </html>
```

[소스 설명]

8-14행 password 타입의 〈input〉 2개를 가진 〈form〉을 선언한다.

17-18행 두 〈input〉의 DOM 요소를 변수에 저장한다.

20행 pass2에 input 이벤트를 처리하기 위한 리스너를 등록한다. 이제 pass2에서는 값을 입력할 때마다 리스너가 동작하게 된다.

21-23행 두 비밀번호가 일치하지 않은 경우 this 즉 pass2에 setCustomValidity()를 이용해 검증 실패 메시지를 설정하고 배경을 변경한다.

24-27행 두 비밀번호가 일치하는 경우 검증 실패 메시지를 없애고 배경색도 원래대로 되돌린다.

예제 파일을 실행한 후 비밀번호 확인란에는 처음 비밀번호와 다른 값을 입력한다. 여기서 주의할 내용은 배경의 변화는 바로 일어나지만, 검증은 전송할 때 발생한다는 점이다. 따라서 입력값이 다를 때 화면에서의 변화는 배경색이 달라지는 것이 전부이다. 하지만, 내부적으로는 검증 실패에 대한 메시지가 설정된 상태가 된다.

[제출] 버튼을 클릭하면 앞서 설정한 메시지가 출력되고 전송되지 않는 것을 확인할 수 있을 것이다. 물론 비밀번호를 제대로 일치시키면 배경은 원상태로 돌아온다.

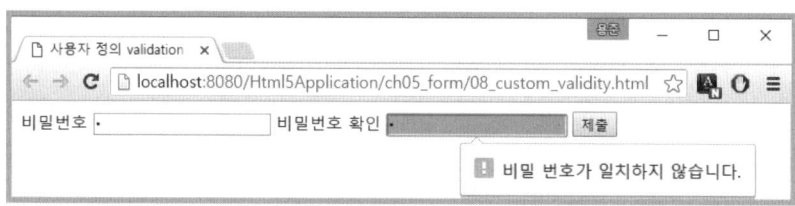

[그림 5.24] 사용자 정의 유효성 검증 처리

2.3 폼 API의 유효성 검증 문제

폼 API는 유효성 검증 측면에서 개발자의 많은 일을 덜어 주었지만, 비디오 API에서와 마찬가지로 브라우저 종속적이라는 문제를 안고 있다. 비디오를 재생하는 기능은 대부분의 브라우저가 동일하지만 컨트롤러의 형태가 달라지면서 하나의 어플리케이션이라고 보기 어려워졌다.

폼 API의 유효성 검증 역시 검증을 위한 절차, 방식 등은 동일하지만, 검증 실패 메시지의 내용은 물론 출력 방식마저 브라우저마다 다르게 표현된다.

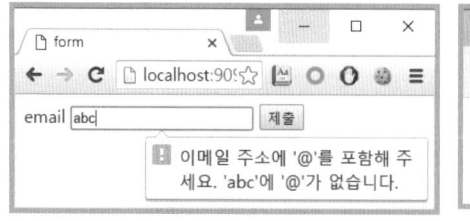

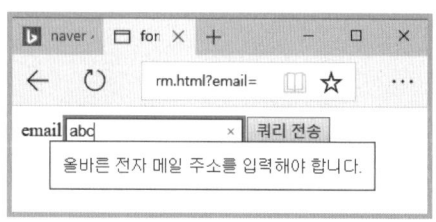

크롬에서의 실행 화면   엣지에서의 실행 화면

[그림 5.25] 브라우저별 email의 typeMismatch에 대한 메시지와 출력 방식

브라우저마다 동일한 유효성 검증 결과 처리를 위해 필요한 것들을 살펴보자.

2.3.1 invalid 이벤트

invalid 이벤트는 〈form〉이 전송될 때 유효하지 않은 〈input〉이 감지되면 발생한다. 이 때 발생한 이벤트 객체의 target 속성을 이용해 실제 유효성 검증에 실패한 〈input〉 요소를 확인할 수 있다. 여기서 유효성 검증 실패에 대한 원인을 분석해서 우리가 원하는 방향으로 표현을 바꿀 수 있다.

target 속성을 통해서 얻은 〈input〉에는 validity 속성과 함께 validationMessage 속성이 추가되는데 이 속성이 바로 화면에 표시되는 유효성 검증 실패 메시지다. 하지만, 속성은 읽기 전용의 값이기 때문에 직접 값을 변경할 수는 없다.

invalid 이벤트를 처리하면서 또 하나 신경 써야 할 것은 capturing 속성이다. invalid 이벤트는 bubbling을 지원하지 않기 때문에 이벤트 리스너를 등록하는 세 번째 파라미터인 isCapturing 속성에는 반드시 true를 사용해야 한다. 참고로 많이 사용하는 jQuery는 capturing을 지원하지 않기 때문에 jQuery를 이용해서 invalid 이벤트를 처리하려 한다면 이 부분은 순수 자바스크립트의 이벤트 처리 방식을 사용해야 한다.

파일명 | ch05_form/09_custom_message_email.html

```
 1:  <!DOCTYPE html>
 2:  <html>
 3:  <head>
 4:  <meta charset = "UTF-8">
 5:  <title>Form API</title>
 6:  <style>
 7:  #msg {
 8:      width: 200px;
 9:      height: 50px;
10:      position: absolute;
11:      display: none;
12:      background: rgb(250, 195, 97);
13:      padding: 10px;
14:  }
15:  </style>
16:  </head>
17:  <body>
18:      <form action = "#" id = "info">
19:          <label for = "email">email</label>
20:          <input type = "email" name = "myemail" id = "myemail">
21:          <input type = "submit" id = "send" value = "전송">
22:      </form>
23:      <div id = "msg"></div>
24:  </body>
25:  <script>
26:      var validationMsgForm = document.getElementById("msg");
```

```
27:     var form = document.getElementById("info");
28:     form.addEventListener("invalid", function(e) {
29:         e.preventDefault();
30:         var src = e.target;
31:         var msg;
32:
33:         if (src.type == "email" && src.validity.typeMismatch) {
34:             msg = "이메일의 양식이 일치하지 않습니다. abc@def.com";
35:         } else {
36:             msg = src.validationMessage;
37:         }
38:         showValidationMessage(msg, src);
39:     }, true);
40:
41:     function showValidationMessage(msg, src) {
42:         validationMsgForm.innerHTML = msg;
43:         validationMsgForm.style.display = "block";
44:         validationMsgForm.style.left = src.offsetLeft + "px";
45:         validationMsgForm.style.top = src.offsetTop + src.offsetHeight + "px";
46:
47:         window.setTimeout(function() {
48:             validationMsgForm.style.display = "none";
49:         }, 3 * 1000);
50:     }
51: </script>
52: </html>
```

[소스 설명]

7-14행 유효성 검증 실패 메시지를 보여줄 <div>에 대한 스타일 설정이다. 이 <div>는 id가 msg이고 가장 중요한 부분은 display 속성이 none이다. 즉 초기 상태는 보이지 않는다.

28행 form에 invalid 이벤트 처리를 위한 리스너를 등록한다.

29행 form의 기본 동작을 막아 자체적인 유효성 검증 및 전송 기능을 중지시킨다.

30행 이벤트의 target 객체를 가져온다. 검증 도중 오류를 일으킨 <input> 요소이며 여기서는 email 타입의 <input>이다.

33-37행 요소의 type 값이 email이고 validity의 typeMismatch가 true인 경우 원하는 메시지를 msg에 등록한다. 일치하는 조건이 없을 경우는 원래의 메시지인 validationMessage를 사용한다.

38행 showValidationMessage() 함수를 호출해 메시지를 처리한다.

39행 invalid 이벤트의 capturing 항목을 true로 설정한다.

42행 validationMsgForm의 내용을 msg로 변경한다.

43행 validationMsgForm의 display를 block으로 설정하여 화면에 보이게 한다.

44-45행 validationMsgForm이 표시될 위치를 src를 기준으로 설정한다. 메시지 폼은 이벤트가 발생한 요소의 아래에 표시된다.

47행 3초간 validationMsgForm을 보여준 후 다시 display 속성을 none으로 해서 화면
에서 숨긴다.

 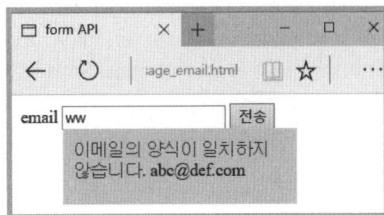

chrome의 실행 화면   edge의 실행 화면

[그림 5.26] 브라우저별로 통일된 유효성 검증 실패 메시지 출력

2.3.2 checkValidity() 함수를 이용한 명시적인 검증

앞선 예제에서는 〈form〉이 전송될 때 invalid 이벤트를 호출하는 방식을 빌어 사용자 정
의 유효성 검증을 수행했다. checkValidity() 함수를 이용하면 유효성 검증 실패했을 때
〈form〉 전송과는 무관하게 〈form〉의 invalid 이벤트를 발생시킬 수 있다. submit 타입
을 사용하지 않고 button 타입의 〈input〉에서 발생하는 click 이벤트를 통해서 〈form〉
을 전송하는 경우 유용하다.

파일명 | ch05_form/10_custom_checkvalidity.html

```
 1: <!DOCTYPE html>
 2: <html>
 3: <head>
 4: <meta charset = "UTF-8">
 5: <title>checkValidity() 활용</title>
 6: <style>
 7: #msg {
 8:    width: 200px;
 9:    height: 50px;
10:    position: absolute;
11:    display: none;
12:    background: rgb(250, 195, 97);
13:    padding: 10px;
14: }
15: </style>
16: </head>
17: <body>
18:    <form action = "#" id = "info">
19:       <label for = "name">이름</label>
20:       <input type = "text" name = "name" id = "name" pattern = "[가-힣]{2,5}">
21:       <input type = "button" id = "send" value = "전송">
22:    </form>
23:    <div id = "msg"></div>
24: </body>
```

```
25:  <script>
26:    var validationMsgForm = document.getElementById("msg");
27:    var form = document.getElementById("info");
28:    var sendB = document.getElementById("send");
29:    sendB.addEventListener("click", function() {
30:      var isValid = form.checkValidity();
31:      if (isValid) {
32:        form.submit();
33:      }
34:    });
35:    form.addEventListener("invalid", function(e) {
36:      var src = e.target;
37:      var msg;
38:
39:      if (src.type == "text" && src.validity.patternMismatch) {
40:        msg = "양식을 확인하세요. 한글 2~5자 입력";
41:      } else {
42:        msg = src.validationMessage;
43:      }
44:      showValidationMessage(msg, src);
45:    }, true);
46:
47:    function showValidationMessage(msg, src) {
48:      validationMsgForm.innerHTML = msg;
49:      validationMsgForm.style.display = "block";
50:      validationMsgForm.style.left = src.offsetLeft + "px";
51:      validationMsgForm.style.top = src.offsetTop + src.offsetHeight + "px";
52:
53:      window.setTimeout(function() {
54:        validationMsgForm.style.display = "none";
55:      }, 3 * 1000);
56:    }
57:  </script>
58:  </html>
```

[소스 설명]

20행 id가 name인 요소에 pattern을 적용한다. 여기서는 한글로 2글자에서 5글자 사이
     의 입력만 허용한다.

21행 submit 타입이 아닌 button 타입으로 전송을 위한 준비를 한다.

29행 sendB에 click 이벤트를 처리할 리스너를 등록한다. sendB는 단순한 button 타입
     의 <input>으로 submit 기능은 없다.

30행 form의 checkValidity()를 호출하고 결과를 isValid 변수에 할당한다.
     checkValidity()를 호출하면서 유효성 검증에 실패하면 <form>에 invalid 이벤트
     가 발생한다.

31-33행 isValid가 true이면 검증에 통과했으므로 form의 submit() 함수를 이용해 데이터
     를 전송한다.

35행 form에 invalid 이벤트를 등록한다. 앞선 예제와 달리 기본 이벤트를 중지할 필요가 없어졌다.

39행 src의 type이 text이고 patternMismatch일 경우 msg를 설정한다.

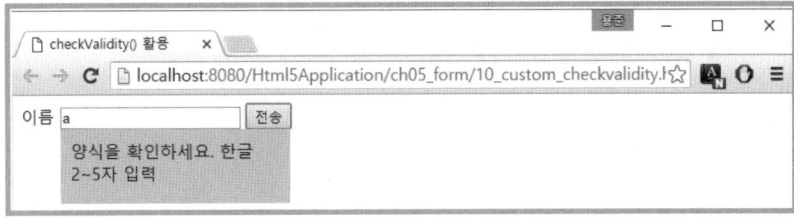

[그림 5.27] checkValidity()를 이용한 검증 처리

2.3.3 실시간 유효성 검증

이제까지의 유효성 검증은 〈form〉이 전송되는 시점에서 처리하는 경우였다. 좀 더 효율적으로 검증을 위해 실시간으로 입력이 발생할 때마다 처리해보자. 사실 이 기능은 앞서 〈input〉에서 input 이벤트를 처리하면서 배경색을 바꾸는 형태로 처리한 경험이 있다. input 이벤트는 〈input〉 요소뿐 아니라 〈form〉에서도 발생한다. 〈form〉의 input 이벤트에서는 〈form〉에 등록된 모든 〈input〉 요소에 대한 input을 감지하므로 한 번만 작성하면 된다.

다음 예는 〈form〉의 input 이벤트를 이용해서 모든 〈input〉 요소에서 실시간으로 유효성 검증을 수행한다. 하지만, 아무리 실시간이라도 앞서 살펴봤듯이 유효성 검증 메시지가 출력되는 시점은 전송 시점이라는 것을 명심하자.

파일명 | ch05_form/11_custom_realtime.html

```
 1: <!DOCTYPE html>
 2: <html lang = "ko">
 3: <head>
 4:   <meta charset = "UTF-8">
 5:   <title>실시간 오류 표시</title>
 6:   <style>
 7:   #msg {
 8:     width: 200px;
 9:     height: 50px;
10:     position: absolute;
11:     display: none;
12:     background: rgb(250, 195, 97);
13:     padding: 10px;
14:   }
15:   </style>
16: </head>
17: <body>
18:   <form action = "#" id = "info">
19:     <label for = "speed">속도설정</label>
```

```
20:        <input type = "number" name = "speed" id = "speed" min = "60" max = "120" >
21:        <input type = "button" id = "send" value = "전송">
22:      </form>
23:      <div id = "msg"></div>
24:   </body>
25:   <script>
26:      var validationMsgForm = document.getElementById("msg");
27:      var form = document.getElementById("info");
28:      var sendB = document.getElementById("send");
29:      sendB.addEventListener("click", function() {
30:         var isValid = form.checkValidity();
31:         if (isValid) {
32:            form.submit();
33:         }
34:      });
35:      form.addEventListener("invalid", function(e) {
36:         var src = e.target;
37:         var msg;
38:         if (src.type == "number" && src.validity.rangeUnderflow) {
39:            msg = "최소값 이하입니다. 하한: " + src.min;
40:         } else if (src.type == "number" && src.validity.rangeOverflow) {
41:            msg = "최대값 이상입니다. 상한: " + src.max;
42:         } else {
43:            msg = src.validationMessage;
44:         }
45:         showValidationMessage(msg, src);
46:      }, true);
47:
48:      form.addEventListener("input", function(e) {
49:         var target = e.target;
50:         if(target.validity.valid) {
51:            target.style.background = "rgba(0, 0, 0, 0)";
52:         } else {
53:            target.style.background = "rgba(255, 0, 0, 0.5)";
54:         }
55:      });
56:
57:      function showValidationMessage(msg, src) {
58:         validationMsgForm.innerHTML = msg;
59:         validationMsgForm.style.display = "block";
60:         validationMsgForm.style.left = src.offsetLeft + "px";
61:         validationMsgForm.style.top = src.offsetTop + src.offsetHeight + "px";
62:
63:         window.setTimeout(function() {
64:            validationMsgForm.style.display = "none";
65:         }, 3 * 1000);
66:      }
67:   </script>
68:   </html>
```

[소스 설명]

20행 type = number, min = 60, max = 120인 `<input>`을 선언한다. 여기에는 숫자로 60
        이상, 120 이하의 값만 허용된다.

48행 form 자체에 input 이벤트를 처리할 리스너를 등록한다.

50~54행 target이 가지는 validity의 valid 속성이 true이면 배경색을 rgba(0, 0, 0, 0)으로
          변경한다. 그렇지 않으면 배경색을 rgba(255, 0, 0, 0.5)로 변경한다.

예제 어플리케이션을 실행하고 기준에 부합되지 않는 값을 입력하면 실시간으로 색이 변
경되는 것을 확인할 수 있다.

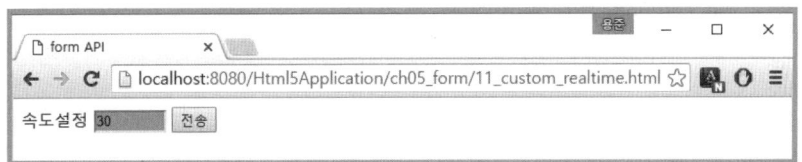

[그림 5.28] 실시간 오류 상태의 표현

2.3.4 CSS 가상 클래스 선택자의 활용

CSS 레벨 4[13])에서는 다양한 가상 클래스 선택자가 추가되었고 HTML5에서의 폼 유효성
검사에 아주 유용하게 사용된다.

기존에 사용하던 클래스 선택자가 HTML 요소 중 특정 클래스가 선언된 부류의 요소들
을 선택할 때 사용했다면 가상 클래스 선택자란 명시적으로 선언하지 않았지만, 상태에
따라 특정 부류가 선택되도록 한다.

특히 이런 가상 선택자들은 폼의 유효성과 연관되는 특성(valid 등)을 포함하므로 폼 전
송 전 사용자에게 특정 input 요소의 문제점을 시각적으로 표시하기 용이하다.

다음은 요소의 유효성 상태를 바탕으로 하는 선택자들이다.

- valid : 모든 유효성 검증을 통과한 요소들을 선택한다.
- invalid : 유효성 검증에 실패한 요소들을 선택한다.
- in-range : 현재 값이 최댓값과 최솟값의 범위를 벗어나지 않은 요소들을 선택한다.
- out-of-range : in-range의 반대 경우로 범위를 벗어난 요소들을 선택한다.
- required : 필수 입력 요소만 선택한다.

사용법은 CSS 부분에 선택자에 적합한 스타일을 적어주기만 하면 된다. CSS를 이용하
는 경우 실시간으로 스타일이 바뀌기 때문에 앞 예제에서처럼 input 이벤트를 가지고 처
리할 필요가 없어진다.

---

13) 셀렉터(Selector) Level 4는 2013년에 발표되었다. https://www.w3.org/TR/selectors4/ 참조

파일명 | ch05_form/12_style.html

```html
1: <!DOCTYPE html>
2: <html lang = "ko">
3: <head>
4: <meta charset = "UTF-8">
5: <title>form API</title>
6: <style>
7: #msg {
8:     width: 200px;
9:     height: 50px;
10:    position: absolute;
11:    display: none;
12:    background: rgb(250, 195, 97);
13:    padding: 10px;
14: }
15: input:invalid {
16:    background: rgba(255, 0, 0, 0.5);
17: }
18:
19: </style>
20: </head>
21: <body>
22:    <form action = "#" id = "info">
23:        <label for = "name">이름</label>
24:        <input type = "text" name = "name" id = "name" pattern = "[가-힣]{2,5}">
25:        <label for = "email">email</label>
26:        <input type = "email" name = "myemail" id = "myemail">
27:        <input type = "button" id = "send" value = "전송">
28:    </form>
29:    <div id = "msg"></div>
30: </body>
31: <script>
32:    var validationMsgForm = document.getElementById("msg");
33:    var form = document.getElementById("info");
34:    var sendB = document.getElementById("send");
35:    sendB.addEventListener("click", function() {
36:        var isValid = form.checkValidity();
37:        if (isValid) {
38:            form.submit();
39:        }
40:    });
41:    form.addEventListener("invalid", function(e) {
42:        var src = e.target;
43:        var msg;
44:        if (src.type == "text" && src.validity.patternMismatch) {
45:            msg = "양식을 확인하세요. 한글 2~5자 입력";
46:        } else if (src.type == "email") {
47:            msg = "이메일 양식을 확인하세요";
48:        }
49:        showValidationMessage(msg, src);
```

```
50:      }, true);
51:
52:      function showValidationMessage(msg, src) {
53:         validationMsgForm.innerHTML = msg;
54:         validationMsgForm.style.display = "block";
55:         validationMsgForm.style.left = src.offsetLeft + "px";
56:         validationMsgForm.style.top = src.offsetTop + src.offsetHeight + "px";
57:
58:         window.setTimeout(function() {
59:            validationMsgForm.style.display = "none";
60:         }, 3 * 1000);
61:      }
62:   </script>
63: </html>
```

[소스 설명]

15행 <input> 중에서 invalid 한 요소, 즉 유효성 검증에 실패한 요소들을 선택한다.

16행 선택된 요소들의 배경색을 변경한다.

24행 지정된 pattern에 부합해야 하는 <input> 요소를 선언한다. patternMismatch 오류가 발생할 수 있다.

26행 타입이 email인 요소를 선택했으므로 typeMismatch 오류가 발생할 수 있다.

코드는 더 간결해졌지만, 동작은 앞선 예제와 유사하다. 부적절한 값을 넣는 순간 오류 상태로 표시된다.

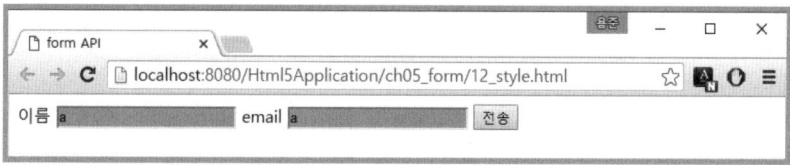

[그림 5.29] CSS를 이용한 유효성 검증 오류 표시

요약 정리

1. 〈form〉의 주요 속성

- **method** : 〈form〉의 데이터를 서버로 전송하는 방식을 결정한다. get | post 중 하나를 사용할 수 있으며 기본값은 get 방식이다.
- **action** : 〈form〉이 전달하는 데이터를 처리하는 서버 페이지를 설정한다. 서버가 없는 경우 가상의 페이지로 '#'을 사용한다.
- **target** : 〈form〉을 통해 정보 전달 후 응답 내용이 출력될 창을 지정한다. 기본은 자기 창에 다시 출력되며 _blank를 사용하면 새 창에서 출력된다.
- **autocomplete** : 〈form〉이 포함하는 〈input〉 요소들에 자동 완성 기능을 활성화 시킬 것인지 설정한다. on | off 중 하나를 사용할 수 있으며 기본은 on이다.
- **novalidate** : 〈form〉이 포함하는 〈input〉 요소들의 유효성 검증을 수행할 것인지를 설정한다.

2. 〈input〉의 기존 속성

- **name** : 서버로 전달되는 파라미터의 이름이 된다.
- **id** : 페이지에서 유일한 값이며 주로 DOM에서 객체 구별에 사용된다.
- **value** : 〈input〉에 값을 설정한다. 사용자 입력 전에 기본값으로 동작한다.
- **readonly** : 〈input〉을 읽기 전용으로 만든다. 즉 값을 편집할 수 없다.
- **disabled** : 〈input〉을 사용 불가로 설정한다. 이 요소는 서버로 전송되지 않는다.
- **size** : 〈input〉 요소의 넓이를 영문 글자 개수로 설정한다. 하지만, 글자 수 제한과는 상관없이 초기 크기만을 규정한다.
- **maxlength** : 〈input〉에 입력할 수 있는 최대 글자 수를 설정한다.
- **type** : 〈input〉에 입력할 수 있는 데이터의 형태이다.

3. 〈input〉의 기존 타입

- **button** : 버튼 모양으로 일반적으로 click 이벤트를 등록해 다양한 기능을 줄 수 있다.
- **checkbox** : 주어진 항목에서 하나 이상의 선택이 가능하게 한다.
- **file** : 버튼 형태로 파일을 첨부할 수 있다.
- **hidden** : 사용자에게 보이지 않지만, 서버로 전송할 값을 갖는 필드이다.
- **image** : submit의 버튼 대신 이미지로 표현한다.
- **password** : 비밀번호를 마스킹 형태(****)로 표시한다.
- **radio** : 주어진 항목에서 하나만 선택할 수 있게 한다.
- **reset** : 〈form〉의 모든 〈input〉들을 초기화한다.
- **submit** : 버튼 형태로 〈form〉의 내용을 서버로 전송한다.
- **text** : 단순한 한 줄의 문자열을 입력받는다.

4. 〈input〉의 신규 속성

- **autofocus** : 페이지가 로딩 완료됐을 때 해당 〈input〉으로 포커스가 자동으로 이동한다.
- **form** : 반드시 〈form〉 내부에 있지 않아도 id 속성값을 기반으로 〈form〉에 묶을 때 사용하는 속

성이다.

- **formnovalidate** : 개별 〈input〉 차원에서 유효성 검증 여부를 결정할 수 있다.
- **multiple** : email이나 file과 같은 입력 타입에서 사용할 수 있다.
- **pattern** : 입력된 문자열에 대해 사용자 정의 유효성 검증규칙을 만들고 적합성을 파악한다.
- **placeholder** : 입력 필드에 대한 힌트를 제공한다.
- **required** : 〈input〉 요소를 필수 입력 항목으로 설정한다.

5. 〈input〉의 신규 타입

- **color** : 색상을 입력받기 위한 타입이다.
- **date** : 날짜를 입력받기 위한 타입이다.
- **email** : 이메일을 입력받기 위한 타입이다.
- **number** : 정수를 입력받기 위한 타입이다.
- **range** : 일정 범위의 정수를 입력받기 위한 타입이다.
- **search** : 사용자가 사이트 내에서 검색을 위해 사용할 수 있는 타입이다.
- **tel** : 전화번호를 입력받기 위한 타입이다.
- **time** : 시간을 입력받기 위한 타입이다.
- **url** : 절대 경로의 웹 사이트 주소를 입력받기 위한 타입이다.

6. HTMLSelectElement API

□ 속성

- **validity** : 요소가 유효성에 적합한지를 판단하는 ValidityState 타입을 반환한다. 읽기 전용이다.
- **validationMessage** : 로컬화된 유효성 검사 오류 메시지를 반환한다. 읽기 전용이다.

□ 함수

- **setCustomValidity(string)** : 요소에 대한 사용자 정의 유효성 오류 메시지를 설정한다. 만약 빈 문자열이 할당된 경우 오류가 없는 것으로 간주된다.
- **checkValidity()** : 요소가 제약 사항에 맞춰 유효한지를 점검하는 함수로 유효하지 않으면 요소에 invalid 이벤트를 발생시키고 false를 반환한다.

7. ValidityState API

□ 속성

- **valueMissing** : required 속성이 지정된 〈input〉이 비어 있는 경우 true이다.
- **typeMismatch** : 〈input〉에 입력된 값이 지정한 타입(email, url 등)을 준수하지 않으면 true 이다.
- **patternMismatch** : 〈input〉에 pattern 속성이 지정된 경우 입력값이 지정한 패턴과 일치하지 않으면 true이다.
- **tooLong** : 〈input〉에 maxLength가 선언된 상태에서 입력값의 길이가 지정된 값의 길이보다 길면 true이다.

- rangeUnderFlow : 〈input〉에 min이 선언된 상태에서 입력값이 지정된 값보다 작을 때 true 이다.
- rangeOverFlow : 〈input〉에 max가 선언된 상태에서 입력값이 지정된 값보다 클 때 true이다.
- stepMismatch : 〈input〉에 min과 max가 설정된 상태에서 step에 부적합한 값이 설정될 때 true이다.
- badInput : 사용자의 입력값을 브라우저가 변환하지 못할 때 true이다. 현재는 파이어폭스 계 열만 지원한다.
- customError : setCustomValidity()로 사용자 지정 오류 메시지가 설정된 경우 true이다.
- valid : 위 요소 중 하나라도 true가 있으면 false이다.

8. 유효성 오류 체크를 위한 CSS 셀렉터

- valid : 모든 유효성 검증을 통과한 요소들을 선택한다.
- invalid : 유효성 검증에 실패한 요소들을 선택한다.
- in-range : 현재 값이 최댓값과 최솟값의 범위를 벗어나지 않은 요소들을 선택한다.
- out-of-range : in-range의 반대 경우로 범위를 벗어난 요소들을 선택한다.
- required : 필수 입력 요소만 선택한다.

드래그앤드롭 API

드래그앤드롭(drag&drop)은 컴퓨터를 사용하면서 많이 사용하는 기능이다. 파일 또는 아이콘 같은 아이템을 선택하고 윈도우 기준으로 마우스 왼쪽 버튼을 클릭한 상태에서 목적지로 이동한다. 이 과정이 드래그(drag)이다. 목적지에서 마우스의 클릭을 해지하면 아이템은 상황에 따라서 목적지로 이동하거나 복사 또는 링크가 생성된다. 이 과정이 드롭(drop)이다.

일반 어플리케이션을 사용하면서 능숙하게 사용하던 이하 드래그앤드롭은 HTML5 어플리케이션에서도 많이 사용된다. 어쩌면 HTML5가 나아갈 길은 단순한 웹 페이지가 아닌 어플리케이션이기 때문에 HTML5에서 드래그앤드롭 기능이 있는 것은 너무나 당연한 일이다.

특히 Google의 서비스들은 드래그앤드롭을 적극적으로 활용하고 있다.

다음 [그림 6.1]은 Google에서 제공하는 docs 서비스의 실행 모습이다. 하나의 어플리케이션 내에서 4번 아이템의 위치를 다른 곳으로 이동시키고 있다.

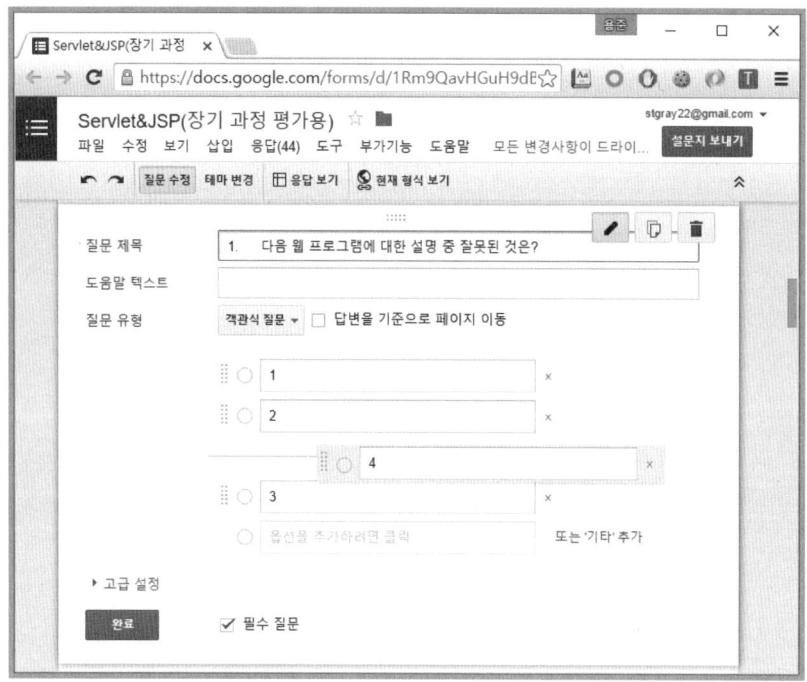

[그림 6.1] HTML5 어플리케이션 내에서의 드래그앤드롭

다음 [그림 6.2]는 Google에서 제공하는 Gmail을 사용하는 모습이다. 이번에는 동일한 어플리케이션이 아닌 시스템의 파일을 드래그해서 브라우저에 드롭하는 형태이다.

[그림 6.2] 시스템에서 HTML5 어플리케이션으로의 파일을 드래그앤드롭

01 기본적인 드래그앤드롭

1.1 드래그 가능한 요소

어플리케이션을 구성하고 있는 모든 요소에서 드래그할 수 있는 것은 아니다. 요소들의 드래그 가능 여부를 결정짓는 것은 draggable이라는 속성이다. draggable 속성이 true 값을 갖는 요소는 드래그가 가능하며, false일 경우는 드래그가 불가능하다. 기본적으로 〈img〉는 draggable 속성의 값이 true이며, 다른 문자열을 갖는 요소들은 draggable 속성이 false이다.

다음 예제는 일반 문자열(〈span〉)과 〈img〉, 〈a〉 세 종류의 HTML 요소를 임의로 드래그 가능하게 하거나 불가능하게 처리하는 예이다.

파일명 | ch06_dragAndDrop/01_draggable.html

```
 1:  <!DOCTYPE html>
 2:  <html>
 3:  <head>
 4:  <meta charset = "UTF-8">
 5:  <title>drag & drop</title>
 6:  <style>
 7:  span {
 8:     background: orange;
 9:  }
10:  </style>
```

```
11:    </head>
12:    <body>
13:       <span draggable = "true">드래그 가능한 문자열</span>
14:       <span>일반 문자열</span>
15:       <br>
16:       <img src = "../images/beer.png">
17:       <img src = "../images/rice.png" draggable = "false">
18:       <br>
19:       <a href = "www.google.com">google</a>
20:       <a href = "www.google.com" draggable = "false">google</a>
21:    </body>
22:    </html>
```

[소스 설명]

13행 <span>에 draggable 속성을 true로 설정한다.

17행 <img>에 draggable 속성을 false로 설정한다.

20행 <a>의 draggable 속성을 false로 설정한다.

위 예제를 실행 후 각 요소를 드래그해보자. '일반 문자열'은 텍스트가 반전되며 드래그 되지 않는다(하지만, 반전된 텍스트는 드래그가 가능하다.). '드래그가 가능한 문자열'은 텍스트가 선택되지 않고 바로 드래그로 연결된다. draggable 속성을 별도로 지정하지 않은 〈img〉 역시 드래그가 작동하지만 draggable 속성을 false로 변경한 〈img〉는 동작하지 않음을 확인할 수 있다. 〈a〉 역시 〈img〉와 동일하게 동작한다.

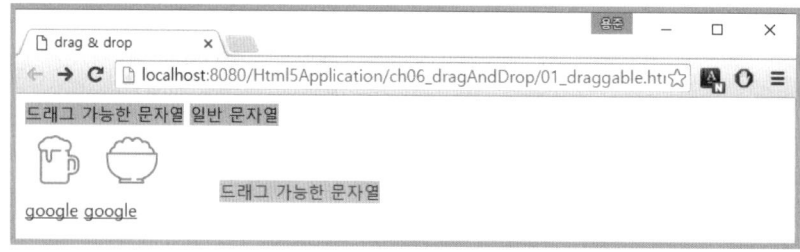

[그림 6.3] 드래그 가능한 문자열이 드래그 되는 모습

02 드래그앤드롭 API

2.1 이벤트 소개

HTML5의 드래그앤드롭은 사용자가 draggable 속성이 있는 요소 즉 드래그 소스를 드래그해서 목적지로 이동 후 드롭할 때까지 총 7개의 이벤트가 연계되어 발생한다.

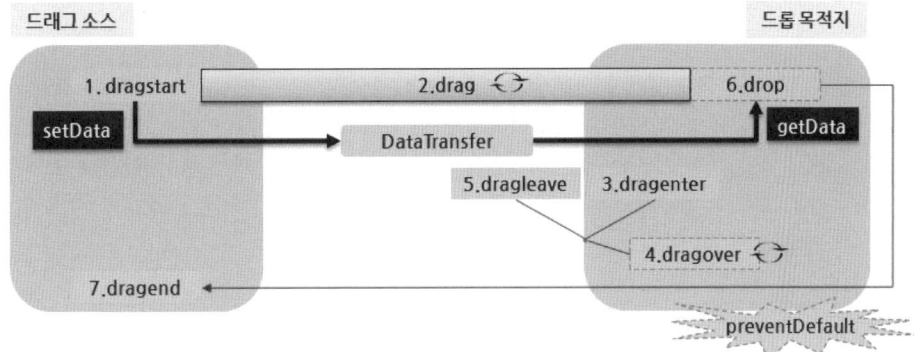

[그림 6.4] 드래그앤드롭 진행 과정

2.1.1 dragstart 이벤트

사용자가 요소 또는 선택된 문자 등을 가지고 드래그를 시작할 때 드래그 소스에서 발생한다. 드래그앤드롭은 DataTransfer 타입의 객체를 이용해 데이터를 전송하는데 이 객체에 내용을 설정할 수 있는 이벤트가 dragstart 이벤트이다. dragstart에서는 setData() 함수를 이용해서 이 객체에 데이터를 설정할 수 있다. 이후 다른 이벤트에서는 DataTransfer 객체를 삽입하거나 교체, 수정할 수 없다.

2.1.2 drag 이벤트

drag 이벤트는 드래그 소스에서 발생하는 이벤트로 드래그하는 동안 수백 밀리 초 단위로 주기적으로 반복해서 발생한다. 이 이벤트가 일어나는 동안은 드래그 소스의 이동 중 모양을 변경하는 작업 등은 가능하지만 DataTransfer 객체에 접근할 수는 없다.

2.1.3 dragenter 이벤트

드래그 소스가 드롭 목적지 영역에 들어갔을 때 발생하는 이벤트로 드롭 목적지에서 발생하는 이벤트이다. 드롭 목적지에서 드롭되는 드래그 소스를 어떻게 처리할 수 있는지에 대한 표현을 해주기에 적절한 이벤트이다. 예를 들어 어떤 목적지는 이미지만을 처리할 수 있는데 파일이 드롭되고 있다면 금지를 뜻하는 아이콘을 보여주거나 드롭 목적지의 배경을 변경하는 작업 등을 처리한다.

2.1.4 dragover 이벤트
드래그 소스가 드롭 목적지 위에서 움직일 때 드롭 목적지에서 발생하는 이벤트이다. drag 이벤트와 마찬가지로 수백 밀리 초 단위로 주기적으로 호출된다. 브라우저는 기본적으로 dragover 이벤트를 가지고 있으므로 사용자 정의 dragover를 처리하기 위해서 이벤트 객체가 가진 preventDefault() 함수를 호출해서 기본 동작을 중지시켜야 한다.

2.1.5 dragleave 이벤트
dragenter와 반대로 드래그 소스가 드롭 목적지에서 벗어날 때 드롭 목적지에서 발생하는 이벤트이다. dragenter에서 변경했던 배경, 드롭 소스 표시 등을 원상태로 돌리는 작업등을 주로 처리한다.

2.1.6 drop 이벤트
사용자가 마우스 버튼을 놓을 때 드롭 목적지에서 발생하는 이벤트이다. dragstart 이벤트에서 설정한 DataTransfer 객체의 내용을 활용해 실제 드롭 동작을 처리하는 아주 중요한 역할을 한다. 드롭된 드래그 소스에 대한 배치, 사용 가능한지에 대한 필터링 등을 처리할 수 있다. dragover 이벤트와 마찬가지로 preventDefault() 함수를 호출해서 기본 동작을 중지시켜야 한다.

2.1.7 dragend 이벤트
drop의 완료 여부와 무관하게 일련의 드래그앤드롭 과정이 끝날 때 드래그 소스에서 발생하는 이벤트이다. 드래그하는 과정에서 변경한 상태가 있을 때 원래대로 되돌리는 작업 등에 사용된다.

전체 이벤트가 동작하는 과정을 콘솔에 출력해보자. 이 예제는 소스가 길어서 CSS와 HTML 부분 그리고 자바스크립트 부분으로 나누어 살펴본다. 먼저 CSS와 HTML 부분이다.

파일명 | ch06_dragAndDrop/02_events.html

```
 1:  <!DOCTYPE html>
 2:  <html>
 3:  <head>
 4:  <meta charset = "UTF-8">
 5:  <title>drag & drop</title>
 6:  <style>
 7:  #myMenu {
 8:     display: flex;
 9:  }
10:
11:  .dropTarget {
12:     display: block;
13:     border: 1px solid blue;
14:     margin: 20px;
```

```
15:   }
16:
17:   .item {
18:     border: 1px solid blue;
19:     width: 100px;
20:     height: 100px;
21:   }
22: </style>
23:
24: </head>
25: <body>
26:   <div>
27:     <h3>준비된 요리 목록</h3>
28:     <div>
29:       <span id = "cnt">9</span>개의 음식이 준비되어있습니다.
30:     </div>
31:     <div class = "dropTarget" id = "total">
32:       <img src = "../images/banana.png" class = "menuItem" id = "banana"
33:         data-type = "dessert">
34:       <img src = "../images/beer.png" class = "menuItem" id = "beer"
35:         data-type = "drink">
36:       <img src = "../images/cherry.png" class = "menuItem" id = "cherry"
37:         data-type = "dessert">
38:       <img src = "../images/coffee.png" class = "menuItem" id = "coffee"
39:         data-type = "drink">
40:       <img src = "../images/juice.png" class = "menuItem" id = "juice"
41:         data-type = "drink">
42:       <img src = "../images/noodle.png" class = "menuItem" id = "noodle"
43:         data-type = "meal">
44:       <img src = "../images/orange.png" class = "menuItem" id = "orange"
45:         data-type = "dessert">
46:       <img src = "../images/rice.png" class = "menuItem" id = "rice"
47:         data-type = "meal">
48:       <img src = "../images/bread.png" class = "menuItem" id = "bread"
49:         data-type = "meal">
50:     </div>
51:     <p>
52:       밥먹다 JavaScript가 궁금하다면 :
53:       <a href = "https://developer.mozilla.org" id = "mdn">MDN</a>
54:     </p>
55:   </div>
56:
57:   <div id = "myMenu">
58:     <div>
59:       <h3>음료</h3>
60:       <div class = "dropTarget item" data-type = "drink"></div>
61:     </div>
62:     <div>
63:       <h3>식사</h3>
64:       <div class = "dropTarget item" data-type = "meal"></div>
```

```
65:        </div>
66:        <div>
67:          <h3>후식</h3>
68:          <div class = "dropTarget item" data-type = "dessert"></div>
69:        </div>
70:      </div>
71:  </body>
72:  <script src = "02_events.js"></script>
73:  </html>
```

[소스 설명]

31, 60,   <div>의 class 속성에 dropTarget이 선언되어 있다. 이 요소는 이벤트 적용을 통해
64, 68행   drop 관련 이벤트가 적용될 것이다.

32-49행   드래그 소스로 사용할 <img> 태그들이 선언되어 있다. 이 <img>들은 class 속성
           이 menuItem으로 선언되어 있고 id는 메뉴의 이름이다. 'data-'는 HTML5에서 비
           표준의 추가적인 속성을 저장할 때 사용하는 방법이다. 여기서는 각 메뉴의 타입을
           지정하고 있다.

57-70행   선택한 메뉴를 저장할 <div>들이 선언되어 있다. class 속성에 dropTarget이 선언
           된 <div>들은 각각 drink, meal, desert 타입의 음식을 담을 예정이다.

   72행   별도의 자바스크립트 파일인 "02_events.js"를 참조 처리한다.

다음은 자바스크립트 부분을 살펴보자.

파일명 | ch06_dragAndDrop/02_events.js

```
1:  var lis = document.querySelectorAll(".menuItem");
2:  var targets = document.querySelectorAll(".dropTarget");
3:
4:  for (var i = 0; i < lis.length; i++) {
5:      lis[i].addEventListener("dragstart", function() {
6:          console.log("drag start event");
7:      });
8:      lis[i].addEventListener("drag", function() {
9:          console.log("drag  event");
10:     });
11:     lis[i].addEventListener("dragend", function() {
12:         console.log("drag end  event");
13:     });
14: }
15:
16: for (var i = 0; i < targets.length; i++) {
17:     targets[i].addEventListener("dragenter", function(e) {
18:         console.log("drag enter event");
19:     });
20:     targets[i].addEventListener("dragleave", function() {
21:         console.log("drag leave event");
```

```
22:        });
23:        targets[i].addEventListener("dragover", function(e) {
24:            e.preventDefault();
25:            console.log("drag over event");
26:        });
27:        targets[i].addEventListener("drop", function(e) {
28:            e.preventDefault();
29:            console.log("drop event");
30:        });
31:    }
```

[소스 설명]

1행   class 속성에 menuItem이 선언된 요소들을 가져온다. 9개의 <img>가 대상이다. 이 요소들이 드래그 소스이다.

2행   class 속성이 dropTarget으로 선언된 요소들을 가져온다. 4개의 <div>가 대상이다. 이 요소들이 드롭 목적지이다.

4–14행   1행에서 가져온 9개의 <img>에 각각 dragstart, drag, dragend 이벤트에 대한 리스너를 등록한다. 각 이벤트의 구현은 콘솔에 로그를 출력해서 이벤트가 동작함을 확인하도록 한다.

16–31행   2행에서 가져온 4개의 <div>에 각각 dragenter, dragleave, dragover, drop 이벤트에 대한 리스너를 등록한다. 각 이벤트의 구현은 콘솔에 로그를 출력해서 이벤트가 동작함을 확인하도록 한다. dragover와 drop 이벤트에서는 이벤트 객체가 갖는 preventDefault() 함수를 호출하고 있음에 유의하자.

어플리케이션을 실행시키고 준비된 요리 목록에 있는 바나나 이미지를 드래그해서 음료 영역에 드롭시켜 보자. 아직은 원하는 드롭 동작이 일어나지는 않는다. 일단 이벤트의 흐름을 살피는 것이 주요 목적이다.

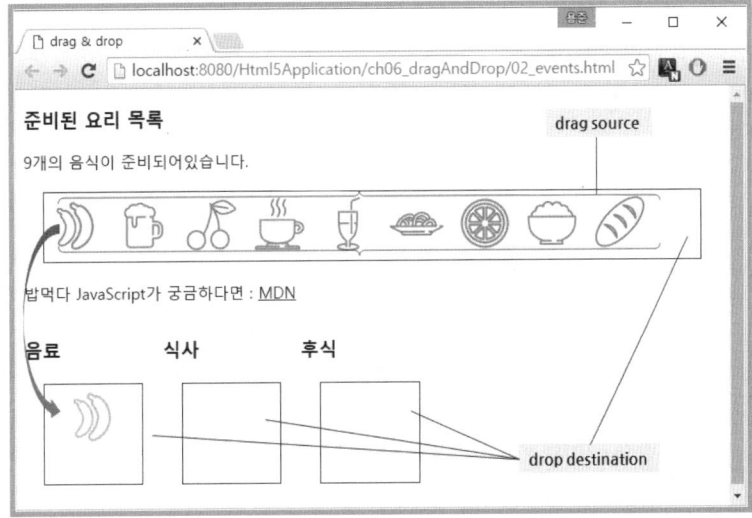

[그림 6.5] 바나나 이미지의 드래그앤드롭 과정

크롬 브라우저에서 개발자도구를 실행(단축키는 F12)하여 이벤트 발생에 대한 로그가 콘솔에 순서대로 잘 출력되었는지 확인하자.

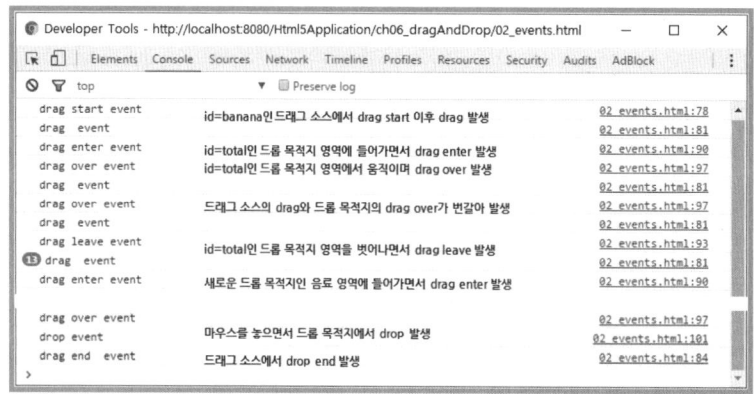

[그림 6.6] 개발자 도구의 콘솔에서 이벤트 로그 확인

2.2 DataTransfer 객체

DataTransfer 객체는 드래그 소스에서 드롭 목적지로 전달될 데이터를 보관하는 객체이다. DataTransfer에는 하나 이상의 아이템을 보관할 수 있다. 이때 사용되는 함수는 setData()이다. 이 객체는 드래그앤드롭 이벤트 전반에 걸쳐 이벤트 객체가 갖는 dataTransfer 속성으로 참조될 수 있으며 생성자가 없어서 별도로 객체를 만들 수는 없다.

```
1:  function(e) {
2:      e.dataTransfer.setData("Text", e.target.id);
3:  }
```

다음의 [표 6.1]은 DataTransfer 객체가 갖는 속성을 설명하고 있다.

표 6.1 DataTransfer 객체의 속성

속성명	설명
dropEffect	현재 진행 중인 드래그앤드롭 동작의 타입을 조회하거나 설정할 수 있다. 값은 none | copy | link | move 중 하나가 사용된다. 주로 dragover에서 효과 적용을 위해 활용한다.
effectAllowed	가능한 모든 드래그앤드롭 동작을 조회하거나 설정할 수 있다. 값은 none | copy | copyLink | copyMove | link | linkMove | move | all | uninitialized 값 중 하나를 설정할 수 있다. 주로 dragstart에서 설정한다.
files	객체가 가지는 로컬 파일에 대한 목록을 제공한다. 파일을 포함하지 않는 경우라면 비어 있는 목록을 리턴한다.
items	드래그 되는 데이터의 목록을 DataTransferItemList 타입의 객체로 리턴한다. 이 값을 읽기 전용이다.
types	현재 등록된 모든 포맷을 문자열의 배열 형태로 리턴하며 읽기 전용의 값이다. 이 타입들은 dragstart 이벤트에서 설정된다.

다음의 [표 6.2]는 DataTransfer 객체가 제공하는 함수를 설명하고 있다.

표 6.2 DataTransfer 객체의 함수

함수명	설명
clearData([format])	현재 등록된 아이템 중 format과 동일한 타입의 것들이 삭제된다. format을 생략하면 등록된 모든 아이템들을 삭제한다.
getData(format)	주어진 format 타입으로 등록된 데이터 항목을 찾아서 문자열 형태로 리턴한다.
setData(format, data)	format 타입으로 data를 등록한다. format은 DataTransfer에서 중복될 수 없기 때문에 동일한 format으로 다른 data가 등록된다면 기존의 data는 삭제된다.
setDragImage(img, offsetX, offsetY)	드래그 과정에서 표시할 아이템의 이미지를 설정한다. 이 이미지는 마우스 커서 옆에 표시되며 offsetX와 offsetY는 마우스 포인터에서부터 이미지가 떨어진 위치를 나타낸다.

DataTransfer 객체의 활용 방법과 예는 앞으로 이벤트 단계별로 살펴보기로 한다.

2.3 데이터 설정과 확인

2.3.1 dragstart와 drop

dragstart와 drop 이벤트는 드래그앤드롭 API에서 가장 중요한 이벤트들이다. 일반적으로 dragstart 이벤트에서는 DataTransfer 객체의 setData() 함수를 이용해서 데이터를 설정하고 drop 이벤트에서는 getData() 함수로 데이터를 활용한다.

⟨img⟩를 드래그 소스로 하는 dragstart 이벤트에서 처음 생성되는 DataTransfer 객체는 기본적으로 다음의 [표6.3]과 같이 3개의 데이터를 가지고 있다.[14]

표 6.3 DataTransfer 객체의 기본 내장 format과 내용

format 이름	data 내용
text/uri-list	드래그 소스의 uri 정보 예 : http://localhost:9090/HTML5Application/images/coffee.png
text/html	드래그 소스의 html 정보 예 : ⟨img src="http://localhost:9090/HTML5Application/images/coffee.png" class="menuItem" id="coffee" data-type="drink"⟩
Files	드래그하는 파일의 정보로 해당 내용이 없을 경우 공백 문자가 할당된다.

하지만, 많은 경우 이런 기본 정보로는 우리가 필요한 내용을 편리하게 전달하기 어려워 setData(format, data) 함수를 이용해서 추가적인 정보를 전달하게 된다. 이때 사용되는 format에는 MIME 형식의 일반적인 데이터 타입(text/plain, text/html, text/uri-list)

---

14) 기본 내장 format은 어떤 드래그 소스를 사용하느냐에 따라 다르다.

이거나 Files 또는 사용자 정의 타입일 수 있다.

대부분의 경우 DataTransfer 객체는 drop 이벤트에서 소비된다. 이때 사용되는 함수는 getData(format)이고, format은 dragstart에서 setData(format, data) 함수를 호출하면서 넘겼던 format 정보이다. 물론 리턴 값으로는 setData의 두 번째 인자인 data가 문자열 형태로 리턴된다.

앞에서 실행했던 ch06_dragAndDrop/02_events.html를 확장해서 data를 설정하도록 변경해보자. 기존에 사용했던 CSS+HTML 부분은 동일하기 때문에 자바스크립트 부분만 살펴보자. HTML에서 변경된 부분은 다음과 같이 자바스크립트 파일을 연결하는 부분만 변경되었다.

파일명 | ch06_dragAndDrop/03_startDrop.html

```
1:  <script src = "03_startDrop.js"></script>
```

파일명 | ch06_dragAndDrop/03_startDrop.js

```
1:  var lis = document.querySelectorAll(".menuItem");
2:  var targets = document.querySelectorAll(".dropTarget");
3:
4:  // 드래그 소스에서의 작업
5:  for (var i = 0; i < lis.length; i++) {
6:    lis[i].addEventListener("dragstart", function(e) {
7:      printDataTransferContent("data 설정 전", e.dataTransfer);
8:
9:      e.dataTransfer.setData("text/plain", e.target.dataset.type);
10:     e.dataTransfer.setData("id", e.target.id);
11:
12:     printDataTransferContent("data 설정 후", e.dataTransfer);
13:   });
14:   lis[i].addEventListener("dragend", function() {
15:     console.log("dragend  event");
16:   });
17: }
18:
19: // 드롭 목적지에서의 작업
20: for (var i = 0; i < targets.length; i++) {
21:   targets[i].addEventListener("dragenter", function(e) {
22:     console.log("drag enter event");
23:   });
24:   targets[i].addEventListener("dragleave", function() {
25:     console.log("dragleave event");
26:   });
27:   targets[i].addEventListener("dragover", function(e) {
28:     e.preventDefault();
29:   });
30:   targets[i].addEventListener("drop", function(e) {
```

```
31:        e.preventDefault();
32:        var id = e.dataTransfer.getData("id");
33:        var type = e.dataTransfer.getData("text/plain");
34:        console.log("데이터 수신 확인 : " + id + ", " + type);
35:        this.appendChild(document.querySelector("#" + id));
36:     });
37:   }
38:
39:   function printDataTransferContent(when, dt) {
40:     console.log(when);
41:     var formats = dt.types;
42:     for (var j = 0; j < formats.length; j++) {
43:        console.log(j + " : " + formats[j] + " : " + dt.getData(formats[j]));
44:     }
45:   }
```

[소스 설명]

6행 드래그 소스들에 dragstart 이벤트 처리를 위한 리스너를 등록한다.

7행 printDataTransferContent 함수를 이용해 설정 전 이벤트 객체의 dataTransfer
에 저장된 초기 데이터를 출력한다.

9행 text/plain 포맷으로 target 객체가 가진 dataset의 type 값을 DataTransfer에 등
록한다. target 객체는 드래그 소스가 되며 dataset은 HTML5에서 'data-'의 형식
으로 등록된 속성을 말한다. type은 'data-' 뒤에 붙는 접미사 부분이다. 드래그 소
스를 선언할 때 data-type = "banana"와 같이 사용했기 때문에 이 경우 banana 값
을 가져오게 된다.

10행 id라는 포맷으로 target 객체의 id 값을 DataTransfer에 등록한다.

12행 printDataTransferContent() 함수를 이용해 설정 후 이벤트 객체의 dataTransfer
에 저장된 수정 데이터를 출력한다.

30행 드롭 목적지에 drop 이벤트 처리를 위한 리스너를 등록한다.

31행 preventDefault() 함수를 이용해 기본 이벤트 동작을 중지시킨다.

32-34행 dataTransfer에 id와 text/plain 포맷으로 저장된 데이터를 조회해서 출력한다.

35행 id로 조회된 값을 이용해 DOM에서 해당 요소를 찾은 후 드롭 목적지에 자식으로
추가한다.

39-45행 DataTransfer에 등록된 모든 데이터를 출력한다.

ch06_dragAndDrop/03_startDrop.html 예제를 실행하여 원하는 음식을 드래그해서
음료, 식사 또는 후식 영역에 드롭해 보자.

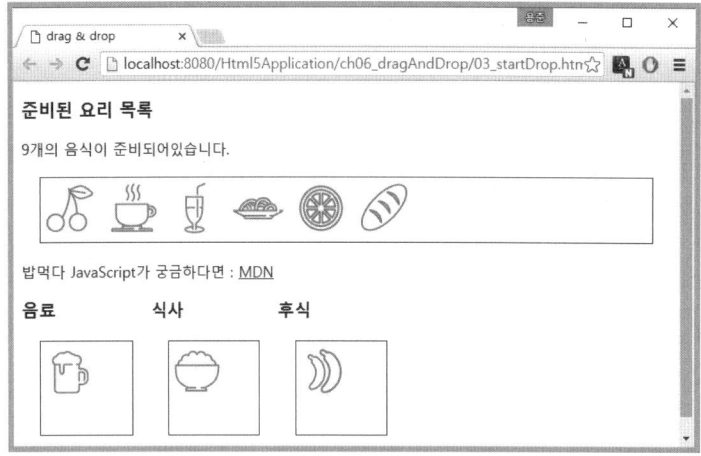

[그림 6.7] 3개의 드래그 소스가 각각 드롭 목적지에 드롭된 모습

다음은 콘솔에 출력된 DataTransfer 객체의 내용을 통해 데이터가 설정되기 전과 후의
변화를 살펴보자.

[그림 6.8] 콘솔에 출력된 DataTransfer 객체의 내용 확인

설정 전에는 text/uri-list, text/html, Files 포맷의 데이터가 있었고 설정 후는 text/
plain과 id가 추가된 것을 확인할 수 있다.

2.4 사용자 피드백 제공
2.4.1 dragenter, dragleave, dragend, drop
dragstart와 drop 이벤트로 드래그앤드롭은 기능적으로 잘 동작하지만, 너무 밋밋하
다. 사용자에게 현재 어떤 드롭 목적지로 드롭 동작이 일어나는지 알려주면 사용자가 더
욱 정확한 작업을 진행할 수 있을 것이다. 이때 활용할 수 있는 이벤트들이 dragenter,
dragleave, dragend이다. 이중 dragenter와 dragleave는 드롭 목적지에서 발생하는 이
벤트이고 dragend는 드래그 소스에서 발생하는 이벤트이다.

dragenter에서는 드래그 소스가 드롭 목적지에 들어갔을 때 발생하는 이벤트이므로 이때 어떤 드롭 목적지에 드롭 되는지 배경색을 변경할 수 있을 것이다. dragleave는 반대로 드롭 목적지에서 드래그 소스가 벗어나는 과정이므로 목적지의 배경을 원래대로 돌려놓아야 한다. dragend는 모든 드래그앤드롭 작업이 종료되었기 때문에 사후 작업을 진행하기에 적합하다.

파일명 | ch06_dragAndDrop/04_enterLeaveEnd.js

```
 1:  var lis = document.querySelectorAll(".menuItem");
 2:  var targets = document.querySelectorAll(".dropTarget");
 3:  var total = document.getElementById("total");
 4:  var cnt = document.getElementById("cnt");
 5:
 6:  // 드래그 소스에서의 작업
 7:  for (var i = 0; i < lis.length; i++) {
 8:    lis[i].addEventListener("dragstart", function(e) {
 9:      e.dataTransfer.setData("text/plain", e.target.dataset.type);
10:      e.dataTransfer.setData("id", e.target.id);
11:    });
12:    lis[i].addEventListener("dragend", function() {
13:      cnt.innerHTML = total.children.length;
14:    });
15:  }
16:
17:  // 드롭 목적지에서의 작업
18:  for (var i = 0; i < targets.length; i++) {
19:    targets[i].addEventListener("dragenter", function(e) {
20:      this.style.background = "rgba(0, 255, 0, 0.5)";
21:    });
22:    targets[i].addEventListener("dragleave", function() {
23:      this.style.background = "rgba(0, 0, 0, 0)";
24:    });
25:    targets[i].addEventListener("dragover", function(e) {
26:      e.preventDefault();
27:    });
28:    targets[i].addEventListener("drop", function(e) {
29:      e.preventDefault();
30:      var id = e.dataTransfer.getData("id");
31:      var type = e.dataTransfer.getData("text/plain");
32:      this.appendChild(document.querySelector("#" + id));
33:      this.style.background = "rgba(0, 0, 0, 0)";
34:    });
35:  }
```

[소스 설명]

12행 드래그 소스에 dragend 이벤트 처리를 위한 리스너를 등록한다.

13행 드래그앤드롭의 결과를 남은 음식의 개수에 반영하기 위해 cnt의 값을 '준비된 요리 목록'을 나타내는 total의 자식 요소 개수로 업데이트한다.

18-21행 드롭 목적지에 dragenter 이벤트 처리를 위한 이벤트 리스너를 등록하고 이벤트 발생 시 목적지의 배경을 rgba(0, 255, 0, 0.5)로 변경한다.

22-24행 드롭 목적지에 dragleave 이벤트 처리를 위한 이벤트 리스너를 등록하고 이벤트 발생 시 목적지의 배경을 rgba(0, 0, 0, 0)으로 변경한다.

33행 drop 이벤트가 발생한 드롭 목적지에서 드롭이 끝난 후 배경을 rgba(0, 0, 0, 0)으로 변경한다.

ch06_dragAndDrop/04_enterLeaveEnd.html을 실행하고 드래그앤드롭을 시켜보자. 드롭 목적지에 드래그 소스가 올라갈 때와 내려갈 때 배경색이 변경됨을 확인할 수 있다.

[그림 6.9] 드롭 목적지에 드롭이 일어날 때 배경이 변경되는 모습

2.4.2 dragstart, dragover

이번에는 DataTransfer 객체의 effectAllowed와 dropEffect를 이용해서 사용자에게 피드백을 제공하는 방법을 알아보자.

dropEffect는 드롭 목적지에서 드롭하는 과정에서 마우스 커서 옆에 표시되는 아이콘의 모양을 규정할 수 있다. 사용할 수 있는 속성값은 copy, link, move, none 4가지 중 하나다. 하지만, 이 속성이 적용되었다 하더라도 실제로 동작하는 방식이 복사되거나 이동하는 형태는 아니다. 단지 표시되는 아이콘의 형태만 변경되고 사용자가 자신이 어떤 기능을 사용하는지 피드백을 제공한다. 기능들은 프로그래머가 직접 구현해야 한다. 이 속성은 일반적으로 dragover 이벤트에서 설정한다.

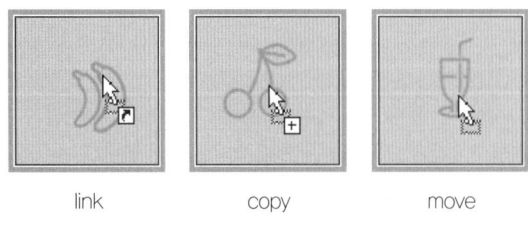

link   copy   move

[그림 6.10] dropEffect에 따른 아이콘 변경 확인

effectAllowed는 none, copy, copyLink, copyMove, link, linkMove, move, all, uninitialized 중 하나를 선택할 수 있다. 드래그앤드롭 API에서 지원하는 effect가 copy, move, link이기 때문에 이 3가지 옵션의 조합을 제시하는 것이다. 일반적으로 effectAllowed 속성은 dragstart 이벤트에서 설정한다.

dropEffect는 effectAllowed에서 허용한 속성들만 사용할 수 있다. 예를 들어 effectAllowed가 copy라고 설정된 경우 dropEffect가 copy인 경우는 드롭이 가능하지만, move인 경우는 드롭이 불가능하다. effectAllowed 속성이 copyMove인 경우 드롭이 가능한 dropEffect는 copy, move이다.

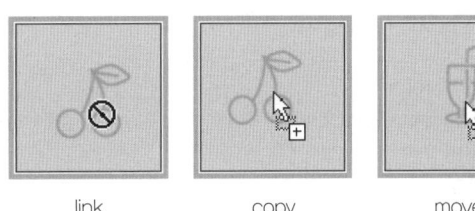

| link | copy | move |

[그림 6.11] effectAllowed가 copyMove인 경우 link는 드롭 불가 표시

파일명 | ch06_dragAndDrop/05_effect.js

```javascript
 1:  var lis = document.querySelectorAll(".menuItem");
 2:  var targets = document.querySelectorAll(".dropTarget");
 3:  var total = document.querySelector("#total");
 4:  var cnt = document.querySelector("#cnt");
 5:
 6:  // 이벤트 소스에서의 작업
 7:  for (var i = 0; i < lis.length; i++) {
 8:    lis[i].addEventListener("dragstart", function(e) {
 9:      e.dataTransfer.setData("text/plain", e.target.dataset.type);
10:      e.dataTransfer.setData("id", e.target.id);
11:
12:      e.dataTransfer.effectAllowed = "copyMove";
13:    });
14:    lis[i].addEventListener("dragend", function() {
15:      cnt.innerHTML = total.children.length;
16:    });
17:  }
18:
19:  // 드롭 목적지에서의 작업
20:  for (var i = 0; i < targets.length; i++) {
21:    targets[i].addEventListener("dragenter", function(e) {
22:      this.style.background = "rgba(0, 255, 0, 0.5)";
23:    });
24:    targets[i].addEventListener("dragleave", function() {
25:      this.style.background = "rgba(0, 0, 0, 0)";
26:    });
27:    targets[i].addEventListener("dragover", function(e) {
```

```
28:        e.preventDefault();
29:        switch (e.target.dataset.type) {
30:        case "drink":
31:          e.dataTransfer.dropEffect = "copy";
32:          break;
33:        case "meal":
34:          e.dataTransfer.dropEffect = "copy";
35:          break;
36:        case "dessert":
37:          e.dataTransfer.dropEffect = "move";
38:        }
39:      });
40:      targets[i].addEventListener("drop", function(e) {
41:        e.preventDefault();
42:        var id = e.dataTransfer.getData("id");
43:        var type = e.dataTransfer.getData("text/plain");
44:        this.appendChild(document.querySelector("#" + id));
45:        this.style.background = "rgba(0, 0, 0, 0)";
46:      });
47:  }
```

[소스 설명]

12행 effectAllowed의 값으로 'copyMove'를 설정한다. 따라서 드롭 목적지는 dropEffect로 copy 또는 move가 설정될 수 있다.

27행 드롭 목적지에서 dragover 이벤트를 처리할 수 있도록 리스너를 등록한다.

29~38행 target 객체의 'data-type' 값에 따라 dropEffect를 설정한다. 이때 effectAllowed 값이 copyMove이기 때문에 드롭을 받기 위해서는 'copy'나 'move'만 사용할 수 있다.

ch06_dragAndDrop/05_effect.html를 실행시키고 드롭 동작에서 아이콘이 제대로 변경되는지 확인해보자.

[그림 6.12] 식사에 해당하는 이미지가 copy 효과로 이동되는 모습

2.5 filtering

이제 드롭 목적지에서 필요에 따라 드래그 소스 필터링을 구현해보자. 드롭 목적지 입장에서 사용자가 드롭 하는 모든 요소를 다 처리할 수는 없다. 초기 프로그래밍의 의도에 벗어나는 항목이 있다면 그 항목의 드롭은 막아야 할 것이다.

예를 들어 음료 항목에 음료 이외의 식사나 후식이 드롭되면 안 된다. 또한, MDN 사이트에 대한 링크인 〈a〉를 드롭 받아서 처리할 생각도 없다고 할 때 이 항목도 드롭되면 안 된다.

이런 기능을 처리하는 API는 제공하지 않으며 drop 이벤트에서 적절히 처리해야 한다. getData()를 통해 필요한 정보를 뽑아낸 뒤에 원하는 필터링 로직을 만들어 볼 수 있을 것이다.

파일명 | ch06_dragAndDrop/06_filtering.js

```
 1:  var lis = document.querySelectorAll(".menuItem");
 2:  var targets = document.querySelectorAll(".dropTarget");
 3:  var total = document.querySelector("#total");
 4:  var cnt = document.querySelector("#cnt");
 5:
 6:  // 이벤트 소스에서의 작업
 7:  for (var i = 0; i < lis.length; i++) {
 8:      lis[i].addEventListener("dragstart", function(e) {
 9:          e.dataTransfer.setData("text/plain", e.target.dataset.type);
10:          e.dataTransfer.setData("id", e.target.id);
11:
12:          e.dataTransfer.effectAllowed = "copyMove";
13:
14:      });
15:      lis[i].addEventListener("dragend", function() {
16:          cnt.innerHTML = total.children.length;
17:          for (var j = 0; j < targets.length; j++) {
18:              console.log(targets[j]);
19:              targets[j].style.background = "rgba(0, 0, 0, 0)";
20:          }
21:      });
22:  }
23:
24:  // 드롭 목적지에서의 작업
25:  for (var i = 0; i < targets.length; i++) {
26:      targets[i].addEventListener("dragenter", function(e) {
27:          this.style.background = "rgba(0, 255, 0, 0.5)";
28:      });
29:      targets[i].addEventListener("dragleave", function() {
30:          this.style.background = "rgba(0, 0, 0, 0)";
31:      });
32:      targets[i].addEventListener("dragover", function(e) {
```

```
33:        e.preventDefault();
34:        switch (e.target.dataset.type) {
35:        case "drink":
36:          e.dataTransfer.dropEffect = "copy";
37:          break;
38:        case "meal":
39:          e.dataTransfer.dropEffect = "copy";
40:          break;
41:        case "dessert":
42:          e.dataTransfer.dropEffect = "move";
43:        }
44:      });
45:      targets[i].addEventListener("drop", function(e) {
46:        e.preventDefault();
47:        var id = e.dataTransfer.getData("id");
48:        var srctype = e.dataTransfer.getData("text/plain");
49:
50:        var thistype = this.dataset.type;
51:        if (!id) {
52:          alert("이 요소는 드롭할 수 없습니다.");
53:        } else {
54:          if (!thistype || thistype == srctype) {
55:            this.appendChild(document.querySelector("#" + id));
56:          } else {
57:            alert(thistype + "에는 " + srctype + "을 담을 수 없습니다.");
58:          }
59:        }
60:        this.style.background = "rgba(0, 0, 0, 0)";
61:      });
62:  }
```

[소스 설명]

50행 드롭 목적지의 data-type 값을 가져온다. 이 값은 drink | meal | desert 중 하나다.

51~52행 id 값이 없다면 경고 메시지를 출력하고 드롭을 중지시킨다.

54~55행 50행에서 얻은 thistype이 없거나 thistype의 값이 드래그 소스의 data-type과 같다면 자식 요소에 추가한다. thistype이 없는 경우는 '준비된 요리 목록'에 해당한다.

56~58행 나머지 경우 드롭 목적지의 data-type과 드래그 소스의 data-type이 다른 경우이므로 경고 메시지를 출력하고 드롭을 중지한다.

60행 모든 드롭 관련 동작이 끝났으므로 배경을 rgba(0, 0, 0, 0)으로 변경한다.

ch06_dragAndDrop/06_filtering.html을 실행 후 음료 영역에 바나나를 드래그앤드롭 해보자. 타입이 다르므로 드롭되지 않는다는 경고 메시지를 확인할 수 있다.

[그림 6.13] data-type에 기반한 필터링 적용

03 다른 API와의 연동

3.1 <canvas>를 이용한 이미지 처리

앞서 작성한 ch06_dragAndDrop/06_filtering.js를 변형하여 〈div〉가 아닌 〈canvas〉에 이미지를 옮겨보자. 우리의 목적은 드래그 소스에 있는 이미지를 드롭 목적지인 〈canvas〉에 드롭하는 데 문제는 정확한 위치이다.

사용자는 최초 드래그 소스를 클릭한 위치가 정확히 드롭한 위치와 일치해야 한다. 따라서 〈img〉에서 마우스가 클릭된 좌표와 〈canvas〉에서 마우스가 놓인 좌표를 알아야 하는데 각각 요소의 offsetX와 offsetY라는 값으로 확인할 수 있다. 편의상 드래그 소스에서 마우스가 클릭한 지점을 (soffsetx, soffsety)라고 하고 드롭 목적지에서 마우스가 놓이는 지점을 (doffsetx, doffsety)라고 하자. 그렇다면 실제로 이미지가 〈canvas〉에 그려져야 할 지점은 (doffsetx - soffsetx, doffsety - soffsety) 지점이 될 것이다.

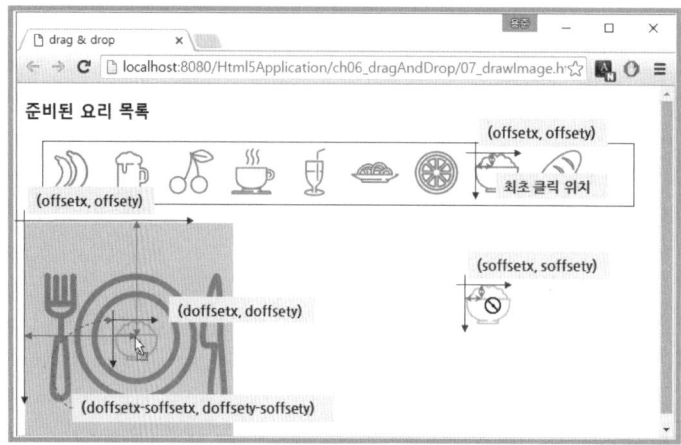

[그림 6.14] 〈canvas〉로의 드롭을 위한 좌표계의 이해

드래그 소스의 (soffsetx, soffsety) 좌표는 dragstart 이벤트에서 확보할 수 있고 드롭 목적지에 그리는 작업은 drag 이벤트이고 처리되므로 이 좌표 역시 DataTransfer 객체의 setData() 함수를 이용해서 넘겨야 한다. 또한, 필터링을 위해 드래그 소스의 data-type 값, 이미지를 그리기 위해서 〈img〉의 src 속성까지 넘겨야 할 정보가 매우 많아지게 되었다.

이때는 JSON(JavaScript Object Notation)을 이용하는 것이 효과적이다. JSON 객체는 parse() 함수와 stringify() 함수를 이용해 객체와 문자열로 손쉽게 변환할 수 있다.

파일명 | ch06_dragAndDrop/07_drawImage.js

```javascript
01: var lis = document.querySelectorAll(".menuItem");
02: var dish = document.getElementById("dish");
03: var ctx = dish.getContext("2d");
04:
05: function drawDish() {
06:     var dishImg = new Image();
07:     dishImg.src = '../images/dish.png';
08:     dishImg.addEventListener("load", function() {
09:         ctx.drawImage(this, 0, 0);
10:     });
11: }
12: drawDish();
13:
14: for (var i = 0; i < lis.length; i++) {
15:     lis[i].addEventListener("dragstart", function(e) {
16:         var dragSourceObj = {
17:             "type" : e.target.dataset.type,
18:             "id" : e.target.id,
19:             "soffsetX" : e.offsetX,
20:             "soffsetY" : e.offsetY
21:         };
```

```
22:        e.dataTransfer.setData("dragSource", JSON.stringify(dragSourceObj));
23:
24:        e.dataTransfer.effectAllowed = "move";
25:    });
26:  }
27:
28:  dish.addEventListener("dragenter", function(e) {
29:    this.style.background = "rgba(0, 255, 0, 0.5)";
30:  });
31:  dish.addEventListener("dragleave", function() {
32:    this.style.background = "rgba(0, 0, 0, 0)";
33:  });
34:  dish.addEventListener("dragover", function(e) {
35:    e.preventDefault();
36:    e.dataTransfer.dropEffect = "move";
37:  });
38:  dish.addEventListener("drop", function(e) {
39:    e.preventDefault();
40:    var dragSrcObj = JSON.parse(e.dataTransfer.getData("dragSource"));
41:    var id = dragSrcObj.id;
42:    var srctype = dragSrcObj.type;
43:    var thistype = this.dataset.type;
44:    if (!id) {
45:      alert("이 요소는 드롭할 수 없습니다.");
46:    } else {
47:      if (!thistype || thistype == srctype) {
48:        var x = e.offsetX - dragSrcObj.soffsetX;
49:        var y = e.offsetY - dragSrcObj.soffsetY;
50:        ctx.drawImage(document.getElementById(id), x, y);
51:      } else {
52:        alert(thistype + "에는 " + srctype + "을 담을 수 없습니다.");
53:      }
54:    }
55:    this.style.background = "rgba(0, 0, 0, 0)";
56:  });
```

[소스 설명]

2-3행 드롭 목적지로 사용할 dish와 컨텍스트를 얻어온다. dish는 <canvas>의 DOM 객체이다.

5-12행 접시 이미지(dish.png)를 로딩하고 컨텍스트의 drawImage() 함수를 이용해 <canvas>에 그린다.

16-21행 JSON을 이용해 type, id, soffsetX, soffsetY 정보를 저장한다.

22행 JSON의 stringify() 함수를 이용해 객체를 문자열로 변경 후 'dragSource'라는 format으로 DataTransfer 객체에 설정한다.

40행 DataTransfer에 'dragSource' 포맷으로 설정된 정보를 가져와 JSON의 parse() 함수를 이용해 다시 객체로 변경한다.

41-43행 객체로부터 필요한 정보를 가져온다.

48-50행 드래그 소스를 그리기 위한 정보를 이용해 좌표를 계산하고 그린다.

ch06_dragAndDrop/07_drawImage.html 예제를 실행해보자. 특정 요리를 선택하고 접시에 담으면 원하는 위치에 정확히 배치됨을 확인할 수 있다.

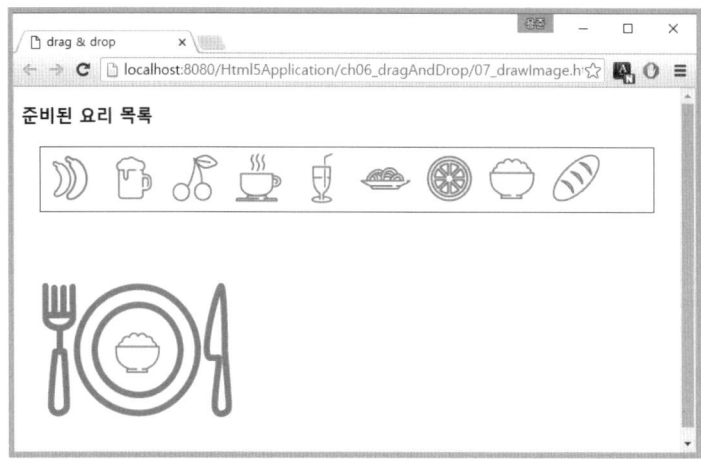

[그림 6.15] 정확한 위치에 드롭된 드래그 소스

3.2 file 처리

드래그앤드롭을 시스템과 통신에 사용하기 가장 적절한 경우 중 하나는 아마도 사용하는 컴퓨터 시스템의 파일을 브라우저로 드롭했을 경우일 것이다.

기본적으로 브라우저는 시스템의 이런 드롭에 잘 반응한다. 이미지를 브라우저로 드롭하면 로컬 경로와 함께 이미지를 출력하고 단순 텍스트 파일을 드롭하면 내용을 출력한다. 심지어 비디오를 드롭하면 재생까지 해준다. 브라우저가 처리하지 못하는 파일들은 다운로드하는 방법으로 처리한다. 하지만, 기본 출력이 아닌 정보만 출력하려면 어떻게 해야 할까?

다음 예제에서는 드래그 소스를 로컬 컴퓨터에 있는 파일로 하고 브라우저의 드롭 목적지에 드롭하면 브라우저가 파일의 정보를 출력하도록 구현해보자. 드래그되는 파일의 정보는 DataTransfer 객체의 files 속성에서 찾아볼 수 있다.

파일명 | ch06_dragAndDrop/08_file.html

```
01:  <!DOCTYPE html>
02:  <html>
03:  <head>
04:  <meta charset = "UTF-8">
05:  <title>파일 정보</title>
```

```
06:  <style>
07:  #main {
08:     display: flex;
09:     align-items: flex-start;
10:  }
11:
12:  #fileInfo {
13:     margin-left: 20px;
14:  }
15:  </style>
16:  </head>
17:  <body>
18:     <p>분석하고 싶은 파일을 아래 이미지에 드롭하세요.</p>
19:     <div id = "main">
20:        <img src = "../images/analysis.png" id = "analysis">
21:        <div id = "fileInfo"></div>
22:     </div>
23:  </body>
24:  <script>
25:     var fileInfo = document.getElementById("fileInfo");
26:     var dropDestination = document.getElementById("analysis");
27:
28:     dropDestination.addEventListener("dragover", function(e) {
29:        e.preventDefault();
30:        this.style.background = "rgba(0, 0, 255, 0.5)";
31:     });
32:     dropDestination.addEventListener("dragleave", function() {
33:        this.style.background = "rgba(0, 0, 0, 0)";
34:     });
35:     dropDestination.addEventListener("drop", function(e) {
36:        e.preventDefault();
37:        var files = e.dataTransfer.files;
38:        var html = "총 파일 개수 : " + files.length;
39:        for (var i = 0; i < files.length; i++) {
40:           html += "<p>파일 번호 : " + i + "<p><ul>";
41:           for ( var key in files[i]) {
42:              html += "<li>" + key + " : " + files[i][key];
43:           }
44:           html += "</ul>"
45:        }
46:        fileInfo.innerHTML = html;
47:        this.style.background = "rgba(0, 0, 0, 0)";
48:     });
49:  </script>
50:  </html>
```

[소스 설명]

25행 드롭된 파일의 정보를 출력할 화면 요소를 가져온다.

26행 드롭 목적지 요소를 가져온다.

28–31행   dragover에서 배경 이미지를 rgba(0, 0, 255, 0.5)로 변경한다.

32–34행   dragleave에서 배경 이미지를 rgba(0, 0, 0, 0)으로 변경한다.

37행   DataTransfer로부터 files 속성에 저장된 파일의 목록을 가져온다.

38행   파일의 개수를 출력 준비한다.

39–45행   2중 반복문을 이용해 각각의 파일들이 가지고 있는 모든 정보를 출력할 준비한다.

46행   출력할 준비된 내용(html)을 fileInfo에 출력한다.

47행   드롭 과정이 완전히 종료되고 배경 이미지를 rgba(0, 0, 0, 0)으로 변경한다.

어플리케이션을 실행하여 로컬의 파일을 아이콘에 드롭해보면 약간의 파일 정보를 확인할 수 있다.

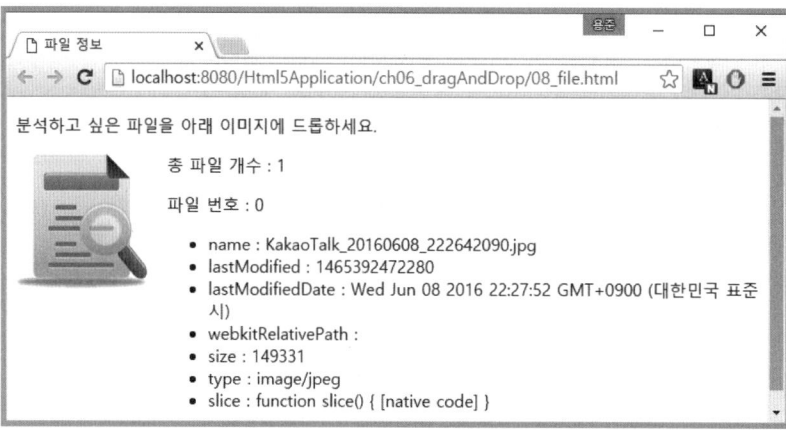

[그림 6.16] 드롭된 파일의 정보 출력

드롭된 파일의 내용을 확인하는 것은 File API에서 다시 다루도록 한다.

요약 정리

1. 드래그앤드롭 진행 과정

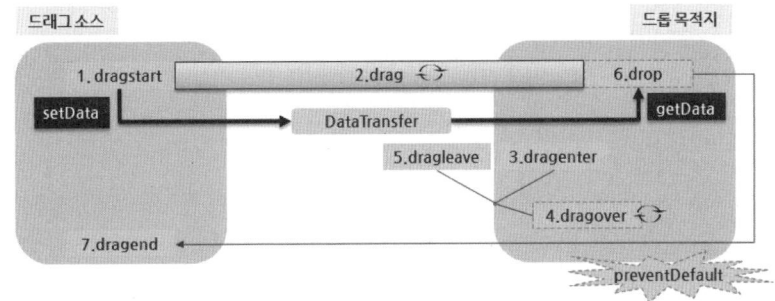

2. DataTranfser 객체의 특성

□ **속성**

- **dropEffect** : 현재 진행 중인 드래그앤드롭 동작의 타입을 조회하거나 설정할 수 있다. 값은 none | copy | link | move 중 하나가 사용된다. 주로 dragover에서 효과 적용을 위해 활용한다.

- **effectAllowed** : 가능한 모든 드래그앤드롭 동작을 조회하거나 설정할 수 있다. 값은 none | copy | copyLink | copyMove | link | linkMove | move | all | uninitialized 값 중 하나를 설정할 수 있다. 주로 dragstart에서 설정한다.

- **files** : 객체가 가지는 로컬 파일에 대한 목록을 제공한다. 파일을 포함하지 않는 경우라면 비어 있는 목록을 리턴 한다.

- **items** : 드래그 되는 데이터의 목록을 DataTransferItemList 타입의 객체로 리턴한다. 이 값을 읽기 전용이다.

- **types** : 현재 등록된 모든 포맷을 문자열의 배열 형태로 리턴하며 읽기 전용의 값이다. 이 타입들은 dragstart 이벤트에서 설정된다.

□ **함수**

- **clearData([format])** : 현재 등록된 아이템 중 format과 동일한 타입의 것들이 삭제된다. format을 생략하면 등록된 모든 아이템을 삭제한다.

- **getData(format)** : 주어진 format 타입으로 등록된 데이터 항목을 찾아서 문자열 형태로 리턴한다.

- **setData(format, data)** : format 타입으로 data를 등록한다. format은 DataTransfer에서 중복될 수 없기 때문에 동일한 format으로 다른 data가 등록된다면 기존의 data는 삭제된다.

- **setDragImage(img, offsetX, offsetY)** : 드래그 과정에서 표시할 아이템의 이미지를 설정한다. 이 이미지는 마우스 커서 옆에 표시되며 offsetX와 offsetY는 마우스 포인터에서 부터 이미지가 떨어진 위치를 나타낸다.

지오로케이션 API

인류가 지도를 사용하게 된 것은 기원전 2,500년경 바빌로니아에서 사용된 점토판 지도라고 한다. 이후 기원전 230년경 위도와 경도의 개념이 생겼고 220년경 중국에서 나침반이 발명됐다. 이처럼 공간, 위치에 대한 개념은 고대로부터 우리 생활의 중심에 있었다.

지도와 나침반에 의존하던 인류는 1930년대 레이더를 만들게 되었고, 1970년대 이후는 GPS(Global Positioning System), LBS(Location Based Service) 시스템을 도입하기 시작했다. 하지만, 이동성이 없는 컴퓨터 기반의 서비스들은 사용과 성장에 한계가 있었다.

HTML5가 주목받는 이유 중 하나는 HTML이기 때문에 단순히 PC뿐 아니라 브라우저를 탑재한 모든 디바이스에서 동작하기 때문이다. 특히 모바일 디바이스는 PC에는 없는 다양한 하드웨어가 있다. 대표적인 하드웨어로 위치 정보를 가져올 수 있는 GPS나 통신 모뎀을 들 수 있다. 결정적으로 이런 디바이스들은 이동이 가능하다.

이런 디바이스들로 인해 사용자는 자신의 위도와 경도, 고도라는 새로운 정보를 알 수 있게 되었고 이런 정보를 제공함으로써 다양한 서비스들이 가능하게 되었다. 현재 내 위치가 어디인지, 목적지를 찾아가기 위한 내비게이션 시스템이나 사용자 주변에는 어떤 시설이 있는지, 우리 동네의 날씨는 어떤지 등에 대한 정보를 제공하고 그만큼 많은 비즈니스가 가능해졌다.

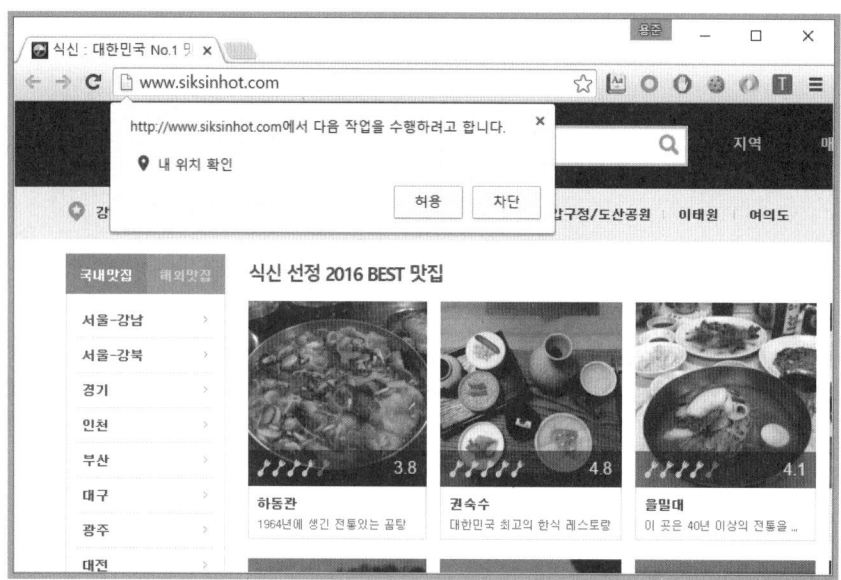

[그림 7.1] siksinhot.com의 서비스는 사용자의 위치를 파악해서 정보 제공

01 위치 정보

1.1 위도와 경도 좌표계

위치 정보는 위도(latitude)와 경도(longitude) 좌표계로 구성된다. 위도는 적도를 중심으로 남쪽(−) 또는 북쪽(+)으로 얼마나 떨어져 있는지 나타내는 값이다. 단위는 도(°)를 사용한다. 경도는 영국의 그리니치 천문대를 기점으로 동쪽(+) 또는 서쪽(−)으로 얼마나 떨어져 있는지 나타내는 위치이다. 경도의 단위 역시 도(°)를 사용한다.

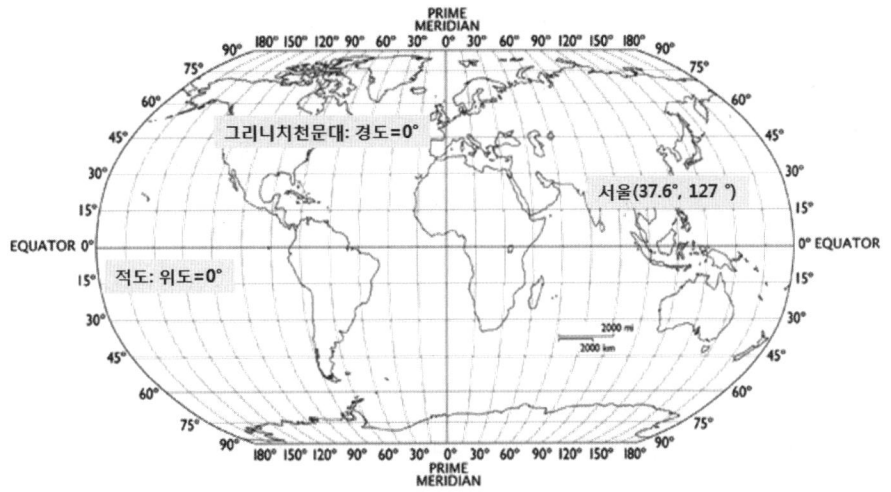

[그림 7.2] 위−경도 좌표계 (출처: http://www.worldatlas.com)

1.2 위치 정보의 획득 방법

사용하는 컴퓨터 기기에서 위치 정보를 얻는 방법은 다음과 같다.

1.2.1 IP 주소 기반

컴퓨터 기기에 설치된 랜카드에서 오는 IP 정보를 활용하는 방법이다. 과거 장비의 휴대성이 없던 PC 기반에서는 거의 유일하게 사용할 수 있는 방법이었으며, 인터넷 IP 정보만 있다면 언제 어디서나 사용 가능한 방법이다.

가끔 첩보 영화를 보면 해커의 IP를 추적해 어느 나라에서 접속하는지 확인하는 것을 볼 수 있다. 하지만, 이 방법은 사실 컴퓨터 기기의 실제 위치를 확인한다기보다는 컴퓨터 기기에 IP 정보를 주는 ISP(Internet Service Provider)에서 정보를 넘겨받아서 확인하는 형식이다.

따라서 ISP와 멀리 떨어져 있는 경우 정확한 정보를 알기는 사실상 불가능하며, 추가로 위치를 파악하는 서비스가 필요하다. http://en.utrace.de/의 서비스를 이용하면 PC의 IP 기반으로 위치를 알려준다. 참고로 필자의 현재 위치는 서울 중랑구이지만 조회된 위치는 종로구로 표시된다. 이는 필자의 집에 공급되는 인터넷 망의 ISP는 종로구에 있음을 의미한다.

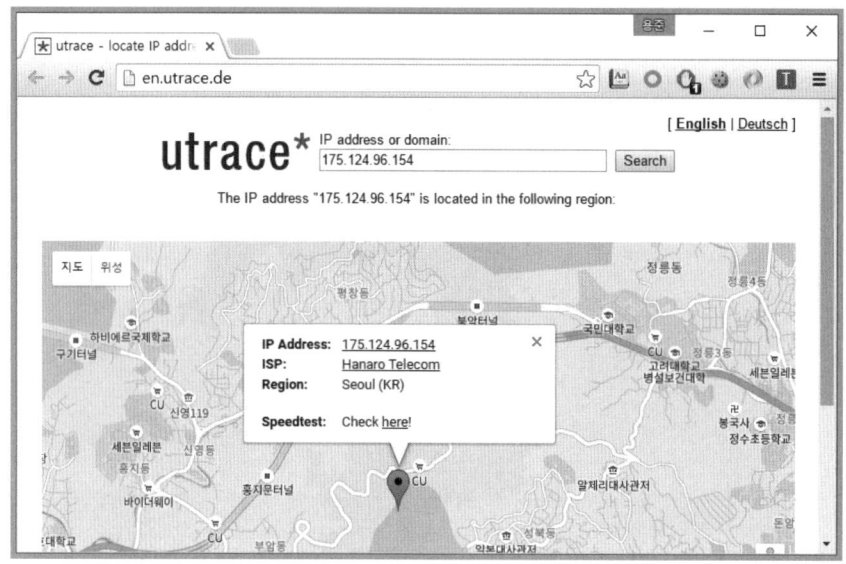

[그림 7.3] IP 기반의 위치 정보 확인 서비스

1.2.2 GPS 기반

GPS는 지구 주위를 도는 위성에서 보내는 신호를 받아서 현재 디바이스의 위치를 파악하는 방법이다. GPS 단말기에 수신된 정보에는 각 위성의 정보 발송 시각과 위치가 있어 위성과의 거리차를 계산할 수 있다. GPS 단말기는 자신의 위치 계산을 위해 최소 3개의 위성에서 정보를 받아 삼각 측량 기법을 사용하며 보정을 위해 일반적으로 4개 이상의 위성이 사용된다.

이 방법은 현재 위치에서 쏟아지는 위성 정보를 활용하기 때문에 아주 정확한 값을 사용할 수 있다. 하지만, 정확한 정보를 수신하기 위한 위성의 위치를 잡는데 시간이 많이 소모되고 연산을 위한 배터리 소모가 많이 발생한다. 결정적으로 정보를 수신할 수 없는 실내에서는 사용할 수 없어 별도의 GPS 수신기가 필요하다.

[그림 7.4] GPS 기반 위치 정보의 수신

1.2.3 이동 통신 기반

이동 통신 기반의 위치 정보는 이동통신 기지국을 이용한다. GPS의 위성을 기지국이 대신한다고 생각하면 된다. 즉 3개 이상의 기지국에서 전파를 수신해서 삼각측량으로 단말기의 의치를 계산한다. 장점은 정확도가 높다는 점이며 GPS와 달리 실내에서도 사용할 수 있다. 하지만, 휴대전화가 필요하고 오지처럼 기지국이 없는 곳에서는 사용할 수 없다. (GPS는 거의 전 지구에서 동일하게 관측될 수 있다.) 또한 GPS보다는 정확도가 떨어지기 때문에 일반적으로 GPS와 함께 사용된다.

1.2.4 Wi-Fi 기반

Wi-Fi가 가능한 스마트 단말기가 보급되면서 대부분의 사람들은 Wi-Fi를 수신할 수 있게 되었다. 이에 따라 Wi-Fi 신호 송신을 위한 AP(Access Point)를 이용해 역시 삼각측량으로 사용자의 위치를 파악할 수 있다. 최근에는 실내에서 디바이스의 위치를 파악해서 서비스를 제공하는 방법이 많이 연구되고 있는데 이를 위한 최적의 방법은 Wi-Fi를 이용하는 방법이다.[15] 이 방법은 정확도가 어느 정도 보장되며 실내에서 사용 가능하고 기존의 AP를 사용하기 때문에 비교적 저렴하게 사용할 수 있다. 단점은 무선 AP가 없거나 적은 곳에서는 사용이 어렵거나 정확도가 현저히 떨어지게 된다.

HTML5의 지오로케이션 API는 위 방법들을 하나만 사용하지 않고 조합해서 정보를 얻게 된다.

1.3 위치 정보와 개인 정보

사용자의 개인 디바이스의 위치 정보는 24시간 수집될 수 있고 지속적인 서비스를 위해 서비스 제공자들은 이 정보를 최대한 많이 확보할 필요가 있다. 이런 정보들은 어플리케이션에서 수집된 후 네트워크를 통해 서버로 전달된다. 서버는 이 정보를 이용해 사용자가 필요한 서비스를 제공한다.

위치 정보는 매우 민감한 개인 정보일 수 있다. 개인이 특정 시간에 어디에 위치해 있고 얼마의 시간을 보낸 후 어디로 움직였는지에 대한 정보를 취합하면 개인의 사생활이 완전히 노출될 수 있다. 이를 활용한 서비스가 투명하게 사용될 때는 사용자에게 많은 편의를 주지만 악용될 경우는 막대한 사생활 침해를 유발할 수 있다.

정부에서도 이와 관련해 '위치 정보의 보호 및 이용 등에 관한 법률(약칭: 위치 정보보호법)'을 제정하고 관리를 강화하고 있다. 따라서 위치 정보를 이용하는 어플리케이션을 작성하기 위해서는 작성하는 어플리케이션이 적법한 테두리 안에 있는지 확인할 필요가 있다.[16]

---

15) PEW Research의 조사에 의하면 74%의 스마트폰 사용자가 현재 위치에 기반을 둔 다른 정보를 얻고자 했고 US Environmental Protection agency의 조사에 의하면 하루 중 실내에서 생활하는 시간이 87%라고 한다.
16) 관련 내용은 KISA의 개인정보보호 포털(https://www.i-privacy.kr/jsp/user4/intro/law3.jsp)을 참조한다.

02 지오로케이션 API

지오로케이션(Geolocation) API는 현재 대부분의 브라우저에서 지원한다.

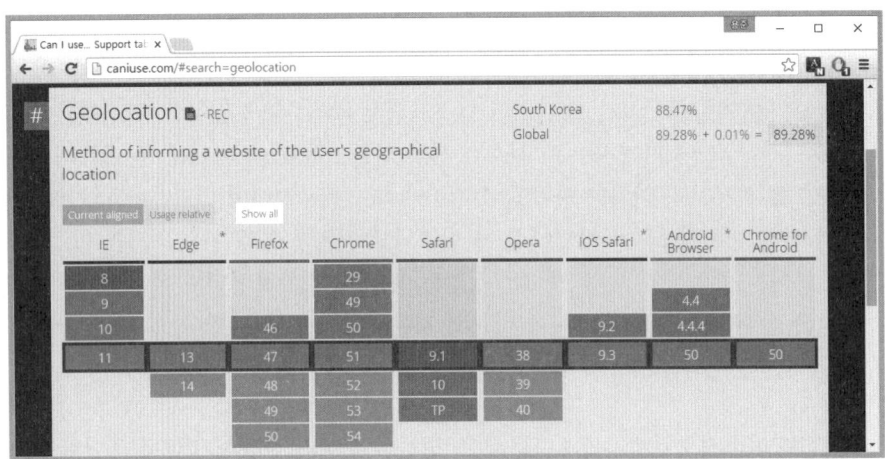

[그림 7.5] 지오로케이션 API 지원 현황

지오로케이션은 navigator 객체의 geolocation 속성인 Geolocation을 통해서 사용한다. 이 API는 [표 7.1]의 3가지 함수로 간단히 사용할 수 있다.

표 7.1 Geolocation 사용 함수

함수명	설명
getCurrentPosition(success [, error [, options]])	요청이 올 때마다 위치 정보를 파악한다. 이벤트 기반으로 동작하며 성공과 실패 시 동작할 콜백(success, error)을 등록한다. 부가적인 정보 전달을 위해 options 객체를 사용한다.
watchPosition(success [, error [, options]])	지속적으로 위치 정보를 파악한다는 점만 빼고 getCurrentPosition과 동일하다. 함수는 작업 ID를 반환한다.
clearWatch(id)	watchPosition()에서 반환된 작업 ID의 작업을 중지시킨다.

2.1 일회성 위치 정보 요청

일회성 정보란 요청할 때마다 한 번씩 정보를 확인해 알려주는 방식이다. 지오로케이션 객체의 getCurrentPosition() 함수를 이용한다.

getCurrentPosition() 함수는 [표 7.2]의 내용과 같은 3 개의 파라미터를 받을 수 있다.

표 7.2 getCurrentPosition() 함수의 파라미터

파라미터명	설명
success	위치 정보를 사용할 수 있게 되었을 때 브라우저가 호출하는 콜백 함수로 반드시 입력해야 하는 파라미터다. 위치 정보를 성공적으로 사용할 수 있게 되면 브라우저는 Position 타입의 객체를 파라미터로 success 콜백을 호출한다. 위치 정보를 가져오는 동안에 경우에 따라서 상당한 시간이 걸리기 때문에 이 함수는 비동기적으로 동작해야 한다.
error	정상적으로 위치 정보를 수신하지 못했을 때 동작하는 콜백 함수다. 예를 들어 getCurrentPosition 함수는 사용자에게 위치 정보를 사용할 수 있는 권한 확인을 요구하는데 이에 동의하지 않거나 일정 시간 내에 디바이스가 응답하지 않아 위치 정보를 받지 못하는 등 다양한 경우에 에러가 발생할 수 있다. PositionError 객체가 이 콜백 함수의 파라미터로 전달된다.
options	위치 정보를 얻기 위해 PositionOptions 타입의 객체를 사용해 다양한 옵션들을 설정할 수 있다.

지오로케이션 객체와 연관된 다른 객체들을 살펴보자.

2.1.1 Position 객체와 Coordinates 객체

Position 객체는 success 콜백에 전달되는 것으로 브라우저가 위치 정보를 얻은 후 생성해서 넘겨준다. Position 객체는 [표 7.3]의 속성을 갖는다.

표 7.3 Position 객체의 속성

속성명	설명
timestamp	DOMTimeStamp 타입의 객체로 Position 객체가 생성된 시각이 밀리초(1/1000초) 단위로 표현된다.
coords	Coordinates 타입의 객체로 실제 위치 정보를 담고 있다.

Coordinates객체는 [표 7.4]와 같은 다양한 속성으로 위치 정보를 담고 있다.

표 7.4 Coordinates 객체의 속성

속성명	설명
latitude	실수 형태로 위치의 위도를 나타내며 십진수로 도(°) 단위이다.
longitude	실수 형태로 위치의 경도를 나타내며 십진수로 도(°) 단위이다.
altitude	실수 형태로 위치의 고도를 나타내며 미터(m) 단위이다. 해수면을 기준으로 하며 값이 없을 때는 null이다.
accuracy	실수 형태로 위-경도에 대한 정확도를 미터(m) 단위로 표현한다.
altitudeAccuracy	실수 형태로 고도에 대한 정확도를 미터(m) 단위로 표현한다. 역시 값이 없을 때는 null이다.

heading	실수 형태로 디바이스가 이동 중일 때 이동 방향을 나타낸다. 값은 도(°)로 표현되며 정북을 0°로 해서 시계방향으로 증가한다. 즉 서쪽은 270°가 된다. 만약 속도가 0인 경우라면 heading 값은 NaN 값이 된다. 만약 디바이스에서 heading 값을 지원하지 않는다면 null이 리턴된다.
speed	실수 형태로 디바이스의 속도를 나타내며 m/s의 단위를 갖는다. 속도를 측정할 수 없는 경우 이 값은 null이다.

많은 정보들을 Coordinates를 통해서 얻을 수 있지만, 아직 브라우저가 모든 정보를 주지는 않는다. altitude, altitudeAccuracy, heading, speed 값은 확인할 수 없다.

2.1.2 PositionError 객체

PositionError는 위치 정보를 가져오면서 발생한 오류들에 대한 원인을 담고 있는 객체이다. PositionError 객체는 [표 7.5]의 두 가지 속성을 갖는다.

표 7.5 PositionError 객체의 속성

속성명	설명
code	코드는 1~3까지의 값으로 아래의 의미를 갖는다.
message	자세한 에러 내용을 보여주는 값이며 사용자에게 이 값을 바로 보여주기 보다는 디버깅용으로 사용하는 것이 좋다.

[표 7.6]은 code 속성이 갖는 값의 의미를 설명한다.

표 7.6 PositionError 객체의 code 속성

코드	상태	설명
1	PERMISSION_DENIED	사용자가 위치 정보 확인을 거부한 상태
2	POSITION_UNAVAILABLE	내부적인 오류로 위치 정보를 확인할 수 없는 상태
3	TIMEOUT	options 객체에서 지정한 timeout 이내에 위치 정보를 수신하지 못한 상태

2.1.3 PositionOptions 객체

위치 정보를 얻기 위해 부가적으로 사용되는 옵션들이 정의된 객체들이다. 여기서 사용할 수 있는 옵션은 [표 7.7]과 같다.

표 7.7 PositionOptions 객체의 속성

속성명	설명
enableHighAccuracy	boolean 값으로 true를 사용하면 높은 수준의 정밀도로 위치 정보를 가져올 수 있다. 주의할 점은 높은 수준의 정밀도를 가져오기 위해서는 GPS를 추가로 사용하는데 응답 속도가 느려지고 소비 전력도 늘어나게 된다. 잘못하면 충전해서 사용하는 모바일 시스템에서는 나쁜 어플리케이션이 될 수도 있다. 기본값은 false이고 IP나 Wi-Fi 등을 이용한다.

timeout	양수 값을 가지며 밀리초 단위로 브라우저가 현재 위치를 계산하는데 허용되는 최대 시간을 지정한다. 이 값이 넘어도 정보를 확인하지 못하면 error 콜백이 동작한다. 기본값은 Infinity로 무제한이다.
maximumAge	브라우저가 캐싱해 놓은 위치 정보를 재사용하는 최대 시간을 나타낸다. 이 값은 밀리초 단위로 설정되며 기본값은 0이고 이 의미는 요청할 때마다 계속 다시 위치 정보를 확인한다는 이야기다.

이 객체들을 이용해 현재의 위치 정보를 가져오는 어플리케이션을 작성해보자. HTML과 CSS 그리고 자바스크립트로 분리해서 작성한다.

파일명 | ch07_geolocation/01_getGeolocation.html

```html
 1:  <!DOCTYPE html>
 2:  <html>
 3:  <head>
 4:  <meta charset = "UTF-8">
 5:  <title>geolocation api</title>
 6:  <style>
 7:  input {
 8:      width: 80px;
 9:      margin-bottom: 10px;
10:  }
11:
12:  tr:nth-child(2n) {
13:      background: rgba(0, 255, 0, 0.2);
14:  }
15:
16:  tr:nth-child(2n + 1) {
17:      background: rgba(0, 0, 255, 0.2);
18:  }
19:
20:  .refresh {
21:      width: 450px;
22:  }
23:
24:  td::nth-child(2n + 1) {
25:      width: 150px;
26:  }
27:  </style>
28:  </head>
29:  <body>
30:      <label for = "timeout">타임아웃(초)</label>
31:      <input type = "number" min = "0" id = "timeout" value = "2">
32:      <label for = "maximumAge">최대유효기간(초)</label>
33:      <input type = "number" min = "0" id = "maximumAge" value = "0">
34:      <label for = "enableHighAccuracy">높은 정확도</label>
35:      <input type = "checkbox" id = "enableHighAccuracy">
36:      <br>
37:      <button id = "getLocation">현재 나의 위치</button>
```

```
38:    <button id = "traceLocation">위치 추적하기</button>
39:    <button id = "stopTrace">위치 추적 중지</button>
40:    <label for = "cnt">추적 회수 : </label>
41:    <span id = "cnt">0</span>
42:    <hr>
43:    <table>
44:    <tr>
45:              <th>속성</th>
46:      <th>값</th>
47:    </tr>
48:    <tr>
49:      <td>정보 획득 시각</td>
50:      <td><inputtype = "text" id = "timestamp" class = "refresh"></td>
51:    </tr>
52:    <tr>
53:      <td>위도(°)</td>
54:      <td><inputtype = "text" id = "latitude" class = "refresh"></td>
55:    </tr>
56:    <tr>
57:      <td>경도(°)</td>
58:      <td><inputtype = "text" id = "longitude" class = "refresh"></td>
59:    </tr>
60:    <tr>
61:      <td>오차(m)</td>
62:      <td><inputtype = "text" id = "accuracy" class = "refresh"></td>
63:    </tr>
64:    <tr>
65:      <td>에러 메시지</td>
66:      <td><inputtype = "text" id = "errorMessage" class = "refresh"></td>
67:    </tr>
68:    </table>
69:  </body>
70:  <script src = "01_getGeolocation.js"></script>
71:  </html>
```

[소스 설명]

30-35행 options 객체 구성을 위한 속성을 입력받기 위한 <input>들을 배치한다.

37-41행 동작을 조절하기 위한 <button>들을 배치한다.

　　41행 위치 정보 추적 횟수를 표시하기 위한 <span>을 배치한다.

43-68행 정보를 표시할 테이블을 구성한다. 위치 정보를 가져오면 테이블에 정보를 업데이트한다.

　　70행 참조할 01_getGeolocation.js 파일을 <script>로 포함한다.

다음은 위 HTML을 사용할 JavaScript 부분이다.

파일명 | ch07_geolocation/01_getGeolocation.js

```javascript
 1: var timeout = document.getElementById("timeout");
 2: var maximumAge = document.getElementById("maximumAge");
 3: var enableHighAccuracy = document.getElementById("enableHighAccuracy");
 4: var timestame = document.getElementById("timestamp");
 5: var latitude = document.getElementById("latitude");
 6: var longitude = document.getElementById("longitude");
 7: var accuracy = document.getElementById("accuracy");
 8: var errorMessage = document.getElementById("errorMessage");
 9: var tds = document.querySelectorAll(".refresh");
10: var getLocationB = document.getElementById("getLocation");
11: var traceLocationB = document.getElementById("traceLocation");
12: var stopTraceB = document.getElementById("stopTrace");
13: var cnt = document.getElementById("cnt");
14: var geolocation = navigator.geolocation;
15:
16: function success(position) {
17:     var coords = position.coords;
18:     var date = new Date(position.timestamp);
19:     timestame.value = date.toLocaleString();
20:     latitude.value = coords.latitude;
21:     longitude.value = coords.longitude;
22:     accuracy.value = coords.accuracy;
23:     errorMessage.value = "";
24:     cnt.innerHTML = parseInt(cnt.innerHTML) + 1;
25: }
26:
27: function error(positionError) {
28:     var msg;
29:     switch (positionError.code) {
30:     case 1:
31:         msg = "사용자가 권한 부여를 거부하였습니다.";
32:         break;
33:     case 2:
34:         msg = "내부 오류로 위치 정보를 가져오지 못하였습니다.";
35:         break;
36:     case 3:
37:         msg = "Timeout 초과로 정보를 가져오지 못하였습니다.";
38:     }
39:     errorMessage.value = msg;
40: }
41:
42: getLocationB.addEventListener("click", function() {
43:     var options = {
44:         enableHighAccuracy : enableHighAccuracy.checked,
45:         timeout : timeout.value * 1000,
46:         maximumAge : maximumAge.value * 1000
```

```
47:     };
48:     refreshFields();
49:     geolocation.getCurrentPosition(success, error, options);
50:   });
51:
52:  function refreshFields() {
53:     cnt.innerHTML = 0;
54:     for (var i = 0; i < tds.length; i++) {
55:        tds[i].value = "";
56:     }
57:  }
```

[소스 설명]

1-13행 화면의 요소를 DOM 객체로 구성한다.

14행 navigator 객체를 통해 geolocation 객체를 얻는다.

16-25행 위치 정보를 얻었을 때 동작할 콜백 함수인 success 함수를 구성한다. 파라미터로 넣어지는 position 객체에는 coords와 timestamp 정보를 얻을 수 있다. 이 두 정보를 이용해서 테이블에 출력한다. 또한, 추적 횟수를 업데이트하기 위해 cnt에서 표시하는 값을 기존 값에 1 증가해서 출력한다.

27-40행 위치 정보를 얻는 과정에서 에러가 발생했을 때 콜백 될 함수인 error 함수를 구성한다. 파라미터로 전달되는 positionError 객체에는 발생한 에러의 code와 message 정보가 담겨 있다. 이 정보를 이용해 테이블에 에러 내용을 출력한다.

42행 getLocationB에서 click 이벤트 발생 시 동작할 이벤트 리스너를 등록한다.

43-47행 위치 정보 조회에 사용할 options 객체를 구성한다. timeout과 maximumAge 요소는 밀리초 단위이고 화면은 초 단위로 입력받기 때문에 1000을 곱해서 밀리초로 환산한다.

48행 refreshFields() 함수를 호출해서 테이블의 정보를 지워준다.

49행 geolocation을 통해 getCurrentPosition 함수를 호출한다. 파라미터는 앞서 생성한 success 함수, error 함수, options 객체를 넣어준다.

50-54행 테이블에 있는 정보를 모두 지워주는 함수이다. cnt의 값도 0으로 초기화한다.

어플리케이션을 실행하고 [현재 나의 위치] 버튼을 클릭하면 위치 정보 사용에 동의를 구하는 정보창이 출력된다. [허용] 버튼을 누르면 브라우저가 위치 정보를 확인하게 테이블에 출력하게 되고 차단을 누르면 PERMISSION_DENIED에 해당하는 에러가 발생한다.

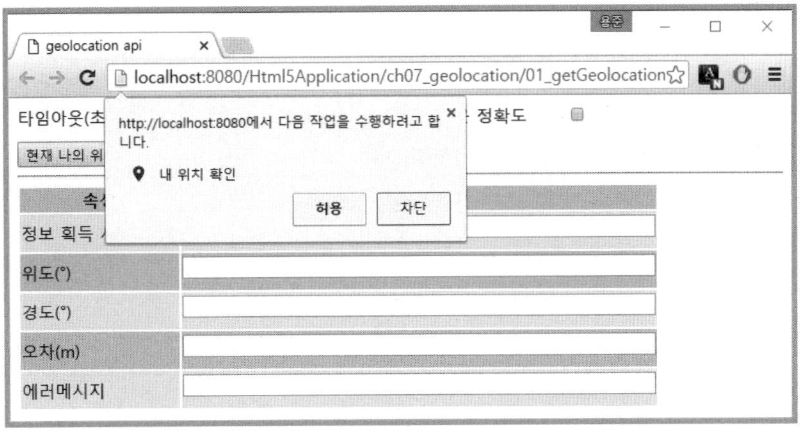

[그림 7.6] 위치 정보 사용 동의 요청 알람

위치 정보 사용에 동의할 때 주소창 우측에 위치 정보가 사용되고 있음을 알리는 아이콘이 표시되고 테이블에 정보가 출력된다.

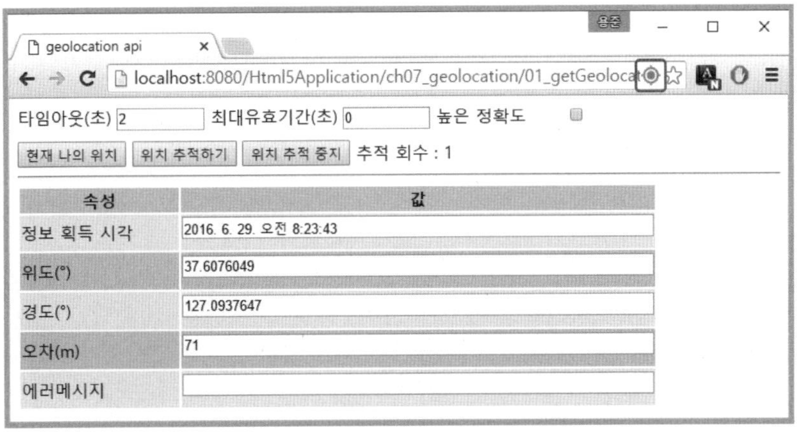

[그림 7.7] [허용] 버튼을 클릭할 때 위치 정보 확인

위치 정보 사용에 동의하지 않으면 주소창 우측에 위치 정보를 사용하지 않음을 알리는 아이콘이 표시되고 테이블에는 오류 정보가 출력된다.

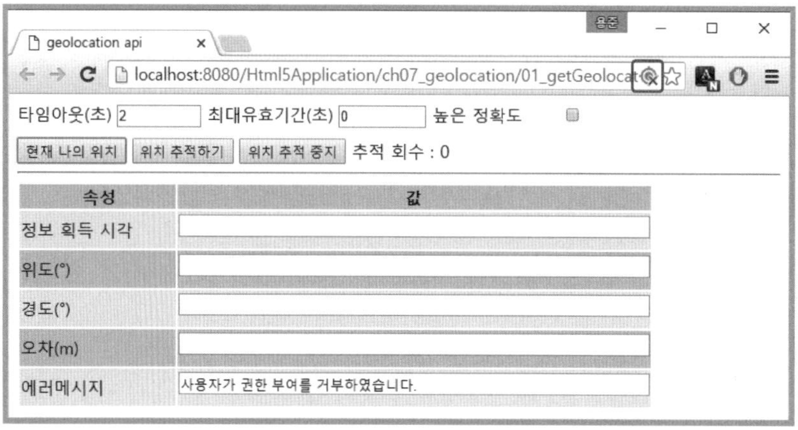

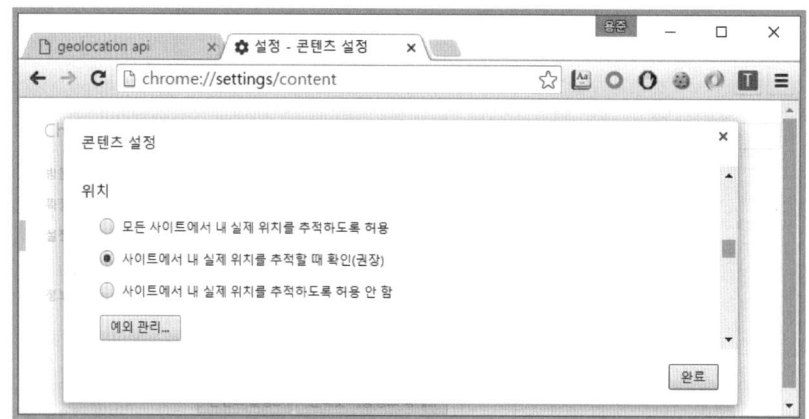

[그림 7.8] [차단] 버튼을 클릭할 때 에러 메시지 출력

Note

크롬 브라우저의 [설정] 메뉴에서 위치 정보 확인에 대한 설정을 변경할 수 있다. [설정] → [고급 설정 표시] → [개인정보] → [콘텐츠 설정] → [위치]에서 기본적인 위치 정보 허용 범위를 설정할 수 있다. 일반적으로 권장 옵션인 '사이트에서 내 실제 위치를 추적할 때 확인'을 선택하면 사이트별로 지오로케이션 API를 사용할 때 보안 경고창이 활성화된다.

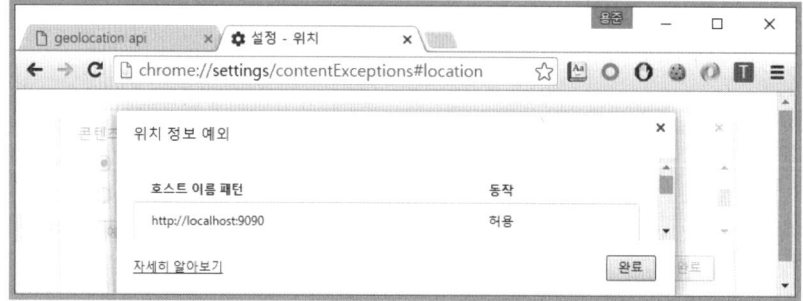

[그림 7.9] 크롬 브라우저에서의 위치 정보 관리

[그림 7.9]의 아래 부분에 있는 [예외 관리] 버튼을 클릭하면 위치 정보 사용을 허용했던 사이트들이 등록되어 있다. 제외하고 싶으면 대상 호스트를 선택 후 우측의 [X]를 클릭한다.

[그림 7.10] 크롬 브라우저에서 위치 정보 예외 호스트 관리

2.1.4 PositionOptions 객체 활용

PositionOptions 객체의 옵션들을 테스트해보자.

현재의 옵션은 위치 정보를 가져오는데 타임아웃 시간인 2초 동안 기다린다. 이 시간이 지나도 정보를 가져오지 않으면 오류다. 타임아웃 시간을 0으로 변경하고 테스트해보자. 아무리 빨라도 0ms 이내에 정보를 가져오지는 못하기 때문에 Timeout 관련 에러가 발생한다.

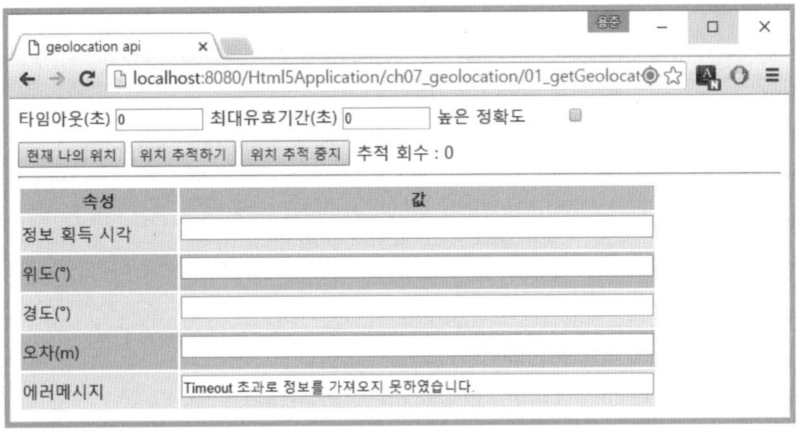

[그림 7.11] 타임아웃 오류 발생

최대 유효기간은 획득한 정보를 언제까지 사용할 것인가에 대한 옵션이다. 다시 타임아웃 시간을 2초로 설정하고 최대 유효기간을 30초로 설정해보자. [현재 나의 위치] 버튼을 클릭하면 위치 정보를 가져오지만, 이후 30초간은 계속 [현재 나의 위치] 버튼을 클릭해도 위치 정보를 업데이트 하지 않는다. 최대 유효기간인 30초 동안은 앞서 구했던 정보를 캐싱해서 재사용하기 때문이다.

다음으로 [높은 정확도] 체크박스를 체크하고 위치 정보를 조회할 수 있다. 이 옵션을 체크하고 위치 정보를 요청하면 GPS 정보를 이용하기 때문에 속도는 좀 더 느려지지만, 정확도는 상승하게 된다.

2.2 반복적인 위치 업데이트

getCurrentPosition() 함수는 위치 정보를 요청할 때 1회에 한해 정보를 가져온다. 네비게이션을 만든다고 할 때 사용자가 디바이스를 가지고 이동 중 계속해서 요청 버튼을 누르기는 힘들 것이다. 따라서 한 번 요청하면 지속적으로 위치 정보를 업데이트하는 기능이 필요하다. 이때 사용하는 함수는 watchPosition()이다. 이 함수의 파라미터는 getCurrentPosition()과 완벽하게 동일하므로 설명은 생략한다.

watchPosition() 함수는 디바이스의 위치가 변경될 때마다 success 콜백을 동작시킨다.

함수의 실행 결과로 id 값을 반환하는데 이는 위치 정보에 대한 업데이트를 중지시킬 때 사용된다.

clearWatch()는 watchPosition()의 반환 값을 파라미터로 받아 지속적인 위치 정보 모니터링 동작을 중시시킨다.

ch07_geolocation/01_getGeolocation.js를 보완해서 지속적인 위치 추적과 추적 중지 기능을 구현해보자.

파일명 | ch07_geolocation/02_traceLocation.js

```
 1:  var timeout = document.getElementById("timeout");
 2:  var maximumAge = document.getElementById("maximumAge");
 3:  var enableHighAccuracy = document.getElementById("enableHighAccuracy");
 4:  var timestame = document.getElementById("timestamp");
 5:  var latitude = document.getElementById("latitude");
 6:  var longitude = document.getElementById("longitude");
 7:  var accuracy = document.getElementById("accuracy");
 8:  var errorMessage = document.getElementById("errorMessage");
 9:  var tds = document.querySelectorAll(".refresh");
10:  var getLocationB = document.getElementById("getLocation");
11:  var traceLocationB = document.getElementById("traceLocation");
12:  var stopTraceB = document.getElementById("stopTrace");
13:  var cnt = document.getElementById("cnt");
14:
15:  var geolocation = navigator.geolocation;
16:
17:  function success(position) {
18:      var coords = position.coords;
19:      var date = new Date(position.timestamp);
20:      timestame.value = date.toLocaleString();
21:      latitude.value = coords.latitude;
22:      longitude.value = coords.longitude;
23:      accuracy.value = coords.accuracy;
24:      errorMessage.value = "";
25:      cnt.innerHTML = parseInt(cnt.innerHTML) + 1;
26:  }
27:
28:  function error(positionError) {
29:      var msg;
30:      switch (positionError.code) {
31:      case 1:
32:          msg = "사용자가 권한 부여를 거부하였습니다.";
33:          break;
34:      case 2:
35:          msg = "내부 오류로 위치 정보를 가져오지 못하였습니다.";
36:          break;
37:      case 3:
38:          msg = "Timeout 초과로 정보를 가져오지 못하였습니다.";
```

```
39:    }
40:    errorMessage.value = msg;
41:  }
42:
43:  getLocationB.addEventListener("click", function() {
44:    var options = {
45:        enableHighAccuracy : enableHighAccuracy.checked,
46:        timeout : timeout.value * 1000,
47:        maximumAge : maximumAge.value * 1000
48:    };
49:    refreshFields();
50:    geolocation.getCurrentPosition(success, error, options);
51:  });
52:
53:  var watchId;
54:  traceLocationB.addEventListener("click", function() {
55:    var options = {
56:        enableHighAccuracy : enableHighAccuracy.checked,
57:        timeout : timeout.value * 1000,
58:        maximumAge : maximumAge.value * 1000
59:    };
60:    refreshFields();
61:    watchId = geolocation.watchPosition(success, error, options);
62:  });
63:  stopTraceB.addEventListener("click", function() {
64:    geolocation.cancelWatch(watchId);
65:  });
66:
67:  function refreshFields() {
68:    cnt.innerHTML = 0;
69:    for (var i = 0; i < tds.length; i++) {
70:        tds[i].value = "";
71:    }
72:  }
```

[소스 설명]

53행 추적 작업의 id를 저장할 변수를 선언한다.

54행 traceLocationB에 click 이벤트를 처리하기 위한 리스너를 등록한다.

61행 watchPosition() 함수를 호출하고 결과를 watchId에 저장한다. 이제 cancelWatch() 함수가 호출되어 작업이 중단될 때까지 주기적으로 위치를 추적한다. 위치 정보가 변경되면 success 콜백이 동작해서 화면 정보를 변경한다.

63행 stopTraceB에 click 이벤트를 처리하기 위한 리스너를 등록한다.

64행 watchPosition() 함수의 리턴 값인 watchId를 이용해 cancelWatch() 함수를 호출해서 작업을 중단시킨다.

ch07_geolocation/02_traceLocation.js를 실행하고 [위치 추적하기] 버튼을 클릭하면 현재 위치 정보를 가져온다. 주의할 점은 위치 정보가 변경될 때 success가 호출되기 때문에 PC에서는 지속적인 추적이 발생하지 않는다. 연속적인 동작을 위해서는 이동해야 결과를 알 수 있다.

2.3 부정확한 위치 정보의 배제

지속적으로 위치 정보를 받다 보면 정보의 오차로 갑자기 정확도가 현저히 떨어지는 경우가 한 번씩 발생한다. 이 정보를 필터링하지 않으면 순간적으로 몇 백 미터 또는 수 킬로미터를 순간 이동하는 것처럼 보일 수 있다. 따라서 신뢰성 있는 정보 표시를 위해서 정확도(accuracy)가 지나치게 큰 경우는 제외하는 것이 좋다.

파일명 | ch07_geolocation/03_filtering.html

```
 1:  // 중간생략
 2:  function success(position) {
 3:      var coords = position.coords;
 4:      var date = new Date(position.timestamp);
 5:      var data ;
 6:      if(coords.accuracy>100) {
 7:          data = ["", "", "", "", "부정확한 자료(" + coords.accuracy + ")"];
 8:      } else {
 9:          data = [
10:              date.toLocaleString(),
11:              coords.latitude,
12:              coords.longitude,
13:              coords.accuracy,
14:              ""
15:          ];
16:      }
17:      timestame.value = data[0];
18:      latitude.value = data[1];
19:      longitude.value =  data[2];
20:      accuracy.value = data[3];
21:      errorMessage.value = data[4];
22:      cnt.innerHTML = parseInt(cnt.innerHTML) + 1;
23:  }
24:  //중간생략
```

[소스 설명]

6-7행 정밀도가 100m를 넘어가면 오류로 판단하고 errorMessage란에 부정확한 자료라는 에러 메시지를 설정한다.

8-16행 신뢰할 만한 정보가 들어오면 위치 정보를 설정한다.

17-22행 위에서 설정한 정보를 화면에 출력한다.

03 LBS의 적용

'구슬이 서 말이라도 꿰어야 보배'라는 속담처럼 단순한 위도-경도의 위치 정보로는 우리에게 아무런 감흥을 주지 못한다. 실제로 앞선 예제에서 나온 위도-경도 값이 제대로 우리의 위치를 표시하는지조차 파악할 수가 없다.

LBS(Location Based Service - 위치기반 서비스)는 위도-경도의 위치 정보를 이용해서 다양한 정보들과 연계해서 부적인 서비스를 제공한다.

이 장에서는 브라우저에서 넘겨받은 위치 정보를 활용하는 서비스를 이용해보자.

3.1 Google Maps API

Google Maps API는 모든 플랫폼에서 사용할 수 있는 무료 지도 서비스이다. 서비스의 메인 페이지(https://developers.google.com/maps/get-started/)를 참조하면 원하는 기능을 쉽게 찾아볼 수 있다.

페이지 중간에 웹 API를 보면 크게 5개의 기능을 제공한다. 각각의 링크를 클릭해보면 사용법이 샘플과 함께 잘 정리되어 있기 때문에 처음 접하는 경우도 쉽게 코드의 작성이 가능하다.

이 책에서 사용할 것은 'Google Maps JavaScript API'이다.

[그림 7.12] Google Maps API

'Google Maps JavaScript API' 링크를 클릭하고 들어가면 오른쪽 상단에 [키 가져오기] 버튼이 있다. Google Maps API를 사용하기 위해서는 먼저 Google에 개발자로 등록하고 키를 발급받아야 한다. 팝업에 따라 키를 생성해보자. 버튼을 클릭하면 키를 발급받기 위한 절차가 표시된다.

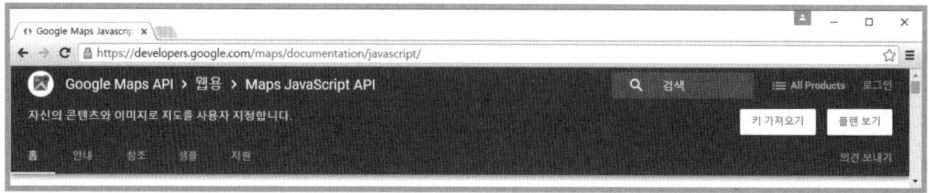

[그림 7.13] 키 가져오기 화면

다음은 키를 얻기 위해서 해야 할 작업들이다. [계속] 버튼을 클릭하고 다음으로 이동한다.

[그림 7.14] Google Maps API 활성화를 위한 키 생성 절차

아직 Google에 로그인되어 있지 않은 경우는 로그인 절차를 거친 뒤에 작업을 계속해야 한다. 첫 단계로 할 일은 프로젝트를 생성하거나 선택해야 한다. 기존의 프로젝트가 없는 경우 My Project로 처음 프로젝트가 생성된다. 서비스 약관에 동의하고 [동의 및 계속하기] 버튼을 클릭한다.

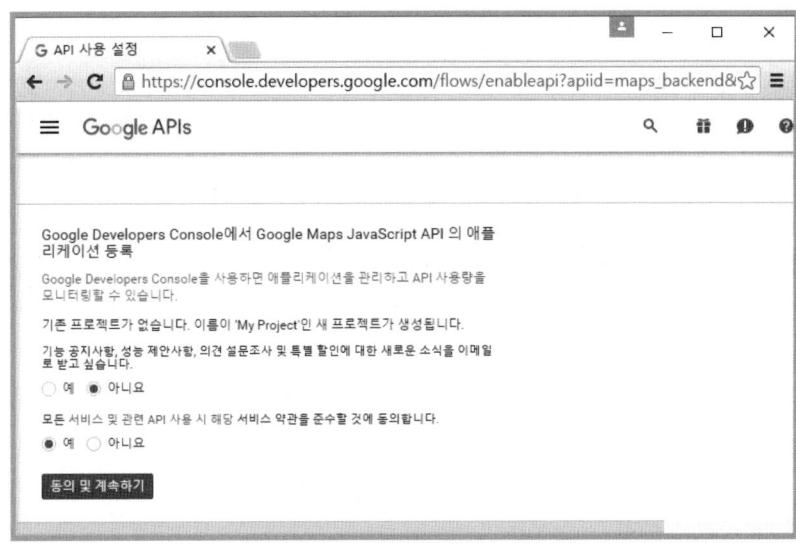

[그림 7.15] 프로젝트 생성 설정

다음과 같은 사용자 인증 정보 화면에서 브라우저 API 키를 생성할 수 있다. 적절한 이름(google map api)을 입력하고 하단의 [생성] 버튼을 클릭한다.

[그림 7.16] 키 생성

팝업으로 생성된 API 키를 확인할 수 있다. 이 키는 사용자별로 할당되므로 잘 관리해야 한다. Google Maps API를 사용할 때 이 키를 파라미터로 설정해야 한다.

추후 이 정보를 확인하고 싶은 경우 https://console.developers.google.com/apis에서 사용자 인증 정보를 클릭하면 된다.

[그림 7.17] 발급된 키의 확인

3.1.1 라이브러리 등록

Google Maps API는 자바스크립트 라이브러리로 CDN[17] 방식으로 서비스된다. 〈script〉의 src를 https://maps.googleapis.com/maps/api/js로 설정하면 사용할 수 있다. 여기에 부가적으로 두 가지 정보가 더 필요하다.

먼저 key라는 이름의 파라미터로 앞서 발급받은 키를 추가해야 한다. 그리고 사용하려는 부가 라이브러리가 있는 경우 libraries라는 이름의 파라미터로 필요한 라이브러리를 등록한다. 여러 개가 필요한 경우 ','를 구분자로 사용할 수 있다. 예를 들어 geometry와 places에 관한 라이브러리를 사용하려면 다음과 같이 작성한다.

```
1: <script
2:   src = "https://maps.googleapis.com/maps/api/js?key = 개별키|&libraries = geometry, places">
3: </script>
```

[표 7.8]은 현재 사용 가능한 라이브러리 목록을 나타내고 있다.

표 7.8 Google Maps API의 라이브러리들

속성	설명
drawing	사용자가 지도에 폴리곤, 사각형, 폴리라인, 원, 마커를 그릴 수 있는 그래픽 인터페이스를 제공한다.
geometry	지표면의 거리 및 영역을 계산하기 위한 유틸리티 함수가 제공된다.
places	어플리케이션이 지정된 영역에서 시설이나 지리적 위치, 유명한 관심 지점 등에 대한 정보를 검색할 수 있게 한다.
visualization	Google Maps Engine 데이터 등을 이용해 데이터의 시각적 표현을 제공한다.

---

17) CDN : Content Delivery Network의 약자로 콘텐트(여기서는 Google Maps API)를 효율적으로 전달하기 위해 여러 노드를 가진 네트워크에 데이터를 저장하여 제공하는 시스템을 말한다. 당연히 CDN을 사용하기 위해서는 네트워크에 연결되어 있어야 한다.

3.1.2 Google Maps API 사용

본격적으로 Google Maps API를 사용해보자. 대부분의 자바스크립트 코드는 Google Maps API에서 제공하는 샘플 코드를 사용한다. 그 코드들에 좌표 정보 정도만 넘겨주면 잘 동작하는 것을 확인할 수 있다.

먼저 HTML+CSS 부분을 살펴보자.

```
파일명 | ch07_geolocation/04_googlemap.html

 1:  <!DOCTYPE html>
 2:  <html>
 3:  <head>
 4:  <meta charset = "UTF-8">
 5:  <title>Geolocation API - LBS - google map</title>
 6:  <style>
 7:  [type="number"] {
 8:      width: 80px;
 9:      margin-bottom: 10px;
10:  }
11:  tr:nth-child(2n) {
12:      background: rgba(0, 255, 0, 0.2);
13:  }
14:  tr:nth-child(2n+1) {
15:      background: rgba(0, 0, 255, 0.2);
16:  }
17:  .refresh {
18:      width: 100px;
19:  }
20:  td:nth-child(2n+1) {
21:      width: 100px;
22:  }
23:  #map {
24:      width: auto;
25:      height: 300px;
26:  }
27:  </style>
28:  </head>
29:  <body>
30:      <label for = "timeout">타임아웃(초)</label>
31:      <input type = "number" min = "0" id = "timeout" value = "2">
32:      <label for = "maximumAge">최대유효기간(초)</label>
33:      <input type = "number" min = "0" id = "maximumAge" value = "0">
34:      <input type = "checkbox" id = "enableHighAccuracy">
35:      <label for = "enableHighAccuracy">높은 정확도</label>
36:      <br>
37:      <label for = "method">표현 방법</label>
38:      <select id = "method">
39:          <option value = "initBaseMap">기본 맵
40:          <option value = "initSatliteMap">위성 맵
41:          <option value = "initMarkerMap">마커 맵
```

```
42:        <option value = "initializePlace">플레이스
43:     </select>
44:     <button id = "getLocation">현재 나의 위치</button>
45:     <hr>
46:     <table>
47:        <tr>
48:          <td>위도(˚)</td>
49:          <td><input type = "text" id = "latitude" class = "refresh"></td>
50:          <td>경도(˚)</td>
51:          <td><input type = "text" id = "longitude" class = "refresh"></td>
52:          <td>오차(m)</td>
53:          <td><input type = "text" id = "accuracy" class = "refresh"></td>
54:        </tr>
55:        <tr>
56:          <td>에러 메시지</td>
57:          <td colspan = "5" id = "errorMessage" class = "refresh"></td>
58:        </tr>
59:     </table>
60:     <div id = "map"></div>
61:  </body>
62:  <script src = "https://maps.googleapis.com/maps/api/js?
63:                      key = 개별키&libraries = places, geometry"></script>
64:  <script src = "04_googlemap.js"></script>
65:  </html>
```

[소스 설명]

38-43행 사용할 지도의 타입을 선택할 수 있는 <select>를 구성한다.

46-59행 위치 정보를 출력할 <table>을 구성한다.

60행 지도를 보여줄 <div>를 구성한다.

62-63행 CDN 방식으로 Google Maps를 사용하기 위한 script를 선언한다. 이때 개별 키와 libraries 설정을 통해 places와 geometry 관련 라이브러리를 추가한다.

64행 추가로 자바스크립트 코드인 04_googlemap.js 파일을 참조한다.

다음은 기본적인 자바스크립트 부분의 코드이다. 먼저 위치 정보를 잘 가져왔을 때 success 콜백 부분을 살펴보자.

파일명 | ch07_geolocation/04_googlemap.js

```
1:  var timeout = document.getElementById("timeout");
2:  var maximumAge = document.getElementById("maximumAge");
3:  var enableHighAccuracy = document.getElementById("enableHighAccuracy");
4:  var timestame = document.getElementById("timestamp");
5:  var latitude = document.getElementById("latitude");
6:  var longitude = document.getElementById("longitude");
7:  var accuracy = document.getElementById("accuracy");
8:  var errorMessage = document.getElementById("errorMessage");
9:  var tds = document.querySelectorAll(".refresh");
```

```
10:   var getLocationB = document.getElementById("getLocation");
11:   var method = document.getElementById("method");
12:   var geolocation = navigator.geolocation;
13:
14:   function success(position) {
15:     var coords = position.coords;
16:     var date = new Date(position.timestamp);
17:     var data;
18:     if (coords.accuracy > 100) {
19:       data = [ "", "", "", "부정확한 자료(" + coords.accuracy + ")" ];
20:     } else {
21:       data = [ coords.latitude.toFixed(3), coords.longitude.toFixed(3),
22:           coords.accuracy.toFixed(3), "" ];
23:       eval(method.value + "(" + data[0] + "," + data[1] + ")");
24:     }
25:     latitude.value = data[0];
26:     longitude.value = data[1];
27:     accuracy.value = data[2];
28:     errorMessage.innerHTML = data[3];
29:   }
```

[소스 설명]

21-22행 좌표 정보에서 위도, 경도, 정확도를 가져온다. 이 값은 실수 형태이기 때문에 toFixed() 함수를 이용해서 소수점 넷째 자리에서 반올림해서 숫자를 나타낸다.

23행 eval() 함수는 파라미터로 전달된 문자열을 실행한다. 즉 화면의 표현 방법에서 선택된 method의 방식에서 결정된 함수 이름과 좌표를 파라미터로 받아서 함수를 실행한다.

다음은 표현 방법에 따른 Google Map API 사용법이다. 대부분 동일한 구조이고 일부 변경할 부분만 수정해서 사용하면 되므로 마커를 사용하는 initMarkerMap과 가장 복잡한 PlaceService를 사용하는 initializePlace() 함수만 살펴본다.

먼저 마커를 이용하는 경우이다. 마커는 지도 위의 특정 지점을 표시해서 위치 파악이 쉽게 한다.

파일명 | ch07_geolocation/04_googlemap.js

```
1:   function initMarkerMap(latitude, longitude) {
2:     var myLatLng = {
3:        lat : latitude,
4:        lng : longitude
5:     };
6:
7:     var map = new google.maps.Map(document.getElementById('map'), {
8:        center : myLatLng,
9:        scrollwheel : true,
```

```
10:        zoom : 15
11:     });
12:
13:     var marker = new google.maps.Marker({
14:        map : map,
15:        position : myLatLng,
16:        title : '내 위치!'
17:     });
18:  }
```

[소스 설명]

2-5행   좌표 정보를 관리하는 myLatLng 객체를 구성한다. lat가 위도, lng가 경도를 나타
        내므로 initMarkerMap 함수의 파라미터로 전달받은 위-경도 값을 각각 사용한다.

7-11행 지도를 구성하는 map 객체를 구성한다. 지도는 화면에 map이라는 id로 선언
        된 영역에 그리게 된다. center 속성은 원하는 지점의 위치이므로 2행에 선언한
        myLatLng를 사용한다. scrollwheel 속성은 지도에서 마우스를 스크롤했을 때 지
        도를 확대 또는 축소할 것인지 설정한다. zoom 속성은 지도의 확대 레벨로 1~21까
        지 설정할 수 있다.

13-17행 지도에 마커를 생성한다. map 속성은 마커를 표현할 지도이므로 7행의 map을 사
        용한다. position 속성은 지도에서 마커를 표시할 위치로 2행에 선언한 myLatLng
        를 사용한다. title 속성은 마커에 마우스 커서를 올렸을 때 표시할 메시지를 설정한
        다.

어플리케이션을 실행하고 [표현 방법]의 선택 목록에서 '마커 맵'을 선택한 뒤에 [현재 나
의 위치] 버튼을 클릭해보자.

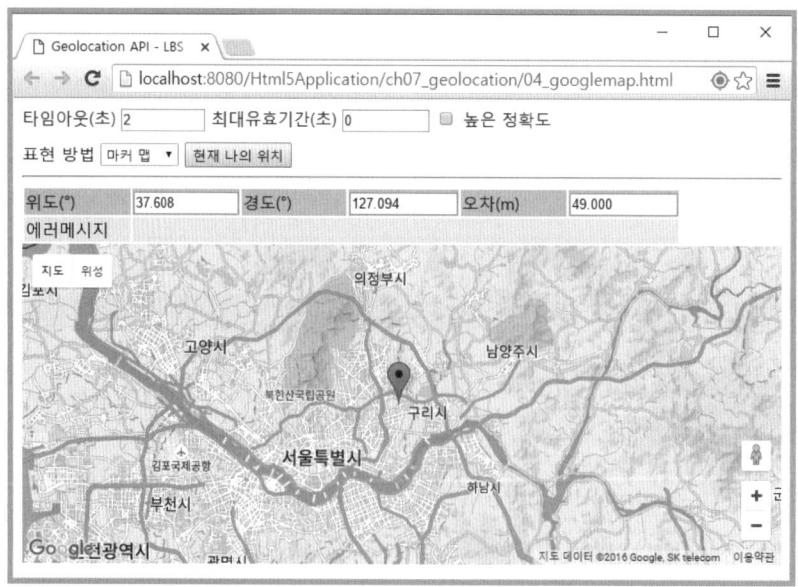

[그림 7.18] 마커를 이용한 위치 표현

다음은 관심 지점을 표시할 수 있는 PlacesService를 사용하는 경우의 예이다. 지도 위에 hospital, school, food로 등록된 지점들을 표시해보자.

파일명 | ch07_geolocation/04_googlemap.js

```javascript
 1:  function initializePlace(latitude, longitude) {
 2:      var myLatLng = new google.maps.LatLng(latitude, longitude);
 3:
 4:      var map = new google.maps.Map(document.getElementById('map'), {
 5:          center : myLatLng ,
 6:          scrollwheel : true,
 7:          zoom : 15
 8:      });
 9:
10:      var request = {
11:          location : myLatLng ,
12:          radius : '500',
13:          types : [ 'hospital', 'school', 'food' ]
14:      };
15:
16:      var service = new google.maps.places.PlacesService(map);
17:      service.nearbySearch(request, function(results, status) {
18:          if (status == google.maps.places.PlacesServiceStatus.OK) {
19:              for (var i = 0; i < results.length; i++) {
20:                  var place = results[i];
21:                  var marker = new google.maps.Marker({
22:                      map : map,
23:                      position : place.geometry.location,
24:                      title : place.name
25:                  });
26:              }
27:          }
28:      });
29:  }
```

[소스 설명]

　　2행　좌표 정보를 이용해 myLatLng 객체를 생성한다.

　4-8행　지도가 표시되는 map 객체를 생성한다.

10-14행　요청을 위한 request 객체를 구성한다. location은 조사할 지역의 중심점 좌표로 2행에서 생성한 myLatLng를 할당한다. radius는 place를 조사할 반경을 m 단위로 나타낸다. types는 배열로 찾고 싶은 지점의 성격을 나타낸다. 즉 현재 내 위치를 중심으로 500m 이내에 있는 hospital, school, food 타입의 지점을 검색한다.

　16행　4행의 map 객체를 이용해 PlacesService를 획득한다.

　17행　service에 10행에서 작성한 request를 넘겨주면 콜백 함수를 통해 찾는 지점 정보들이 담긴 results와 요청 처리 상태인 status를 사용할 수 있다.

　18행　처리 상태 값인 status가 'OK'이면 정보를 지도에 표시할 수 있다.

19-25행 조사된 각 지점을 마커와 함께 화면에 표시한다.

[그림 7.19] 지점 정보의 활용

3.2 OpenWeatherMap API

OpenWeatherMap은 무료로 사용할 수 있는 지도 기반의 일기예보 서비스를 http://openweathermap.org/에서 제공한다. Google Map API와 마찬가지로 위-경도 값을 넘겨주면 지점에 해당하는 날씨를 알려준다. 사이트를 방문해보면 이 API를 사용하여 어떤 일을 할 수 있는지 직관적으로 알 수 있다.

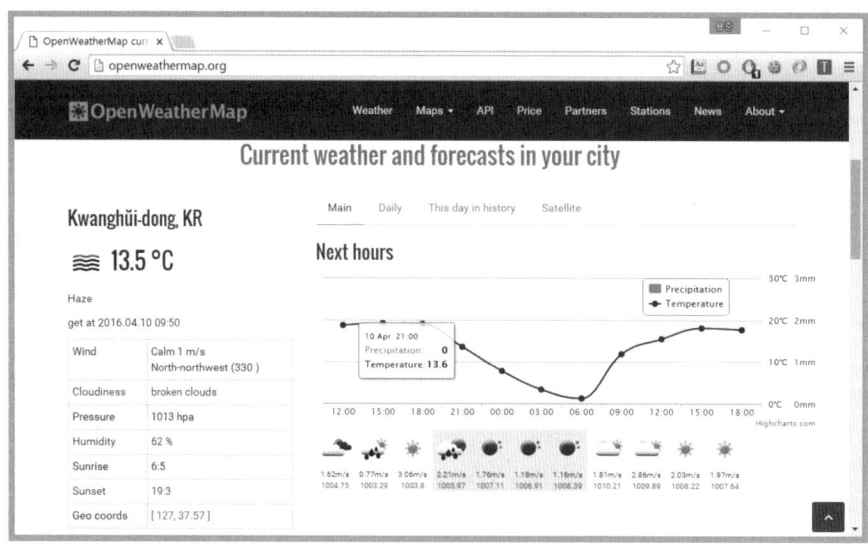

[그림 7.20] http://openweathermap.org/ 사이트

상단의 [API] 링크를 클릭하면 다양한 작업을 위해 사용할 수 있는 API들을 볼 수 있다. 현재 날씨, 5일간의 날씨를 3시간 간격으로 보기, 16일간의 날씨를 1일 간격으로 보기 등 다양한 기능을 제공한다.

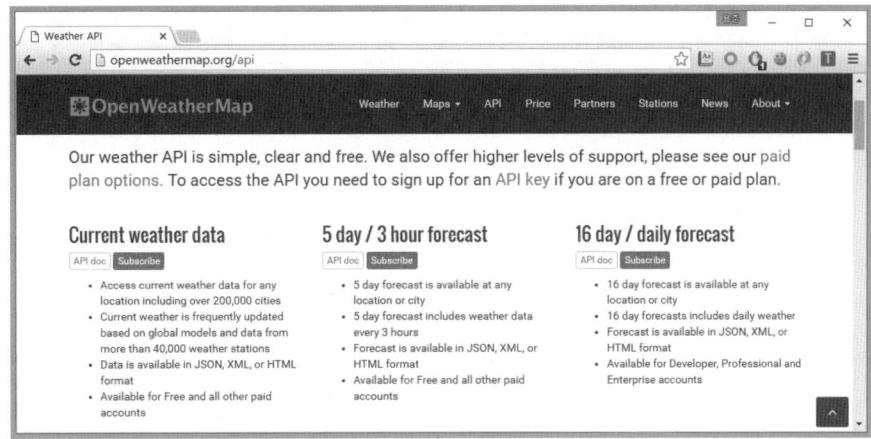

[그림 7.21] OpenWeatherMap에서 제공되는 API 들

3.2.1 회원 가입과 API 키 발급 받기

Google Map API와 마찬가지로 OpenWeatherMap을 사용하기 위해서는 개별적으로 발행되는 API 키가 있어야 한다.

사이트 상단에 있는 [Sing Up] 링크를 클릭해서 Create New Account 화면을 호출한 후 이름과 이메일, 비밀번호를 넣으면 회원 가입을 간단히 끝낼 수 있다.

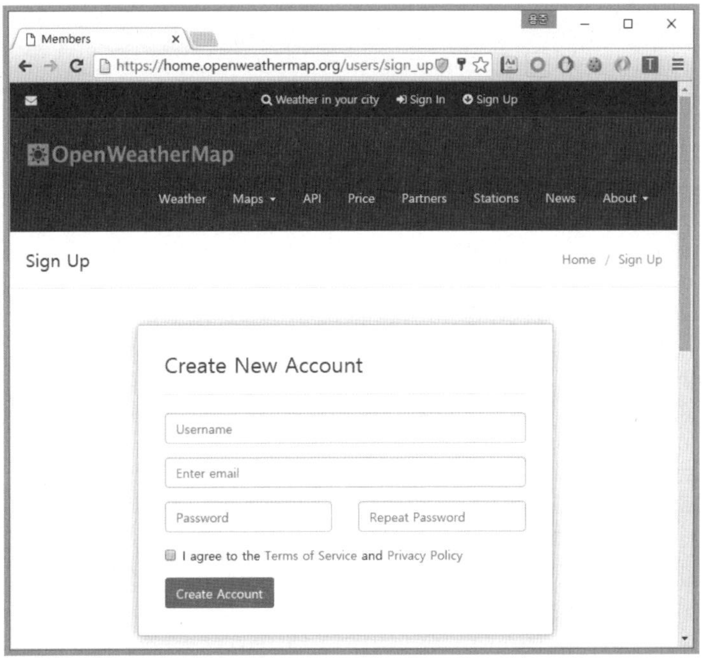

[그림 7.22] OpenWeatherMap 회원 가입 화면

로그인 후 상단에 [Sign Up] 링크 대신 표시된 계정을 클릭하고 들어가면 중간에 API Key를 확인할 수 있다.

3.2.2 현재 날씨 정보 가져오기

OpenWeatherMap API를 이용해서 현재 날씨 정보를 가져와 보자. 날씨 정보는 Ajax[18]를 통해서 요청하며 JSON 형태로 리턴 받는다. 이 API는 Google Map처럼 화려한 map을 주지 않고 단순히 정보만을 제공한다. 정보를 표시하는 것은 개발자의 역할이다.

날씨정보를 요청하기 위한 URL은 도시이름, 도시 아이디, 위–경도, 우편번호 등으로 구성할 수 있다. 예를 들어 위–경도를 사용하는 경우 다음과 같이 URL을 구성할 수 있다.

```
1:  var url = "http://api.openweathermap.org/data/2.5/weather?" +
2:              "lat=37.4&lon=127&APPID=" + key;
```

위와 같이 URL을 구성한 후 Ajax를 이용해 서버로 정보를 요청하면 결과로 다음과 같은 형식의 JSON 데이터가 사용자에게 전송된다. 말 그대로 정보의 덩어리이고 각 의미를 파악해서 화면에 표시하면 된다. 각 정보의 의미는 모든 API 페이지의 하단에 설명이 잘 나와 있으므로 그것을 참조하기로 하자.

```
1:  {
2:      "coord":{"lon":126.99, "lat":37.43},
3:      "weather":
4:          [{"id":721, "main":"Haze", "description":"haze", "icon":"50d"}],
5:      "base":"stations",
6:      "main":
7:          {"temp":291.28,
8:          "pressure":1011,
9:          "humidity":37,
10:         "temp_min":289.15,
11:         "temp_max":293.15},
12:     "visibility":4800,
13:     "wind":{"speed":1.5,"deg":180},
14:     "clouds":{"all":1},
15:     "dt":1460259000,
16:     "sys":
17:         {"type":1,
18:         "id":8519,
19:         "message":0.0134,
20:         "country":"KR",
21:         "sunrise":1460235855,
22:         "sunset":1460282575},
```

18) Ajax(Asynchronous JavaScript and XML)의 약자로 비동기식 요청 처리에 사용된다. 이 책에서는 Communication API 부분에서 다루게 되므로 여기서는 형태만 참조하도록 한다.

```
23:     "id":1841909,
24:     "name":"Kwach'ŏn",
25:     "cod":200
26: }
```

```
1:  function getWeatherInfo(lat, lon) {
2:      var key = "7040af01fd13965458abe3de2a9ed469";
3:      var xhr = new XMLHttpRequest();
4:      xhr.addEventListener("load", function(e) {
5:          printWeatherInfo(xhr.responseText);
6:      });
7:      var url = "http://api.openweathermap.org/data/2.5/weather?lat=" + lat
8:              + "&lon=" + lon + "&APPID=" + key;
9:      xhr.open("get", url, true);
10:     xhr.send();
11: }
12:
13: function printWeatherInfo(responseText) {
14:     var resObj = JSON.parse(responseText);
15:     document.getElementById("location").innerHTML
16:         = resObj.name + "," + resObj.sys.country;
17:     document.getElementById("icon").src
18:         = "http://openweathermap.org/img/w/" + resObj.weather[0].icon + ".png";
19:     document.getElementById("weather").innerHTML
20:         = resObj.weather[0].main + "(" + resObj.weather[0].description + ")";
21:     document.getElementById("deg").innerHTML = resObj.wind.deg + "°";
22:     document.getElementById("speed").innerHTML = resObj.wind.speed + "m/s";
23:     document.getElementById("visibility").innerHTML = resObj.visibility + "m";
24:     document.getElementById("cloudness").innerHTML = resObj.clouds.all + "%";
25:     document.getElementById("minTemp").innerHTML
26:         = (resObj.main.temp_min - 273.15).toFixed(1) + "°C";
27:     document.getElementById("temp").innerHTML
28:         = (resObj.main.temp - 273.15).toFixed(1) + "°C";
29:     document.getElementById("maxTemp").innerHTML
30:         = (resObj.main.temp_max - 273.15).toFixed(1) + "°C";
31:     document.getElementById("press").innerHTML = resObj.main.pressure + "hpa";
32:     document.getElementById("humidity").innerHTML = resObj.main.humidity + "%";
33:
34:     var date = new Date();
35:     date.setTime(resObj.sys.sunrise * 1000);
36:     document.getElementById("sunrise").innerHTML = date.toLocaleTimeString();
37:     date.setTime(resObj.sys.sunset * 1000);
38:     document.getElementById("sunset").innerHTML = date.toLocaleTimeString();
39: }
```

[소스 설명]

2행 발급받은 API KEY 정보를 저장한다.

3행 Ajax를 사용하기 위해 XMLHttpRequest 객체를 생성한다.

4-6행 xhr의 load 이벤트를 처리하기 위한 리스너를 등록한다. 실행 결과로 리턴되는 responseText를 printWeatherInfo() 함수로 넘겨줘서 출력하게 한다.

7행 정보 요청을 위한 URL을 구성한다.

9-10행 xhr을 Ajax로 실행한다.

14행 넘겨받은 responseText를 이용해 JSON 객체를 생성한다.

15-38행 JSON 객체의 값을 화면 요소에 출력한다. 대부분 단순히 값을 할당하는 형식이기 때문에 특별한 내용만 살펴보자.

17-18행 icon 정보에 해당하는 이미지를 사이트에서 검색해서 사용한다.

25-30행 각각 최저, 현재, 최고 온도를 표시한다. 온도의 단위는 kelvin 단위이기 때문에 섭씨로 전환하기 위해서 273.15를 빼준다.

34-38행 해지는 시각과 해 뜨는 시각을 설정한다. 자료의 시간 단위는 UNIX 타임으로 초 단위이고 JavaScript의 시간 단위는 밀리초 단위이므로 1000을 곱해서 표현해야 한다.

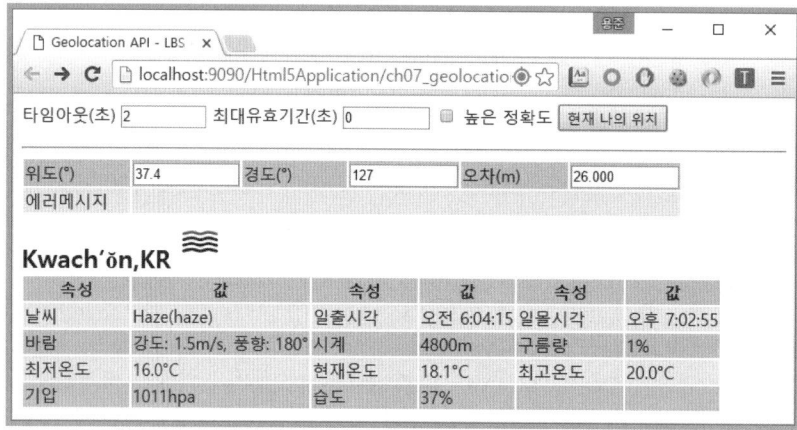

[그림 7.23] 현재 위치의 날씨 정보 확인 및 출력

요약 정리

1. Geolocation API

□ 함수

- getCurrentPosition(succss [, error [, options]]) : 요청이 올 때마다 위치 정보를 파악한다. 이벤트 기반으로 동작하며 성공과 실패 시 동작할 콜백(success, error)을 등록한다. 부가적인 정보 전달을 위해 options 객체를 사용한다.
- watchPosition(success [, error [, options]]) : 지속적으로 위치 정보를 파악한다는 점만 빼고 getCurrentPosition과 동일하다. 함수는 작업 ID를 반환한다.
- clearWatch(id) : watchPosition() 함수에서 반환된 작업 ID의 작업을 중지시킨다.

2. Position API

□ 속성

- timestamp : DOMTimeStamp 타입의 객체로 Position 객체가 생성된 시각이 밀리초 (1/1000초) 단위로 표현된다.
- coords : 이 속성은 Coordinates 타입의 객체로 실제 위치 정보를 담고 있다.

3. Coordinates API

□ 속성

- latitude : 실수 형태로 위치의 위도를 나타내며 십진수로 도(°) 단위이다.
- longitude : 실수 형태로 위치의 경도를 나타내며 십진수로 도(°) 단위이다.
- altitude : 실수 형태로 위치의 고도를 나타내며 미터(m) 단위이다. 해수면을 기준으로 하며 값이 없을 때는 null 이다.
- accuracy : 실수 형태로 위-경도에 대한 정확도를 미터(m) 단위로 표현한다.
- altitudeAccuracy : 실수 형태로 고도에 대한 정확도를 미터(m) 단위로 표현한다. 역시 값이 없을 때는 null 이다.
- heading : 실수 형태로 디바이스가 이동 중일 때 이동 방향을 나타낸다. 값은 도(°)로 표현되며 정북을 0°로 해서 시계방향으로 증가한다. 즉 서쪽은 270°가 된다. 만약 속도가 0인 경우라면 heading 값은 NaN값이 된다. 만약 디바이스에서 heading 값을 지원하지 않는다면 null이 리턴된다.
- speed : 실수 형태로 디바이스의 속도를 나타내며 m/s의 단위를 갖는다. 속도를 측정할 수 없는 경우 이 값은 null 이다.

많은 정보들을 Coordinates를 통해서 얻을 수 있지만, 아직 브라우저가 모든 정보를 주지는 않는다. altitude, altitudeAccuracy, heading, speed 값은 확인할 수 없다.

4. PositionOptions API

□ 속성

- **enableHighAccuracy** : boolean 값으로 true를 사용하면 높은 수준의 정밀도로 위치 정보를 가져올 수 있다. 주의할 점은 높은 수준의 정밀도를 가져오기 위해서는 GPS를 추가로 사용하는데 응답 속도가 느려지고 소비 전력도 늘어나게 된다. 잘못하면 충전해서 사용하는 모바일 시스템에서는 나쁜 어플리케이션이 될 수도 있다. 기본값은 false이고 IP나 Wi-Fi 등을 이용한다.

- **timeout** : 양수 값을 가지며 밀리초 단위로 브라우저가 현재 위치를 계산하는데 허용되는 최대 시간을 지정한다. 이 값이 넘어도 정보를 확인하지 못하면 error 콜백이 동작한다. 기본값은 Infinity로 무제한이다.

- **maximumAge** : 브라우저가 캐싱해 놓은 위치 정보를 재사용하는 최대 시간을 나타낸다. 이 값은 밀리초 단위로 설정되며 기본값은 0이고 이 의미는 요청할 때마다 계속 다시 위치 정보를 확인한다는 이야기다.

웹 스토리지 API

01 웹 스토리지 API 개요

웹 프로그램은 HTTP를 기반으로 동작한다. HTTP의 특징 중 하나는 클라이언트의 상태를 저장하지 않는다는 것이다. 한 번 요청을 보내고 나서 응답을 받게 되면 서버에는 클라이언트에 대한 어떠한 정보도 남아 있지 않는다. 즉, 서버와 민감한 요청이 오갈 때는 매번 로그인 정보를 같이 넘겨야 한다는 이야기가 된다. 이렇다면 너무 불편할 것이다. 이런 불편함을 보완하기 위해 등장한 기술이 세션과 쿠키이다.

세션은 클라이언트의 정보를 서버에 저장하는 기술이고 쿠키는 정보를 클라이언트의 브라우저에 저장한다. 웹 스토리지(Web Storage)는 쿠키의 개선 기술이다. 먼저 쿠키가 어떤 문제점이 있어서 새로운 기술이 등장하게 되었는지 알아보자.

1.1 쿠키

쿠키는 클라이언트의 정보를 여러 요청 또는 여러 세션 동안 유지하기 위해 사용되는 기술이며 브라우저에 저장되는 작은 데이터 조각이다. 쿠키가 어떻게 생성되고 클라이언트로 전달되는지 알아보자.

1.1.1 쿠키 메커니즘

클라이언트가 서버로 어떤 요청을 전송하면 서버는 그에 대한 응답을 전송하게 된다. 이 때 서버는 이 클라이언트와 연결된 자료(예를 들면 로그인 정보, 관심 상품 정보)를 쿠키로 만들어서 응답과 함께 클라이언트로 보낸다. 쿠키는 클라이언트의 브라우저 영역에 저장된다. 다시 클라이언트가 동일 서버에 요청을 전송할 때 해당 서버가 보내준 쿠키가 있다면 함께 전송한다. 서버는 쿠키 정보를 보고 로그인 과정을 생략하거나 이전에 봤던 관심 상품을 먼저 보여주는 등의 동작을 하게 된다.

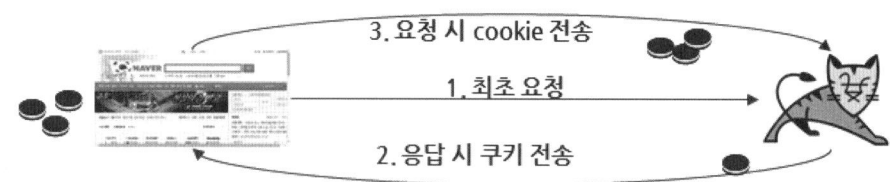

[그림 8.1] 쿠키의 동작 메커니즘

쿠키는 이름과 값이라는 간단한 구조로 자료를 저장한다. 예를 들어 'ID'라는 이름으로 'hong'이라는 자료를 저장하는 쿠키는 ID:hong의 구조를 갖는다.

하지만, 쿠키가 처음 만들어졌던 1990년대 웹 환경과 지금의 웹 환경은 너무나 달라졌고 쿠키는 지금의 환경에는 적합하지 않은 기술로 취급되고 있다.[19]

1.1.2 쿠키의 문제점

- **네트워크 부하 유발** : 일반적으로 클라이언트 요청의 크기는 매우 작다. 겨우 서버의 주소와 파라미터 몇 개가 전부다. 하지만, 매번 요청 시 클라이언트에 저장된 쿠키들은 서버로 전송된다. 그리고 다시 서버에서 클라이언트로 전송된다. 클라이언트 브라우저에 저장된 쿠키가 많다면 이 자료들에 의한 네트워크 부하가 만만치 않게 발생한다.

- **보안상의 문제** : 쿠키는 네트워크를 타고 서버와 클라이언트를 왕래한다. 네트워크 공간은 공격자가 아주 쉽게 접근할 수 있는 공간이고 쿠키는 전송 과정에서 쉽게 탈취 및 조작될 수 있다. 이에 따라 암호화된 상태에서의 전송, HTTPS에서만 사용 등이 권장되며 점점 사용하기가 복잡해지고 있다.

- **쿠키의 차단** : 보안상의 문제 때문에 쿠키를 싫어하는 클라이언트들이 많다. 따라서 모든 브라우저는 쿠키를 차단할 수 있는 옵션을 제공하고 있고, 쿠키가 차단되면 쿠키를 이용하는 모든 기능은 사용할 수 없다.

- **제한적인 용량** : 쿠키의 용량은 기껏해야 4kb 정도밖에 안 된다. 이 용량은 일반적으로 저장하는 간단한 문자열 정보를 저장하기에는 충분하지만, 문서, 이메일 등의 정보를 저장하기에는 턱없이 부족한 공간이다.

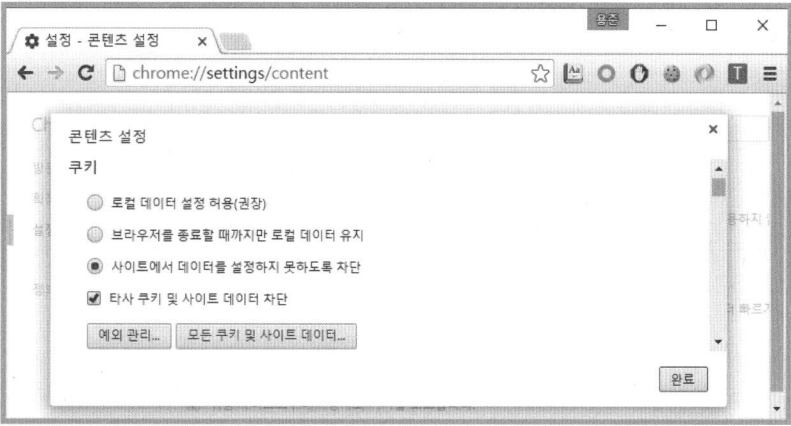

[그림 8.2] 크롬 브라우저의 쿠키 차단 설정

1.2 웹 스토리지

웹 스토리지 API는 HTML5의 API 중 가장 널리 사용되는 기술 중 하나다. 웹 스토리지는 쿠키의 대체 기술이기 때문에 쿠키가 갖는 단점들이 모두 극복되었다.

---

19) 그럼에도, 쿠키는 여전히 웹 프로그램의 핵심적인 요소 중 하나이다. 대부분의 Google 서비스는 쿠키를 사용하지 않으면 원활한 동작이 불가능하다.

1.2.1 쿠키와 유사한 점

- 이름과 값의 단순한 형태로 데이터를 저장한다.
- 클라이언트의 공간에 데이터를 저장한다.

1.2.2 쿠키와의 차이점

- 웹 스토리지의 아이템은 서버로 전송되지 않는다. 물론 명시적으로 자료를 서버로 보낼 수도 있지만, 자료를 만들고 저장하는 과정에서 네트워크의 개입은 필요 없다. 따라서 자료를 서버로 보낼 때 발생하는 네트워크 부하 문제가 존재하지 않는다.
- 웹 스토리지의 아이템이 네트워크로 전송되지 않기 때문에 중간에 패킷을 가로채는 공격은 불가능해졌지만, 여전히 XSS[20] 등의 공격 방식으로 클라이언트의 데이터는 공격자에 의해 탈취될 수 있다. 따라서 민감한 데이터들은 암호화한 상태에서 보관돼야 한다. 보안에 대한 문제는 많이 줄어들었다고 정리하자.
- 보안상의 문제점들이 줄어들었기 때문에 사용을 차단해야 하는 이유가 줄었고, 어플리케이션은 프로그래머의 의도대로 잘 동작할 수 있을 것이다.
- 웹 스토리지에 저장할 수 있는 데이터의 양도 획기적으로 늘어났다. 쿠키가 제공하는 4kb의 용량은 네트워크를 타고 전송돼야 한다는 부담 때문에 크게 잡을 수가 없었다. 하지만, 웹 스토리지의 데이터는 전송되지 않기 때문에 용량에 대한 부담이 사라졌고 스토리지의 구현에 따라 다르지만 5Mb 이상의 용량을 제공한다.

1.2.3 웹 스토리지의 종류

웹 스토리지 API는 크게 로컬 스토리지(Local Storage)와 세션 스토리지(Session Storage)로 나뉜다.

세션 스토리지는 사용자가 접근하는 도메인별로 별도의 브라우저 메모리에 저장 공간을 할당하고 사용자의 세션 기간만 데이터를 유지한다. 즉 세션 스토리지에 저장된 데이터는 브라우저를 닫으면 바로 사라지는 휘발성이다.

반면 로컬 스토리지는 물리적인 파일 형태로 데이터를 저장하므로 브라우저를 닫아도, 즉 세션이 종료하더라도 데이터를 삭제하지 않는다. 데이터의 삭제 시점은 사용자가 명시적으로 데이터를 삭제하거나 브라우저를 언인스톨 했을 때 정도이다. 데이터 저장 위치는 크롬 브라우저의 경우 "%userprofile%\Local Settings\Application Data\Google\Chrome\User Data\Default\Local Storage" 아래에 저장되며 용량은 브라우저마다 다르지만 스펙상 최대 권장량은 5Mb 정도이다.

---

20) XSS는 Cross-Site Scripting의 약자로 해커가 웹 사이트에 삽입한 악의적인 스크립트에 의한 공격 기법이다. 주로 여러 사용자가 보는 게시물에 글을 올리고 이 글을 보는 사용자들의 컴퓨터에서 스크립트가 동작하게 한다.

표 8.1 스토리지의 종류

구분	로컬 스토리지	세션 스토리지
특징	데이터는 사용자가 원하는 기간 동안 보존 데이터를 생성한 어플리케이션은 언제든지 사용 가능	세션 쿠키에 대한 대체로 특정 페이지의 세션 기간에만 데이터 사용 단일 윈도우나 탭에서만 접근 가능하며 해당 윈도우가 닫힐 때까지 유지
저장위치	크롬: %userprofile%\Local Settings\Application Data\Google\Chrome\User Data\Default\Local Storage	브라우저의 메모리
용량	브라우저마다 다르지만 스펙 권장 최대량은 5MB	브라우저의 메모리가 허용하는 정도
유지	데이터 삭제, 브라우저 언인스톨, OS 재설치 등에서 삭제	브라우저 창이 열려있는 동안만 데이터 보관

1.3 웹 스토리지 API

이제 HTML5가 제공하는 웹 스토리지 API에 대해 알아보자. 아래는 웹 스토리지 API의 브라우저별 구현 현황이다.

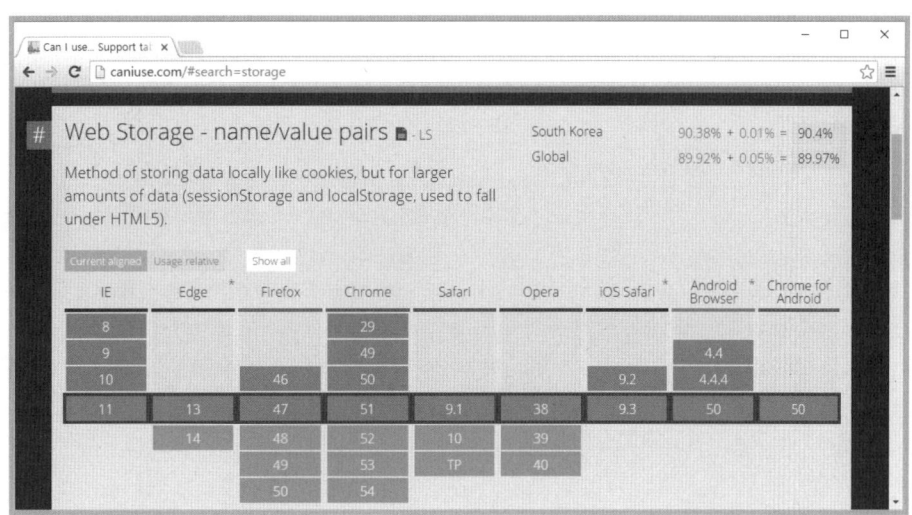

[그림 8.3] 스토리지 API 구현 현황

웹 스토리지는 window 객체에 전역 변수로 선언되어 있다. 종류별로 window.session Storage와 window.localStorage 속성을 사용하면 각각 WindowSession Storage 객체와 WindowLocalStroage 타입의 객체를 얻을 수 있다. 이 두 객체는 모두 Storage를 상속해서 구현하기 때문에 사용방법이 동일하다. 차이점은 앞서 이야기 했듯이 데이터가 저장되는 기간, 용량, 위치 정도이다.

1.3.1 Storage 객체의 속성과 함수

먼저 모든 스토리지의 상위 객체인 Storage 객체의 속성과 함수들에 대해 알아보자. [표 8.2]는 Storage 객체의 속성을 나타내고 있다.

표 8.2 Storage 객체의 속성

속성 이름	설명
storage.length	읽기 전용의 값으로 Storage 객체에 저장된 데이터의 개수를 정수 형태로 반환한다.

[표 8.3]은 Storage 객체가 제공하는 함수들을 설명하고 있다.

표 8.3 Storage 객체의 함수

함수 이름	설명
key(n)	파라미터로 정수 형태의 인덱스를 넘겨주면 그 인덱스로 연결된 키를 반환한다. 인덱스는 0부터 시작한다. 하지만 키의 순서는 브라우저마다 다르기 때문에 이 순서를 프로그래밍에 이용해서는 안 된다.
getItem(keyName)	keyName을 넘겨주면 그 이름으로 등록된 아이템의 값인 keyValue를 반환한다. 만약 keyName으로 등록된 값이 없을 경우는 null을 반환한다.
setItem(keyName, keyValue)	keyName과 keyValue의 쌍으로 아이템을 저장한다. 만일 keyName으로 등록된 아이템이 이미 있다면 기존 값을 keyValue로 업데이트 한다. 주의할 점은 이 함수는 스토리지의 공간이 다 찬 상태에서 호출될 경우 예외를 발생시킨다는 것이다. 따라서 이 함수를 호출할 때는 try ~ catch 블록을 이용해서 예외를 처리하는 것이 좋다.
removeItem(keyName)	지정된 keyName으로 등록된 아이템을 삭제한다.
clear()	스토리지에 저장된 모든 아이템을 삭제한다. 이 경우 특정 아이템만을 삭제하는 것이 아니라 스토리지 전체를 초기화 하는 것이므로 주의해야 한다.

02 로컬 스토리지

2.1 로컬 스토리지 사용 가능 여부 확인

일반적인 HTML5의 요소들은 크로스 브라우징을 위해 브라우저가 사용하려는 요소를 가졌는지 검사하는 것만으로 충분하다. 하지만, 스토리지의 경우는 브라우저가 지원하더라도 사용을 막아놓거나 로컬 스토리지의 용량이 0Mb인 경우는 스토리지 기능을 사용할 수 없다. 따라서 스토리지를 사용할 경우는 어플리케이션 동작 시점에서 임시 데이터를 삽입하여 예외가 없으면 사용할 수 있고 예외가 발생하면 사용이 불가한 것으로 판단할 수 있다.

파일명 | ch08_webstorage/01_canuse.html

```
 1: <!DOCTYPE html>
 2: <html>
 3: <head>
 4: <meta charset = "UTF-8">
 5: <title>WebStorage 사용 가능 확인</title>
 6: </head>
 7: <body>
 8:
 9: </body>
10: <script>
11:    function checkWebStorageAvailable() {
12:      try {
13:        if (localStorage) {
14:          localStorage.setItem("test", "test-value");
15:          localStorage.removeItem("test");
16:        } else {
17:          return "브라우저에서 localStorage 지원하지 않음";
18:        }
19:      } catch (exception) {
20:        return exception + " 발생으로 localStorage 사용 불가";
21:      }
22:    }
23:
24:    var msg = checkWebStorageAvailable();
25:    if (msg) {
26:      document.write(msg);
27:    } else {
28:      document.write("localStorage를 사용하는 작업 진행");
29:    }
30: </script>
31: </html>
```

[소스 설명]

11행   스토리지 사용 가능 여부를 확인할 함수를 작성한다. 이 함수에서 반환 값이 있으며 스토리지를 사용할 수 없다.

12행   try 블록을 구성해서 블록 내에서 예외가 발생하는지 점검한다.

13행   localStorage를 if의 조건으로 사용하는데 만약 브라우저가 localStorage를 지원한다면 true로 판단될 것이고 그렇지 않다면 false가 된다.

14-15행   브라우저에서 localStorage가 지원된다면 test 데이터를 하나 추가하고 삭제해본다. 지원은 되지만 비활성화된 경우 이 부분을 실행하면서 예외가 발생하고 catch 블록으로 이동한다.

16-17행   localStorage를 지원하지 않는 경우 오류 메시지를 반환한다.

19-20행   위에서 예외(exception)가 발생하는 경우 예외의 내용과 함께 사용 불가 메시지를 출력한다.

24행   checkWebStorageAvailable()을 호출해 결과를 msg에 할당받는다.

25-29행   msg의 유무에 따라 동작 여부를 처리한다.

대부분의 경우 스토리지 사용에 문제가 없지만, 사파리(Safari, 애플사의 웹 브라우저)를 개인정보 보호 브라우징 옵션이 켜진 상태에서는 스토리지를 사용할 수 없다.

[그림 8.4] 사파리에서 '개인정보 보호 브라우징' 옵션 사용 여부에 따른 동작 비교

2.2 로컬 스토리지 활용

로컬 스토리지를 이용해서 어플리케이션에 대한 개인화 설정 정보를 저장하는 어플리케이션을 만들어보자.

다음의 예제 어플리케이션은 최초 실행 시 이름과 선호 색상, 폰트 크기를 입력받을 수 있다. [저장] 버튼을 클릭하면 입력한 정보들은 로컬 스토리지에 저장된다. 브라우저를 닫고 다시 어플리케이션을 실행하면 기존에 선택했던 값들로 ⟨body⟩의 배경색과 폰트의 크기가 설정된 것을 확인할 수 있다.

기존에 이런 동작을 구현하기 위해서는 이름, 배경색, 폰트 크기 등의 정보를 일단 서버로 보낸 후 서버에서 쿠키로 설정해서 다시 브라우저로 보내는 과정이 필요했지만, 로컬 스토리지를 사용하면서 쿠키 정보를 서버로 보내는 등의 네트워크 오버헤드가 사라지게 되었다.

먼저 HTML 부분을 살펴보자.

파일명 | ch08_webstorage/02_localstorage.html

```
 1:  <!DOCTYPE html>
 2:  <html>
 3:  <head>
 4:  <meta charset = "UTF-8">
 5:  <title>localStorage 활용</title>
 6:  </head>
 7:  <body>
 8:     <fieldset>
 9:        <legend>개인화 설정</legend>
10:        <label for = "name">사용자명</label>
11:        <input type = "text" id = "name">
12:        <label for = "color">선호색상</label>
13:        <input type = "color" id = "color">
14:        <label for = "fontSize">폰트크기</label>
15:        <input type = "number" id = "fontSize">
16:        <button id = "save">저장</button>
17:        <button id = "remove">삭제</button>
18:     </fieldset>
19:  </body>
20:  <script src = "02_localstorage.js"></script>
21:  </html>
```

[소스 설명]

10-15행 개인별 설정 정보를 입력받을 <input> 요소를 배치한다.

16-17행 데이터를 저장하고 삭제하기 위한 <button>을 배치한다.

20행 02_localstorage.js를 참조하도록 한다.

다음은 자바스크립트 부분이다. 소스에서는 init() 함수에서 로컬 스토리지에 저장된 데이터를 찾아서 화면에 반영하고 만약 데이터가 없다면 기본값으로 화면을 처리한다.

파일명 | ch08_webstorage/02_localstorage.js

```
 1:  var storage = localStorage;
 2:
 3:  var body = document.querySelector("body");
 4:  var nameField = document.getElementById("name");
 5:  var colorField = document.getElementById("color");
```

```
6:   var fontSizeField = document.getElementById("fontSize");
7:
8:   var defaultBackground = "#ffffff";
9:   var defaultFontSize = 15;
10:
11:  document.getElementById("save").addEventListener("click", function() {
12:      storage.setItem("name", nameField.value);
13:      storage.setItem("fcolor", colorField.value);
14:      storage.setItem("fsize", fontSizeField.value);
15:      updateUserInfo(nameField.value, colorField.value, fontSizeField.value);
16:  });
17:
18:  document.getElementById("remove").addEventListener("click", function() {
19:      storage.clear();
20:      updateUserInfo("", defaultBackground, defaultFontSize);
21:  });
22:
23:  function updateUserInfo(id, color, size) {
24:      nameField.value = id;
25:      colorField.value = color;
26:      fontSizeField.value = size;
27:      body.style.background = color;
28:      body.style.fontSize = size + "px";
29:  }
30:
31:  function init() {
32:      var name = storage.getItem("name");
33:      if(name) {
34:          updateUserInfo(name, storage.getItem("fcolor"), storage.getItem("fsize"));
35:      } else {
36:          updateUserInfo("",defaultBackground, defaultFontSize);
37:      }
38:  }
39:
40:  init();
```

[소스 설명]

1행 로컬 스토리지 객체를 storage 변수에 할당한다.

3-6행 화면의 요소들은 DOM 객체에서 얻어와 각각 변수에 할당한다.

8-9행 기본 배경색과 폰트 크기를 설정한다.

11-16행 id가 save인 버튼을 클릭하면 이름, 색상, 폰트 크기에 대한 값을 가져와서 storage가 제공하는 setItem() 함수를 이용해서 localStorage에 저장한다. 저장이 완료되면 updateUserInfo() 함수를 호출해서 화면의 스타일을 변경한다.

18-21행 id가 remove인 버튼을 클릭하면 storage가 제공하는 clear() 함수를 이용해서 storage에 저장된 내용을 모두 삭제한다. 삭제 후 기본값을 이용해 updateUserInfo() 함수를 호출해서 화면의 스타일을 변경한다.

23-29행 화면의 스타일을 변경하는 함수를 구현한다. 파라미터로 넘겨받은 값을 화면의 필드에 값으로 설정하고 <body>의 스타일을 변경한다.

31-38행 화면의 초기 상태를 구성하는 함수를 작성한다. 이때 storage가 제공하는 getItem() 함수를 이용해서 name이라는 키로 storage에 등록된 값을 찾는다. 값이 있다면 fcolor와 fsize로 등록된 값도 있으므로 3가지 값을 이용해 화면을 변경하고, 없다면 기본값으로 화면을 변경한다.

예제 어플리케이션을 실행시켜보자. 처음 화면은 아무런 값이 없는 상태이다. 필드에 원하는 값을 입력한 뒤에 [저장] 버튼을 클릭한다. 화면의 설정들이 변경된 것을 확인할 수 있다.

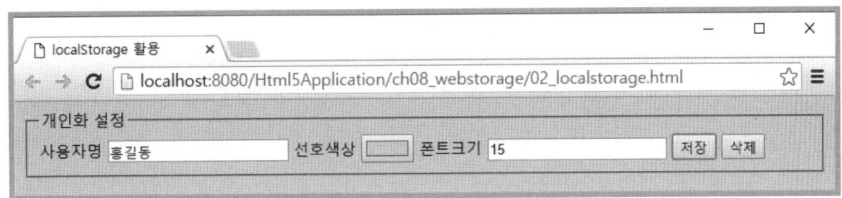

[그림 8.5] 로컬 스토리지의 값을 이용한 화면

브라우저를 종료하고 다시 실행해보자. 이번에는 앞서 설정한 내용이 설정된 상태로 화면이 로딩된다. init() 함수가 실행되면서 로컬 스토리지에 저장된 정보를 활용하고 있는 것이다. 이처럼 로컬 스토리지는 브라우저를 종료 후 다시 실행해도 기존의 정보가 사라지지 않고 유지된다.

그러면 로컬 스토리지에 어떤 형태로 값이 저장되어 있는지 확인해보자. 크롬 브라우저의 개발자 도구(F12)를 실행하여 [Resources] 탭을 살펴보면 크롬에서 사용할 수 있는 여러 가지 자원들을 확인할 수 있다. 왼쪽의 트리 메뉴에서 Local Storage 아래 http://localhost:8080을 클릭해보면, 오른쪽 Key와 Value로 예제에서 등록한 값이 표시되어 있다.

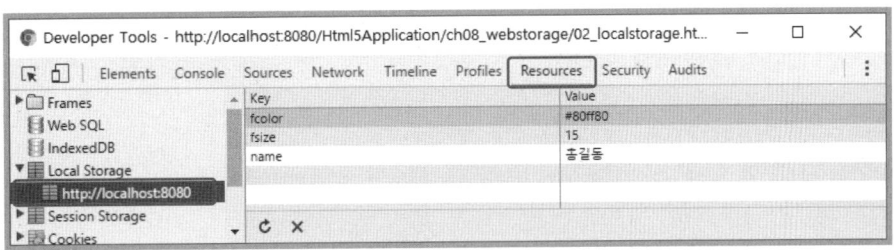

[그림 8.6] 개발자 도구에서의 로컬 스토리지 확인

Note

테이블을 오른쪽 클릭하면 아이템이 있을 경우는 수정과 삭제 동작이 가능하고, 아이템이 없을 경우는 추가 동작도 가능하다. 아이템을 추가하려는 경우 테이블을 오른쪽 클릭하면 Add new 메뉴가 나오는데 클릭 후 Key와 value를 입력하면 된다.

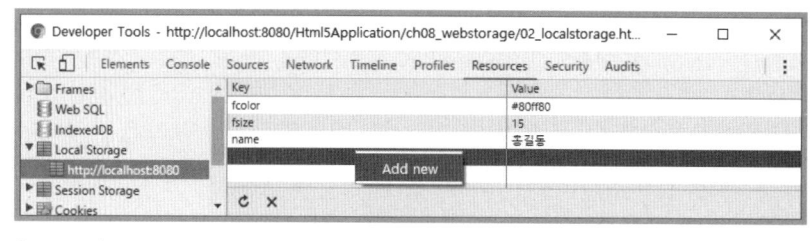

[그림 8.7] 로컬 스토리지에 새로운 아이템 추가

한 가지 눈여겨 살펴볼 점은 로컬 스토리지의 저장 단위이다. 저장된 아이템을 확인하기 위해 개발자도구에서 클릭한 것은 어떤 개별적인 페이지가 아니라 도메인(localhost:9090)이다. 즉, 로컬 스토리지와 같은 리소스는 개별 페이지별로 할당되는 것이 아니라 도메인을 기준으로 할당된다는 점을 명심해야 한다.

예를 들어 하나의 사이트에서 a.html을 작성하고 name이라는 키로 데이터를 로컬 스토리지에 등록했다면 다른 페이지인 b.html에서도 동일한 데이터에 접근할 수 있다. 이런 상황은 잘못하면 예기치 못한 곳에서 값이 수정되는 결과를 낳을 수 있으므로 주의가 필요하다.

따라서 여러 페이지에서 킷값이 혼용될 우려가 있는 경우는 키 앞에 페이지의 이름을 추가해서 작성하는 방법을 권장한다.

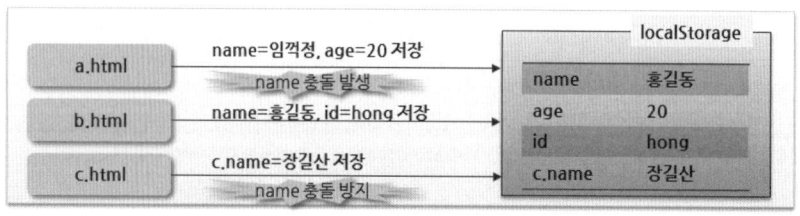

[그림 8.8] 여러 페이지 간의 키 충돌 문제

2.3 JSON을 이용한 정보 저장

ch08_webstorage/02_localstorage.html을 사용한 경우를 다시 생각해보자. 지금은 사용자에 대한 구분이 없는 상태다. 한 사용자가 위 어플리케이션을 이용해 본인의 선호 환경을 저장해서 사용하고 있을 때 만약 다른 사용자가 그 어플리케이션을 사용하는 경우는 어떻게 될까? 서로 자신의 환경을 구축하다 보면 결국 혼선이 올 것이다. 즉 복수의 사용자를 위해서 사용자별 환경이 저장되어야 한다.

이처럼 개별 사용자의 정보를 저장하기 위해 JSON을 이용할 수 있다. ch08_webstorage/02_localstorage.htm을 JSON을 이용하는 형태로 변경해보자. 사용자는 사용자 명을 이용해 로그인할 수 있고 로그인되면 그 사용자가 설정한 내용으로 개인화 설정이 반영되어야 한다.

여기서 주의할 점은 웹 스토리지는 모든 데이터를 문자열 형태로 저장한다는 점이다. JSON 형태로 객체를 만든 후 그대로 저장하면 JSON 객체의 일반적인 문자열 표현식인 [object Object]와 같이 전혀 사용할 수 없는 값으로 저장된다. 따라서 객체를 로컬 스토리지에 저장하기 전에 JSON의 stringify() 함수를 이용해서 문자열로 변환 후 저장해야 한다. 스토리지에 저장된 객체를 가져올 때도 역시 JSON의 parse() 함수를 이용해 객체로 변환 후 사용해야 한다.

2.3.1 JSON 객체의 함수

[표 8.4]는 JSON 객체의 함수를 나타내고 있다.

표 8.4 JSON 객체의 함수

함수 이름	설명
stringify(obj)	JSON의 정적 함수로 obj를 문자열 형태로 변환 후 반환한다.
parse(str)	JSON의 정적 함수로 str을 객체 형태로 변환 후 반환한다.

먼저 HTML 부분을 살펴보자. 기존 코드와 달라진 점은 사용자 명으로 로그인할 수 있게 처리된 점이다.

파일명 | ch08_webstorage/03_localstorage_json.html

```
 1:  <!DOCTYPE html>
 2:  <html>
 3:  <head>
 4:  <meta charset = "UTF-8">
 5:  <title>로컬 스토리지 활용-JSON</title>
 6:  </head>
 7:  <body>
 8:      <fieldset>
 9:          <legend>로그인</legend>
10:          <label for = "name">사용자명</label>
11:          <input type = "text" id = "name">
12:          <button id = "login">로그인</button>
13:      </fieldset>
14:      <fieldset>
15:          <legend>개인화 설정</legend>
16:          <label for = "color">선호색상</label>
17:          <input type = "color" id = "color">
18:          <label for = "fontSize">폰트크기</label>
```

```
19:        <input type = "number" id = "fontSize">
20:        <button id = "save">설정</button>
21:        <button id = "remove">삭제</button>
22:     </fieldset>
23:  </body>
24:  <script src = "03_localstorage_json.js"></script>
25:  </html>
```

[소스 설명]

10~12행 로그인을 위한 <input>과 <button>을 배치한다.

　　24행 03_localstorage_json 파일을 참조한다.

다음은 자바스크립트 부분이다. JSON 객체를 만들고 문자열로 변환하는 과정과 다시 객체로 환원하는 과정을 눈여겨보자.

파일명 | ch08_webstorage/03_localstorage_json.js

```javascript
1:  var storage = localStorage;
2:
3:  var body = document.querySelector("body");
4:  var nameField = document.getElementById("name");
5:  var colorField = document.getElementById("color");
6:  var fontSizeField = document.getElementById("fontSize");
7:
8:  var defaultBackground = "#ffffff";
9:  var defaultFontSize = 15;
10:
11:  document.getElementById("save").addEventListener("click", function() {
12:     var user = {
13:        name : nameField.value,
14:        color : colorField.value,
15:        size : fontSizeField.value
16:     };
17:
18:     storage.setItem(nameField.value, JSON.stringify(user));
19:     updateUserInfo(nameField.value, colorField.value, fontSizeField.value);
20:  });
21:
22:  document.getElementById("remove").addEventListener("click", function() {
23:     storage.removeItem(nameField.value);
24:     updateUserInfo("", defaultBackground, defaultFontSize);
25:  });
26:
27:  document.getElementById("login").addEventListener("click", function() {
28:     var userStr = storage.getItem(nameField.value);
29:     if (userStr) {
30:        var userObj = JSON.parse(userStr);
31:        updateUserInfo(userObj.name, userObj.color, userObj.size);
```

```
32:      } else {
33:          updateUserInfo(nameField.value, defaultBackground, defaultFontSize);
34:      }
35:  });
36:
37:  function updateUserInfo(id, color, size) {
38:      nameField.value = id;
39:      colorField.value = color;
40:      fontSizeField.value = size;
41:      body.style.background = color;
42:      body.style.fontSize = size + "px";
43:  }
```

[소스 설명]

12-16행 화면 값을 바탕으로 객체를 생성 후 user에 할당한다.

18행 객체를 문자열로 변환(JSON.stringify)한 뒤에 로컬 스토리지에 저장한다. 이때 키로는 사용자의 이름을 이용한다.

23행 id가 remove인 버튼의 click 이벤트에 대한 리스너를 등록한다. 리스너에서는 스토리지 저장된 현재 사용자의 정보만을 삭제한다.

27행 id가 login인 버튼의 click 이벤트에 대한 리스너를 등록한다.

28행 nameField의 값을 이용해 storage에 저장된 아이템을 조회한다.

29-31행 조회된 아이템이 있는 경우 다시 객체로(JSON.parse) 만들어 userObj에 할당하고 정보를 이용해 화면을 업데이트 한다.

최초 화면에서 사용자 이름을 "홍길동"으로 로그인해보자. 아직 설정된 값이 없으므로 화면에 변화는 없다. 색상을 빨간색, 사이즈를 15로 설정 후 [설정] 버튼을 누르면 화면이 바뀌고 내용은 스토리지에 저장된다.

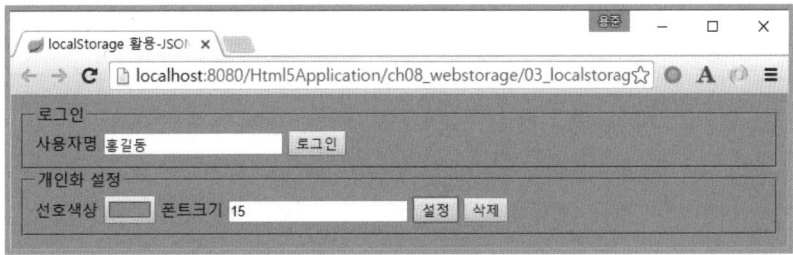

[그림 8.9] "홍길동" 사용자의 개인 화면

다시 사용자 이름을 "임꺽정"으로 로그인해보자. 역시 설정된 값은 없으므로 화면은 초기화 상태다. 색상을 파란색, 사이즈를 10으로 설정 후 [설정] 버튼을 눌러 화면이 변경되는 것을 확인한다.

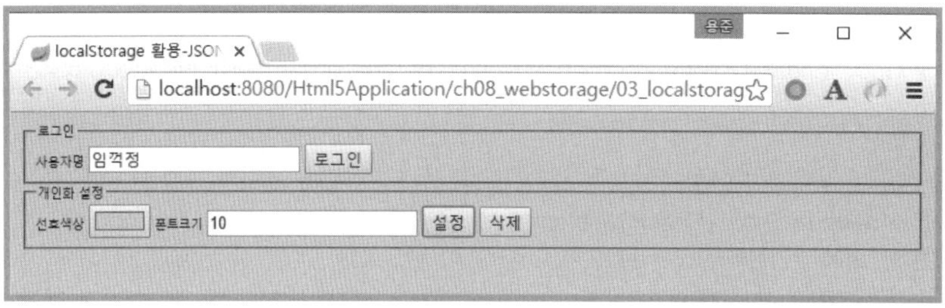

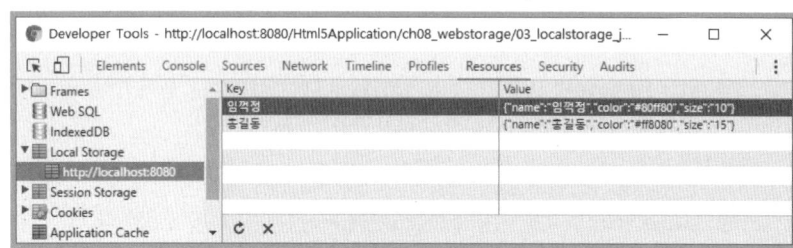

[그림 8.10] "임꺽정" 사용자의 개인 화면

이후 다시 "홍길동" 사용자로 로그인하면 "홍길동"이 설정한 화면으로 서비스가 제공되는 것을 확인할 수 있다. 물론 [삭제] 버튼을 클릭하면 해당 사용자의 정보는 로컬 스토리지에서 제거된다.

이때 스토리지에 저장된 정보는 아래와 같다.

[그림 8.11] 로컬 스토리지에 저장된 사용자 정보

2.4 로컬 스토리지 데이터 동기화 처리

로컬 스토리지는 브라우저를 종료 후 다시 실행해도 데이터가 잘 유지되는 것을 확인해 보았다. 그렇다면 여러 개의 브라우저에서 로컬 스토리지를 사용하는 경우 데이터가 어떻게 사용될 수 있는지 생각해보자.

2.4.1 동일한 웹 리소스를 다른 브라우저로 이용하는 경우

먼저 사용자는 localhost:9090의 userinfo.html을 크롬 브라우저로 접근해서 로컬 스토리지에 사용자 정보를 저장한다.

다시 익스플로러(IE)를 이용해 동일한 사용자가 동일한 사이트의 userinfo.html을 실행하는 경우 앞서 저장한 사용자 정보를 확인할 수 있을까?

로컬 스토리지는 브라우저별로 저장되기 때문에 당연히 브라우저가 달라지면 저장 공간도 달라진다. 따라서 익스플로러를 사용할 때는 크롬에서 저장한 정보를 전혀 사용할 수 없다. 로컬 스토리지를 사용할 때는 브라우저별로 정보가 저장된다는 점을 유의해야 한다.

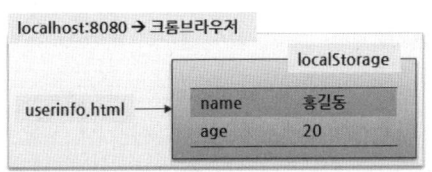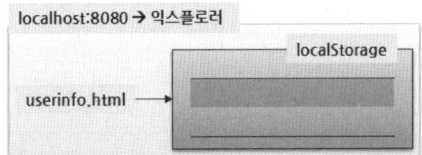

[그림 8.12] 브라우저별 로컬 스토리지

2.4.2 동일한 브라우저를 여러 개 실행하고 있는 경우

가끔 우리는 데이터의 비교를 위해 동일한 브라우저를 여러 개 띄워서 웹 사이트를 이용한다. 예를 들어 날씨 정보를 찾기 위해 첫 번째 브라우저 화면은 오늘의 날씨를, 두 번째 브라우저 화면은 내일의 날씨를 보고 있다고 가정해보자. 이 두 개의 동일한 브라우저는 로컬 스토리지를 공유할까?

결론적으로 이들은 하나의 프로그램이기 때문에 로컬 스토리지를 공유한다. 로컬 스토리지는 브라우저별로 존재하는 것이지 프로세스별로 존재하는 것은 아니기 때문이다.

그렇다면, 예제를 두 개의 브라우저에서 실행하면 어떻게 될까? 첫 번째 브라우저 화면에서 개인화 설정 정보를 수정하면 두 번째 브라우저는 어떻게 동작해야 할까? 당연히 동일한 정보를 보고 있기 때문에 두 번째 브라우저 역시 변경 내용이 반영되어야 한다.

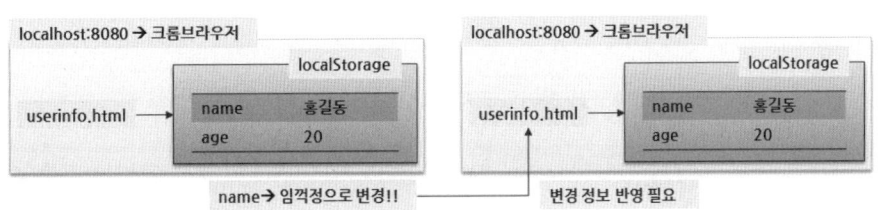

[그림 8.13] 동일한 브라우저에서의 로컬 스토리지

하지만, 이런 화면 동기화는 자동으로 이루어지지 않는다. 로컬 스토리지의 정보가 변경되면 window에 storage 이벤트가 발생하고 이 이벤트를 수신했을 때 여기서 화면을 업데이트해야 한다. storage 이벤트가 발생할 때 전달되는 파라미터는 StorageEvent 타입이다.

StorageEvent 객체는 [표 8.5]의 함수를 제공한다.

표 8.5 StorageEvent 객체의 함수

함수 이름	설명
key	변경된 아이템의 키로 만약 clear() 함수의 호출에 의한 변경인 경우는 null이 반환된다.

newValue	키로 새롭게 저장된 아이템으로 만약 clear() 함수 호출이나 removeItem()에 의한 변경은 null이 반환된다.
oldValue	키로 원래 등록되어 있던 아이템으로 만약 clear() 함수 호출이나 새롭게 아이템이 등록된 경우는 null이 반환된다.
storageArea	영향을 받은 스토리지 객체가 반환된다.
url	변경이 발생한 url이 문자열로 반환된다.

기존에 작성된 어플리케이션으로 테스트해보자. 두 개의 브라우저를 실행 후 각각 "홍길동"으로 로그인한다. (편의상 이 두 브라우저를 각각 A, B라고 한다.) 이후 A에서 선호 색상을 변경하고 설정하면 A의 화면을 변경되지만, B는 반영되지 않는다.

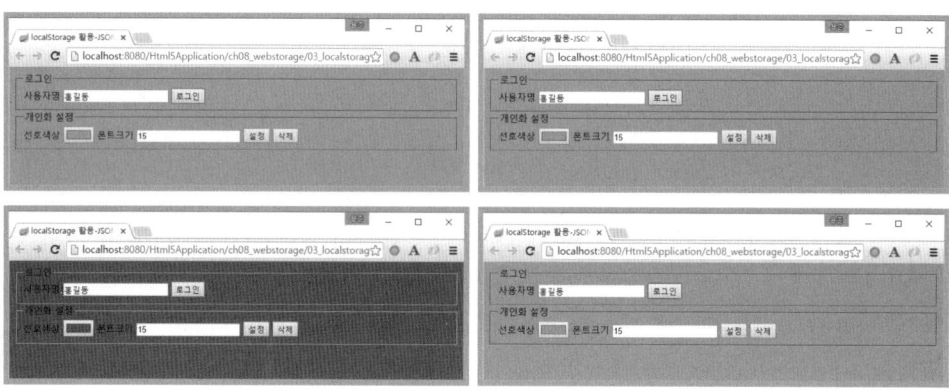

브라우저 A   브라우저 B

[그림 8.14] 브라우저별 화면의 동기화 문제 발생

이제 스토리지 이벤트를 이용해 페이지 간 동기화 문제를 해결해보자. 기존의 자바스크 립트인 ch08_webstorage/04_localstorage_json.js에 다음의 이벤트 처리 부분만 추가 하면 된다.

파일명 | ch08_webstorage/04_localstorage_sync.js

```
1: window.addEventListener("storage", function(e) {
2:   if(e.key == nameField.value) {
3:     var userObj = JSON.parse(e.newValue);
4:     updateUserInfo(userObj.name, userObj.color, userObj.size);
5:   }
6: });
```

[소스 설명]

1행 window 객체에 스토리지 이벤트를 처리할 리스너를 등록한다.

2-3행 이벤트 객체가 가지는 key가 화면의 nameField와 같다면 이벤트 객체가 가지는 newValue를 JSON 객체로 변경 후 화면을 업데이트 한다.

소스 코드는 매우 단순하다. 이제 A에서 값을 변경 후 [설정] 버튼을 클릭하면 B에서도 값이 변경되는 것을 확인할 수 있다.

2.5 저장 용량의 한계

한 가지 더 확인할 사항은 저장 공간의 한계이다. 앞서 밝혔듯이 localStorage는 약 5Mb의 크다면 크고 작다면 작은 저장 공간 크기를 갖는다. 즉 하드디스크나 데이터베이스의 저장 용량과는 기본적인 급이 다르다는 이야기다. 따라서 일정량 이상의 데이터가 저장되면 브라우저는 더는 응답할 수 없는 상태에 빠지게 된다. 이때 브라우저는 QuotaExceededError를 발생시키게 된다.

파일명 | ch08_webstorage/05_memoryLimit.html

```
 1: <!DOCTYPE html>
 2: <html>
 3: <head>
 4: <meta charset = "UTF-8">
 5: <title>메모리 한계 상황</title>
 6: </head>
 7: <body>
 8: </body>
 9: <script>
10:    var storage = localStorage;
11:    try {
12:       var index = 0;
13:       while (true) {
14:          storage.setItem(index++, index);
15:       }
16:    } catch (err) {
17:       alert("에러 발생: 스토리지에 데이터를 저장 할 수 없습니다. " + err.message);
18:    } finally {
19:       storage.clear();
20:    }
21: </script>
22: </html>
```

[소스 설명]

11행　예외 처리를 위해 try 블록을 사용한다.

13-15행　반복문을 이용해 스토리지에 계속 데이터를 추가한다.

16-17행　try 블록에서 발생한 예외를 err 변수로 받아서 처리한다.

18-20행　finally 블록에서 스토리지 정보를 모두 지운다.

예제 어플리케이션을 실행하면 455,422개의 데이터를 추가한 후 메모리 한계에 의해 더는 추가하지 못하고 예외가 발생하는 것을 확인할 수 있다.

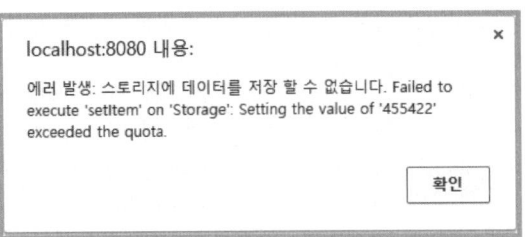

[그림 8.15] 예외 처리 결과

03 세션 스토리지

3.1 세션 스토리지의 특징

이제 세션 스토리지에 대해 알아보자. 앞서 이야기했듯이 세션 스토리지와 로컬 스토리지는 모두 스토리지의 API를 상속받는다.

ch08_webstorage/06_localToSession.html 예제를 살펴보자. 이 파일은 앞서 실행해 보았던 ch08_webstorage/03_localstorage_json.html에서 localStroage를 sessionStorage로 변경한 것뿐이다. 예제를 실행하면 기본적인 화면은 동일하다. 하지만, 앞서 등록한 데이터인 "임꺽정"으로 로그인하는 경우 사용자 정보가 보이지 않는 것을 확인할 수 있다.

[그림 8.16] 임꺽정의 데이터가 존재하지 않음

다시 임꺽정에 대한 데이터를 선호 색상은 파란색 그리고 폰트 크기를 14로 등록 후 데이터를 살펴보자. 다만, 이번에는 개발자도구의 Resources 부분에서 Local Storage 부분이 아니라 Session Storage 영역에 데이터가 추가된 것을 확인할 수 있다.

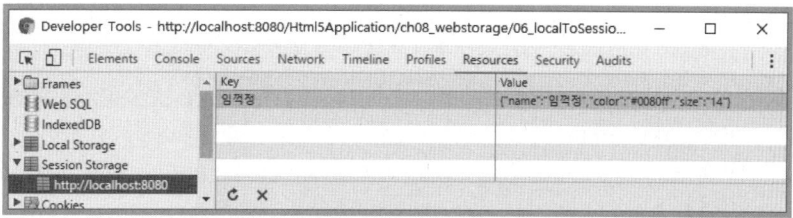

[그림 8.17] 세션 스토리지에 저장된 아이템 확인

브라우저를 닫고 위 페이지를 새롭게 실행하고 임꺽정으로 로그인해보자. 로컬 스토리지를 이용해서 실행했을 때는 브라우저를 새로 실행하는 경우에도 앞서 입력한 정보들이 반영돼서 페이지가 실행되었지만, 세션 스토리지를 이용하는 경우는 조회되지 않는다. Resources에서 앞서 저장된 정보를 살펴보자. 정보가 전혀 없음을 확인할 수 있다.

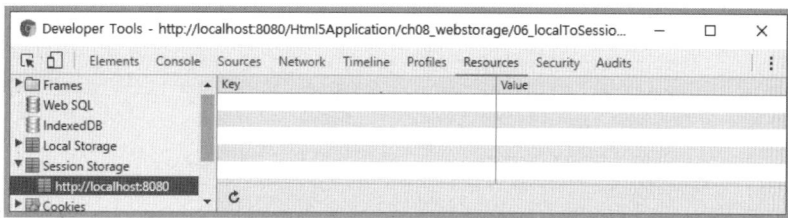

[그림 8.18] 초기화된 세션 스토리지

이처럼 세션 스토리지는 브라우저를 사용하는 세션 동안만 정보가 유지된다. 즉 브라우저를 닫으면서 세션이 종료되었기 때문에 세션 스토리지에 저장된 정보 역시 삭제된 것이다.

3.2 세션 스토리지의 활용

세션 스토리지를 이용해 장바구니 기능을 구현해보자. 상품과 가격 정보를 세션 스토리지에 저장하고 관리하는 프로그램이다.

다음은 예제 어플리케이션의 요구사항이다.

- [저장] 버튼을 클릭하면 상품 및 가격 정보가 세션 스토리지에 저장된다. 데이터는 상품 이름을 키로 사용하므로 상품 이름은 중복될 수 없다. 상품 정보는 JSON 형태로 저장한다. 저장된 상품 이름은 구매희망상품 목록에 등록된다.
- [개별조회] 버튼을 클릭하면 구매희망상품 목록에 선택된 아이템을 세션 스토리지에서 조회해서 상세 정보를 출력한다.
- [개별삭제] 버튼을 클릭하면 구매희망상품 목록에 선택된 아이템을 세션 스토리지에서 삭제한다. 구매희망 상품 목록 역시 업데이트 한다.
- [전체조회] 버튼을 클릭하면 저장된 모든 정보가 조회된다. [전체삭제] 버튼을 클릭하면 세션 스토리지에 저장된 모든 아이템을 삭제한다.

먼저 HTML 부분부터 살펴보자.

파일명 | ch08_webstorage/07_sessionStorage.html

```html
 1: <!DOCTYPE html>
 2: <html>
 3: <head>
 4: <meta charset = "UTF-8">
 5: <title>session storage</title>
 6: </head>
 7: <body>
 8:   <div id = "formbox">
 9:     <fieldset>
10:       <legend>상품 정보</legend>
11:       <label for = "product">상품</label>
12:       <input type = "text" id = "product">
13:       <label for = "price">가격</label>
14:       <input type = "number" id = "price">
15:       <label for = "quantity">수량</label>
16:       <input type = "number" id = "quantity">
17:       <input type = "submit" id = "addB" value = "저장" />
18:     </fieldset>
19:     <fieldset>
20:       <legend>목록관리</legend>
21:       <span>구매희망상품 목록</span><select id = "keylist"></select>
22:       <input type = "button" id = "selectOneB" value = "개별조회" />
23:       <input type = "button" id = "deleteOneB" value = "개별삭제" />
24:       <input type = "button" id = "selectAllB" value = "전체조회" />
25:       <input type = "button" id = "deleteAllB" value = "전체삭제" />
26:     </fieldset>
27:     <div id = "dataArea"></div>
28:   </div>
29:
30: </body>
31: <script src = "07_sessionStorage.js"></script>
32: </html>
```

[소스 설명]

10-17행 상품 정보를 입력받고 저장할 <input> 요소들을 배치한다.

    21행 세션 스토리지에 저장된 목록을 보여주기 위해 <select>를 배치한다.

22-25행 장바구니에 담긴 상품을 관리하기 위한 <input> 요소들을 배치한다.

    27행 동작의 결과를 출력할 <div>를 선언한다.

    31행 07_sessionStorage.js 파일을 참조시킨다.

이제 자바스크립트에서 하나씩 위 기능을 구현해보자.

첫 번째는 상품 정보의 저장 및 구매희망상품 목록 업데이트 기능이다. 화면의 입력 필드를 바탕으로 상품에 대한 객체를 만들고 세션 스토리지에 저장한다. 이때 문자열로 변경해서 처리하는 것에 주의한다. 상품 정보가 성공적으로 저장되면 성공 메시지를 출력하고 구매희망상품 목록을 업데이트해 준다.

파일명 | ch08_webstorage/07_sessionStorage.js

```
1:   var storage = sessionStorage;
2:   var product = document.getElementById("product");
3:   var price = document.getElementById("price");
4:   var quantity = document.getElementById("quantity");
5:   var dataArea = document.getElementById("dataArea");
6:   var wishList = document.getElementById("keylist");
7:
8:   document.getElementById("addB").addEventListener("click", function() {
9:      var productObj = {
10:        product : product.value,
11:        price : price.value,
12:        quantity : quantity.value
13:     };
14:
15:     var productStr = JSON.stringify(productObj);
16:     storage.setItem(product.value, productStr);
17:     dataArea.innerHTML = "저장 완료 : " + productStr;
18:     updateWishList();
19:  });
20:
21:  function updateWishList() {
22:     var data = "";
23:     for(var i = 0; i < storage.length; i++) {
24:        data += "<option>" + storage.key(i);
25:     }
26:     wishList.innerHTML = data;
27:  }
28:
29:  updateWishList();
```

[소스 설명]

　　1행　세션 스토리지 사용을 선언한다.

　　8행　id가 addB인 요소에 click 이벤트에 대한 리스너를 등록한다.

9-13행　화면 정보를 이용해 객체를 생성 후 productObj에 할당한다.

　15행　객체를 문자열로 변형한다.

　16행　스토리지에 상품명을 키로 문자열로 변형된 객체를 저장한다.

　17행　화면에 저장 완료 메시지를 출력한다.

　18행　updateWishList() 함수를 호출해서 목록을 업데이트한다.

23-25행 스토리지의 키 목록으로 data를 구성한다.

26행 위에서 구성한 data를 wishList의 innerHTML에 할당해서 화면에 반영한다.

29행 '새로 고침'할 때 목록을 업데이트하기 위해 updateWishList()를 실행한다.

상품을 등록해보자. 적절한 상품 정보를 입력하고 [저장] 버튼을 클릭하면 저장 완료 메시지와 함께 저장된 상품의 정보가 출력된다.

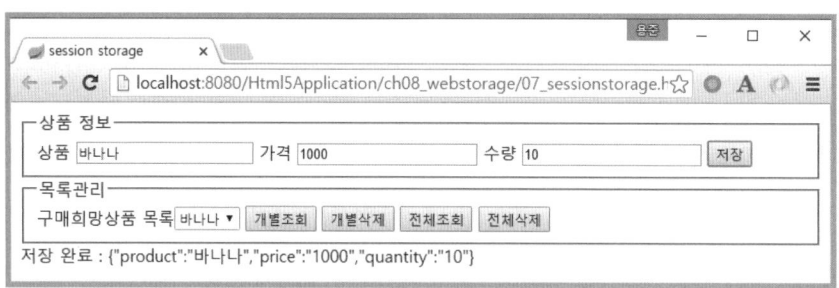

[그림 8.19] 상품 등록 및 정보 업데이트 결과

두 번째는 개별 상품 조회 및 상세 정보 업데이트 기능이다. 구매희망상품 목록의 값을 키로 스토리지에서 getItem() 함수로 조회하면 저장된 아이템의 정보가 문자열로 반환된다. 이 문자열을 다시 JSON.parse() 함수를 이용해 객체로 변형 후 화면에 출력한다.

파일명 | ch08_webstorage/07_sessionStorage.js(계속)

```
 1:  document.getElementById("selectOneB").addEventListener("click", function() {
 2:    var productStr = storage.getItem(wishList.value);
 3:    if (productStr) {
 4:      var productObj = JSON.parse(productStr);
 5:      product.value = productObj.product;
 6:      price.value = productObj.price;
 7:      quantity.value = productObj.quantity;
 8:      dataArea.innerHTML = "조회 성공";
 9:    } else {
10:      dataArea.innerHTML = "저장 실패 : " + selected;
11:    }
12:  });
```

[소스 설명]

1행 id가 selectOneB인 버튼을 클릭할 때 동작할 이벤트 리스너를 등록한다.

2행 wishList의 value 값을 이용해 스토리지에 저장된 아이템을 조회한다.

3-8행 아이템이 정상적으로 조회된 경우 JSON.parse() 함수를 이용해 객체화하고 이 정보를 이용해 화면의 상세 정보를 업데이트한다.

9-10행 정보 조회에 실패한 경우 메시지만 출력한다.

구매희망상품 목록에서 상품을 선택 후 [개별조회] 버튼을 클릭하면 상품의 정보를 상품, 가격, 수량 칸에 각각 출력한다.

상품 이름을 제외하고 다른 항목을 변경 후 [저장] 버튼을 클릭하면 동일한 상품명에 대한 등록이므로 정보가 업데이트된다.

[그림 8.20] 개별 조회(바나나) 성공 화면

세 번째는 개별 상품 삭제 및 구매희망상품 목록 업데이트이다. 스토리지의 removeItem() 함수를 이용해 저장된 아이템을 삭제한다.

파일명 | ch08_webstorage/07_sessionStorage.js(계속)

```
1:  document.getElementById("deleteOneB").addEventListener("click", function() {
2:      storage.removeItem(wishList.value);
3:      updateWishList();
4:      dataArea.innerHTML = "삭제 성공";
5:  });
```

[소스 설명]

> 1행 id가 deleteOneB인 버튼을 클릭할 때 동작할 이벤트 리스너를 등록한다.
>
> 2행 스토리지에서 wishList의 value에 해당하는 아이템을 삭제한다.
>
> 3행 wishList를 업데이트한다.
>
> 4행 삭제 완료 메시지를 출력한다.

구매희망상품 목록에서 삭제할 아이템을 선택 후 [개별삭제] 버튼을 클릭하면 자료가 삭제되고 화면에는 삭제 성공 메시지가 출력된다.

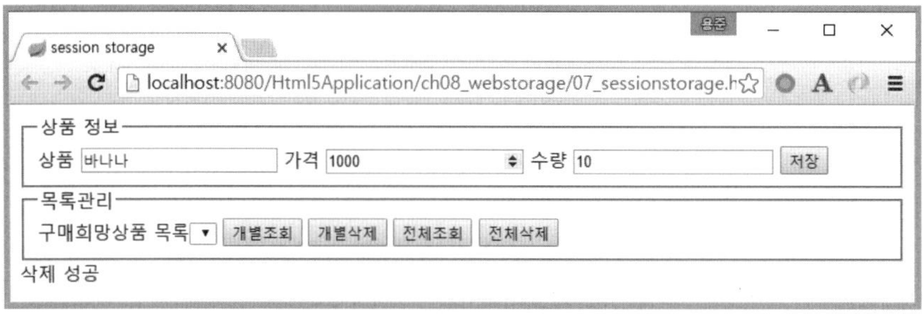

[그림 8.21] 개별 삭제(바나나) 성공 화면

다음은 마지막 전체 조회 및 전체 삭제이다. 스토리지가 가진 모든 아이템의 키를 확인하기 위해서는 반복문을 이용해서 key() 함수에 아이템의 인덱스를 넘겨준다. 이렇게 키를 구한 후 다시 getItem() 함수를 이용해서 저장된 아이템을 구할 수 있다.

전체 아이템을 삭제할 때는 clear() 함수를 이용한다.

파일명 | ch08_webstorage/07_sessionStorage.js(계속)

```
 1:  document.getElementById("selectAllB").addEventListener("click", function() {
 2:     var data = "";
 3:     for(var i = 0; i < storage.length; i++) {
 4:        var key = storage.key(i);
 5:        var value = storage.getItem(key);
 6:        data += key + " : " + value + "<br>"
 7:     }
 8:     dataArea.innerHTML = data;
 9:  });
10:
11:  document.getElementById("deleteAllB").addEventListener("click", function() {
12:     storage.clear();
13:     dataArea.innerHTML = "전체 삭제 완료";
14:  });
```

[소스 설명]

　　1행 id가 selectAllB인 요소에 클릭 이벤트 처리를 위한 이벤트 리스너를 등록한다.

　3-7행 반복문을 통해 스토리지에 저장된 요소들을 조회해서 문자열을 구성한다.

　　8행 문자열을 dataArea에 출력한다.

　11행 id가 deleteAllB인 요소에 클릭 이벤트 처리를 위한 이벤트 리스너를 등록한다.

　12행 clear() 함수를 호출해 스토리지를 초기화한다.

　13행 스토리지 초기화 완료 메시지를 출력한다.

어플리케이션을 실행하고 [전체조회]를 클릭하면 하단에 모든 상품의 목록이 출력된다. 마지막으로 [전체삭제] 버튼을 클릭하면 모든 아이템이 삭제되고 초기화된다.

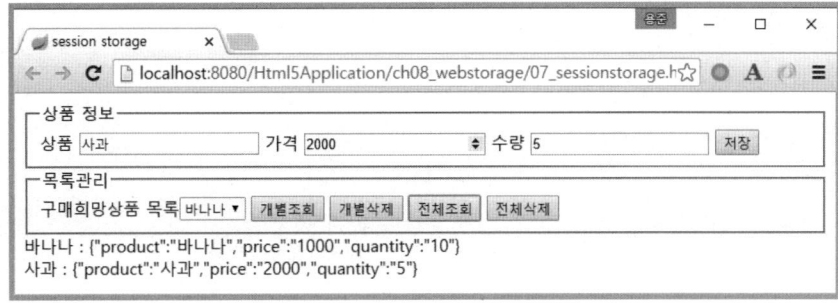

[그림 8.22] 전체조회 성공 화면

요약 정리

1. 로컬 스토리지와 세션 스토리지의 특징

구분	로컬 스토리지	세션 스토리지
특징	데이터는 사용자가 원하는 기간 동안 보존 데이터를 생성한 어플리케이션은 언제든지 사용 가능	세션 쿠키에 대한 대체로 특정 페이지의 세션 기간에만 데이터 사용 단일 윈도우나 탭에서만 접근 가능하며 해당 윈도우가 닫힐 때까지 유지
저장 위치	크롬 : %userprofile%\Local Settings\Application Data\Google\Chrome\User Data\Default\Local Storage	브라우저의 메모리
용량	브라우저마다 다르지만 스펙 권장 최대량은 5MB	브라우저의 메모리가 허용하는 정도
유지	데이터 삭제, 브라우저 언인스톨, OS 재설치 등에서 삭제	브라우저 창이 열려 있는 동안만 데이터 보관

2. Storage API

□ 속성
 - storage.length : 읽기 전용의 값으로 Storage 객체에 저장된 데이터의 개수를 정수 형태로 반환한다.

□ 함수
 - key(n) : 파라미터로 정수 형태의 인덱스를 넘겨주면 그 인덱스로 연결된 키를 반환한다. 인덱스는 0부터 시작한다. 하지만, 키의 순서는 브라우저마다 다르기 때문에 이 순서를 프로그래밍에 이용해서는 안 된다.
 - getItem(keyName) : keyName을 넘겨주면 그 이름으로 등록된 아이템의 값인 keyValue를 반환한다. 만약 keyName으로 등록된 값이 없을 경우는 null을 반환한다.
 - setItem(keyName, keyValue) : keyName과 keyValue의 쌍으로 아이템을 저장한다. 만일 keyName으로 등록된 아이템이 이미 있다면 기존 값을 keyValue로 업데이트한다. 주의할 점은 이 함수는 스토리지의 공간이 다 찬 상태에서 호출될 경우 예외를 발생시킨다는 것이다. 따라서 이 함수를 호출할 때는 try~catch 블록을 이용해서 예외를 처리하는 것이 좋다.
 - removeItem(keyName) : 지정된 keyName으로 등록된 아이템을 삭제한다.
 - clear(): 스토리지에 저장된 모든 아이템을 삭제한다. 이 경우 특정 아이템만을 삭제하는 것이 아니라 스토리지 전체를 초기화 하는 것이므로 주의해야 한다.

3. JSON API

□ 함수
- stringify(obj) : JSON의 정적 함수로 obj를 문자열 형태로 변환 후 반환한다.
- parse(str) : JSON의 정적 함수로 str을 객체 형태로 변환 후 반환한다.

4. StorageEvent API

□ 함수
- key : 변경된 아이템의 키로 만약 clear() 함수의 호출에 의한 변경인 경우는 null이 반환된다.
- newValue : 키로 새롭게 저장된 아이템으로 만약 clear() 함수 호출이나 removeItem()에 의한 변경의 경우는 null이 반환된다.
- oldValue : 키로 원래 등록되어 있던 아이템으로 만약 clear() 함수 호출이나 새롭게 아이템이 등록된 경우는 null이 반환된다.
- storageArea : 영향을 받은 스토리지 객체가 반환된다.
- url : 변경이 발생한 url이 문자열로 반환된다.

IndexedDB API

01 IndexedDB API

8장에서 살펴본 웹 스토리지는 효율적인 정보 저장의 수단이기는 하지만 일반적으로 소량의 단순한 데이터를 처리하기에 적합하다. 인덱스드디비(IndexedDB)는 대량의 구조적인 데이터를 웹 브라우저에서 처리하기 위한 API이다. 기존의 웹 환경에서는 데이터가 모두 서버 영역에 저장되어야 하므로 온라인 작업이 필수였지만 인덱스드디비를 이용하면 클라이언트의 브라우저에 구조적 데이터를 저장할 수 있어서 오프라인 작업도 가능하다.

인덱스드디비는 인터넷 익스플로러(IE)나 에지(Edge), 사파리(Safari)에서 부분적으로 구현되고 있으므로 사용할 때 유의해야 한다.

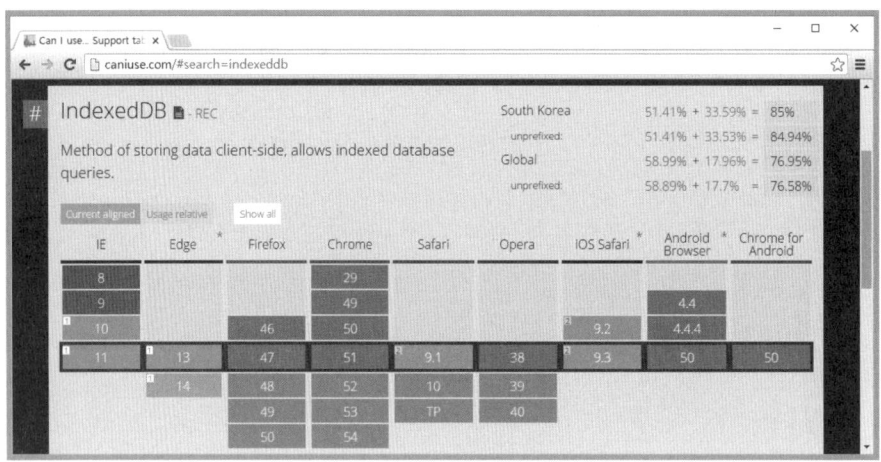

[그림 9.1] 브라우저별 인덱스드디비 API 구현 현황

인덱스드디비 API는 우리가 흔히 사용하는 RDB(Relational Database)와 매우 유사한 구조를 갖는다.

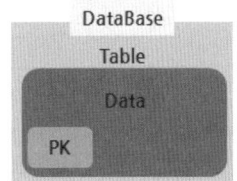 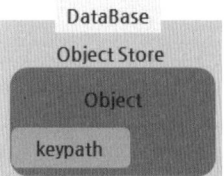

[그림 9.2] RDB와 IndexedDB

RDB에서는 먼저 Database를 구성하고 거기에 테이블을 생성한다. 테이블은 여러 개의 칼럼으로 구성되며 동일한 구성을 갖는 여러 개의 데이터가 저장될 수 있다. 각각의 데이터들은 PK(Primary Key)로 구분된다.

인덱스드디비도 먼저 데이터베이스 생성 후 이를 통해 오브젝트스토어(ObjectStore)를 생성하고 데이터를 저장할 준비를 한다. 오브젝트스토어에 저장되는 데이터는 이름 그대로 자바스크립트의 객체(Object)들이며 이들은 keypath로 구분될 수 있다. 하지만, 기본 구조가 유사할 뿐 인덱스드디비는 RDB와는 달리 객체 기반으로 동작한다.

다음은 인덱스드디비의 주요 특징이다.

- **키-값의 쌍으로 데이터를 저장한다.** 값은 복합적인 속성을 갖는 객체이며 키는 그 객체의 속성 중 하나이다. 이 키들을 이용해 인덱스(index)를 만들 수 있으며 객체 조회를 위해 사용된다.
- **트랜잭션 데이터베이스 모델에 기반을 둔다.** 인덱스드디비 API는 데이터베이스의 인덱스, 테이블, 커서 등에 해당하는 객체들을 제공하며 이들은 모두 특정 트랜잭션 내에서 실행되어야 한다. 따라서 트랜잭션이 종료된 후 관련 작업을 수행하면 예외를 발생시킨다. 인덱스드디비 트랜잭션의 경우는 자동 커밋(commit)을 지원하며 수동으로는 커밋할 수 없다.
- **비동기 방식으로 동작한다.** 비동기 방식의 API는 함수 호출 시 결과를 반환하지 않는 대신 함수를 호출할 때 함수 종료 시 동작할 콜백 함수를 전달한다. 요청한 동작이 종료되면 대부분 success 또는 error와 같은 DOM 이벤트가 발생하는데 이것을 받아서 다음 동작을 진행한다.
- **SQL(Structured Query Language)를 사용하지 않는다.** 함수 기반으로 데이터 저장, 수정, 검색, 삭제를 수행하며 특히 검색을 위해서는 인덱스를 통해서 생성한 커서(Cursor)를 사용한다.
- **동일근원 정책(same-origin policy)를 따른다.** 동일근원 정책은 스크립트가 실행되는 어플리케이션 레이어 프로토콜(http), 도메인(www.poo.bar), 포트 번호(9090)가 같은 경우는 인덱스드디비를 공유하고 다를 경우는 공유되지 않는다는 것이다. 스토리지 API의 존재 단위가 'http://localhost:9090'이었던 것을 떠올리면 쉽게 이해할 수 있다.

1.1 비동기 동작방식과 IDBRequest

인덱스드디비의 동작 방식은 비동기 방식이다. 그리고 작업의 결과로 IDBRequest 타입의 객체를 DOM 이벤트 처리 방식으로 돌려준다.

먼저 동기 방식과 비동기 방식의 차이점에 대해 알아보자.

1.1.1 동기방식(synchronous)과 비동기(asynchronous) 방식

두 방식의 차이점은 어떤 함수를 호출했을 때 결과를 반환받을 때까지 기다렸다가 다른 작업을 할 것인가 아니면 요청의 결과를 기다리지 않고 바로 다른 작업을 할 것인가에 있다.

동기방식의 예로 전화를 들 수 있다. 홍길동과 임꺽정이 전화 통화를 한다고 생각해보자. 통화하는 중간에는 다른 작업을 할 수 없고 통화가 끝나야만 다른 일이 진행될 수 있다. 짧은 통화라면 상관없겠지만 아주 긴 통화가 이뤄진다면 어떨까? 다른 작업은 전혀 진행할 수 없을 것이다. 이처럼 동기방식은 시스템을 블록 상태로 빠트릴 수 있는 위험이 있다. 하지만, 작업은 확실히 진행된다.

비동기 방식의 예로는 메신저를 생각할 수 있다. 홍길동은 임꺽정에게 메시지를 보낸 후 임꺽정이 메시지를 확인했는지, 응답은 보내는지 크게 개의치 않고 바로 다른 작업을 진행할 수 있다. 나중에 임꺽정이 메시지를 확인하고 응답을 보내면 메시지 프로그램의 알람에 따라 정보를 확인하고 후속 작업을 진행한다. 전체적인 시스템 블록 현상이 발생하지 않고 효율적으로 돌아가지만 요청한 작업이 언제 처리되는지 정확히 알 수 없고 알람을 놓친다면 결과를 받을 수도 없게 된다.

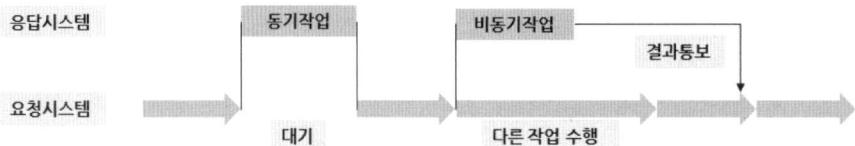

[그림 9.3] 동기 방식과 비동기 방식의 차이

1.1.2 인덱스드디비의 사용 방법과 IDBRequest

일반적으로 데이터베이스와 같이 I/O 작업이 많은 시스템인 경우는 비동기 방식으로 처리하는 것이 시스템의 성능 관리상 유리하다. 인덱스드디비의 API들도 비동기 방식으로 사용된다. 대부분의 함수는 호출 즉시 IDBRequest 객체를 반환하지만, 이 객체는 바로 사용할 수 없다. 이 객체에 success와 error 이벤트에 대한 리스너를 등록하고 이벤트를 수신했을 때 관련 속성들을 사용할 수 있게 된다.

다음 예제에서 인덱스드디비의 open() 함수의 호출 결과로 반환되는 IDBRequest 타입 객체의 속성을 바로 사용하는 경우와 success 이벤트의 콜백 내부에서 사용하는 경우의 차이점을 알아보자.

파일명 | ch09_indexedDB/01_async.html

```
 1:  <!DOCTYPE html>
 2:  <html>
 3:  <head>
 4:  <meta charset = "UTF-8">
 5:  <title>비동기 방식</title>
 6:  </head>
 7:  <body>
 8:
 9:  </body>
10:  <script>
11:     var openResult = indexedDB.open("hello");
12:     openResult.addEventListener("success", function() {
13:        console.log("콜백 내부 : " + openResult.result);
14:     });
15:
16:     console.log("전역 레벨 : " + openResult.result);
17:  </script>
18:  </html>
```

[소스 설명]

  11행 open()의 호출 결과를 openResult에 할당받는다. open()은 비동기적으로 동작하
　　　는 함수이다.

13-15행 openResult에 success에 대한 이벤트 콜백을 등록하고 그 내부에서 openResult
　　　의 속성인 result를 사용한다.

  17행 openResult의 속성인 result를 전역 레벨에서 바로 사용한다.

실행 결과를 살펴보면 전역 레벨에서 사용하는 경우는 아직 요청이 끝나지 않았으므로
사용할 수 없다는 에러 메시지가 출력된다. 이처럼 비동기식으로 동작하는 함수의 반환
값은 반환 즉시 사용할 수 없고 특정 이벤트에 의한 콜백 시점에서 사용할 수 있다.

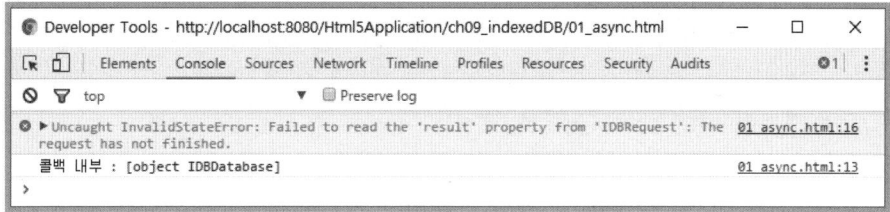

[그림 9.4] 잘못 사용된 비동기 함수에 의한 에러

인덱스드디비 API의 많은 요청은 다양한 결과를 반환하는데 IDBRequest가 가장 최상위
타입으로 공통 특성을 갖는다.

[표 9.1]은 IDBRequest의 이벤트를 나타낸다.

표 9.1 IDBRequest의 이벤트

이벤트 이름	설명
success	요청이 성공했을 때 동작하는 이벤트로 필요한 리스너를 등록해서 사용한다.
error	요청이 실패했을 때 동작하는 이벤트로 필요한 리스너를 등록해서 사용한다.

[표 9.2]는 IDBRequest의 속성을 나타낸다.

표 9.2 IDBRequest의 속성

속성 이름	설명
result	요청에 대한 결과를 가지는 속성이다. 만약 요청이 실패해서 사용할 수 없을 경우 InvalidStateError가 발생한다.
error	일반적으로 error 이벤트 시 오류의 원인을 나타낸다.
source	요청에 대한 소스이다. IDBIndex나 IDBObjectStore 등이며 요청에 따라 달라진다. 소스가 없을 경우는 null이 반환된다.
transaction	요청이 동작하는 트랜잭션 객체이다. 처음 데이터베이스를 열어서 아직 트랜잭션에 포함되지 않았을 경우는 null이 반환된다.

02 인덱스드디비 API 활용

이 절에서는 도서 관리 시스템을 인덱스드디비를 통해서 구축해보자. 시스템은 다음의 요구사항을 갖는다.

- 한 권의 도서의 정보는 제목, ISBN, 출판연도, 분야로 구성된다.
- 어플리케이션은 도서 정보를 등록할 수 있다. 이때 ISBN은 중복될 수 없다.
- 자료목록에는 관리 중인 도서들의 ISBN이 표시되며 자료 추가, 수정, 삭제 시 업데이트 된다.
- 저장된 도서는 ISBN으로 조회될 수 있고 조회된 자료는 수정, 삭제될 수 있다.
- 전체 도서 목록을 조회할 수 있고 특정 연도 이전에 출판된 자료만 조회할 수 있다.
- 각각의 동작은 대시보드에 결과를 출력한다.

먼저 이 어플리케이션의 HTML 부분을 살펴보자.

파일명 | ch09_indexedDB/02_bookshelf_open.html

```
 1: <!DOCTYPE html>
 2: <html>
 3: <head>
 4: <meta charset = "UTF-8">
 5: <title>데이터베이스 오픈</title>
 6: <style>
 7: label {
 8:     display: inline-block;
 9:     width: 70px;
10: }
11: </style>
12: </head>
13: <body>
14:     <fieldset>
15:         <legend>도서 정보</legend>
16:         <label for = "title">제목</label>
17:         <input id = "title" type = "text">
18:         <label for = "isbn">ISBN</label>
19:         <input id = "isbn" type = "text">
20:         <br>
21:         <label for = "year">출판연도</label>
22:         <input id = "year" type = "number">
23:         <label for = "category">분야</label>
24:         <select id = "category">
25:             <option>문학
26:             <option>경제
27:             <option>기술
```

```
28:          <option>시사
29:        </select> <br>
30:        <button id = "registerB">등록</button>
31:      </fieldset>
32:      <fieldset id = "control">
33:        <label for = "datas">자료 목록</label>
34:        <select id = "datas"></select>
35:        <button id = "searchB">조회</button>
36:        <button id = "delB">삭제</button>
37:        <button id = "getAllB">전체조회</button>
38:      </fieldset>
39:      <div id = "dashboard"></div>
40:    </body>
41:    <script src = "02_bookshelf_open.js"></script>
42:  </html>
```

[소스 설명]

15-30행 도서 정보를 입력받고 저장하기 위한 <input> 요소들이 배치된다.

33-37행 도서 정보를 제어하기 위한 <input> 요소들이 배치된다.

39행 동작에 대한 처리 결과를 출력하기 위한 dashboard를 배치한다.

41행 02_bookshelf_open.js 파일을 연결한다.

2.1 데이터베이스 생성

자바스크립트의 전역 객체인 window는 indexedDB 속성을 제공한다. 이 속성은 IDBFactory 인터페이스의 구현체로 어플리케이션에서 비동기적으로 인덱스드디비를 여는 기능을 제공한다. 또한, IDBRequest를 상속받은 IDBOpenDBRequest 타입의 반환값을 통해 실제 데이터베이스를 사용할 수 있게 한다.

2.1.1 IDBFactory의 함수

다음의 [표 9.3]은 IDBFactory의 함수를 나타낸다.

표 9.3 IDBFactory의 함수

함수 이름	설명
open(DB_NAME [, version])	데이터베이스와의 연결을 요청하는 함수이다. 호출 결과로 IDBOpenDBRequest 타입의 객체를 반환한다.
deleteDatabase(DB_NAME)	데이터베이스 삭제를 요청하는 함수이다. 호출 결과로 open과 마찬가지로 IDBOpenDBRequest 타입의 객체를 반환한다.

2.1.2 IDBOpenDBRequest의 속성과 이벤트

IDBOpenDBRequest는 IDBRequest를 상속받았으므로 기본 속성은 IDBRequest와 동일하다.

다음의 [표 9.4]는 IDBOpenDBRequest의 이벤트 목록이다.

표 9.4 IDBOpenDBRequest의 이벤트

이벤트 이름	설명
blocked	데이터베이스의 업그레이드가 필요한 상황에서 다른 사용자가 이미 기존 버전으로 사용하고 있을 때 새로운 사용자에게 발생하는 이벤트이다.
error	요청 처리에 실패했을 때 발생하는 이벤트이다.
success	요청 처리에 성공했을 때 발생하는 이벤트이다.
upgradeneeded	업그레이드가 필요한 경우 발생하는 이벤트이다. 기존의 데이터베이스 버전보다 높은 버전을 파라미터로 open() 함수를 호출할 때 발생한다.

indexedDB의 open() 함수는 단순하지만, 상당히 복잡하게 동작한다. 이 함수는 첫 번째 파라미터로 DB_NAME을 받는데 만약 기존에 동일한 이름의 데이터베이스가 존재하는 경우 그 데이터베이스를 사용하고, 존재하지 않는 경우 새로운 데이터베이스를 연결한다. 새로 생성되는 데이터베이스의 버전은 1이다.

두 번째 파라미터는 옵션으로 버전 정보이다. 버전은 사용하려는 데이터베이스의 버전을 명시하는 것 외에 데이터베이스를 업그레이드해야 하는지 판단하는 근거가 된다. 즉 현재 데이터베이스의 버전이 1일 때 open() 함수로 전달된 버전 정보가 이보다 크면 데이터베이스는 upgradeneeded 이벤트를 발생시켜 구조를 변경할 수 있게 한다.

> **Note**
> 버전 정보는 long 타입으로 정수가 사용된다. 만약 실수 형태의 값을 사용하면 내림이 발생한다. 즉, 2 버전의 데이터베이스를 업그레이드하기 위해 2.1을 입력하면 2로 처리되기 때문에 업그레이드되지 않는다.

open() 함수는 호출 즉시 IDBOpenDBRequest 타입의 객체를 반환하지만, 비동기 형태로 동작하기 때문에 바로 사용할 수는 없다. 반환값에 이벤트 리스너를 등록해서 그 안에서 사용해야 한다. 이때 IDBOpenDBRequest에서 발생하는 이벤트는 success, error, upgradedneeded, blocked가 있다. 데이터베이스가 처음 생성되거나 기존에 있는 버전보다 요청하는 버전이 높은 경우 upgradeneeded 이벤트가 발생한다. 데이터베이스를 성공적으로 오픈한 경우 IDBRequest 객체의 result 속성에는 데이터베이스 객체가 할당된다.

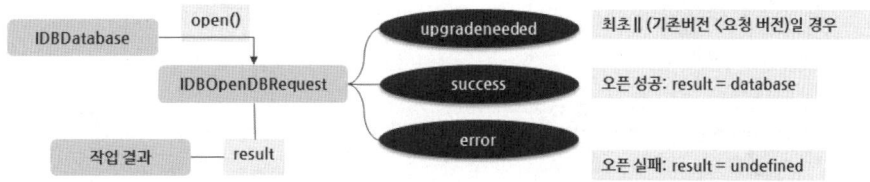

[그림 9.5] 데이터베이스의 open() 함수 동작

window의 속성인 indexedDB의 open() 함수를 이용해 데이터베이스를 생성해보자. 이때 open()의 반환값인 IDBRequest에 적절한 이벤트 리스너들을 추가해서 동작하는 흐름을 살펴보자.

```
파일명 | ch09_indexedDB/02_bookshelf_open.js
 1:  var bookShelfDB;
 2:  function openDB() {
 3:      var openResult = window.indexedDB.open("bookShelf", 1);
 4:      openResult.addEventListener("success", function() {
 5:          console.log("데이터베이스 오픈 성공 :" + this.result);
 6:          bookShelfDB = this.result;
 7:      });
 8:      openResult.addEventListener("error", function() {
 9:          console.log("데이터베이스 오픈 실패");
10:      });
11:      openResult.addEventListener("upgradeneeded", function() {
12:          console.log("데이터베이스 업그레이드 진행");
13:      });
14:  }
15:
16:  openDB();
```

[소스 설명]

1행 데이터베이스 객체를 저장할 변수 bookShelfDB를 선언한다.

3행 bookShelf 라는 이름의 데이터베이스를 오픈한다. 초기 버전은 1로 설정되어 있다.

4-7행 오픈 작업이 성공한 경우 동작할 success 이벤트에 대한 리스너를 등록한다. 여기서 this는 이벤트 소스인 openResult이고 result에는 IDBDatabase 타입의 객체가 할당된다. 1행에서 선언한 bookShelfDB 객체에 this.result를 할당해서 전역 변수로 관리한다.

8-10행 오픈 작업이 실패한 경우 동작할 error 이벤트에 대한 리스너를 등록한다. 예를 들어 버전 정보를 0으로 테스트하면 실패를 확인할 수 있다.

11-13행 업그레이드가 필요한 경우 동작할 upgradeneeded 이벤트에 대한 리스너를 등록한다.

예제 어플리케이션을 실행하여 개발자 도구에서 콘솔을 확인하면 데이터베이스가 성공적으로 오픈된 것을 확인할 수 있다. 주목할 점은 처음에는 데이터베이스가 존재하지 않앉기 때문에 생성이 필요했고 success 이벤트 이전에 upgradeneeded 이벤트가 먼저 발생했다는 점이다.

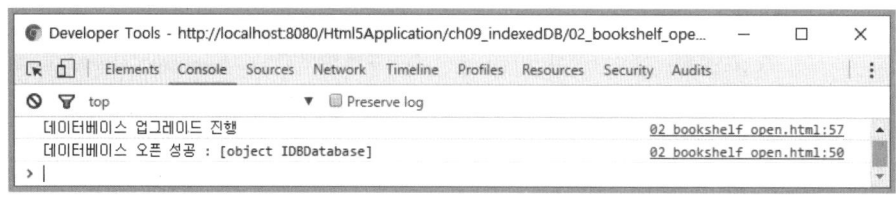

[그림 9.6] 데이터베이스 오픈 확인

이후로는 어플리케이션을 계속 실행해도 데이터베이스 오픈 성공에 대한 메시지만 출력되는 것을 확인할 수 있다.

실제로 생성된 데이터베이스는 개발자 도구의 [Resources] 탭의 IndexedDB에서 확인할 수 있다.

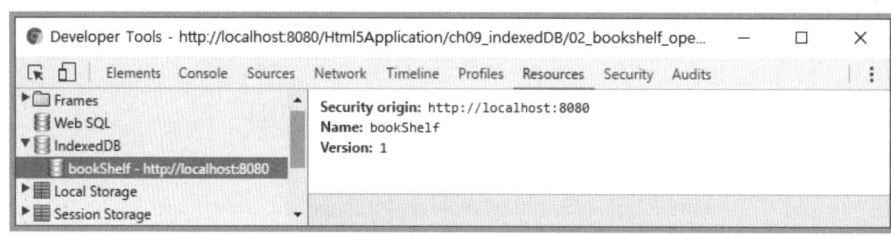

[그림 9.7] Resources에서의 데이터베이스 확인

Security origin 정보는 데이터베이스의 위치를 나타낸다. 추가로 Name 속성에 데이터베이스의 이름, Version에는 데이터베이스 버전 정보가 표시된다.

현재는 데이터베이스를 오픈했을 뿐 아직 저장될 데이터에 대한 구조를 정하지 않아 보이는 정보가 적다.

생성된 데이터베이스를 삭제하기 위해서는 indexedDB가 제공하는 deleteDatabase 함수를 사용한다.

```
1:  window.indexedDB.deleteDatabase("bookShelf");
```

2.2 데이터베이스 구조 생성

2.2.1 IDBDatabase의 인터페이스

IDBDatabase 타입의 객체는 데이터베이스 자체를 나타내며 관리를 위한 다양한 속성과 기능을 가지며 이벤트도 등록할 수 있다. [표 9.5]에는 속성을 설명하고, [표 9.6]에는 함수를 설명하며 [표 9.7]에서는 이벤트를 설명하고 있다.

표 9.5 IDBDatabase의 속성

속성 이름	설명
name	연결된 데이터베이스의 이름을 나타낸다.
version	연결된 데이터베이스의 버전을 나타낸다.
objectStoreNames	연결된 데이터베이스에 속한 오브젝트스토어의 이름을 리스트 형태로 반환한다.

표 9.6 IDBDatabase의 함수

함수 이름	설명
createObjectStore(store_name [, optionalParameter])	연결된 데이터베이스에 store_name으로 오브젝트스토어 객체를 생성한다.
deleteObjectStore(store_name)	store_name으로 등록된 오브젝트스토어 객체를 삭제한다.
close()	연결된 데이터베이스와의 연결을 즉시 종료한다.
transaction(store_name_arr, prop)	IDBTransaction 타입의 트랜잭션 객체를 반환한다. store_name_arr은 트랜잭션을 적용할 오브젝트스토어 이름의 배열이다. prop은 트랜잭션을 사용할 모드이다.

표 9.7 IDBDatabase의 이벤트

이벤트 이름	설명
abort	연결된 데이터베이스에의 접근이 실패한 경우 이벤트가 발생한다.
error	데이터베이스 접근 시 오류가 발생한 경우 이벤트가 발생한다
versionchange	데이터베이스 구조가 변경된 경우 이벤트가 발생한다.

createObjectStore() 함수는 IDBObjectStore 타입의 객체를 반환한다. IDBObjectStore 는 RDB의 테이블과 유사하게 데이터를 저장하는 객체이다. 첫 번째 파라미터는 테이블 이름처럼 오브젝트스토어의 이름을 나타낸다. 두 번째 옵션 파라미터 객체는 부가적인 정보를 전달하는 객체로 다음과 같은 두 가지 속성을 갖는다.

- keyPath : 일종의 기본키(primary key)이다. 오브젝트스토어에 저장되는 모든 객체는 keyPath에 설정된 속성을 가져야 한다.
- autoIncrement : 불리언 값이며 true로 설정된 경우 키 생성기(key generator)를 통해 키가 자동으로 공급되고 저장되는 객체들은 별도로 keyPath 값을 입력할 필요 없다. false로 설정되면 키 생성기는 제공되지 않으며 반드시 keyPath 값을 입력해야 한다. 기본값은 false이다.

다음 예제는 데이터베이스에 새로운 ObjectStore를 추가하며 기존의 데이터베이스 버전을 업그레이드하는 방법을 보여준다.

파일명 | ch09_indexedDB/03_bookshelf_objectstore_1_keypath.js

```javascript
1:  var bookShelfDB;
2:  function openDB() {
3:    var openResult = window.indexedDB.open("bookShelf", 2);
4:    openResult.addEventListener("success", function() {
5:      console.log("데이터베이스 오픈 성공 : " + this.result);
6:      bookShelfDB = this.result;
7:      showDatabaseInfo(bookShelfDB);
8:    });
9:    openResult.addEventListener("error", function() {
10:     console.log("데이터베이스 오픈 실패");
11:    });
12:    openResult.addEventListener("upgradeneeded", function() {
13:      console.log("데이터베이스 업그레이드 진행");
14:      bookShelfDB = this.result;
15:      if(bookShelfDB.objectStoreNames.contains("books")) {
16:        bookShelfDB.deleteObjectStore("books");
17:      }
18:      bookShelfDB.createObjectStore("books",
19:                        {keyPath:"isbn", autoIncrement:true});
20:    });
21:  }
22:  openDB();
23:
24:  function showDatabaseInfo(db) {
25:    console.log("이름: " + db.name, "버전: " + db.version);
26:
27:    console.log("ObjectStore 개수: " + db.objectStoreNames.length);
28:    for (var i = 0; i < db.objectStoreNames; i++) {
29:      console.log(i + " : " + db.objectStoreNames[i]);
30:    }
31:  }
```

[소스 설명]

3행 bookShelf 데이터베이스를 연다. 주의할 점은 버전 정보가 2로 기존보다 높아졌다는 점이다. 이 때문에 upgradeneeded 이벤트가 success 이전에 콜백된다.

7행 bookShelf 데이터베이스의 상세 정보를 알기 위해 showDatabaseInfo() 함수를 호출한다.

15-16행 bookShelfDB에 기존에 books라는 이름으로 등록된 오브젝트스토어가 있다면 일단 제거한다.

18-19행 books라는 이름으로 오브젝트스토어를 생성한다. 이때 넘겨주는 옵션 파라미터 객체를 살펴보면 keyPath로 isbn이 등록되어 있으므로 앞으로 등록되는 모든 객체는 isbn이라는 속성을 가져야 한다. 또한, autoincrement 속성이 true로 되어 있어 이 값을 지정하지 않으면 자동 할당된다.

24-31행 데이터베이스에 대한 정보를 출력하는 함수를 구성한다.

03_bookshelf_objectstore_1_keypath.html 예제 파일을 실행하고 개발자 도구의 콘솔을 살펴보자.

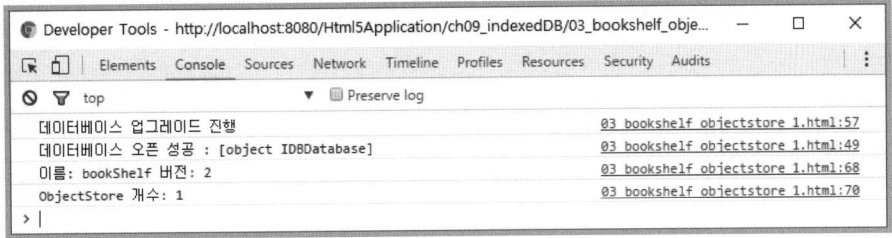

[그림 9.8] 오브젝트스토어 생성 로그 확인

물론 Resources의 IndexedDB 항목에도 변화가 생겼는데 bookShelf 데이터베이스 아래 books라는 오브젝트스토어가 추가되었다. 해당 항목을 선택하면 우측에 isbn이 Key path로 등록되어 있음을 확인할 수 있다.

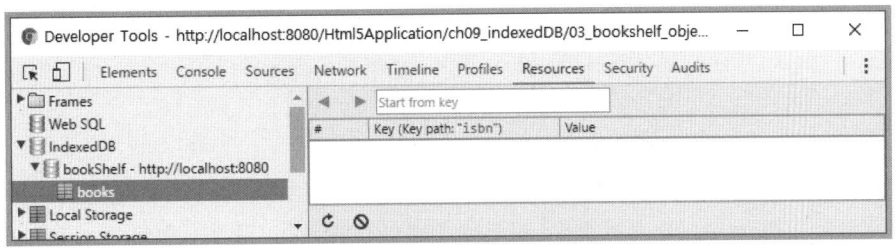

[그림 9.9] 추가된 books 오브젝트스토어 확인

2.3 데이터 관리

인덱스드디비를 이용한 데이터 관리를 위해 IDBIndexedDB, IDBTransaction, IDBObjectStore, IDBRequest 등이 필요하다.

일반적으로 인덱스드디비에서 데이터를 관리하기 위해서는 다음의 절차를 따른다.

- 데이터베이스의 createObjectStore() 함수를 이용해 오브젝트스토어를 생성한다.
- 데이터베이스의 transaction() 함수를 통해 특정 오브젝트스토어에서 사용할 트랜잭션을 얻는다.
- 트랜잭션의 objectStore() 함수를 이용해 트랜잭션에서 사용할 오브젝트스토어를 획득한다.
- 오브젝트스토어를 통해 add(), remove() 등의 함수로 데이터베이스를 사용한다.
- 이 함수들은 IDBRequest를 반환하는 비동기 방식으로 동작하며 성공 여부에 따라 success나 error 이벤트를 발생시킨다.
- 이벤트 내에서 IDBRequest 객체가 갖는 result 속성에서 상황에 따른 결과를 확인한다.

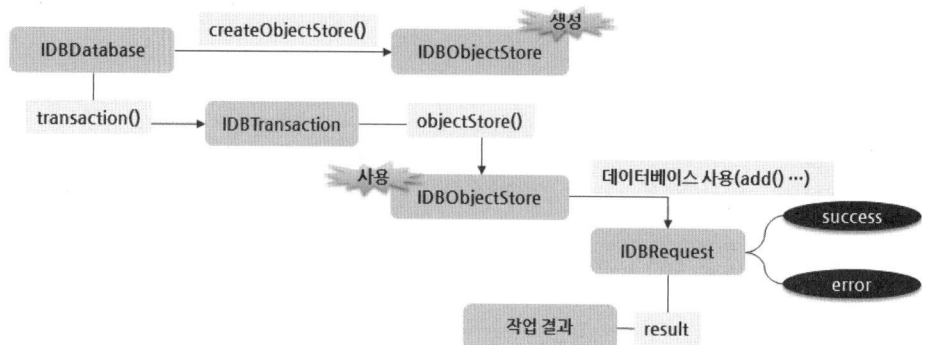

[그림 9.10] 자료 관리 흐름

2.3.1 IDBObjectStore 인터페이스

IDBObjectStore는 RDB에서의 테이블과 같은 역할을 한다. 즉 다수의 데이터를 저장하는 곳이 바로 오브젝트스토어이고, 다양한 역할을 수행할 수 있다.

다음은 오브젝트스토어를 통해 처리하는 작업들이다.

- 저장되는 데이터의 구조를 결정할 수 있다.
  오브젝트스토어를 생성할 때 입력했던 keyPath는 RDB의 기본 키와 같은 역할을 한다. 또한, 오브젝트스토어를 통해서 IDBIndex 객체를 얻어 keyPath 외에 추가적인 칼럼을 정의할 수 있다.

- 데이터에 대한 추가/수정/삭제/조회를 처리한다.
  각 작업은 IDBTransaction을 이용해서 트랜잭션을 시작해 데이터의 무결성을 확보한 후 작업해야 한다. 또한, 전문적인 조회를 위해 IDBCursor를 사용할 수 있다.

IDBObjectStore는 [표 9.8]의 속성과 [표 9.9]의 함수를 제공한다.

표 9.8 IDBObjectStore의 속성

속성 이름	설명
indexNames	오브젝트스토어에 설정된 인덱스의 이름들을 리스트로 나타낸다.
keyPath	오브젝트스토어에 설정된 keyPath를 나타낸다.
name	오브젝트스토어의 이름을 나타낸다.
transaction	오브젝트스토어가 속해 있는 IDBTransaction 객체를 나타낸다.
autoIncrement	오브젝트스토어에 설정된 auto increment 속성의 값을 나타낸다.

오브젝트스토어에 설정된 auto increment 속성의 값을 나타낸다.

표 9.9 IDBObjectStore의 함수

함수 이름	설명
add(item [, optionalKey])	IDBRequest를 반환하며 비동기적으로 동작한다. item의 복제본[21]을 새로운 데이터로 오브젝트스토어에 저장한다. 이 기능은 추가 전용으로 오브젝트스토어에서 지정한 키로 이미 다른 객체가 저장되어 있는 경우 오류를 발생한다.
put(item, optionalKey)	IDBRequest를 반환하며 비동기적으로 동작한다. item의 복제본을 오브젝트스토어에 저장한다. 기존에 동일한 keyPath의 아이템이 등록되었다면 수정으로 동작하고 처음이라면 추가로 동작한다. put()을 위해서는 트랜잭션 모드가 readwrite로 설정되어야 한다.
delete(recordKey)	IDBRequest를 반환하며 비동기적으로 동작한다. 오브젝트스토어에서 keyPath 항목이 recordKey인 자료를 삭제한다.
get(key)	IDBRequest를 반환하며 비동기적으로 동작한다. 주어진 key로 오브젝트스토어에 등록된 자료를 조회한다. 조회 결과는 IDBRequest의 result 속성에서 확인할 수 있다. 자료가 정상적으로 조회된 경우 등록된 객체의 복제본이 반환된다.
getAll([query, count])	IDBRequest를 반환하며 비동기적으로 동작한다. 파라미터로 줄 수 있는 query는 IDBKeyRange 타입의 객체로 조회 결과를 필터링할 때 사용된다. count는 조회된 결과를 몇 개까지 반환할 것인가를 나타낸다.
clear()	IDBRequest를 반환하며 비동기적으로 동작한다. 오브젝트스토어에 저장된 모든 자료를 삭제한다.
getAllKeys([query, count])	IDBRequest를 반환하며 비동기적으로 동작한다. 오브젝트스토어에 저장된 모든 객체들의 키들을 반환한다. 파라미터는 getAll()의 것과 동일하다.
createIndex(name, property, optionsObj)	IDBIndex 타입을 생성해서 즉시 반환한다. name은 생성하는 인덱스의 이름이다. property는 인덱스로 사용할 객체의 속성으로 오브젝트스토어에 저장되는 모든 객체들은 반드시 property에 해당하는 속성을 가져야 한다. optionsObj는 인덱스가 가질 속성을 설정하는데 unique라는 키로 boolean 타입의 값을 갖는다. true가 설정되면 값은 중복될 수 없고 false면 중복을 허용한다. 이 함수는 VersionChange 트랜잭션 모드에서 호출되어야 한다. 따라서 일반적으로 upgradeneeded 이벤트에서 호출된다.
deleteIndex(name)	name으로 등록된 인덱스를 삭제한다. createIndex와 마찬가지로 주로 upgradeneeded 이벤트에서 호출된다.
index(name)	name으로 등록된 인덱스를 반환한다.
openCursor([keyRange, direction])	IDBRequest를 반환하며 비동기적으로 동작한다. IDBRequest의 result에서 IDBCursorWithValue 객체를 얻을 수 있다. 커서에 대한 상세 사용은 뒤에 다룬다. 처음 파라미터는 검색 조건을 나타내고 두 번째 파라미터는 데이터의 정렬 조건을 나타낸다.
count([keyRange])	IDBRequest를 반환하며 비동기적으로 동작한다. IDBKeyRange의 범위에 적합한 데이터의 개수가 반환되거나 파라미터가 없을 경우 전체 데이터의 개수를 반환한다.

---

21) 객체가 복제(clone)되기 위해서는 function을 포함해서는 안 된다.

오브젝트스토어에는 [표 9.9]에서 살펴본 대로 많은 조회 함수들이 있다. 그런데 주의할 점은 자료가 조회되지 않았을 때인데 정말로 조회된 값이 없거나 또는 undefined 자체가 저장되어 있을 때 확인되는 결과값은 모두 undefined라는 점이다. 따라서 값의 존재유무를 정확히 파악하기 위해서는 IDBCursor를 이용해야 한다. get(), getAll(), getAllKeys() 함수가 이에 속한다.

2.3.2 IDBTransaction 인터페이스

데이터베이스에서 가장 중요한 점은 자료의 무결성이다. 저장했던 자료가 어떠한 이유에서든지 훼손된 경우 그 데이터베이스를 믿고 사용할 수 없을 것이다. 어플리케이션 사용 중 브라우저가 갑자기 종료되거나 사용자가 브라우저를 종료하는 경우, 사용자가 동일한 어플리케이션을 여러 개의 동일한 종류의 브라우저에서 실행하는 경우 등 많은 상황에서 데이터의 훼손 및 충돌이 발생할 수 있다. 이런 일련의 상황을 방지하기 위해서 오브젝트스토어에서 사용되는 함수들은 트랜잭션을 통해서 수행된다.

> **Note**
>
> 일반적인 RDB의 트랜잭션과 달리 인덱스드디비의 트랜잭션은 오토커밋(auto commit) 만을 지원한다. 즉 별도의 커밋(commit) 명령을 입력하지 않아도 하나의 기능이 수행 완료되면 알아서 커밋하고 수동으로 조절할 수는 없다.

트랜잭션은 IDBDatabase의 transaction(store_name_arr, prop) 함수를 이용해서 얻을 수 있다. store_name_arr 속성에는 해당 트랜잭션에서 사용하려는 오브젝트스토어의 이름들을 배열 형태로 입력한다. 두 번째 속성인 prop에는 트랜잭션의 모드를 문자열 형태로 입력하는 데 사용하는 트랜잭션 모드는 [표 9.10]과 같다.

표 9.10 트랜잭션 모드

모드	설명
readonly	데이터에 대한 읽기 작업만을 지원한다.
readwrite	데이터에 대한 읽기는 물론 쓰기, 수정, 삭제를 지원한다.
versionchange	readwrite와 같은 기능을 할 수 있지만, 데이터베이스 버전을 업데이트하는 데에서만 사용할 수 있다.

다음의 [표 9.11]에서는 트랜잭션의 속성을 나타내고, [표 9.12]는 트랜잭션의 함수 그리고 [표 9.13]은 트랜잭션의 이벤트를 설명한다.

표 9.11 트랜잭션의 속성

속성 이름	설명
db	현재 트랜잭션이 연결된 데이터베이스 객체를 나타낸다.
mode	현재 트랜잭션에 설정된 모드를 나타낸다. 기본값은 readonly이다.
objectStoreNames	현재 트랜잭션에서 사용할 수 있는 오브젝트스토어의 이름을 리스트 형태로 반환한다.

표 9.12 트랜잭션의 함수

함수 이름	설명
objectStore(store_name)	현재 트랜잭션 영역에 등록된 오브젝트스토어 중 store_name에 해당하는 객체를 반환한다.
abort()	현재의 트랜잭션 아래에서 수행했던 모든 작업들을 되돌린다.(rollback)

표 9.13 트랜잭션의 이벤트

이벤트 이름	설명
abort	트랜잭션에서 abort가 호출되었을 때 동작한다.
complete	트랜잭션이 성공적으로 마무리되었을 때 동작한다.
error	예외 발생으로 트랜잭션이 실패했을 때 동작한다.

이제 앞서 설명한 객체들을 이용해서 실제로 데이터를 관리해보자.

2.3.3 자료 추가

화면에서 [등록] 버튼을 클릭했을 때 자료를 데이터베이스에 저장하도록 구현해보자.

파일명 | ch09_indexedDB/04_bookshelf_objectstore_2_put.js

```
1:  var title = document.getElementById("title");
2:  var year = document.getElementById("year");
3:  var category = document.getElementById("category");
4:  var isbn = document.getElementById("isbn");
5:  var dashboard = document.getElementById("dashboard");
6:
7:  document.getElementById("registerB").addEventListener("click", function() {
8:      dashboard.innerHTML = "";
9:      var data = {title:title.value, year:year.value, category:category.value};
10:     if(isbn.value) {
11:         data.isbn = Number.parseInt(isbn.value);
12:     }
13:     var tx = bookShelfDB.transaction(["books"], "readwrite");
14:     showTransactionInfo(tx);
15:
16:     tx.addEventListener("complete", function() {
17:         dashboard.innerHTML += "트랜잭션이 종료<br>";
18:     });
19:     tx.addEventListener("abort",function() {
20:         dashboard.innerHTML += "트랜잭션이 취소<br>";
21:     });
22:     tx.addEventListener("error", function() {
23:         dashboard.innerHTML += "트랜잭션이 실패<br>";
24:     });
25:
26:     var objStore = tx.objectStore("books");
27:     showObjectStoreInfo(objStore);
```

```
28:        var request = objStore.put(data);
29:        request.addEventListener("success", function() {
30:           dashboard.innerHTML += "자료 저장 성공" + JSON.stringify(data) + "<br>";
31:        });
32:        request.addEventListener("error", function() {
33:           dashboard.innerHTML += "자료 저장 실패<br>";
34:        });
35:        //tx.abort();
36:     });
37:
38:     function showTransactionInfo(tx) {
39:        console.log("Transaction 정보 " + "소속 DB :" + tx.db + ", 모드 : " + tx.mode);
40:        console.log("연동되는 ObjectStore 정보" , tx.objectStoreNames);
41:        console.log("Transaction 정보 출력 종료----------------------------");
42:     }
43:     function showObjectStoreInfo(os) {
44:        console.log("ObjectStore 정보", "이름: " + os.name);
45:        console.log("자동완성 칼럼 보유 여부 : " + os.autoIncrement);
46:        console.log("keyPath : ", os.keyPath);
47:        console.log("인덱스 정보: ", os.indexNames);
48:        console.log("ObjectStore 정보 출력 종료----------------------------");
49:     }
```

[소스 설명]

7행 registerB 버튼에 click 이벤트가 발생했을 때 동작할 리스너를 등록한다.

9행 데이터베이스에 저장할 객체를 JSON 형태로 구성한다. 앞선 예제에서 오브젝트스
     토어의 keyPath를 isbn으로 선언했는데 autoincrement 속성을 true로 설정했음
     을 기억하자. 따라서 isbn 값을 설정하지 않아도 저장할 때 자동 할당된다.

10-12행 데이터를 추가할 경우는 위 설명처럼 isbn을 자동으로 할당받지만, 기존의 데이터
       를 수정할 경우는 화면에서 정보를 받아야 한다. 이때 주의할 점은 autoincrement
       속성 때문에 isbn은 숫자로 입력해야 한다는 점이다. 따라서 Number.parseInt()
       함수를 이용해 문자열인 화면 값을 숫자로 변경해서 사용한다.

13행 데이터베이스로부터 이름이 books인 오브젝트스토어를 관리할 트랜잭션 객체를
     얻는다. 이때 readwrite 속성을 이용해서 편집을 가능하게 한다.

14행 트랜잭션 정보를 출력한다.

16-24행 각각 트랜잭션 정상 종료, 취소, 에러 상황에 대한 리스너를 등록한다.

26행 트랜잭션으로부터 이름이 books인 오브젝트스토어를 획득한다.

27행 오브젝트스토어의 정보를 출력한다.

28행 put 함수를 이용해 데이터를 저장하고 request 객체에 할당한다.

29-31행 저장에 성공한 경우 동작할 리스너를 등록한다. 화면에 저장 내용을 출력한다.

32-34행 저장 실패한 경우 동작할 리스너를 등록한다. 화면에 실패 메시지를 출력한다.

35행 트랜잭션을 취소하는 abort() 함수를 호출한다. (현재는 주석으로 되어 있다.)

38-42행 트랜잭션의 속성을 이용해서 정보를 출력한다.

43-49행 오브젝트스토어의 속성을 이용해서 정보를 출력한다.

04_bookshelf_objectstore_2_put.html 예제를 실행해보자. 도서정보 관련 필드에 값을 입력한 후 [등록] 버튼을 클릭한다. 자료에 대한 저장이 성공했음을 확인할 수 있다. 연속적으로 다른 데이터도 같이 입력해보자. 화면에는 자료가 저장된 후 트랜잭션이 종료되는 로그가 출력된다.

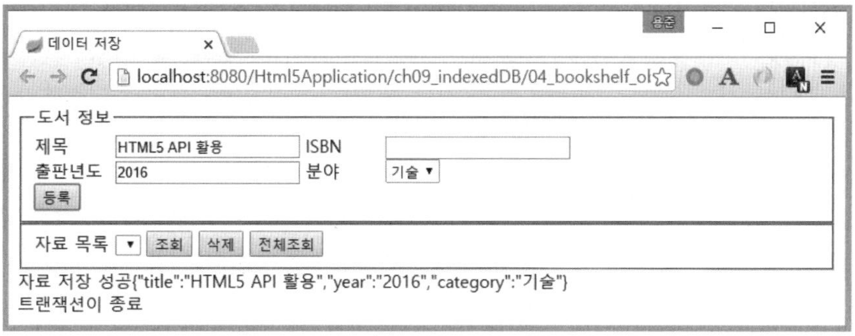

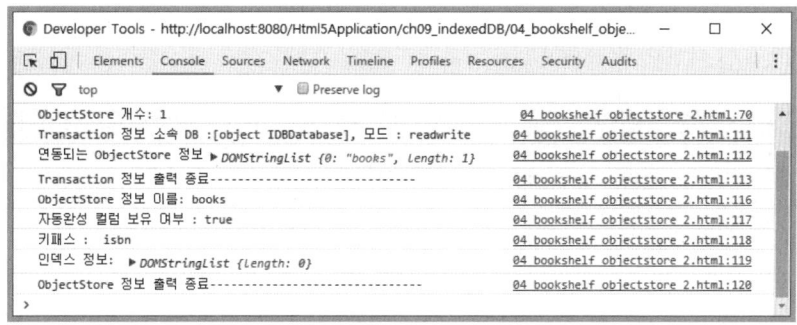

[그림 9.11] 데이터 추가 성공

개발자 도구의 콘솔 로그에서는 오브젝트스토어와 트랜잭션에 대한 정보도 확인할 수 있다.

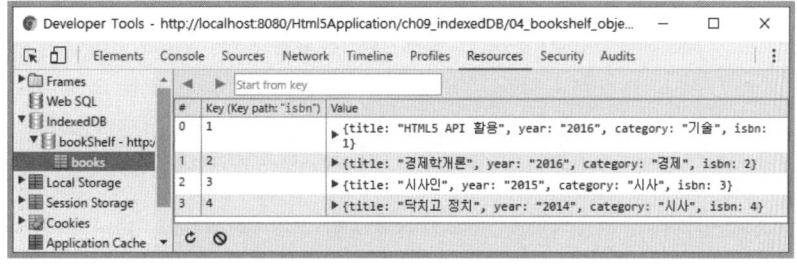

[그림 9.12] 콘솔에 출력된 트랜잭션과 오브젝트스토어 정보

데이터베이스를 확인해보면 입력한 정보들이 잘 저장되어 있으며 isbn이 자동으로 입력되어 있음을 확인할 수 있다.

[그림 9.13] 데이터베이스에 저장된 자료 확인

마지막으로 트랜잭션이 취소되는 경우를 생각해보자. 04_bookshelf_objectstore_2_ put.js에서 주석 처리된 32행의 주석을 지우고 등록을 실행해보자. 자료 저장 실패 이후 트랜잭션 실패, 트랜잭션 취소의 메시지가 순서대로 출력된다. 당연히 데이터베이스를 확인해 보아도 관련 정보를 찾을 수 없다.

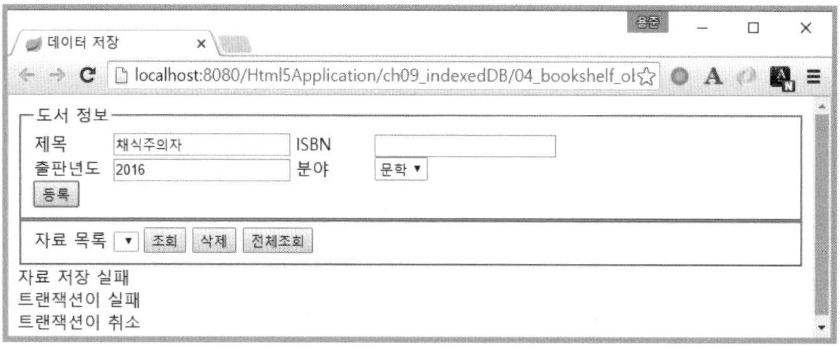

[그림 9.14] 트랜잭션의 abort() 호출

다음 테스트를 위해서 다시 tx.abort() 행은 주석으로 처리한다.

2.3.4 자료 목록 업데이트

데이터베이스에 추가된 자료의 isbn을 화면의 자료 목록에 업데이트해 보자. 자료를 조회하기 위해서 트랜잭션은 readonly 속성이면 충분하다. 불필요한 이벤트는 과감히 줄이고 필요한 내용만 작성해보자.

파일명 | ch09_indexedDB/05_bookshelf_objectstore_3_isbnlist.js

```
1:   var datas = document.getElementById("datas");
2:   function updateISBNList() {
3:       dashboard.innerHTML = "";
4:       var tx = bookShelfDB.transaction(["books"], "readonly");
5:
6:       var objStore = tx.objectStore("books");
7:       var request = objStore.getAllKeys();
8:       request.addEventListener("success", function() {
9:         datas.innerHTML = "";
10:        for(var i = 0; i < request.result.length; i++) {
11:            datas.innerHTML += "<option>" + request.result[i];
12:        }
13:        dashboard.innerHTML += "목록 업데이트 성공";
14:      });
15:      request.addEventListener("error", function() {
16:          dashboard.innerHTML += "목록 업데이트 실패<br>";
17:      });
18:  }
```

[소스 설명]

1행 isbn 정보들을 저장할 <select> 요소를 변수 datas에 할당한다.

4행 books 오브젝트스토어에 대한 트랜잭션을 readonly 모드로 획득한다.

7행 getAllKeys() 함수를 이용해 저장된 모든 데이터의 키 목록을 가져온다.

8~14행 getAllKeys() 함수가 정상적으로 동작했을 때 결과값인 result를 이용해서 datas를 업데이트 한다.

05_bookshelf_objectstore_3_isbnlist.js에서 updateISBNList() 함수는 데이터베이스의 open() 함수의 요청 객체에 대한 success 이벤트와 오브젝트스토어의 put() 함수의 요청 객체에 대한 success 이벤트에서 각각 호출해주어야 한다. 이제 어플리케이션이 처음 실행되거나 데이터가 저장되면 자료 목록이 업데이트되는 것을 확인할 수 있다.

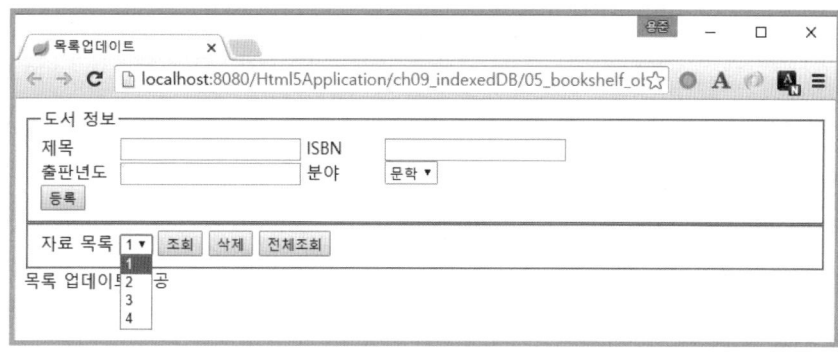

[그림 9.15] 목록 업데이트

2.3.5 전체 조회

[전체조회] 버튼이 클릭되었을 때 데이터베이스에 저장된 모든 자료가 출력되도록 구현해보자. 역시 트랜잭션은 readonly 모드면 충분하고 오브젝트스토어의 getAll() 함수를 사용하면 된다.

파일명 | ch09_indexedDB/06_bookshelf_objectstore_4_getAll.js

```
 1:  document.getElementById("getAllB").addEventListener("click", function() {
 2:    dashboard.innerHTML = "";
 3:    var tx = bookShelfDB.transaction(["books"], "readonly");
 4:
 5:    var objStore = tx.objectStore("books");
 6:    var request = objStore.getAll();
 7:    request.addEventListener("success", function() {
 8:      dashboard.innerHTML = "";
 9:      for(var i = 0; i < request.result.length; i++) {
10:        dashboard.innerHTML += JSON.stringify(request.result[i]) + "<br>";
11:      }
12:    });
13:    request.addEventListener("error", function() {
14:      dashboard.innerHTML += "자료 조회 실패<br>";
```

```
15:   });
16:  });
```

[소스 설명]

6행 오브젝트스토어의 getAll() 함수를 이용해 전체 데이터베이스의 목록을 반환한다.

7-12행 getAll() 함수가 성공적으로 동작한 경우 결과값인 result를 이용해 dashboard 영역에 자료를 출력한다.

06_bookshelf_objectstore_4_getAll.html 예제 파일을 실행하고 [전체조회] 버튼을 클릭하면 데이터베이스에 저장된 모든 책의 정보를 확인할 수 있다.

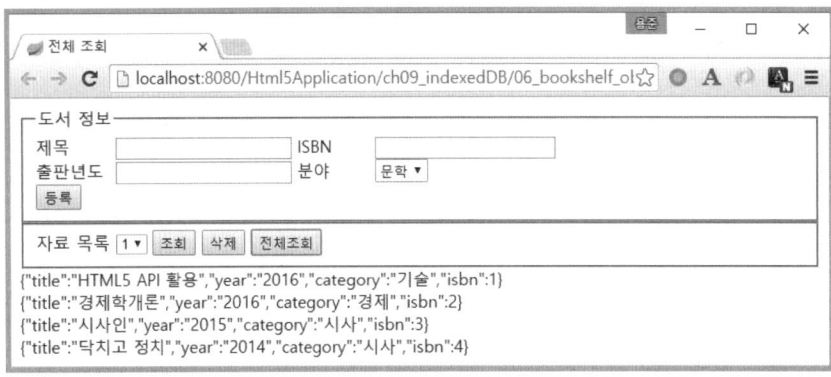

[그림 9.16] 전체 조회

2.3.6 개별 조회 및 수정

keyPath를 이용해서 특정 데이터를 조회해보자. 자료목록에서 isbn을 선택 후 [조회] 버튼을 클릭하면 데이터베이스에서 자료를 조회해 화면의 필드를 업데이트한다. 트랜잭션 모드는 readonly로 설정하고 오브젝트스토어의 get() 함수를 이용한다. 주의할 점은 keyPath로 설정한 isbn이 autoincrement 속성이라는 점이다. 자료 저장의 경우와 마찬가지로 Number.parseInt() 함수를 이용해 화면의 문자열 값을 숫자로 변경 후 사용한다.

파일명 | ch09_indexedDB/07_bookshelf_objectstore_5_get.js

```
1:  document.getElementById("searchB").addEventListener("click", function() {
2:    var tx = bookShelfDB.transaction(["books"], "readonly");
3:
4:    var objStore = tx.objectStore("books");
5:    var request = objStore.get(Number.parseInt(datas.value));
6:    request.addEventListener("success", function() {
7:      dashboard.innerHTML = "자료 조회 성공";
8:      var data = this.result;
9:      title.value = data.title;
10:     isbn.value = data.isbn;
11:     year.value = data.year;
12:     category.value = data.category;
```

```
13:     });
14:     request.addEventListener("error", function() {
15:        dashboard.innerHTML += "자료 조회 실패<br>";
16:     });
17:   });
```

[소스 설명]

　　5행　화면의 문자열 값인 datas.value를 Number.parseInt 함수를 이용해서 정수로 변
　　경 후 오브젝트스토어의 get() 함수로 데이터베이스에 저장된 객체를 조회한다.

　6-13행　조회에 성공한 경우 조회된 결과를 이용해 화면의 필드를 업데이트 한다.

07_bookshelf_objectstore_5_get.html 예제 파일을 실행시킨 후 자료 목록에서 정보를
알고 싶은 isbn을 선택 후 [조회] 버튼을 클릭한다.

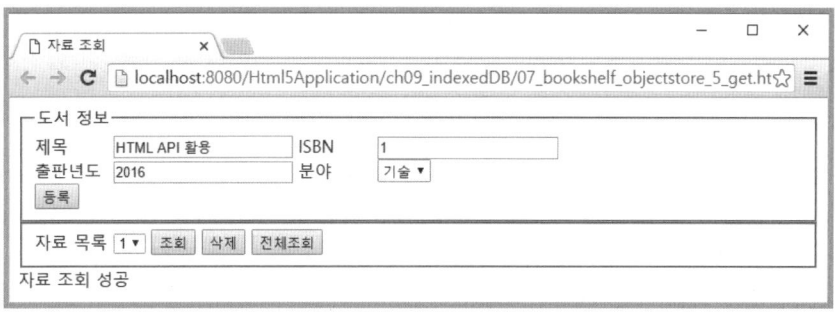

[그림 9.17] 개별 자료 조회

조회된 결과에서 ISBN 항목을 제외한 화면 값을 변경 후 다시 [등록] 버튼을 클릭하면
이미 존재하는 ISBN 값을 이용해서 오브젝트스토어의 put() 함수가 동작하므로 기존 데
이터에 대한 수정 동작이 일어난다.

2.3.7 개별 삭제

keyPath를 이용해 특정 자료를 삭제해보자. isbn 목록에서 삭제하려는 번호를 선택 후
[삭제] 버튼을 클릭하면 데이터베이스에서 자료를 삭제한다. 자료 편집의 경우이기 때문
에 트랜잭션 모드는 readwrite가 필요하다.

파일명 | ch09_indexedDB/08_bookshelf_objectstore_6_delete.js

```
1:   document.getElementById("delB").addEventListener("click", function() {
2:      var tx = bookShelfDB.transaction(["books"], "readwrite");
3:
4:      var objStore = tx.objectStore("books");
5:      var request = objStore.delete(Number.parseInt(datas.value));[22]
```

---

22) 이클립스에서는 해당 행이 다음의 오류로 표시된다. 하지만, 어플리케이션은 정상 작동하니 걱정하지 말자.
　　오류 정보: Syntax error on token "delete", Identifier expected

```
 6:    request.addEventListener("success", function() {
 7:      updateISBNList();
 8:      dashboard.innerHTML = "자료 삭제 성공<br>";
 9:    });
10:    request.addEventListener("error", function() {
11:      dashboard.innerHTML += "자료 삭제 실패<br>";
12:    });
13: });
```

[소스 설명]

> 2행 자료 삭제를 위해서 트랜잭션 모드를 readwrite로 트랜잭션 객체를 얻는다.
>
> 5행 오브젝트스토어의 delete() 함수로 자료를 삭제한다. 이때 화면의 정보가 문자열이므로 Number.parseInt() 함수로 숫자로 변경 후 처리한다.
>
> 7행 전체 데이터의 개수에 변경이 생겼으므로 자료 목록을 업데이트 한다.

개별 조회와 마찬가지로 자료목록에서 삭제하려는 데이터를 고른 후 [삭제] 버튼을 클릭한다.

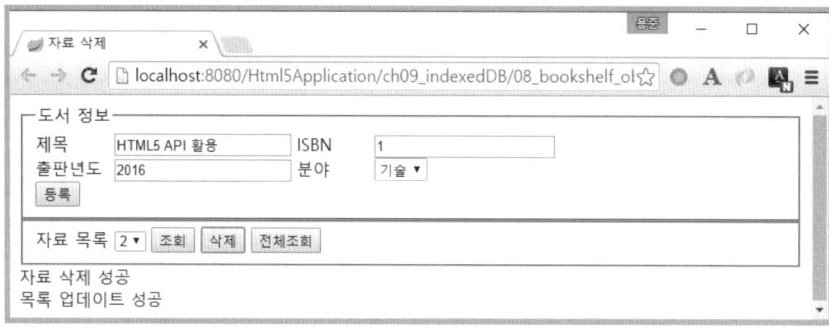

[그림 9.18] 개별 자료 삭제

03 고급 조회

데이터베이스의 장점 중 하나는 다양한 조회에 있다. 이제까지는 하나의 keyPath만을 이용해서 데이터를 조회해 보았지만, 어플리케이션을 만들다 보면 다른 속성들을 이용한 조회가 필요한 경우도 많다. 즉, ISBN 외에 분야별, 출판연도별로 자료를 조회해야 할 필요성이 발생한다. 이를 위해 IDBIndex, IDBCursor, IDBKeyRange 객체에 대해 알아보자.

상세 검색을 테스트하기 위해서 새로운 HTML 폼을 이용해보자.

파일명 | ch09_indexedDB/09_bookshelf_keyrange.html

```html
 1:  <!DOCTYPE html>
 2:  <html>
 3:  <head>
 4:  <meta charset = "UTF-8">
 5:  <title>KeyRange 테스트</title>
 6:  <style>
 7:  label {
 8:      display: inline-block;
 9:      width: 70px;
10:  }
11:  .smallInput {
12:      width: 40px;
13:  }
14:  </style>
15:  </head>
16:  <body>
17:      <fieldset id = "search">
18:        <legend>정보 조회</legend>
19:        <button id = "getAllB">전체조회</button>
20:        <button id = "getByIsbnRangeB">ISBN범위 조회</button>
21:        (
22:        <input type = "number" id = "lowerISBN" placeholder = "최소"
23:           class = "smallInput">
24:        ~
25:        <input type = "number" id = "upperISBN" placeholder = "최대"
26:           class = "smallInput">
27:        )<br>
28:        <button id = "titleIdxB">타이틀인덱스</button>
29:        <input type = "text" id = "startChar" placeholder = "시작" class = "smallInput">
30:        부터
31:        <input type = "text" id = "endChar" placeholder = "종료" class = "smallInput">
32:        까지의 제목 <br>
33:        <button id = "yearIdxB">출판연도인덱스</button>
34:        <input type = "text" id = "fromYear" placeholder = "연도" class = "smallInput">
35:        부터
36:        <input type = "text" id = "toYear" placeholder = "연도" class = "smallInput">
37:        까지 출판된 도서 (정렬:
38:        <input type = "radio" id = "next" name = "orderBy" checked = "checked">
39:        <label for = "next">오름차순</label>
40:        <input type = "radio" id = "prev" name = "orderBy">
41:        <label for = "prev">내림차순</label>
42:        )
43:      </fieldset>
44:      <div id = "dashboard"></div>
45:  </body>
46:  <script src = "09_bookshelf_keyrange.js"></script>
47:  </html>
```

[소스 설명]

19행 전체 상품 목록을 조회하기 위한 <button>을 배치한다.

20-27행 IDBKeyRange를 이용한 검색을 테스트하기 위해 ISBN 검색 조건을 입력하기 위한 <input>을 배치한다.

28-32행 IDBIndex를 이용한 검색을 테스트하기 위해 타이틀 검색 조건을 입력받기 위한 <input>을 배치한다.

33-42행 IDBCursor를 이용한 검색을 테스트하기 위해 출판연도 검색 조건을 입력받기 위한 <input>을 배치한다.

44행 검색 결과를 출력하기 위한 <div>를 선언한다.

46행 09_bookshelf_keyrange.js를 참조시킨다.

3.1 KeyRange

키레인지(KeyRange)는 이름 그대로 검색하려는 키의 범위를 제한하는 역할을 한다. 이를 통해 검색 조건의 최소, 최대 범위 등을 함수를 통해 설정할 수 있다. HTML5에서는 IDBKeyRange 인터페이스가 이 역할을 수행한다.

다음 [표 9.14]는 IDBKeyRange 객체의 속성을 설명하며, [표 9.15]는 IDBKeyRange 객체의 함수를 설명한다.

표 9.14 IDBKeyRange 객체의 속성

속성 이름	설명
lower	키레인지의 최소값(하한선)으로 설정되지 않은 경우 undefined이다.
upper	키레인지의 최대값(상한선)으로 설정되지 않은 경우 undefined이다.
lowerOpen	최소값에 등호가 포함되면 true, 아니면 false이다.
upperOpen	최대값에 등호가 포함되면 true, 아니면 false이다.

표 9.15 IDBKeyRange 객체의 함수

함수 이름	설명
lowerBound(value, lowerOpen)	조회하려는 최소값을 지정한다. lowerOpen은 등호를 포함할지 설정하는 boolean 값이다.
upperBound(value, upperOpen)	조회하려는 최대값을 지정한다. upperOpen은 등호를 포함할지 설정하는 boolean 값이다.
bound(lower, upper, lowerOpen, upperOpen)	조회하려는 최대값과 최소값을 지정한다. 등호 포함 여부는 각각 lowerOpen과 upperOpen으로 설정한다.
only(value)	범위가 아닌 등호(=)로 값을 조회한다.
includes(value)	value가 지정된 키레인지의 범위에 포함되는지를 boolean 값으로 반환한다.

다음 예는 기존의 bookShelf 데이터베이스를 삭제 후 새로 생성하고 임의로 10개 데이터를 books 오브젝트스토어에 저장한다. 소스의 양을 줄이기 위해서 당장은 불필요한 error 이벤트에 대한 리스너 등록은 생략한다.

파일명 | ch09_indexedDB/09_bookshelf_keyrange.js

```
 1:  var dashboard = document.getElementById("dashboard");
 2:  var bookShelfDB;
 3:  function openDB() {
 4:      indexedDB.deleteDatabase("bookShelf");
 5:      var openResult = window.indexedDB.open("bookShelf", 1);
 6:      openResult.addEventListener("success", function() {
 7:          bookShelfDB = this.result;
 8:          initData();
 9:      });
10:      openResult.addEventListener("upgradeneeded", function() {
11:          bookShelfDB = this.result;
12:          if(bookShelfDB.objectStoreNames.contains("books")) {
13:              bookShelfDB.deleteObjectStore("books");
14:          }
15:          var objStore = bookShelfDB.createObjectStore("books",
16:                              {keyPath:"isbn", autoIncrement:true});
17:      });
18:  }
19:  openDB();
20:
21:  function initData() {
22:      var tx = bookShelfDB.transaction(["books"], "readwrite");
23:      var objStore = tx.objectStore("books");
24:      objStore.put({title:"HTML5", year:2016, category:"기술"});
25:      objStore.put({title:"CSS35", year:2015, category:"기술"});
26:      objStore.put({title:"JavaScript", year:2014, category:"기술"});
27:      objStore.put({title:"Java", year:2013, category:"기술"});
28:      objStore.put({title:"Servlet/JSP", year:2012, category:"기술"});
29:      objStore.put({title:"JQuery", year:2011, category:"기술"});
30:      objStore.put({title:"SQL", year:2010, category:"기술"});
31:      objStore.put({title:"Spring", year:2009, category:"기술"});
32:      objStore.put({title:"MyBatis", year:2008, category:"기술"});
33:      objStore.put({title:"XML", year:2007, category:"기술"});
34:  }
35:  //  ---------중간 생략--------
36:  var lowerIsbn = document.getElementById("lowerISBN");
37:  var upperIsbn = document.getElementById("upperISBN");
38:
39:  document.getElementById("getByIsbnRangeB").addEventListener("click", function() {
40:      var keyRange;
41:      var lowerValue = Number.parseInt(lowerIsbn.value);
42:      var upperValue = Number.parseInt(upperIsbn.value);
43:
44:      if(!(lowerValue||upperValue)) {
```

```
45:        dashboard.innerHTML = "최소값과 최대값이 필요합니다.";
46:        return;
47:    } else {
48:        keyRange = IDBKeyRange.bound(lowerValue, upperValue, false, false);
49:    }
50:    var tx = bookShelfDB.transaction(["books"], "readonly");
51:
52:    var objStore = tx.objectStore("books");
53:    var request = objStore.getAll(keyRange);
54:    request.addEventListener("success", function() {
55:        dashboard.innerHTML = "";
56:        for(var i = 0; i < request.result.length; i++) {
57:            dashboard.innerHTML += JSON.stringify(request.result[i]) + "<br>";
58:        }
59:    });
60: });
```

[소스 설명]

4행   deleteDatabase 함수를 호출해 기존에 생성되어 있던 bookShelf 데이터베이스를 삭제한다.

6-9행   데이터베이스 오픈에 대한 success 이벤트 리스너를 구현한다. initData()를 호출해 임의의 10개 데이터를 설정한다.

21-34행   books 오브젝트스토어에 임의의 데이터 10개를 추가한다.

41-42행   화면의 문자열 값인 최대값과 최소값을 숫자로 변경한다.

44-47행   최대값과 최소값이 없다면 경고 메시지를 출력하고 함수를 종료한다.

48-49행   최대값과 최소값을 이용해 키레인지 객체를 생성한다. 여기서는 lowerOpen과 upperOpen이 모두 false이기 때문에 경계값을 포함한다.

53행   오브젝트스토어의 getAll() 함수를 사용하면서 키레인지 객체를 넘겨준다.

09_bookshelf_keyrange.html 예제를 실행해 검색하려는 범위의 최대값과 최소값을 입력한 후 [ISBN 범위 조회] 버튼을 클릭하면 해당 범위의 데이터만을 조회할 수 있다.

> **Note**
>
> 이 어플리케이션에서는 기존의 bookShelf 데이터베이스를 삭제하고 시작한다. 이미 bookShelf 데이터베이스를 사용하고 있는 어플리케이션이 실행 중이라면 데이터베이스 락(lock)이 걸려서 실행되지 않는다. 따라서 다른 어플리케이션을 모두 종료한 후 실행해야 한다.

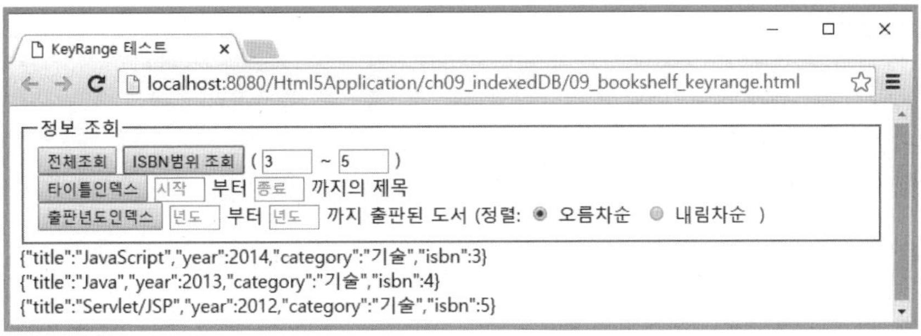

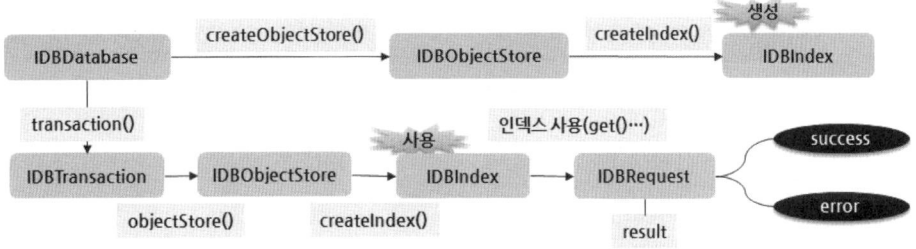

[그림 9.19] IDBKeyRange를 이용한 범위 조회

3.2 Index

이제까지의 예제는 검색을 위해 keyPath 속성만을 이용해왔다. 하지만, 실제 업무를 하면서 하나의 keyPath만으로는 부족하다. 예를 들어 출판연도, 제목의 문자열 등을 기준으로도 검색할 수 있어야 한다. 이런 추가적인 검색을 위해 인덱스(Index)를 사용한다.

HTML5에서는 인덱스를 위해 IDBIndex 인터페이스를 제공한다. 기본적으로는 오브젝트스토어를 생성할 때 설정한 keyPath가 인덱스로 사용되는데 추가로 다른 인덱스를 생성하려는 경우 오브젝트스토어에 있는 createIndex() 함수를 이용한다. 주의할 점은 이 함수는 VersionChange 트랜잭션 모드에서 호출되어야 하므로 upgradeneeded 이벤트에서 호출된다.

인덱스를 사용할 때는 오브젝트스토어의 index() 함수를 통해 얻을 수 있다.

다음은 IDBIndex 객체의 생성과 사용에 대한 흐름도이다.

[그림 9.20] IDBIndex 객체의 생성과 사용

IDBIndex 객체는 [표 9.16]의 속성과 [표 9.17]의 함수를 제공한다.

표 9.16 IDBIndex의 속성

속성 이름	설명
name	인덱스의 이름을 나타낸다.
objectStore	인덱스가 속해 있는 오브젝트스토어를 나타낸다.
keyPath	인덱스가 사용하는 keyPath를 나타낸다.
unique	boolean 형태로 true인 경우 인덱스의 값은 중복될 수 없다.

표 9.17 IDBIndex의 함수

함수 이름	설명
count()	IDBRequest를 반환하며 비동기적으로 동작한다. IDBRequest의 result 속성에는 인덱스를 이용해서 저장된 자료의 개수를 표시된다.
get(condition)	IDBRequest를 반환하며 비동기적으로 동작한다. IDBRequest의 result에는 지정된 condition에 부합되는 자료가 할당된다. condition에 키레인지 객체를 할당해서 여러 개의 자료가 해당할 때는 처음 발견된 자료가 반환된다.
getAll([condition [, count]])	IDBRequest를 반환하며 비동기적으로 동작한다. IDBRequest의 result에는 지정된 condition에 부합되는 자료들이 할당된다. 파라미터를 생략할 경우 모든 자료를 조회한다. condition에 키레인지 객체를 할당하면 부합되는 모든 자료를 조회할 수 있다. 결과의 개수를 제한하기 위해서는 count 변수를 사용한다.
openCursor(range, direction)	IDBRequest를 반환하며 비동기적으로 동작한다. IDBRequest의 result에는 지정된 키레인지 객체를 사용하는 IDBCursor 타입의 객체가 할당된다. direction은 정렬 방법을 나타낸다.

다음 예제는 인덱스를 이용해서 도서 제목에 대한 검색을 처리한다. 인덱스를 생성하는 위치가 openResult의 upgradeneeded 이벤트 리스너 내부임을 유의하고 다음의 소스 코드를 살펴보자.

파일명 | ch09_indexedDB/10_bookshelf_index.js

```
1:   var dashboard = document.getElementById("dashboard");
2:   var bookShelfDB;
3:   function openDB() {
4:     indexedDB.deleteDatabase("bookShelf");
5:     var openResult = window.indexedDB.open("bookShelf", 1);
6:     openResult.addEventListener("success", function() {
7:       bookShelfDB = this.result;
8:       initData();
9:     });
10:    openResult.addEventListener("upgradeneeded", function() {
11:      bookShelfDB = this.result;
12:      if(bookShelfDB.objectStoreNames.contains("books")) {
13:        bookShelfDB.deleteObjectStore("books");
14:      }
15:      var objStore = bookShelfDB.createObjectStore("books",
```

```
16:                        {keyPath:"isbn", autoIncrement:true});
17:
18:        objStore.createIndex("yearIdx", "year", {unique:false});
19:        objStore.createIndex("titleIdx", "title", {unique:false});
20:    });
21: }
22: openDB();
23:
24: function showIndexInfo(idx) {
25:    console.log("인덱스 정보");
26:    console.log("이름: " + idx.name, "소속 오브젝트스토어: " + idx.objectStore);
27:    console.log("keyPath: " + idx.keyPath, "유일성: " + idx.unique);
28: }
29:
30: var startChar = document.getElementById("startChar");
31: var endChar = document.getElementById("endChar");
32:
33: document.getElementById("titleIdxB").addEventListener("click", function() {
34:    var keyRange;
35:    var startValue = startChar.value;
36:    var endValue = endChar.value;
37:
38:    if(!(startValue||endValue)) {
39:        dashboard.innerHTML = "시작 문자와 끝 문자가 필요합니다.";
40:        return;
41:    } else {
42:        keyRange = IDBKeyRange.bound(startValue, endValue, false, false);
43:    }
44:    var tx = bookShelfDB.transaction(["books"], "readonly");
45:
46:    var objStore = tx.objectStore("books");
47:    var titleIdx = objStore.index("titleIdx");
48:    showIndexInfo(titleIdx);
49:    var request = titleIdx.getAll(keyRange);
50:    request.addEventListener("success", function() {
51:        dashboard.innerHTML = "";
52:        for(var i = 0; i < request.result.length; i++) {
53:            dashboard.innerHTML += JSON.stringify(request.result[i]) + "<br>";
54:        }
55:    });
56: });
```

[소스 설명]

18-19행 year 속성과 title 속성을 이용해 인덱스를 생성한다. 각각 옵션 객체의 unique 속
성을 false로 해서 중복된 값이 저장될 수 있게 한다.

24-28행 인덱스의 정보를 출력하기 위한 함수를 구성한다.

42행 시작 문자와 끝 문자를 이용한 IDBKeyRange 객체를 생성한다.

49행 titleIdx 인덱스의 getAll() 함수를 호출해 인덱스 조건에 맞는 모든 데이터를 조회한다.

예제 어플리케이션을 실행 후 시작과 종료에 원하는 문자를 입력 후 [타이틀인덱스] 버튼을 클릭하면 그 사이의 제목을 가진 자료들만 출력된다.

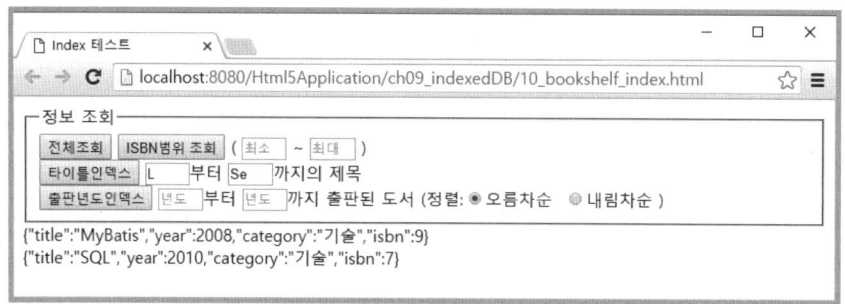

[그림 9.21] 인덱스를 이용한 자료 조회

인덱스가 생성되면 데이터베이스는 이를 기준으로 새로 데이터를 정렬해서 관리한다. 크롬 브라우저의 개발자도구를 살펴보면 books 오브젝트스토어의 하위에 인덱스 정보들이 추가된 것을 확인할 수 있다. 각각의 인덱스를 선택해보면 해당 인덱스 속성을 key로 이용해 정렬된 자료들을 확인할 수 있다.

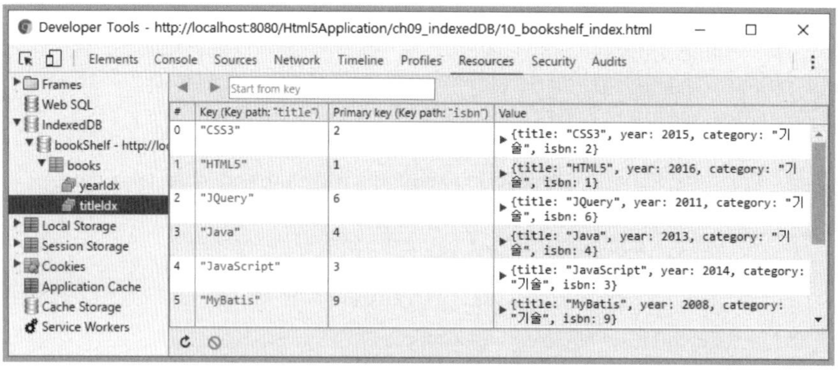

[그림 9.22] 개발자 도구의 리소스에서 인덱스 확인

3.3 커서(Cursor)

일반적으로 데이터베이스에서의 커서란 select와 같은 SQL 문장의 실행 결과를 임시로 저장할 수 있는 객체를 의미한다. 포인터는 커서에 저장된 데이터 중 하나를 가리키는 개념으로 이해할 수 있다.

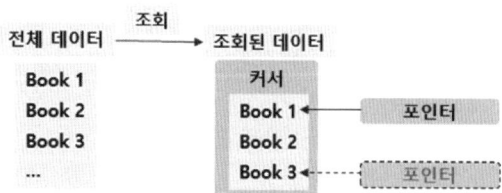

[그림 9.23] 커서와 포인터

인덱스드디비에서의 커서 역시 조회된 자료들을 관리하는 역할로 포인터를 이용해 인덱스를 통해서 조회된 개별 자료를 가리킬 수 있고 수정, 삭제, 정렬시킬 수 있다. HTML5에서는 커서를 위해 IDBCursor 인터페이스를 제공한다.

커서는 오브젝트스토어나 인덱스의 openCursor() 함수를 이용해서 생성할 수 있다.

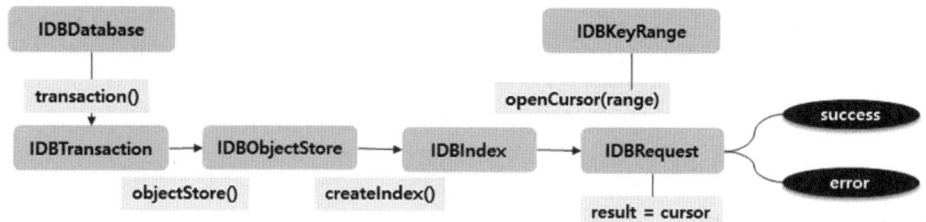

[그림 9.24] IDBCursor 객체의 생성에 대한 흐름

다음의 [표 9.18]은 IDBCursor의 주요 속성을 설명하고, [표 9.19]는 IDBCursor의 함수에 대한 설명이다.

표 9.18 IDBCursor의 속성

속성 이름	설명
source	커서가 오픈된 오브젝트스토어나 인덱스 객체를 나타낸다.
direction	커서의 진행 방향으로 next, nextunique, prev, prevunique 중 하나의 값을 가지며 기본은 next이다.
key	커서에서 사용된 속성의 값을 나타낸다.
primaryKey	조회된 자료의 keyPath 속성값을 나타낸다.
value	현재 포인터가 가리키는 객체를 반환한다.

표 9.19 IDBCursor의 함수

함수 이름	설명
advance(count)	커서의 포인터를 count만큼 이동시킨다.
continue()	커서의 현재 포인터에서 다음 위치로 이동시키고 IDBRequest의 success 이벤트를 다시 발생시킨다. 포인터가 목록의 끝에 도달해도 역시 success 이벤트가 발생하지만 빈 객체가 반환되고 더는 조회할 자료가 없음을 알 수 있다.
delete()	IDBRequest를 반환하며 비동기적으로 동작한다. 현재 커서 위치에 있는 객체를 삭제한다.
update(value)	IDBRequest를 반환하며 비동기적으로 동작한다. 현재 커서 위치에 있는 객체의 내용을 value 값으로 수정한다.

커서의 속성 중 direction 속성에 사용할 수 있는 값은 [표 9.20]과 같다.

표 9.20 IDBCursor 객체의 direction 속성

값	설명
next	조회한 조건에 대해 오름차순으로 정렬한다. 기본값이다.
nextunique	조회한 조건에 대해 오름차순으로 정렬한다. 단 키가 중복되는 경우 처음 자료만 조회된다.
prev	조회한 조건에 대해 내림차순으로 정렬한다.
prevunique	조회한 조건에 대해 내림차순으로 정렬한다. 단 키가 중복될 경우 처음 자료만 조회된다.

출판 연도를 기준으로 인덱스를 생성하고 다양한 정렬 방식을 시도해보자.

파일명 | ch09_indexedDB/11_bookshelf_cursor.js

```
 1:  var fromYear = document.getElementById("fromYear");
 2:  var toYear = document.getElementById("toYear");
 3:
 4:  document.getElementById("yearIdxB").addEventListener("click", function() {
 5:    var keyRange;
 6:    var fromValue = Number.parseInt(fromYear.value);
 7:    var toValue = Number.parseInt(toYear.value);
 8:
 9:    if(!(fromValue||toValue)) {
10:      dashboard.innerHTML = "시작 연도와 끝 연도가 필요합니다.";
11:      return;
12:    } else {
13:      keyRange = IDBKeyRange.bound(fromValue, toValue, false, false);
14:    }
15:    var tx = bookShelfDB.transaction(["books"], "readonly");
16:
17:    var objStore = tx.objectStore("books");
18:    var yearIdx = objStore.index("yearIdx");
19:    var dir = document.getElementById("prev").checked?"prev":"next";
20:    var request = yearIdx.openCursor(keyRange, dir);
21:    dashboard.innerHTML = ""
22:    request.addEventListener("success", function() {
23:      var cursor = request.result;
24:      if(cursor) {
25:        dashboard.innerHTML += JSON.stringify(cursor.value) + "<br>";
26:        cursor.continue();
27:      }
28:    });
29:  });
```

[소스 설명]

13행 시작 연도와 끝 연도를 이용해 키레인지 객체를 구성한다.

19행 id가 prev인 요소의 체크 여부에 따라 dir 변수에 prev또는 next를 할당한다.

20행 인덱스의 openCursor 함수를 이용해서 커서를 생성한다. 이때 앞서 생성한 키레인지와 dir을 변수로 사용한다.

22행 IDBRequest 객체의 success 이벤트에 대한 리스너를 등록한다.

23행 IDBRequest의 result를 통해 커서 객체를 획득한다.

24행 조건에 맞는 자료가 없더라도 IDBRequest의 success 이벤트가 동작한다. 따라서 cursor가 있는지에 대한 판단이 필요하다.

25행 커서의 value 속성을 이용해 현재 커서가 가리키는 자료를 화면에 출력한다.

26행 커서의 continue() 함수를 이용해 포인터를 다음으로 이동시킨다. 이 함수는 커서 생성 시 만든 IDBRequest 객체의 success 또는 error 이벤트를 다시 발생시키므로 별도의 반복문 안에서 호출할 필요가 없다.

11_bookshelf_cursor.html 예제를 실행하고 적절한 시작 연도와 끝 연도를 입력한 뒤에 [출판년도인덱스] 버튼을 클릭한다. 정렬 방식을 변경하면서 원하는 형태로 정렬되는지 확인한다.

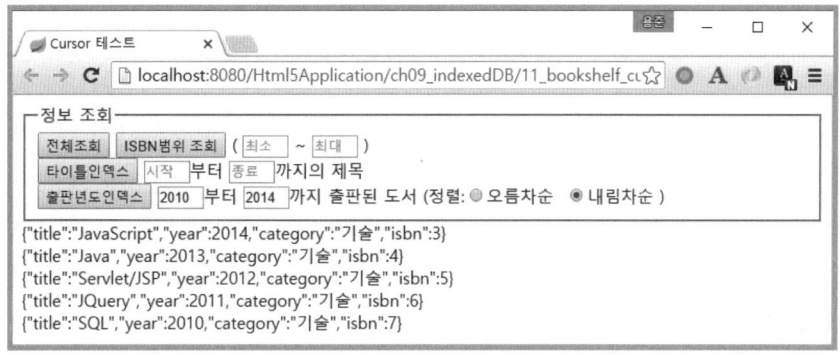

[그림 9.25] 2010년부터 2014년까지 출판 도서에 대한 내림차순 정렬

요약 정리

1. 동기방식과 비동기 방식의 동작 차이

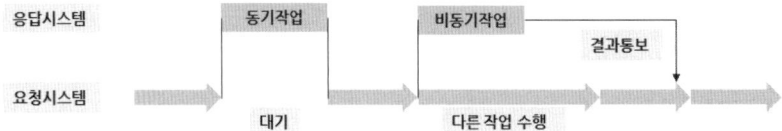

2. IDBRequest

□ 속성
- **result** : 요청에 대한 결과를 가지는 속성이다. 만약 요청이 실패해서 사용할 수 없을 경우 InvalidStateError가 발생한다.

□ 이벤트
- **success** : 요청이 성공했을 때 동작하는 이벤트로 필요한 이벤트 리스너를 등록해서 사용한다.
- **error** : 요청이 실패했을 때 동작하는 이벤트로 필요한 이벤트 리스너를 등록해서 사용한다.

3. IDBFactory(indexedDB)

□ 함수
- **open(DB_NAME [, version])** : 데이터베이스와의 연결을 요청하는 함수이다. 호출 결과로 IDBOpenDBRequest 타입의 객체를 반환한다.
- **deleteDatabase(DB_NAME)** : 데이터베이스 삭제를 요청하는 함수이다. 호출 결과로 open 과 마찬가지로 IDBOpenDBRequest 타입의 객체를 반환한다.

4. IDBOpenDBRequest

□ 이벤트
- **upgradeneeded** : 업그레이드가 필요한 경우 발생하는 이벤트이다. 기존의 데이터베이스 버전보다 높은 버전을 파라미터로 open() 함수를 호출할 때 발생한다.
- **blocked** : 데이터베이스의 업그레이드가 필요한 상황에서 다른 사용자가 이미 기존 버전으로 사용하고 있을 때 새로운 사용자에게 발생하는 이벤트이다.

5. IDBDatabase의 인터페이스

□ 속성
- **name** : 연결된 데이터베이스의 이름을 나타낸다.
- **version** : 연결된 데이터베이스의 버전을 나타낸다.
- **objectStoreNames** : 연결된 데이터베이스에 속한 오브젝트스토어의 이름을 리스트형태로 반환한다.

□ 함수
- **createObjectStore(store_name [, optionalParameter])** : 연결된 데이터베이스에 store_name으로 오브젝트스토어 객체를 생성한다.
- **deleteObjectStore(store_name)** : store_name으로 등록된 오브젝트스토어 객체를 삭제한다.
- **transaction(store_name_arr, prop)** : IDBTransaction 타입의 트랜잭션 객체를 반환한다. store_name_arr은 트랜잭션을 적용할 오브젝트스토어 이름의 배열이다. prop은 트랜잭션을 사용할 모드이다.

6. IDBObjectStore

□ 속성
- **indexNames** : 오브젝트스토어에 설정된 인덱스의 이름들을 리스트로 나타낸다.
- **keyPath** : 오브젝트스토어에 설정된 keyPath를 나타낸다.
- **name** : 오브젝트스토어의 이름을 나타낸다.
- **transaction** : 오브젝트스토어가 속해있는 IDBTransaction 객체를 나타낸다.
- **autoIncrement** : 오브젝트스토어에 설정된 auto increment 속성의 값을 나타낸다.

□ 함수
- **put(item, optionalKey)** : IDBRequest를 반환하며 비동기적으로 동작한다. item의 복제복을 오브젝트스토어에 저장한다. 기존에 동일한 keyPath의 아이템이 등록되었다면 수정으로 동작하고 처음이라면 추가로 동작한다. put()을 위해서는 트랜잭션 모드가 readwrite로 설정되어야 한다.
- **delete(recordKey)** : IDBRequest를 반환하며 비동기적으로 동작한다. 오브젝트스토어에서 keyPath 항목이 recordKey인 자료를 삭제한다.
- **get(key)** : IDBRequest를 반환하며 비동기적으로 동작한다. 주어진 key로 오브젝트스토어에 등록된 자료를 조회한다. 조회 결과는 IDBRequest의 result 속성에서 확인할 수 있다. 자료가 정상적으로 조회된 경우 등록된 객체의 복제본이 반환된다.
- **getAll([query, count])** : IDBRequest를 반환하며 비동기적으로 동작한다. 파라미터로 줄 수 있는 query는 IDBKeyRange 타입의 객체로 조회 결과를 필터링할 때 사용된다. count는 조회된 결과를 몇 개까지 반환할 것인가를 나타낸다.
- **getAllKeys([query, count])** : IDBRequest를 반환하며 비동기적으로 동작한다. 오브젝트스토어에 저장된 모든 객체의 키 값들을 반환한다. 파라미터는 getAll()의 것과 동일하다.
- **createIndex(name, property, optionsObj)** : IDBIndex 타입을 생성해서 즉시 반환한다. name은 생성하는 인덱스의 이름이다. property는 인덱스로 사용할 객체의 속성으로 오브젝트스토어에 저장되는 모든 객체는 반드시 property에 해당하는 속성을 가져야 한다. optionsObj는 인덱스가 가질 속성을 설정하는데 unique라는 키로 boolean 타입의 값을 갖는다. true가 설정되면 값은 중복될 수 없고 false면 중복을 허용한다. 이 함수는 VersionChange 트랜잭션 모드에서 호출되어야 한다. 따라서 일반적으로 upgradeneeded 이벤트에서 호출된다.
- **deleteIndex(name)** : name으로 등록된 인덱스를 삭제한다. createIndex와 마찬가지로 주로 upgradeneeded 이벤트에서 호출된다.

- index(name) : name으로 등록된 인덱스를 반환한다.
- openCursor([keyRange, direction]) : IDBRequest를 반환하며 비동기적으로 동작한다. IDBRequest의 result에서 IDBCursorWithValue 객체를 얻을 수 있다. 커서에 대한 상세 사용은 뒤에 다룬다. 처음 파라미터는 검색 조건을 나타내고 두 번째 파라미터는 데이터의 정렬 조건을 나타낸다.
- count([keyRange]) : IDBRequest를 반환하며 비동기적으로 동작한다. IDBKeyRange의 범위에 적합한 데이터의 개수가 반환되거나 파라미터가 없는 경우 전체 데이터의 개수를 반환한다.

7. IDBTransaction 인터페이스

□ 속성
- db : 현재 트랜잭션이 연결된 데이터베이스 객체를 나타낸다.
- mode : 현재 트랜잭션에 설정된 모드를 나타낸다. 기본값은 readonly 이다.
- objectStoreNames : 현재 트랜잭션에서 사용할 수 있는 오브젝트스토어의 이름을 리스트 형태로 반환한다.

□ 함수
- objectStore(store_name) : 현재 트랜잭션 영역에 등록된 오브젝트스토어 중 store_name에 해당하는 객체를 반환한다.
- abort() : 현재의 트랜잭션 아래에서 수행했던 모든 작업을 되돌린다.(rollback)

□ 이벤트
- abort : 트랜잭션에서 abort가 호출됐을 때 동작한다.
- complete : 트랜잭션이 성공적으로 마무리되었을 때 동작한다.
- error : 예외 발생으로 트랜잭션이 실패했을 때 동작한다.

8. IDBKeyRange

□ 속성
- lower : 키레인지의 최소값(하한선)으로 설정되지 않는 경우 undefined이다.
- upper : 키레인지의 최대값(상한선)으로 설정되지 않는 경우 undefined이다.
- lowerOpen : 최소값에 등호가 포함되면 true, 아니면 false이다.
- upperOpen : 최대값에 등호가 포함되면 true, 아니면 false이다.

□ 함수
- lowerBound(value, lowerOpen) : 조회하려는 최소값을 지정한다. lowerOpen은 등호를 포함할지 설정하는 boolean 값이다.
- upperBound(value, upperOpen) : 조회하려는 최대값을 지정한다. upperOpen은 등호를 포함할지 설정하는 boolean 값이다.
- bound(lower, upper, lowerOpen, upperOpen) : 조회하려는 최대값과 최소값을 지정

한다. 등호 포함여부는 각각 lowerOpen과 upperOpen으로 설정한다.
- only(value) : 범위가 아닌 등호(=)로 값을 조회한다.
- includes(value) : value가 지정된 키레인지의 범위에 포함되는지를 boolean 값으로 반환한다.

9. IDBIndex

□ 속성
- name : 인덱스의 이름을 나타낸다.
- objectStore : 인덱스가 속해있는 오브젝트스토어를 나타낸다.
- keyPath : 인덱스가 사용하는 keyPath를 나타낸다.
- unique : boolean 형태로 true인 경우 인덱스의 값은 중복될 수 없다.

□ 함수
- count() : IDBRequest를 반환하며 비동기적으로 동작한다. IDBRequest의 result 속성에는 인덱스를 이용해서 저장된 자료의 개수를 표시된다.
- get(condition) : IDBRequest를 반환하며 비동기적으로 동작한다. IDBRequest의 result에는 지정된 condition에 부합되는 자료가 할당된다. condition에 키레인지 객체를 할당해서 여러 개의 자료가 해당될 때는 처음 발견된 자료가 반환된다.
- getAll([condition [, count]]) : IDBRequest를 반환하며 비동기적으로 동작한다. IDBRequest의 result에는 지정된 condition에 부합되는 자료들이 할당된다. 파라미터를 생략하는 경우 모든 자료를 조회한다. condition에 키레인지 객체를 할당하면 부합되는 모든 자료를 조회할 수 있다. 결과의 개수를 제한하기 위해서는 count 변수를 사용한다.
- openCursor(range, direction) : IDBRequest를 반환하며 비동기적으로 동작한다. IDBRequest의 result에는 지정된 키레인지 객체를 사용하는 커서(IDBCursor) 타입의 객체가 할당된다. direction은 정렬 방법을 나타낸다.

10. IDBCursor

□ 속성
- source : 커서가 오픈된 오브젝트스토어나 인덱스 객체를 나타낸다.
- direction : 커서의 진행 방향으로 next, nextunique, prev, prevunique 중 하나의 값을 가지며 기본은 next이다.
- key : 커서에서 사용된 속성의 값을 나타낸다.
- primaryKey : 조회된 자료의 keyPath 속성값을 나타낸다.
- value : 현재 포인터가 가리키는 객체를 반환한다.

□ 함수
- advance(count) : 커서의 포인터를 count만큼 이동시킨다.
- continue() : 커서의 현재 포인터에서 다음 위치로 이동시키고 IDBRequest의 success 이벤트를 다시 발생시킨다. 포인터가 목록의 끝에 도달해도 역시 success 이벤트가 발생하지만 빈

객체가 반환되고 더는 조회할 자료가 없음을 알 수 있다.

- delete() : IDBRequest를 반환하며 비동기적으로 동작한다. 현재 커서 위치에 있는 객체를 삭제한다.
- update(value) : IDBRequest를 반환하며 비동기적으로 동작한다. 현재 커서 위치에 있는 객체의 내용을 value 값으로 수정한다.

11. 데이터베이스 오픈 과정과 연관 이벤트

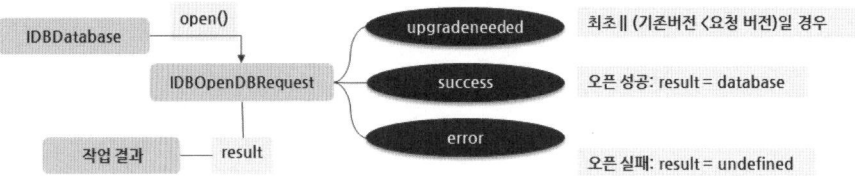

12. IDBObjectStore 사용 흐름

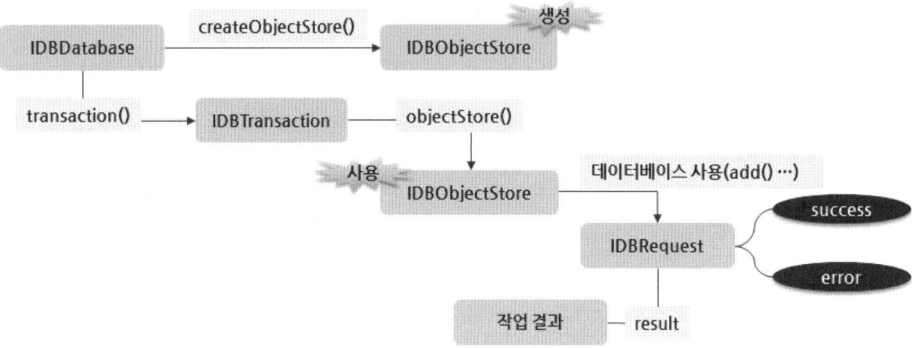

13. IDBIndex 의 생성과 사용에 대한 흐름

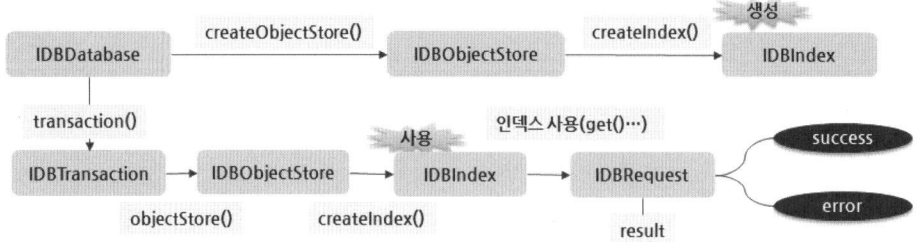

File API CHAPTER 10

01 File API

File(이하 파일)은 사용자가 가장 흔하게 사용하는 데이터 저장 단위이다. 하지만, 웹에서 파일을 사용하는 방법은 극히 제한적이었다. HTML5 이전에는 로컬 PC에서 파일을 작성해서 웹 서버에 업로드하거나 웹 서버에서 다운로드한 파일을 로컬 PC에서 확인하는 정도가 전부였다.

HTML5의 파일 API는 크게 FileReader 부분과 FileSystem & FileWriter 부분으로 나뉜다. FileReader는 있는 파일을 읽어 들이는 기능을 담는다. 반면 FileSystem & FileWriter는 사용자 컴퓨터의 파일 시스템을 사용하거나 새로운 파일을 생성할 수도 있다.

현재 FileReader API는 대부분 브라우저에서 잘 지원된다.

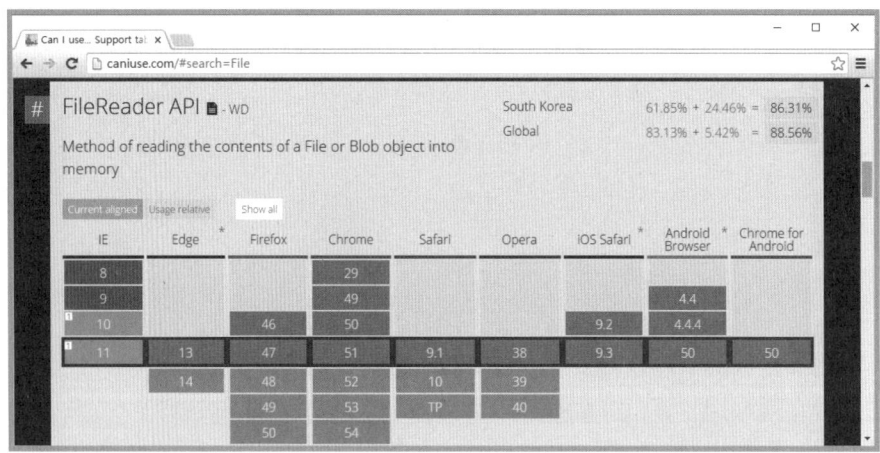

[그림 10.1] 브라우저별 FileReader 지원 현황

하지만, FileSystem & FileWriter API는 크롬과 오페라 계열에서만 지원되므로 아직은 사용하지 않는 것이 좋다.

[그림 10.2] 브라우저별 FileSystem & FileWriter API 지원 현황

HTML5의 파일 API는 로컬의 파일과 상호작용하며 어플리케이션이 사용하는 파일 콘텐츠를 처리한다. 현재 파일 API는 읽기 전용으로 파일에 접근하기 때문에 파일의 수정, 삭제는 불가능하다.[23] 또한, 보안상의 이유로 ⟨input⟩ 요소의 속성을 file로 설정한 경우와 드래그앤드롭 두 가지 로딩 방식만을 지원한다.

02 파일 API 활용

2.1 파일 정보 확인

파일의 정보를 가져오는 방법은 매우 간단하다. file 타입의 ⟨input⟩에서 선택된 파일들은 change 이벤트 발생 시 FileList(이하 파일리스트) 형태로 리턴된다. 드래그앤드롭을 통해서 파일을 가져오기 위해서는 드롭 이벤트가 발생할 때 역시 파일리스트 형태로 리턴된다. 파일리스트는 리스트 형태로 여러 개의 파일을 저장한다.

표 10.1 파일 속성

속성 이름	설명
name	파일의 이름을 나타낸다.
size	파일의 크기를 바이트 단위로 나타낸다.
type	파일의 MIME 타입을 나타낸다. 파일의 타입이 알려지지 않았으면 빈 문자열이다.

23) 파일 API 이외에 확장 API로 디렉토리&시스템(Directory&System), 라이터(Writer) 등이 개발되고 있으나 아직은 표준이 아니거나 브라우저에서 전혀 지원하지 않는다.

다음 예제를 통해 파일의 정보를 읽어보자. 타입이 file인 〈input〉의 files 속성에는 선택된 파일들이 배열 형태로 저장된다. 각 파일이 가지는 정보를 살펴보자.

파일명 | ch10_fileAPI/01_fileinfo.html

```
 1:  <!DOCTYPE html>
 2:  <html>
 3:  <head>
 4:  <meta charset = "UTF-8">
 5:  <title>파일 정보 확인</title>
 6:  </head>
 7:  <body>
 8:     <h2>분석하려는 파일을 선택하세요.</h2>
 9:     <label for = "file">파일선택</label>
10:     <input type = "file" id = "file" multiple = "multiple">
11:     <h3>파일 정보</h3>
12:     <div id = "info"></div>
13:  </body>
14:  <script>
15:     var info = document.getElementById("info");
16:
17:     document.getElementById("file").addEventListener("change", function() {
18:        var html = "총 파일 개수 : " + this.files.length;
19:        for (var i = 0; i < this.files.length; i++) {
20:           var file = this.files[i];
21:           html += "<p>파일 번호 : " + i + "<p><ul>";
22:           html += "<li>파일명: " + file.name;
23:           html += "<li>파일타입: " + file.type;
24:           html += "<li>파일크기: " + file.size+"byte";
25:           html += "</ul>"
26:        }
27:        info.innerHTML = html;
28:     });
29:  </script>
30:  </html>
```

[소스 설명]

10행 파일을 선택하기 위한 file 타입의 <input>을 배치한다. multiple 속성이 선언되어 있으므로 여러 파일을 동시에 선택할 수 있다.

17행 file의 change 이벤트에서 동작할 이벤트 리스너를 등록한다.

18행 선택된 파일의 개수를 출력한다.

19-27행 반복문을 통해 선택된 파일들의 name, type, size 정보를 조회해서 화면에 출력한다.

예제 어플리케이션을 실행하여 [파일 선택] 버튼을 클릭한 뒤에 정보를 알고 싶은 파일을 선택하면 파일의 정보를 출력한다.

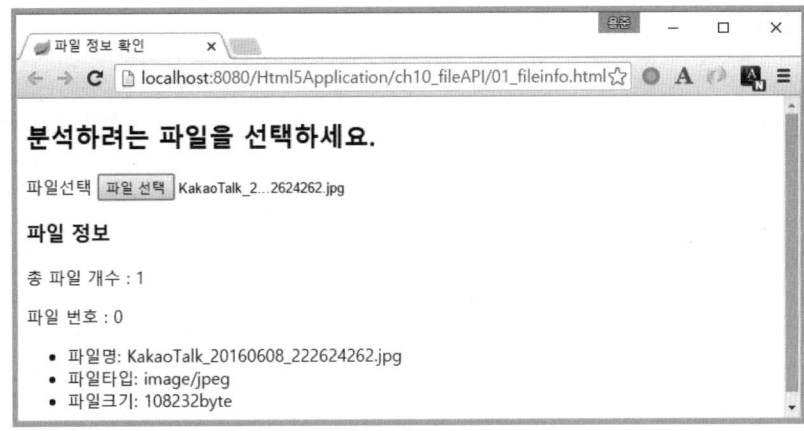

[그림 10.3] 파일 정보의 출력

2.2 파일 내용 확인

파일의 내용을 읽기 위해서는 FileReader 객체를 사용한다. FileReader 객체는 비동기적으로 동작하며 사용자의 컴퓨터에 저장된 파일을 읽는 역할을 한다.

FileReader 객체의 특성에 대해서 알아보자. 다음의 [표 10.2]는 FileReader 객체의 생성자에 대하여 설명한다.

표 10.2 FileReader 객체의 생성자

생성자 이름	설명
FileReader()	새로운 파일 리더 객체를 생성해서 리턴한다.

다음의 [표 10.3]은 FileReader 객체의 속성을 설명한다.

표 10.3 FileReader 객체의 속성

속성 이름	설명
error	파일을 읽다가 에러가 발생하는 경우 에러 정보가 할당된다.
readyState	FileReader 객체의 상태를 나타내는 숫자이다. 0은 아직 아무런 파일을 읽지 않은 상태(EMPTY)이며, 1은 데이터를 읽는 중인 상태(LOADING)이고, 2는 데이터를 모두 읽은 상태(DONE)를 나타낸다.
result	읽은 파일의 내용을 나타낸다. 이 속성은 파일을 읽는 동작이 정상적으로 완료된 후 의미가 있으며 타입은 어떤 함수로 파일을 읽었는가에 따라 달라진다.

그리고 [표 10.4]는 FileReader 객체의 함수에 대하여 설명하고 있다. [표 10.5]는 FileReader 객체의 이벤트에 대한 설명이다.

표 10.4 FileReader 객체의 함수

함수 이름	설명
abort()	파일을 읽는 동작을 중지한다. 함수가 리턴하면 FileReader 객체의 readyState는 DONE(2)이 된다.
readAsArrayBuffer(blob)	파일 또는 blob 객체를 읽어들인다. 읽는 과정이 끝나면 readyState 값이 DONE(2)으로 바뀌고 loadend 이벤트가 발생한다. 이 이벤트에서 result 값은 ArrayBuffer 타입으로 파일의 내용을 저장한다.
readAsDataURL(blob)	기본 내용은 readAsArrayBuffer와 동일하다. 차이점은 loadend 이벤트가 발생할 때 result 값은 파일의 데이터를 나타내는 base64로 인코딩된 data:url을 생성한다.
readAsText(blob [, encoding])	기본 동작은 readAsArrayBuffer와 동일하다. 차이점은 loadend 이벤트가 발생할 때 result 값은 파일의 내용을 문자열로 표현한 값이다. encoding을 생략하는 경우 UTF–8을 사용한다.

표 10.5 FileReader 객체의 이벤트

이벤트 이름	설명
abort	파일을 읽다가 취소하는 경우 발생하는 이벤트이다.
error	파일을 읽다가 오류가 발생했을 때 발생하는 이벤트이다.
loadstart	파일 읽기가 시작된 경우 발생하는 이벤트이다.
progress	파일을 읽는 중간에 주기적으로 발생하는 이벤트이다.
load	파일 읽기가 성공적으로 끝났을 때 발생하는 이벤트이다.
loadend	성공, 실패 여부에 상관없이 파일 읽기가 끝났을 때 발생하는 이벤트이다.

2.2.1 문자열 형태의 파일 읽기

문자열 형태의 파일을 읽어서 내용을 화면에 출력해보자. 문자열 형태의 데이터를 읽을 때는 FileReader의 readAsText() 함수가 가장 간단하다.

파일을 읽을 때 MIME 타입을 통해 문자열 형식인지 파악할 수 있다. 문자열 형식의 파일인 경우 type은 text/html, text/xml처럼 text로 시작한다. 먼저 정규표현식을 이용해 사용자가 선택한 파일의 타입이 문자열인지 확인하고 맞는다면 readAsText() 함수로 내용을 읽을 수 있다. 이를 위한 정규표현식은 /^text/g[24]로 작성할 수 있다.

데이터를 읽은 후 HTML 화면에 출력하기 위해서는 태그를 나타내는 특수문자에 대해 치환이 필요하다. 대표적으로 '<'는 '<', '>'는 '>'를 들 수 있다.

---

24) /^text/g는 비교하려는 문자열이 text로 시작하는지(^) 문자열 전체(g)에 걸쳐 조사한다.

파일명 | ch10_fileAPI/02_file_read_text.html

```
 1: <!DOCTYPE html>
 2: <html>
 3: <head>
 4: <meta charset = "UTF-8">
 5: <title>문자형 파일 읽기</title>
 6: </head>
 7: <body>
 8:   <h2>읽으려는 파일을 선택하세요.</h2>
 9:   <label for = "file">파일선택</label>
10:   <input type = "file" id = "file"><hr>
11:   <fieldset>
12:     <legend>파일타입</legend>
13:     <div id = "type"></div>
14:   </fieldset>
15:   <fieldset>
16:     <legend>파일내용</legend>
17:     <div id = "content"></div>
18:   </fieldset>
19: </body>
20: <script>
21:   var info = document.getElementById("info");
22:   var contentArea = document.getElementById("content");
23:   var typeArea = document.getElementById("type");
24:
25:   function getType(type) {
26:     if(type.match(/^text/g)) {
27:       return "text";
28:     }else if(type.match(/^image/g)) {
29:       return "image";
30:     } else {
31:       return "unknown";
32:     }
33:   }
34:
35:   document.getElementById("file").addEventListener("change", function() {
36:     var file = this.files[0];
37:     typeArea.innerHTML = file.type;
38:     contentArea.innerHTML = "";
39:     var fReader = new FileReader();
40:     fReader.addEventListener("load", function(e) {
41:       console.log("파일 읽기 완료");
42:       if(getType(file.type) == "text") {
43:         var content = fReader.result.replace(/</g,"<");
44:         content = content.replace(/>/g,">");
45:         content = content.replace(/\n/g,"<br>");
46:         contentArea.innerHTML = content;
47:       }
48:     });
49:     fReader.addEventListener("error", function(e) {
```

```
50:          console.log("파일 읽는 도중 예외 발생: " + e)
51:      });
52:      fReader.addEventListener("progress", function(e) {
53:          console.log("읽는 중: " + e)
54:      });
55:
56:      if(getType(file.type) == "text") {
57:          fReader.readAsText(file);
58:      } else {
59:          alert("지원하지 않는 타입 입니다.");
60:      }
61:    });
62:
63: </script>
64: </html>
```

[소스 설명]

25-33행 문자열의 match() 함수를 이용해 type의 종류를 파악해서 리턴한다. 이 예제에서
는 text와 image에 대해서만 처리한다.

37행 파일의 타입을 화면에 출력한다.

39행 파일을 읽기 위한 FileReader 객체를 생성한다. 파라미터는 읽으려는 파일 객체이다.

40행 FileReader 객체의 load 이벤트에 대한 리스너를 등록한다.

42행 파일의 타입이 text일 때 처리할 내용을 작성한다.

43-46행 FileReader 객체의 result는 읽은 내용이다. 파일의 타입이 문자열이면 '<'를 '<',
'>'를 '>', '\n'을 '
로 대체해서 화면에 출력한다.

49-51행 FileReader 객체에 error 이벤트에 대한 리스너를 등록한다.

52-54행 FileReader 객체에 progress 이벤트에 대한 리스너를 등록한다.

56-60행 파일의 타입이 text일 때 FileReader 객체의 readAsText() 함수로 파일의 내용을
읽는다. 그렇지 않으면 오류 메시지를 경고창으로 출력한다.

예제 어플리케이션을 실행 후 html, xml, txt 등의 파일을 선택하면 화면에서 그 내용을
확인할 수 있다.

[그림 10.4] 문자형 파일 읽기

2.2.2 URL 형태로 이미지 파일 읽기

다음으로, 로컬 컴퓨터의 이미지 파일을 읽어 화면에 표시해보자. 이미지는 바이너리 형태로 저장되어 있기 때문에 문자열로 읽어서는 사용할 수 없다.

FileReader 객체의 readAsDataURL() 함수는 바이너리 파일을 읽어서 base64 형태로 인코딩해서 처리한다. 이 문자열은 data:url의 형태를 띠며 〈img〉 등에서 src 속성으로 사용할 수 있다.

이미지 파일은 MIME 타입의 시작 문자가 image이다. 따라서 이를 위한 정규표현식으로 /^image/g를 사용하면 된다.

파일명 | ch10_fileAPI/03_file_read_url.html

```
 1:  document.getElementById("file").addEventListener("change", function() {
 2:    var file = this.files[0];
 3:    typeArea.innerHTML = file.type;
 4:    contentArea.innerHTML = "";
 5:    var fReader = new FileReader();
 6:    fReader.addEventListener("load", function(e) {
 7:      console.log("파일 읽기 완료");
 8:      if (getType(file.type) == "text") {
 9:        var img = document.createElement("img");
10:        img.src = this.result;
11:        contentArea.appendChild(img);
12:      }
13:    });
14:    fReader.addEventListener("error", function(e) {
15:      console.log("파일 읽는 도중 예외 발생: " + e)
16:    });
17:    fReader.addEventListener("progress", function(e) {
```

```
18:        console.log("읽는 중: " + e)
19:      });
20:
21:      if (getType(file.type) == "image") {
22:        fReader.readAsDataURL(file);
23:      } else {
24:        alert("지원하지 않는 타입입니다.");
25:      }
26:    });
```

[소스 설명]

　9행　<img> 태그를 생성한다.

　10행　<img>의 src 속성에 FileReader 객체의 result를 할당한다.

　11행　<img> 태그를 contentArea의 자식 요소로 DOM에 추가한다.

　21-23행　파일의 타입이 image로 시작하는 경우 readAsDataURL() 함수로 파일을 읽는다.

예제 어플리케이션을 실행시키고 이미지 타입의 파일을 선택하면 화면에 이미지를 표시한다.

[그림 10.5] URL 방식을 이용한 이미지 파일 읽기

개발자 도구의 Elements 탭을 살펴보면 화면을 구성하는 DOM 트리의 모습을 볼 수 있는데 위 이미지 태그의 부분을 찾아보자.

<img>의 src 속성에 data:image로 시작하는 긴 문자열이 할당되어 있다. 화면에는 조금만 잘라서 보이는 것이고 커서를 살짝 올리면 긴 전체 문자열을 보여준다. 이것이 이미지를 base64 문자열로 인코딩해서 화면에 출력하는 것이다.

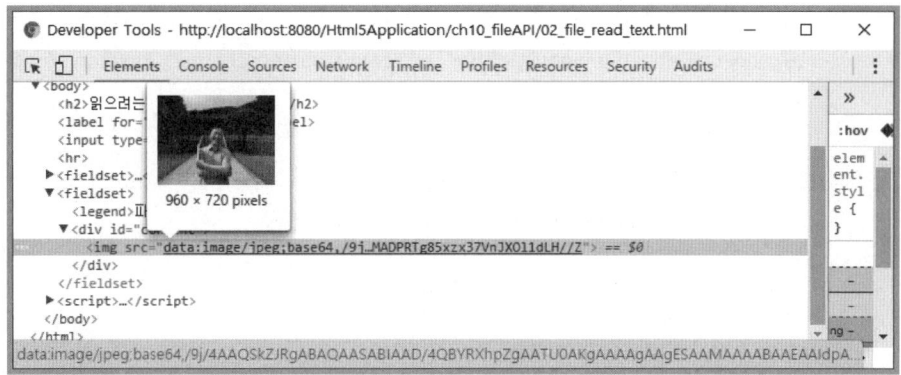

[그림 10.6] 이미지 URL의 구성

2.2.3 이벤트를 이용한 진행 상황 표시

로컬의 파일을 읽어들일 때 걸리는 시간은 파일의 크기에 따라 다르다. 크기가 작은 파일은 거의 느낄 수 없지만 크기가 큰 파일은 사용자 입장에서는 현재의 진행률이 어느 정도인지 궁금할 수밖에 없다.

FileReader 객체는 loadstart, progress, loadend와 같은 이벤트를 지원하는데 이들을 활용하면 진행 상황을 모니터링해서 화면에 표시할 수 있다.

이때 사용되는 이벤트 객체는 ProgressEvent로 [표 10.6]의 속성을 갖는다.

표 10.6 ProgressEvent의 속성

속성 이름	설명
lengthComputable	전체 길이를 계산할 수 있는지를 boolean 값으로 나타낸다.
loaded	현재까지 읽은 데이터의 양을 나타낸다.
total	전체 데이터의 양을 나타낸다.

파일명 | ch10_fileAPI/04_file_read_progress.html

```
 1:  var info = document.getElementById("info");
 2:  var contentArea = document.getElementById("content");
 3:  var typeArea = document.getElementById("type");
 4:  var proress = document.getElementById("progress");
 5:
 6:  function getType(type) {
 7:    if (type.match(/^text/g)) {
 8:      return "text";
 9:    } else if (type.match(/^image/g)) {
10:      return "image";
11:    } else {
12:      return "unknown";
13:    }
14:  }
```

```
15:
16:   document.getElementById("file").addEventListener("change", function() {
17:       var file = this.files[0];
18:       typeArea.innerHTML = file.type;
19:       contentArea.innerHTML = "";
20:       var fReader = new FileReader();
21:       fReader.addEventListener("load", function(e) {
22:           console.log("파일 읽기 완료");
23:           if (getType(file.type) == "image") {
24:               var img = document.createElement("img");
25:               img.src = this.result;
26:               contentArea.appendChild(img);
27:           }
28:       });
29:       fReader.addEventListener("error", function(e) {
30:           console.log("파일 읽는 도중 예외 발생: " + e)
31:       });
32:       fReader.addEventListener("loadstart", function(e) {
33:           proress.style.display = "inline";
34:           if (e.lengthComputable) {
35:               progress.max = e.total;
36:           }
37:       });
38:       fReader.addEventListener("progress", function(e) {
39:           if (e.lengthComputable) {
40:               progress.value = e.loaded;
41:           }
42:       });
43:       fReader.addEventListener("loadend", function() {
44:           proress.style.display = "none";
45:       });
46:       if (getType(file.type) == "image") {
47:       fReader.readAsDataURL(file);
48:       } else {
49:           alert("지원하지 않는 타입입니다.");
50:       }
51:   });
```

[소스 설명]

32행 loadstart 이벤트에 대한 이벤트 리스너를 등록한다.

33행 progress 객체의 CSS display 속성을 inline으로 해서 화면에 표시한다.

34-36행 이벤트를 통해 데이터의 길이를 계산할 수 있다면(e.lengthComputable) progress
의 최대값을 이벤트 객체가 가지는 total 값으로 설정한다.

38-42행 progress 이벤트에 대한 리스너를 등록하고 현재까지 읽은 데이터의 양을
progress에 표시한다.

43-45행 loadend 이벤트에 대한 리스너를 등록하고 progress 객체의 CSS display 속성을
none으로 변경해서 화면에서 숨긴다.

04_file_read_progress.html 예제를 실행하여 큰 이미지 파일을 선택해서 읽어보면 하단에 파일을 읽는 상황이 표시되는 것을 확인할 수 있다.

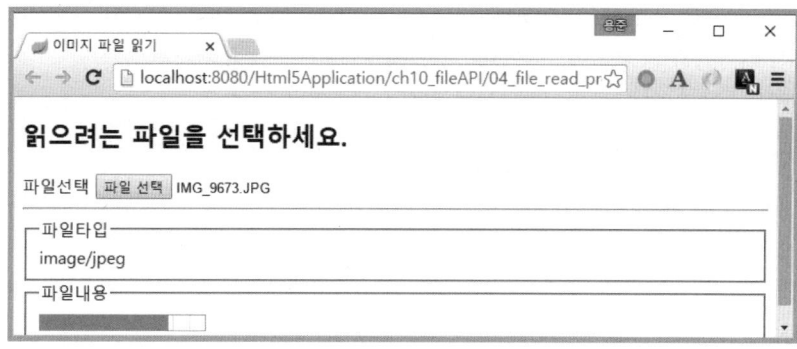

[그림 10.7] ⟨progress⟩를 이용한 FileReader 객체의 상태 표시

2.3 웹 스토리지를 이용한 파일 저장

이번에는 컴퓨터에 있는 파일을 웹 스토리지에 저장해 보자. 웹 스토리지는 데이터를 저장할 때 문자열 형태로만 저장한다고 했다. 또한, 파일의 타입에 따라 달라지겠지만, 파일을 문자열 형태로 변환하는 방법에 대해서도 살펴보았다. 일반적인 text 형태의 파일들은 별도의 처리 없이 바로 FileReader 객체의 readAsText() 함수를 이용하면 문자열 형태의 데이터를 받는다. 바이너리 형태의 파일은 readAsDataURL() 함수를 이용하면 역시 문자열 형태로 인코딩된 데이터를 받을 수 있다. 스토리지에 파일을 저장하는 것은 바로 이 문자열을 저장하면 된다.

다음의 예제에서는 드래그앤드롭 형태로 파일을 받아서 세션 스토리지에 저장하고 사용하는 방법에 대해 알아본다.

먼저 HTML 부분을 살펴보자.

파일명 | ch10_fileAPI/05_file_to_storage.html

```
 1: <!DOCTYPE html>
 2: <html>
 3: <head>
 4: <meta charset = "UTF-8">
 5: <title>Session Storage에 파일 저장</title>
 6: </head>
 7: <body>
 8:     <p>저장하고 싶은 파일을 아래 이미지에 드롭하세요.</p>
 9:     <div id = "main">
10:       <img src = "../images/analysis.png" id = "analysis">
11:     </div>
12:     <fieldset>
13:       <legend>파일목록</legend>
```

```
14:        <select id = "list"></select>
15:      </fieldset>
16:      <fieldset>
17:        <legend>파일내용</legend>
18:        <div id = "content"></div>
19:      </fieldset>
20:   </body>
21:   <script src = "05_file_to_storage.js"></script>
22:   </html>
```

[소스 설명]

10행 이미지를 드롭 받을 수 있도록 <img>를 배치한다.

14행 저장된 파일의 목록을 볼 수 있는 <select>를 배치한다.

18행 파일의 내용을 확인할 수 있는 <div>를 배치한다.

21행 05_file_to_storage.js 파일을 참조시킨다.

다음은 자바스크립트 부분이다. 드롭 목적지에서 drop 이벤트가 발생했을 때 드롭 된 파일들을 세션 스토리지에 저장시켜야 한다. 이때 여러 타입의 파일들이 동시에 드롭 될 수 있기 때문에 파일 타입에 맞춰 파일을 읽는 함수를 사용해야 한다.

파일명 | ch10_fileAPI/05_file_to_storage.js

```
1:  var contentArea = document.getElementById("content");
2:  var list = document.getElementById("list");
3:  var dropDestination = document.getElementById("analysis");
4:
5:  var storage = sessionStorage;
6:
7:  function getType(type) {
8:    if (type.match(/^text/g)) {
9:      return "text";
10:   } else if (type.match(/^image/g)) {
11:     return "image";
12:   } else {
13:     return "unknown";
14:   }
15: }
16:
17: dropDestination.addEventListener("dragover", function(e) {
18:    e.preventDefault();
19:    this.style.background = "rgba(0, 0, 255, 0.5)";
20: });
21: dropDestination.addEventListener("dragleave", function() {
22:    this.style.background = "rgba(0, 0, 0, 0)";
23: });
24:
25: dropDestination.addEventListener("drop", function(e) {
```

```
26:      e.preventDefault();
27:      var files = e.dataTransfer.files;
28:      for (var i = 0; i < files.length; i++) {
29:         readFile(files[i]);
30:      }
31:      this.style.background = "rgba(0, 0, 0, 0)";
32:  });
33:
34:  function readFile(file) {
35:      contentArea.innerHTML = "";
36:      var fReader = new FileReader();
37:      fReader.addEventListener("load", function(e) {
38:         var fileInfo = {
39:            type : file.type,
40:            content : this.result
41:         };
42:         storage.setItem(file.name, JSON.stringify(fileInfo));
43:         updateList();
44:      });
45:
46:      if (getType(file.type) == "text") {
47:         fReader.readAsText(file);
48:      } else if (getType(file.type) == "image") {
49:         fReader.readAsDataURL(file);
50:      } else {
51:         contentArea.innerHTML = "지원하지 않는 파일 포맷입니다.";
52:      }
53:  }
54:
55:  list.addEventListener("change", function() {
56:      var content = storage.getItem(this.value);
57:      if (content) {
58:         var fileObj = JSON.parse(content);
59:         if (getType(file.type) == "text") {
60:            contentArea.textContent = fileObj.content;
61:         } else {
62:            contentArea.textContent = "";
63:            var img = new Image();
64:            img.src = fileObj.content;
65:            contentArea.appendChild(img);
66:         }
67:      }
68:  });
69:
70:  function updateList() {
71:      var data = "";
72:      for (var i = 0; i < storage.length; i++) {
73:         data += "<option>" + storage.key(i);
74:      }
75:      list.innerHTML = data;
76:  }
77:  updateList();
```

[소스 설명]

5행   세션 스토리지 객체를 storage 변수에 할당한다.

7-15행   파일의 타입을 파악하는 함수인 getType()을 정의한다.

17-20행   dropDestination에 dragover 이벤트에 대한 리스너를 등록한다. 기본 이벤트 동
작을 중지시키고 배경색을 변경한다.

21-23행   dropDestination에 dragleave 이벤트에 대한 리스너를 등록한다. 배경을 투명하
게 변경한다.

25행   dropDestination에 drop 이벤트에 대한 리스너를 등록한다.

26행   drop 이벤트의 기본 동작을 중지시킨다.

27행   드롭된 파일의 목록을 가져온다.

28-30행   파일의 개수만큼 반복문을 돌며 readFile 함수를 호출한다.

31행   배경을 투명하게 변경한다.

34행   실제 파일을 읽는 readFile() 함수를 정의한다.

37-44행   fReader의 load 이벤트에서 파일의 타입과 읽은 파일의 내용을 이용해 fileInfo 객
체를 생성한다. 이 객체를 문자열로 변환 후 파일 이름을 키로 스토리지에 저장한
다. 저장 후 updateList() 함수를 호출해서 <select>의 내용을 변경한다.

46-52행   파일의 타입에 따라 text일 경우 readAsText() 함수를 호출하고, image일 경우는
readAsDataURL() 함수를 호출한다. 나머지는 오류 메시지를 출력한다.

55-68행   파일 목록을 선택했을 때 내용을 출력한다. 파일의 타입이 text인 경우는
textContent 속성에 내용(fileObj.content)을 할당한다. 나머지 경우 이미지이
기 때문에 Image 객체를 생성 후 src 속성에 내용을 연결한다. Image 객체를
contentArea에 자식 요소로 추가한다.

70-76행   스토리지의 내용을 이용해 <select>의 <option> 항목을 수정한다.

05_file_to_storage.html 예제를 실행한 후에 원하는 파일을 드래그해서 드롭 목적지에
드롭해보자. <select>에 드롭한 파일들이 추가된다. 그 중 내용을 확인하려는 항목을 선
택하면 하단에 파일이 문자열 또는 그림의 형태로 출력된다.

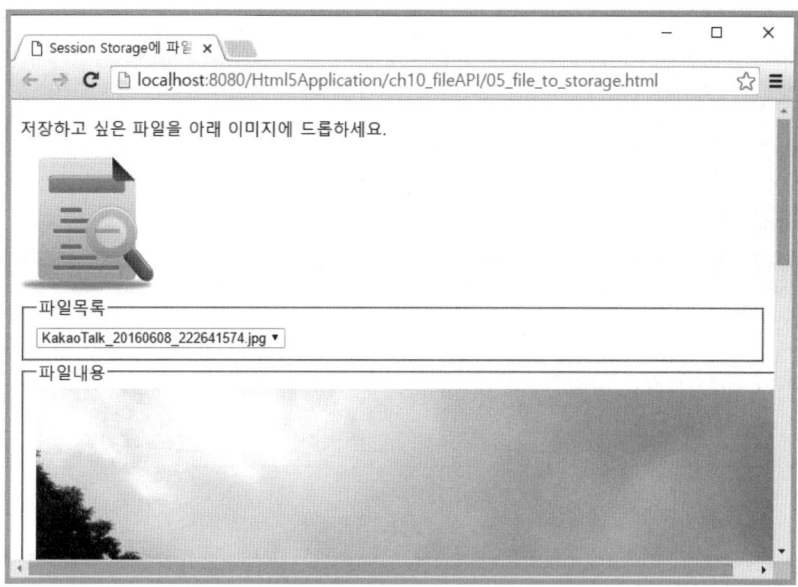

[그림 10.8] 드래그앤드롭을 이용한 파일 처리

2.4 Blob 활용

2.4.1 Blob API

Blob은 Binary Large Objects의 약자로 일반적으로 대용량의 원시 데이터(raw data)를 나타내는 객체이다. 일반 텍스트는 물론 이미지나 동영상 등을 바이너리 상태로 자바스크립트에서 처리하기 위한 용도로 사용되며 파일 API에 정의되어 있다.

Blob API에 대해 알아보자. 다음의 [표 10.7]은 Blob의 생성자를 설명한다.

표 10.7 Blob의 생성자

생성자 이름	설명
Blob(array, options)	Blob 객체를 생성한다. array는 ArrayBuffer, ArrayBufferView, Blob, DOMString 중 하나이다. options 객체는 type 속성과 endings 속성을 갖는다. type 속성은 콘텐츠의 MIME 타입 문자열이다. endings는 줄 바꿈 속성으로 transparent는 원래 있던 줄 바꿈 문자를 그대로 사용하며 native는 사용하는 OS의 줄 바꿈 문자로 대체한다. 기본은 transparent이다.

다음의 [표 10.8]은 Blob의 속성을 설명한다.

표 10.8 Blob의 속성

속성 이름	설명
size	파일의 크기를 바이트 단위로 나타낸다.

type	파일의 MIME 타입을 나타낸다. 파일의 타입이 알려지지 않았으면 빈 문자열이다.

다음의 [표 10.9]는 Blob의 함수를 설명한다.

표 10.9 Blob의 함수

함수 이름	설명
slice([start [, end [, contentType]]])	기존 파일에서 start에서 end까지의 데이터를 가지고 새로운 Blob 객체를 리턴한다. start는 정보를 읽을 출발점이고 생략 시 0이다. end는 정보를 읽을 마지막 지점이고 생략하면 파일의 size 정보이다. contentType은 생성될 Blob 객체의 타입으로 기본은 빈 문자열이다.

참고로 File은 Blob을 상속받았으므로 Blob의 모든 속성은 File에서도 찾아볼 수 있다.

2.4.2 Blob URL

Blob은 사용법이 다양한데 그 중 URL을 이용한 접근 방법이 많이 사용된다.

Blob을 위한 URL의 특성을 살펴보자. 다음의 [표 10.10]은 URL의 함수를 설명한다.

표 10.10 URL의 함수

함수 이름	설명
createObjectURL(blob)	URL에 정의된 정적 함수로 파라미터로 주어진 blob 또는 파일 객체를 URL 형태의 문자열로 반환한다. 생성된 URL은 〈img〉의 src나 〈a〉의 href 속성과 같이 평소 url 형태의 데이터를 사용하는 곳에 할당될 수 있다.
revokeObjectURL (objectURL)	이전 URL.createObjectURL()로 생성되었던 객체 URL 정보를 해지한다. 객체 URL에 대한 사용이 끝났을 때 브라우저에게 더는 해당 파일이나 blob에 대한 참조를 유지할 필요 없음을 명시적으로 통보한다.

간단하게 문자열을 이용한 Blob 객체를 생성하고 URL 형태로 사용해보자.

파일명 | ch10_fileAPI/06_use_blob.html

```
 1:  <!DOCTYPE html>
 2:  <html>
 3:  <head>
 4:  <meta charset = "UTF-8">
 5:  <title>Blob URL</title>
 6:  </head>
 7:  <body>
 8:     <a id = "bloblink">blob</a>
 9:  </body>
10:  <script>
```

```
11:     var data = new String("Hello JavaScript World");
12:     var blob = new Blob(data, {type:"text/plain"});
13:     var link = document.getElementById("bloblink");
14:
15:     console.log(blob.size);
16:     console.log(blob.type);
17:
18:     var url = URL.createObjectURL(blob);
19:     link.href = url;
20:     // URL.revokeObjectURL(url);
21:   </script>
22: </html>
```

[소스 설명]

8행 <a> 태그가 있지만, 아직 href 속성은 지정되지 않았다.

11행 DOMString 타입의 문자열 data를 생성한다.

12행 data를 이용해 Blob 객체를 생성한다. 타입은 단순 문자열이므로 text/plain으로 한다.

15-16행 blob의 size와 type을 출력한다.

18행 URL.createObjectURL() 함수를 이용해서 URL을 생성한다.

19행 생성된 url을 link의 href 속성에 할당한다.

20행 URL.revokeObjectURL() 함수를 이용해 객체 URL을 해지한다. (지금은 주석으로 되어 있다.)

예제 어플리케이션을 실행 후 blob 링크를 클릭하면 Blob을 생성할 때 파라미터로 넘겨 준 문자열이 화면에 출력된다. 이때 주소창에 출력된 내용이 Blob의 URL 표현이다.

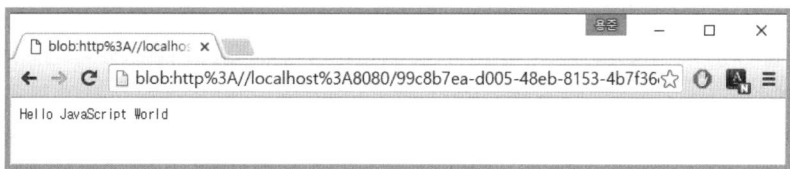

[그림 10.9] Blob을 이용한 객체 URL 사용

ch10_fileAPI/06_use_blob.html 예제에서 주석으로 되어 있는 20행의 주석을 해지하 고 다시 위의 테스트를 진행해보면 Blob 문자열 내용은 출력되지 않는다.

2.4.3 Blob을 이용한 부분 로딩

Blob은 전체 데이터를 메모리에 로드하지 않고 일부분만을 이용해서 작업할 수 있는 기 능을 제공한다. 이때 사용되는 메서드는 slice()이다.

다음 예제에서는 파일의 앞부터 100byte까지만 읽어서 화면에 출력한다.

파일명 | ch10_fileAPI/07_file_read_blob.html

```
1:  document.getElementById("file").addEventListener("change", function() {
2:    var file = this.files[0];
3:    typeArea.innerHTML = file.type;
4:    contentArea.innerHTML = "";
5:    var fReader = new FileReader();
6:    fReader.addEventListener("load", function(e) {
7:      console.log("파일 읽기 완료");
8:      if(isText(file.type)) {
9:        var content = fReader.result;
10:       content = content.replace(/\n/g,"<br>");
11:       contentArea.textContent = content;
12:     }
13:   });
14:   fReader.addEventListener("error", function(e) {
15:     console.log("파일 읽는 도중 예외 발생: " + e)
16:   });
17:   fReader.addEventListener("progress", function(e) {
18:     console.log("읽는 중: " + e)
19:   });
20:
21:   if(isText(file.type)) {
22:     var blob = file.slice(0, 100);
23:     fReader.readAsText(blob);
24:   }
25: });
```

[소스 설명]

22행 파일로부터 0부터 100바이트까지의 크기를 blob으로 할당한다.

23행 blob만큼만 파일을 읽어들인다.

실행의 결과는 이전처럼 전체 파일의 내용이 출력되지 않고 일부분만 출력됨을 확인할 수 있다.

[그림 10.10] Blob를 이용하여 화면의 일부분만 출력

요약 정리

1. File(파일) API

□ 속성

- name : 파일의 이름을 나타낸다.
- size : 파일의 크기를 바이트 단위로 나타낸다.
- type : 파일의 MIME 타입을 나타낸다. 파일의 타입이 알려지지 않은 경우 빈 문자열이다.

□ 함수

- slice([start [, end [, contentType]]]) : 기존 파일에서 start에서 end까지의 데이터를 가지고 새로운 Blob 객체를 리턴한다.

2. FileReader(파일리더) API

□ 생성자

- FileReader() : 새로운 파일리더 객체를 생성해서 리턴한다.

□ 속성

- error : 파일을 읽다가 에러가 발생하는 경우 에러 정보가 할당된다.
- readyState : 파일리더의 상태를 나타내는 숫자이다. 0은 아직 아무런 파일을 읽지 않은 상태이다(EMPTY). 1은 데이터를 읽고 있는 중간이다(LOADING). 2는 데이터를 다 읽은 상태를 나타낸다(DONE).
- result : 읽은 파일의 내용을 나타낸다. 이 속성은 파일을 읽는 동작이 정상적으로 완료된 후 의미가 있으며 타입은 어떤 함수로 파일을 읽었는가에 따라 달라진다.

□ 함수

- abort() : 파일을 읽는 동작을 중지한다. 함수가 리턴하면 파일리더의 readyState는 DONE(2)가 된다.
- readAsArrayBuffer(blob) : 파일 또는 blob 객체를 읽어들인다. 읽는 과정이 끝나면 readyState값이 DONE(2)로 바뀌고 loadend 이벤트가 발생한다. 이 이벤트에서 result 값은 ArrayBuffer 타입으로 파일의 내용을 저장한다.
- readAsDataURL(blob) : 기본 내용은 readAsArrayBuffer와 동일하다. 차이점은 loadend시 result 값은 파일의 데이터를 나타내는 base64로 인코딩된 data:url을 생성한다.
- readAsText(blob [, encoding]) : 기본 동작은 readAsArrayBuffer와 동일하다. 차이점은 loadend 시 result 값은 파일의 내용을 문자열로 표현한 값이다. encoding을 생략하는 경우는 UTF-8을 사용한다.

□ 이벤트

- abort : 파일을 읽다가 취소했을 경우 발생하는 이벤트이다.

- error : 파일을 읽다가 오류가 발생했을 때 발생하는 이벤트이다.
- loadstart : 파일 읽기가 시작되었을 경우 발생하는 이벤트이다.
- progress : 파일을 읽는 중간에 주기적으로 발생하는 이벤트이다.
- load : 파일 읽기가 성공적으로 끝났을 때 발생하는 이벤트이다.
- loadend : 성공, 실패 여부에 상관없이 파일 읽기가 끝났을 때 발생하는 이벤트이다.

3. ProgressEvent API

□ **속성**
- lengthComputable : 전체 길이를 계산할 수 있는지를 boolean 값으로 나타낸다.
- loaded : 현재까지 읽은 데이터양을 나타낸다.
- total : 전체 데이터양을 나타낸다.

Communication API

01 Communication API

커뮤니케이션(Communication) API는 HTML5에 새로 추가된 통신 기법으로 서로 다른 근원[25]에서 제공하는 어플리케이션과 안전하게 통신할 수 있게 한다. 커뮤니케이션 API 는 일반적으로 XMLHttpRequest Level2를 이용하는 Ajax 기술, 다른 근원의 문서 메시 징을 지원하는 Cross Document Messaging(또는 Web Messaging) 그리고 서버와의 실 시간 통신을 위한 Web Socket을 지칭한다.

> **Note**
>
> 커뮤니케이션 API의 주요 이슈 중 하나는 서로 다른 근원과의 통신이다. 이를 테스트하기 위해서 사용자 컴퓨터의 hosts 파일을 수정해서 여러 개의 도메인을 운영해보자. Windows를 기준으로 C:\Windows\System32\drivers\etc\hosts 파일을 열어서 다음 내용을 추가한다.
>
> 127.0.0.1 mysite.com
> 127.0.0.1 yoursite.com
>
> hosts 파일을 수정할 때는 2가지의 주의 사항이 있다. 첫 번째는 V3, 알약 등 일부 백신 프로그램 들은 hosts 파일의 수정을 막고 있다. 따라서 수정이 안 될 경우 해당 백신 프로그램을 종료한 후에 수정해야 한다. 두 번째로 hosts 파일은 관리자 권한으로만 편집할 수 있다. 따라서 다음 그림처럼 관리자 권한으로 메모장을 실행한 후 편집해야 한다.
>
>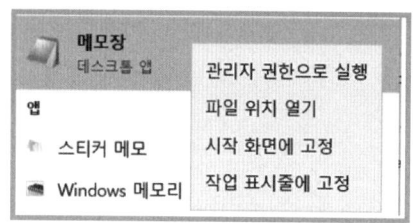
>
> [그림 11.1] 관리자 권한으로 메모장 실행
>
> 변경 내용을 반영하려면 컴퓨터를 재시작 해야 한다.

---

25)   근원(Origin)은 프로토콜과 도메인, 포트를 합한 것이다. 현재 예제를 실행하는 근원은 http://localhost:8080이다.

02 XMLHttpRequest Level 2

XMLHttpRequest는 1999년 발표된 이후 Ajax[26]를 구현하는 기술로 WEB 2.0 시대를 활짝 열었고 HTML5에서 Level2가 발표되었다. 따라서 XMLHttpRequest Level2를 Ajax Level2라고도 한다. 이 책에서는 Level 1과 Level 2를 모두 XMLHttpRequest 라고 하고 특별히 버전을 지칭할 경우만 레벨 정보를 추가한다.

XMLHttpRequest Level2에는 다음의 기능이 추가되었다.

- 응답 단계별 처리 이벤트 지원
- FormData 객체의 지원
- upload 속성으로 손쉬운 파일 업로드 지원
- 크로스 근원 간 요청 지원

브라우저별 API 지원 현황을 보면 인터넷 익스플로러(IE) 11 버전이 부분적으로 지원하고 있는 것을 빼면 모든 브라우저에서 잘 동작한다.

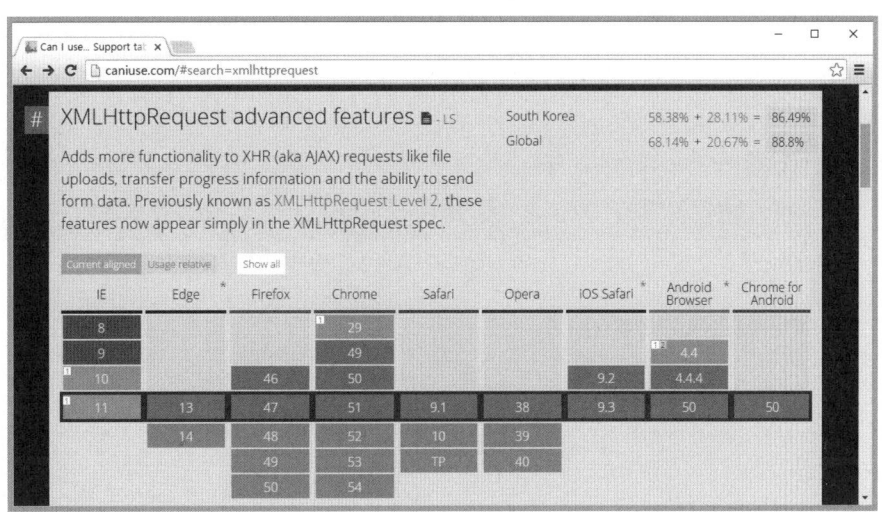

[그림 11.2] 브라우저별 XMLHttpRequest Level 2 지원 현황

먼저 XMLHttpRequest 객체에 대해 알아보자. 다음의 [표 11.1]은 XMLHttpRequest 객체의 생성자에 대해 설명한다.

---

26) Ajax는 Asynchronous JavaScript And XML의 약자로 서버와 클라이언트간의 비동기 통신을 이용하는 기술이다.

표 11.1 XMLHttpRequest의 생성자

생성자 이름	설명
XMLHttpRequest	XMLHttpRequest 객체를 생성한다.

XMLHttpRequest의 속성은 XMLHttpRequestEventTarget과 EventTarget의 속성을 포함한다. 다음의 [표 11.2]는 XMLHttpRequest 객체의 속성을 설명한다.

표 11.2 XMLHttpRequest의 속성

속성 이름	설명
readyState	요청의 상태를 0~4의 정수값으로 표현한다.
response	responseType 속성의 값에 따라 ArrayBuffer, Blob, JSON, 문자열 등 다양한 형태의 응답을 반환한다.
responseText	요청에 대한 응답을 텍스트 형태로 반환한다. 요청이 실패하면 null이 반환된다.
responseType	응답의 타입으로 "arraybuffer", "blob", "document", "json", "text" 등을 가질 수 있다. 기본은 "text"이다.
responseXML	요청에 대한 응답을 XML 형태로 반환한다. 요청이 실패하면 null이 반환된다.
status	응답의 HTTP 상태값을 반환한다. 예를 들어 정상적으로 응답을 받은 경우 200이다.
timeout	서버로부터의 응답을 기다리는 최대 시간이다.
upload	XMLHttpRequestUpload 객체를 반환한다.

다음의 [표 11.3]은 XMLHttpRequest 객체의 함수를 설명한다.

표 11.3 XMLHttpRequest의 함수

함수 이름	설명
abort()	이미 전송한 요청을 취소한다.
getAllResponseHeaders()	모든 응답 헤더를 반환한다. 아무런 헤더를 받지 못한 경우 null이 반환된다.
getResponseHeader(name)	특정 이름의 응답 헤더를 반환한다. name에 해당하는 값이 없는 경우 null이 반환된다.
open(method, url, async [, user, password])	요청을 초기화하는 메서드로 "GET", "POST", "PUT", "DELETE" 중 하나를 사용한다. url은 요청을 받아서 처리할 서버의 주소이다. async는 비동기 처리 여부로 동기 처리 시 false, 비동기 처리 시 true이다. user와 password는 옵션으로 인증이 필요한 경우 사용하며 기본은 빈 문자열이다.
overrideMimeType(newType)	기존의 MIME 타입을 새로운 타입으로 변경한다. 이 함수는 send() 함수가 실행되기 전에 호출해야 한다.
send([data])	실제로 서버로 요청하는 메서드이다. 전송할 데이터가 없는 경우 생략하며 필요에 따라 ArrayBufferView, Blob, Document, FormData, 문자열을 전송할 수 있다.

setRequestHeader(name, value)	name의 헤더에 value를 할당한다. 이 함수는 반드시 open()과 send() 사이에 호출해야 한다.

다음의 [표 11.4]는 XMLHttpRequest의 이벤트를 설명하고 있다.

표 11.4 XMLHttpRequest의 이벤트

이벤트 이름	설명
readystatechange	readyState 속성이 변경될 때 발생하는 이벤트이다.
timeout	요청에 대한 응답 시간 초과가 발생했을 때 동작하는 이벤트이다.
loadstart	요청을 처음 시작할 때 발생하는 이벤트이다.
progress	데이터를 전송하거나 로딩할 때 주기적으로 발생한다. 이 이벤트를 통해서 응답의 진행 상태를 확인할 수 있다.
abort	요청이 중단될 때 발생하는 이벤트이다.
error	요청 처리 중에 에러가 일어날 때 발생하는 이벤트이다.
load	요청이 성공적으로 완료되었을 때 발생하는 이벤트이다.
loadend	요청이 성공 또는 실패로 종료되었을 때 발생하는 이벤트이다.

XMLHttpRequest 객체의 readyState 속성의 값은 [표 11.5]와 같다.

표 11.5 readyState 속성의 값

값	상태	설명
0	UNSENT	아직 open()이 호출되기 이전
1	OPENED	open()이 호출된 직후
2	HEADERS_RECEIVED	send()가 호출된 직후로 header 정보 확인 가능
3	LOADING	데이터를 받는 중
4	DONE	동작 완료

2.1 단계적 이벤트

XMLHttpRequest Level 1에서는 사용할 수 있는 이벤트가 readystatechange 하나뿐이었다. 이 이벤트의 리스너 내부에서 readyState 값과 status 값을 파악해서 정상적으로 메시지를 수신한 경우 다음 동작을 진행한다. 정상인 경우란 readyState = 4, status = 200인 상태이다. 나머지는 오류 또는 진행 중인 상태이다.

XMLHttpRequest Level 2에서는 사용할 수 있는 이벤트가 대폭 늘었다. 진행 상황에 따라 loadstart, progress, load, loadend, abort, error 등이 지원된다. 필요한 이벤트에 대한 콜백 함수만 등록해두면 지겨운 상태값 비교는 할 필요가 없어진 것이다.

간단하게 GET 방식으로 서버에서 시간을 가져오는 어플리케이션을 구성해보자. Ajax 통신을 위해서는 PHP, Servlet/JSP, ASP 등 서버 영역의 프로그래밍 기술이 필요하다. 이 책에서는 Java를 사용하는 서블릿(Servlet)을 이용한다.

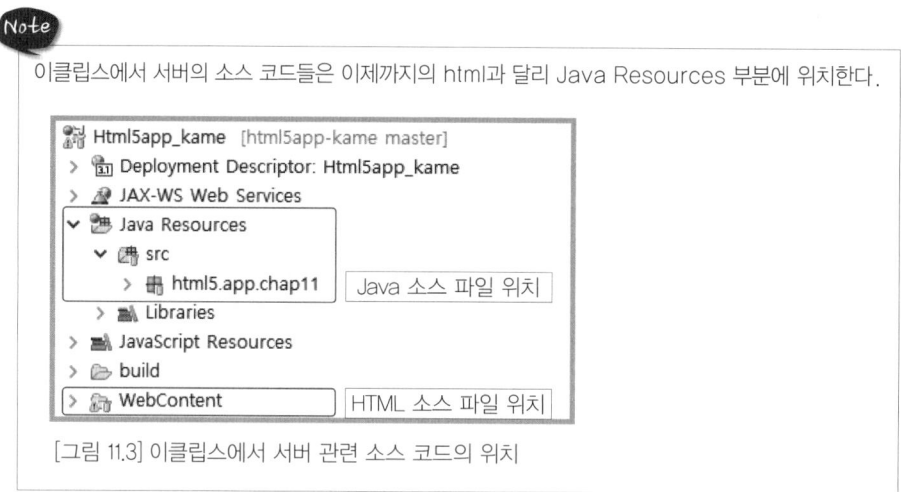

> **Note**
>
> 이클립스에서 서버의 소스 코드들은 이제까지의 html과 달리 Java Resources 부분에 위치한다.

[그림 11.3] 이클립스에서 서버 관련 소스 코드의 위치

먼저 서버 측의 서블릿(Servlet) 코드를 살펴보자.

파일명 | src/HTML5/app/chap11/ServerTimeServlet.java

```
 1:  @WebServlet("/getTime")
 2:  public class ServerTimeServlet extends HttpServlet {
 3:      private static final long serialVersionUID = 1L;
 4:
 5:      protected void doGet(HttpServletRequest req, HttpServletResponse res)
 6:          throws ServletException, IOException {
 7:        res.setCharacterEncoding("utf-8");
 8:
 9:        PrintWriter out = res.getWriter();
10:        out.println(getReadableDate(Calendar.getInstance().getTime()));
11:      }
12:
13:      private String getReadableDate(Date date) {
14:        SimpleDateFormat sdf = new SimpleDateFormat("MM/dd - hh:mm:ss");
15:        return sdf.format(date);
16:      }
17:  }
```

[소스 설명]

1행 @WebServlet으로 서블릿 객체로 등록하고 '/getTime' URL에 응답하도록 한다.

5행 'GET' 방식의 요청에 응답할 수 있도록 doGet() 메서드를 재정의한다.

10행 요청에 대한 응답으로 서버의 시간을 클라이언트에게 전송한다.

서버에 요청을 전송하는 클라이언트를 작성해보자. 클라이언트는 setInterval() 함수를 통해 1초에 한 번씩 서버로 XMLHttpRequest 요청을 보낸다.

먼저 XMLHttpRequest Level 1으로 작성한 소스는 다음과 같다. XMLHttpRequest의 readystatechange 이벤트 리스너 내부에서 readyState와 status 값을 이용해 분기 처리한다.

파일명 | ch11_commAPI/01_ajax_level1.html

```
1:  <!DOCTYPE html>
2:  <html>
3:  <head>
4:  <meta charset = "UTF-8">
5:  <title>서버 시간 가져오기 - Level 1</title>
6:  </head>
7:  <body>
8:     서버시간:
9:     <span id = "time"></span>
10:    <br>
11:    <button id = "getTime">가져오기</button>
12: </body>
13: <script>
14:    var timeArea = document.getElementById("time");
15:    document.getElementById("getTime").addEventListener("click", function() {
16:       var url = "../getTime";
17:       var xhr = new XMLHttpRequest();
18:       setInterval(function() {
19:          xhr.open("GET", url, true);
20:          xhr.addEventListener("readystatechange", function() {
21:             if(xhr.readyState == 0) {
22:                console.log("아직 open 전입니다.");
23:             }else if(xhr.readyState == 1) {
24:                console.log("xhr이 open 되었습니다.")
25:             }else if(xhr.readyState == 2) {
26:                console.log("header 정보가 수신되었습니다.")
27:             }else if(xhr.readyState == 3) {
28:                console.log("정보가 수신중입니다.");
29:             }else if (xhr.status == 200 && xhr.readyState == 4) {
30:                time.innerHTML = xhr.responseText;
31:             }
32:          });
33:          xhr.send();
34:       }, 1000 * 1);
35:    });
36: </script>
37: </html>
```

[소스 설명]

16행　요청을 전달할 서버의 url을 설정한다. 앞서 서버 코드에서 설정한 @WebServlet 의 파라미터이다.

17행　XMLHttpRequest 객체를 생성해서 xhr에 할당한다.

18행　주기적인 작업을 위해 setInterval 함수를 작성한다.

19행　GET 방식으로 서버에 비동기 요청을 연다. (아직 전송 단계는 아니다.)

20-32행　xhr의 readystatechange 이벤트에 대한 리스너를 등록한다. status가 200이고 readyState가 4인 경우 responseText를 화면에 출력한다.

33행　요청을 서버로 전송한다.

위의 예제는 소스 코드의 20행에서 보듯이 readystatechange라는 이벤트 하나를 가지고 응답의 상태에 따라 동작하고 있다.

01_ajax_level1.html 예제를 실행하면 1초에 한 번씩 서버로 요청을 전송하고 서버로부터의 응답으로 시간을 받아 화면에 출력한다.

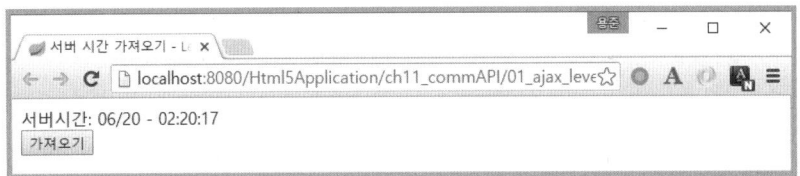

[그림 11.4] Ajax를 이용한 서버 시간 조회

위의 예제를 XMLHttpRequest Level2 형태로 변경해보자. 전체적인 큰 틀은 달라지지 않는다. 다만, 일련의 절차에 대한 다양한 이벤트를 지원해서 간단한 이벤트 기반의 프로그래밍이 가능하다. 특히 progress 이벤트는 주기적으로 호출되면서 긴 작업의 진행 상황을 확인할 수도 있다.

파일명 | ch11_commAPI/02_ajax_level2.html

```
 1:  var timeArea = document.getElementById("time");
 2:  document.getElementById("getTime").addEventListener("click", function() {
 3:    var url = "../getTime";
 4:    var xhr = new XMLHttpRequest();
 5:    setInterval(function() {
 6:      xhr.open("GET", url, true);
 7:      xhr.addEventListener("load", function() {
 8:        time.innerHTML = xhr.responseText;
 9:      });
10:      xhr.addEventListener("loadstart", function() {
11:        console.log("로드 시작");
12:      });
13:      xhr.addEventListener("progress", function() {
14:        console.log("로드 중...")
```

```
15:        });
16:        xhr.addEventListener("loadend", function() {
17:            console.log("로드 종료")
18:        });
19:        xhr.send();
20:    }, 1000 * 1);
21: });
```

[소스 설명]

　7-9행　xhr에 load 이벤트에 대한 리스너를 등록한다. 리스너에서는 xhr의 responseText 를 화면에 출력한다.

　10-18행　xhr에 loadstart, progress, loadend 이벤트에 대한 리스너를 등록한다. 각 리스너 에서는 이벤트가 발생할 때 콘솔에 알림 메시지를 출력한다.

02_ajax_level2.html 예제를 실행한 후 콘솔을 확인하면 "로드 시작->로드 중->로드 종료" 메시지가 반복 출력됨을 확인할 수 있다. Level 2 방식의 소스 코드가 앞서 실행했 던 Level 1 방식보다 단순해진 것을 느낄 수 있다.

2.2 FormData의 활용

〈form〉의 데이터를 POST 방식으로 서버로 전송해보자. GET 방식과 POST 방식은 데 이터 전송 방식에서 큰 차이를 가진다. GET 방식에서 서버로 전송할 데이터는 URL에 추가된다. 즉, 서버로 id가 hong인 자료를 보내기 위해서는 "server_url?id=hong"과 같 이 서버로 전송하는 데이터가 노출된 상태로 전송한다. 반면 POST 방식에서 서버로 전 송할 데이터는 메시지 바디에 추가해서 보내야 한다. 따라서 회원가입, 로그인과 같이 민 감한 정보를 전송하는 경우는 POST 방식을 사용한다.

그런데 한두 개의 〈input〉으로 구성된 〈form〉의 경우라면 괜찮겠지만, 회원 가입의 경 우처럼 입력 항목이 많은 경우는 이 작업도 손이 많이 가는 작업이다.

2.2.1 FormData API

XMLHttpRequest Level 2에서는 POST 방식의 데이터를 서버로 전송하는데 편의를 도 모하기 위해 새롭게 FormData API가 추가되었다.[27]

다음의 [표 11.6]은 FormData의 생성자에 대해 설명한다.

---

27)　FormData를 Servlet에서 사용하기 위해서는 @MultipartConfig 선언이 필요하다.

표 11.6 FormData의 생성자

생성자	설명
FormData([form])	FormData 객체를 생성한다. 옵션으로 〈form〉 객체를 넣을 수 있는데 현재 〈form〉을 구성하고 있는 요소들의 name과 value를 자동으로 FormData에 저장한다.

다음의 [표 11.7]은 FormData의 함수에 대하여 설명한다.

표 11.7 FormData의 함수

함수 이름	설명
append(key, value)	FormData 객체에 데이터를 추가한다. value 속성은 문자열 또는 Blob이 될 수 있다.
get(name)	name으로 등록된 값을 반환한다. 여러 자료가 있으면 처음 자료가 반환된다.
getAll(name)	name으로 등록된 모든 값을 반환한다.
has(name)	name에 해당하는 자료가 있는지 boolean 형태로 반환한다.
set(name, value)	기존에 name으로 등록된 자료를 새로운 값으로 변경한다.

화면에서 id와 pass를 입력받아서 로그인하는 어플리케이션을 만들어보자. 서버에서는 id가 hong이고 pass가 1234이면 로그인 성공으로 간주하고 환영 메시지를 클라이언트에게 보낸다. 그렇지 않으면 아이디 또는 패스워드가 잘못되었다는 경고 메시지를 전달한다.

서버 측의 구현을 살펴보자.

파일명 | src/HTML5/app/chap11/LoginServlet.java

```java
 1:  @MultipartConfig
 2:  @WebServlet("/login")
 3:  public class LoginServlet extends HttpServlet {
 4:      private static final long serialVersionUID = 1L;
 5:
 6:      protected void doPost(HttpServletRequest req, HttpServletResponse res)
 7:              throws ServletException, IOException {
 8:          req.setCharacterEncoding("utf-8");
 9:          res.setCharacterEncoding("utf-8");
10:          String id = req.getParameter("id");
11:          String pass = req.getParameter("pass");
12:          String msg = "";
13:          if ("hong".equals(id) && "1234".equals(pass)) {
14:              msg = "반갑습니다.";
15:          } else {
16:              msg = "id 또는 pass를 확인하세요.";
17:          }
18:
```

```
19:        PrintWriter out = res.getWriter();
20:        out.println(msg);
21:    }
22: }
23: Colored by Color Scripter
```

[소스 설명]

1행 FormData를 처리하기 위해 @MultipartConfig를 선언한다.

2행 @WebServlet으로 서블릿 객체로 등록하고 '/login' URL에 응답하도록 한다.

8행 한글 파라미터의 처리를 위해 UTF-8로 인코딩 처리한다.

9행 응답 메시지의 한글 처리를 위해 UTF-8로 인코딩 처리한다.

10-11행 클라이언트의 요청에서 id와 pass 파라미터의 값을 가져온다.

13-17행 id와 pass가 각각 hong, 1234인 경우 환영 메시지, 그렇지 않으면 오류 메시지를 설정한다.

19-20행 PrintWriter를 통해 설정된 문자열 메시지를 클라이언트에 전송한다.

서버에 요청하기 위한 클라이언트 어플리케이션을 작성해보자. id와 pass를 입력받을 수 있는 폼을 구성하고 서버로 전송한다. 주의할 점은 Ajax 요청으로 전송할 것이므로 form의 submit 이벤트가 동작하면 안 된다. 따라서 이벤트 객체의 preventDefault() 함수를 호출해 기본 동작을 중지시킨다. 〈form〉의 데이터는 FormData 객체 형태로 서버로 전송한다.

파일명 | ch11_commAPI/03_ajax_formData.html

```html
 1:  <!DOCTYPE html>
 2:  <html>
 3:  <head>
 4:  <meta charset = "UTF-8">
 5:  <title>FormData 활용</title>
 6:  </head>
 7:  <body>
 8:    <fieldset>
 9:      <legend>로그인</legend>
10:      <form id = "loginform">
11:        <label for = "id">ID</label>
12:        <input type = "text" id = "mid" name = "id" value = "hong">
13:        <label for = "pass">PASS</label>
14:        <input type = "password" id = "mpass" name = "pass" value = "1234">
15:        <input type = "submit" value = "로그인">
16:        <div id = "message"></div>
17:      </form>
18:    </fieldset>
19:  </body>
20:  <script>
```

```
21:      var message = document.getElementById("message");
22:      document.getElementById("loginform").addEventListener("submit", function(e) {
23:        e.preventDefault();
24:
25:        var xhr = new XMLHttpRequest();
26:        var formData = new FormData(this);
27:        var url = "../login";
28:        xhr.open("POST", url, true);
29:        xhr.addEventListener("load", function() {
30:          message.innerHTML = xhr.responseText;
31:        });
32:        xhr.send(formData);
33:      });
34:    </script>
35:  </html>
```

[소스 설명]

10-17행 ID와 PASS를 입력받기 위한 <form>을 작성한다.

23행 <form>의 기본 submit 이벤트를 방지하기 위해 preventDefault()를 호출한다.

26행 <form> 객체를 이용해 FormData를 생성한다. (this가 <form>이다.)

28행 POST 방식으로 XMLHttpRequest를 open한다.

32행 send를 호출하면서 formData를 서버로 전송한다. send를 호출하면서 formData를 서버로 전송한다.

예제 어플리케이션을 실행하여 ID에 hong, PASS에 1234를 넣고 [로그인] 버튼을 클릭하면 '반갑습니다.'가 화면에 출력된다.

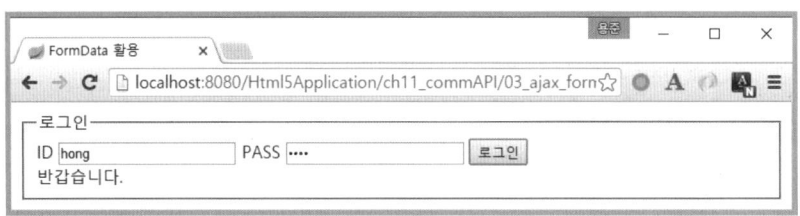

[그림 11.5] 로그인 성공

2.3 파일 업로드 지원

서버로 파일을 전송하는 동작은 많은 어플리케이션에서 지원하는 필수 기능 중 하나다. 기존에는 파일 전송을 위해 <form>의 enctype 속성부터 신경 써야 할 내용이 많았다. 하지만, XMLHttpRequest Level2에서는 upload 속성으로 XMLHttpRequestUpload 객체를 제공한다.

XMLHttpRequestUpload는 XMLHttpRequest와 유사하게 이벤트 기반으로 동작하는 데 loadstart, loadend, progress를 지원한다. 이제까지 해왔던 연결, 전송, 완료 상태 파악 등은 그대로 XMLHttpRequest에서 진행하고 XMLHttpRequestUpload의 이벤트에서는 파일 전송에 대한 상태를 표시할 때 사용한다.

파일을 서버로 전송하는 어플리케이션을 만들어보자.

다음은 서버 측 구현이다.

```
파일명 | src/HTML5/app/chap11/UploadServlet.java
 1:  @MultipartConfig
 2:  @WebServlet("/upload")
 3:  public class UploadServlet extends HttpServlet {
 4:
 5:      private static final long serialVersionUID = 1L;
 6:
 7:      protected void doPost(HttpServletRequest req, HttpServletResponse res)
 8:                          throws ServletException, IOException {
 9:          req.setCharacterEncoding("UTF-8");
10:          res.setCharacterEncoding("UTF-8");
11:
12:          Part file = req.getPart("file");
13:          String filename = req.getParameter("fileName");
14:          byte[] buffer = new byte[256];
15:
16:          try (InputStream filecontent = file.getInputStream();
17:            FileOutputStream output =
18:                          new FileOutputStream(new File(filename));) {
19:
20:              int len;
21:              while ((len = filecontent.read(buffer)) > 0) {
22:                  output.write(buffer, 0, len);
23:              }
24:          }
25:          res.getWriter().write(filename + " 업로드 성공");
26:      }
27:  }
```

[소스 설명]

1행 파일 전송을 받기 위해 @MultipartConfig를 선언한다.

2행 @WebServlet으로 서블릿 객체로 등록하고 /upload URL에 응답하도록 한다.

12행 HttpServletRequest의 getPart() 메서드로 Part를 얻는다.

13행 HttpServletRequest에서 fileName 파라미터를 조회한다.

16-24행 클라이언트에서 파일을 읽어 서버에서 출력한다.

25행 업로드 성공 메시지를 클라이언트에 전송한다.

이제 클라이언트 측 코드를 보자

파일명 | ch11_commAPI/04_ajax_upload.html

```html
 1: <!DOCTYPE html>
 2: <html>
 3: <head>
 4: <meta charset = "UTF-8">
 5: <title>Ajax Upload</title>
 6: <style>
 7: #progress {
 8:     display: none;
 9: }
10: </style>
11: </head>
12: <body>
13:     <form id = "uploadForm">
14:        <fieldset>
15:          <legend>파일업로드</legend>
16:          <label for = "file">파일</label>
17:          <input type = "file" id = "file" name = "file">
18:          <input type = "submit" value = "upload">
19:          <progress id = "progress"></progress>
20:          <div id = "message"></div>
21:        </fieldset>
22:     </form>
23: </body>
24: <script>
25:     var message = document.getElementById("message");
26:     var file = document.getElementById("file");
27:     var progress = document.getElementById("progress");
28:     var form = document.getElementById("uploadForm");
29:     form.addEventListener("submit", function(e) {
30:        e.preventDefault();
31:        var xhr = new XMLHttpRequest();
32:        var formData = new FormData(this);
33:        formData.append("fileName", file.files[0].name);
34:        var url = "../upload";
35:        xhr.open("POST", url, true);
36:        var xmlupload = xhr.upload;
37:        xmlupload.addEventListener("loadstart", function(e) {
38:           progress.style.display = "inline";
39:        });
40:        xmlupload.addEventListener("loadend", function(e) {
41:           progress.style.display = "none";
42:        });
43:        xmlupload.addEventListener("progress", function(e) {
44:           progress.max = e.total;
45:           progress.value = e.loaded;
46:        });
```

```
47:        xhr.addEventListener("load", function() {
48:            message.innerHTML = xhr.responseText;
49:        });
50:        xhr.send(formData);
51:    });
52: </script>
53: </html>
```

[소스 설명]

13-22행   업로드할 파일을 선택하고 전송하기 위한 <form>을 구성한다.

   30행   form의 기본 이벤트인 submit을 중지시킨다.

31-32행   <form> 구성 내용을 바탕으로 FormData를 만들고 fileName을 추가한다.

   35행   xhr을 통해 서버와 POST 방식으로 연결한다.

   36행   XMLHttpRequest의 upload 속성을 통해 XMLHttpRequestUpload를 획득한다.

37-39행   XMLHttpRequestUpload의 loadstart 이벤트에서 업로드 진행율을 표시할 프로그 레스를 보여준다.

40-42행   XMLHttpRequestUpload의 loadend 이벤트에서 프로그레스를 숨긴다.

43-46행   XMLHttpRequestUpload의 progress 이벤트에서 이벤트의 total과 loaded 속성 으로 진행률을 업데이트 한다.

47-49행   XMLHttpRequest의 load 이벤트에서 서버의 응답 메시지를 화면에 출력한다.

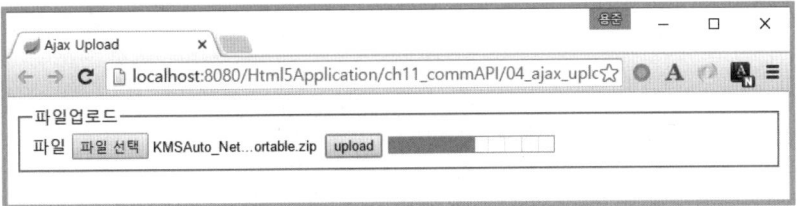

[그림 11.6] 파일 업로드 진행율 표시

2.4 크로스 근원 요청

지금까지의 동작은 모두 같은 근원(Origin)에서 요청과 응답이 발생했다. 이것은 XMLHttpRequest Level 1까지는 한계였다. 따라서 서로 다른 근원에서 서비스되는 내용을 묶어서 하나의 페이지에서 서비스하기 위해서는 중간에 취합하는 전용의 서버를 두고 이 서버와 클라이언트가 Ajax 통신을 진행해야 했다.

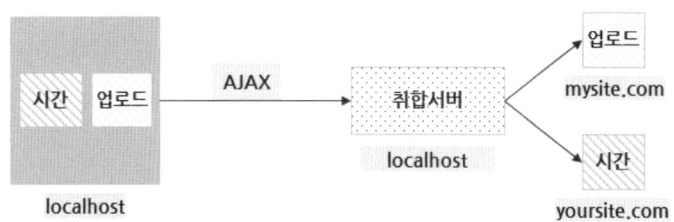

[그림 11.7] XMLHttpRequest Level 1의 한계

하지만, XMLHttpRequest Level 2에서는 서버가 허락만 한다면 다른 근원에서 제공되는 서비스를 마음껏 사용할 수 있다. 즉 중간에 취합서버가 필요 없어진 것이다.

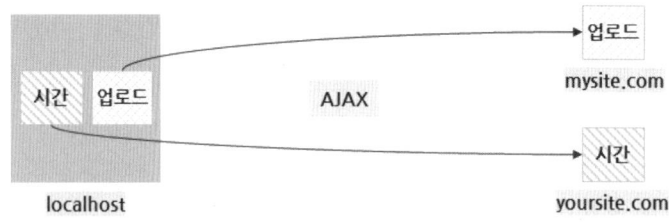

[그림 11.8] XMLHttpRequest Level 2의 편리성

먼저 XMLHttpRequest를 이용해 다른 근원의 리소스를 요청하면 어떤 일이 발생하는지 알아보자.

이 장의 시작 부분에서 hosts 파일을 설정했으므로 현재 서버는 하나의 IP로 4가지 도메인이 동작한다. 지금까지는 자동 실행으로 localhost를 연동하여 실행된 상태다.

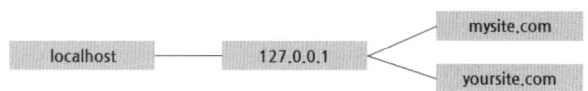

[그림 11.9] 127.0.0.1에의 도메인 설정

다음 예제를 살펴보자. 앞서 살펴봤던 ch11_commAPI/03_ajax_formData.html 예제와 아주 유사하다. 차이점은 7행에서 기존의 소스 코드는 "../login"처럼 상대경로를 이용해서 요청했다면, 이번 예제는 http로 시작하는 절대 경로를 사용하고 있다. 그 주소가 "yoursite.com"임을 기억하자. 즉 예제가 구동되는 근원은 "http://localhost:8080"이지만 사용하려는 XMLHttpRequest 서비스가 다른 근원에서 진행되는 것이다.

파일명 | ch11_commAPI/05_ajax_cross.html

```
1:  <!DOCTYPE html>
2:  <html>
3:  <head>
4:  <meta charset = "UTF-8">
5:  <title>크로스 도메인 요청 지원</title>
6:  </head>
```

```
07:    <body>
08:      <fieldset>
09:        <legend>로그인</legend>
10:        <form id = "loginform">
11:          <label for = "id">ID</label>
12:          <input type = "text" id = "mid" name = "id" value = "hong">
13:          <label for = "pass">PASS</label>
14:          <input type = "password" id = "mpass" name = "pass" value = "1234">
15:          <input type = "submit" value = "로그인">
16:          <div id = "message"></div>
17:        </form>
18:      </fieldset>
19:    </body>
20:    <script>
21:      var message = document.getElementById("message");
22:      document.getElementById("loginform").addEventListener("submit", function(e) {
23:        e.preventDefault();
24:
25:        var xhr = new XMLHttpRequest();
26:        var formData = new FormData(this);
27:        var url = "http://yoursite.com:8080/Html5Application/login";
28:        xhr.open("POST", url, true);
29:        xhr.addEventListener("load", function() {
30:          message.innerHTML = xhr.responseText;
31:        });
32:        xhr.send(formData);
33:      });
34:    </script>
35:    </html>
```

[소스 설명]

27행 Ajax 요청을 위한 URL을 절대경로(http://yoursite.com:8080/
HTML5Application/login)를 설정한다.

예제 어플리케이션을 실행하여 ID에는 'hong', PASS에는 '1234'를 입력하고 로그인해보자.

[그림 11.10] localhost를 이용한 어플리케이션 실행

원래 잘 동작했던 서버이지만 동작하지 않는다. 콘솔을 살펴보면 다음과 같은 오류를 확
인할 수 있다. 'Access-Control-Allow-Origin' 헤더가 없어 "http://localhost:8080"
은 "http://yoursite.com:8080"에 접근할 수 없다는 의미이다.

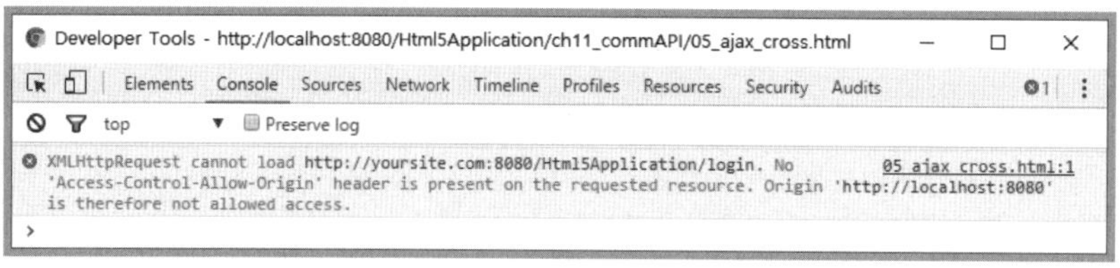

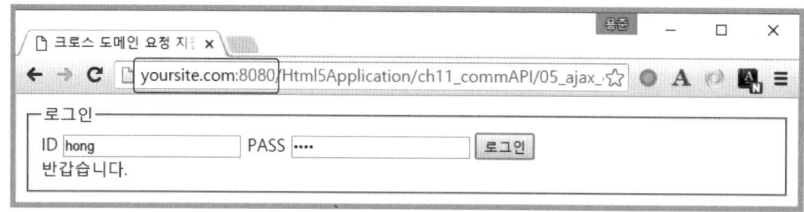

[그림 11.11] 다른 근원의 서비스 호출 불가

다시 위의 어플리케이션을 실행해 보자. 단 URL의 localhost를 yoursite.com으로 변경한 뒤에 로그인을 시도해본다.

[그림 11.12] 동일한 근원의 서비스 호출

접속이 잘 되는 것은 물론 로그인도 성공적으로 처리된다. 이처럼 기존의 XMLHttpRequest Level 1은 같은 근원의 접속만을 허용하고 다른 근원의 접속은 허용하지 않았다.

Ajax Level 2에서는 'Access-Control-Allow-Origin' 헤더를 이용해서 다른 근원에서의 접속을 허용한다. 적용하는 방법은 간단하다. 서버 프로그램의 응답 헤더에 Access-Control-Allow-Origin 속성으로 허용할 서버를 등록하면 된다. 모든 근원에서의 요청을 허용하려는 경우 값으로 '*'를 설정하고, 특정 근원을 추가하려는 경우 해당 근원만 등록하면 된다. 헤더가 적용된 서버의 소스 코드를 살펴보자.

파일명 | src/HTML5/app/chap11/LoginServletCORS.java

```java
1:  @MultipartConfig
2:  @WebServlet("/logincors")
3:  public class LoginServletCORS extends HttpServlet {
4:      private static final long serialVersionUID = 1L;
5:
6:      protected void doPost(HttpServletRequest req, HttpServletResponse res)
7:          throws ServletException, IOException {
8:      req.setCharacterEncoding("utf-8");
9:      res.setCharacterEncoding("utf-8");
10:     res.setHeader("Access-Control-Allow-Origin", "http://localhost:8080");
11:
12:     String id = req.getParameter("id");
13:     String pass = req.getParameter("pass");
14:     String msg = "";
15:     if ("hong".equals(id) && "1234".equals(pass)) {
```

```
16:        msg = "반갑습니다.";
17:      } else {
18:        msg = "id 또는 pass를 확인하세요.";
19:      }
20:      PrintWriter out = res.getWriter();
21:      out.println(msg);
22:    }
23:  }
```

[소스 설명]

2행 @WebServlet으로 서블릿 객체로 등록하고 '/logincors' URL에 응답하도록 한다.

10행 응답의 헤더에 setHeader() 메서드를 이용해 Access-Control-Allow-Origin 헤더를 설정한다. 헤더 값은 "http://localhost:8080"을 사용한다.

앞서 실행했던 ch11_commAPI/05_ajax_cross.html 예제의 url 부분은 기존의 "http://yoursite.com:8080/HTML5Application/login"에서 "http://yoursite.com:8080/HTML5Application/logincors"로 변경한 뒤에 실행해보자. 이제는 "localhost:8080"을 통해서 접근하더라도 로그인이 잘 동작하는 것을 확인할 수 있다.

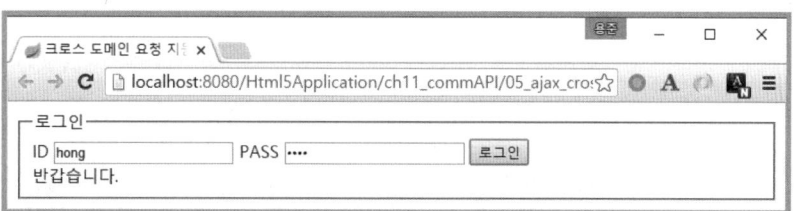

[그림 11.13] http://localhost:8080에서 http://yoursite.com:8080의 서비스 호출 성공

Note

헤더를 설정하는 과정에서 addHeader를 이용해서 여러 개의 헤더값을 추가하려는 경우 에러를 발생시킨다. Access-Control-Allow-Origin 헤더는 오로지 하나의 값만을 가질 수 있다.

res.setHeader("Access-Control-Allow-Origin", "http://localhost:8080");
res.addHeader("Access-Control-Allow-Origin", "*");

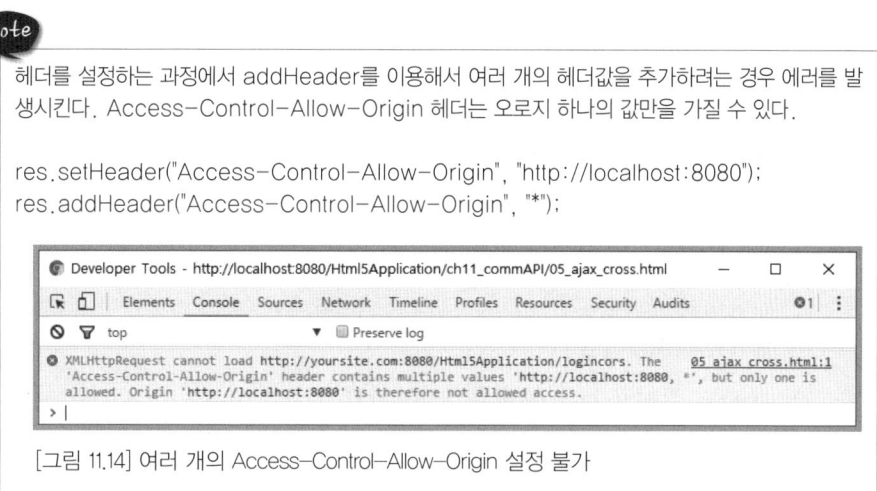

[그림 11.14] 여러 개의 Access-Control-Allow-Origin 설정 불가

03 다른 근원 간의 문서 메시징

다른 근원 간의 문서 메시징은 웹 메시징 API 또는 크로스 도큐먼트 메시징이라고 불린다. 이 기술이 나오기 전까지는 브라우저의 프레임, 탭, 윈도우 간의 통신은 보안상의 이유로 제한됐었다. 이들 간의 통신을 통해서 악성 코드들이 쉽게 전파될 수 있는 우려가 있었기 때문이다.

웹 메시징(크로스 도큐먼트 메시징)은 인터넷 익스플로러 11 버전이 부분적으로 지원하는 점만 빼면 모든 브라우저에서 지원된다.

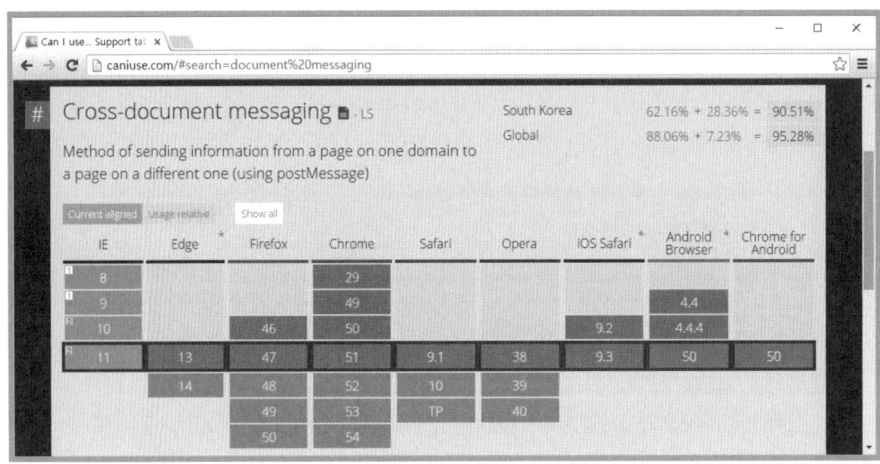

[그림 11.15] 브라우저별 웹 메시징 지원 현황

HTML5에서 가능해진 웹 메시징을 이용하면 한 문서에서 메시지를 생성해 다른 페이지(다른 iframe, 탭, 윈도우)로 전송하고 타깃 문서에서 이 메시지를 처리하면 된다.

문서를 전송할 때는 window 객체의 postMessage() 함수가 사용된다.

3.1 window API

window API는 [표 11.8]의 함수를 제공한다.

표 11.8 window API의 함수

생성자	설명
otherWindow.postMessage(message, targetOrigin)	otherWindow는 현재 페이지에서 참조되는 다른 window에 대한 레퍼런스이다. 예를 들면 iframe의 content 속성이나 window.open() 함수의 반환값, window.frames의 인덱스 값이 있다. 첫 번째 인수인 message는 otherWindow에 보낼 데이터를 나타낸다. 이 값은 직렬화 될 수 있는 구조여야 하며 가장 쉬운 객체는 문자열이다. 두 번째 인수인 targetOrigin은 타깃 문서의 근원으로 scheme, host, port로 구성된다.

웹 메시징 API는 비동기 방식으로 동작한다. API는 메시지 수신자가 정보를 알기 위해 window 객체에 message 이벤트를 제공한다.

3.2 MessageEvent API

MessageEvent API는 [표 11.9]의 속성을 갖는다.

표 11.9 MessageEvent의 속성

속성 이름	설명
data	메시지가 가지고 있는 콘텐츠를 반환한다.
origin	메시지를 보낸 페이지의 근원을 반환한다.
source	메시지의 소스를 식별하는 객체를 반환한다.

간단하게 두 근원 간 메시지를 주고받는 어플리케이션을 만들어보자. 먼저 yoursite.com에서는 widget.html 페이지를 서비스한다. 이 페이지는 사용자가 원하는 내용을 입력받아서 관련 내용을 출력한다. widget.html은 localhost의 portal.html에 iframe 형태로 포함된다. 즉 localhost에서 yoursite.com의 리소스를 사용하는 형태이다. 이때 특정 내용에 대한 요청을 widget.html에 보내기 위해 postMessage를 사용한다. 타깃 페이지인 widget.html에서는 message 이벤트를 통해서 클라이언트의 요청을 감지하고 내부적으로 관리하는 믿을만한 요청 근원인지 확인한 후 결과를 돌려준다.

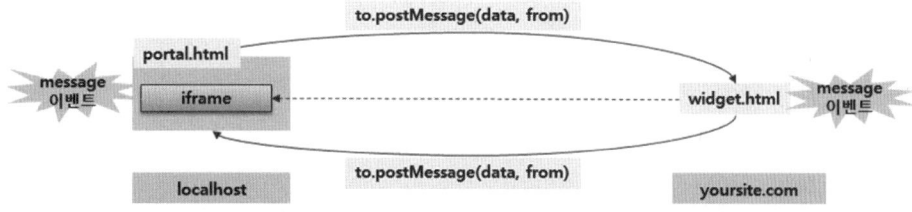

[그림 11.16] 웹 메시징 어플리케이션의 구조

먼저 06_messaging_portal.html 예제를 살펴보자. 주의 깊게 살펴볼 부분은 postMessage를 호출하는 부분이다. 기본적으로 widget이 속한 근원과 postMessage에서 사용하는 origin 정보가 일치해야 한다. 이 속성을 통해서 신뢰할 수 있는 근원만을 허용 대상으로 삼을 수 있는데 특정 근원, 모든 근원(*), 동일한 근원(/)을 지정할 수 있다.

특정 근원을 사용하는 경우 origin 정보는 scheme(http or https), host, port로 구성된다. 따라서 https://www.yoursite.com과 http://www.yoursite.com은 다르다. 하지만, http://www.yoursite.com/index.html과 http://www.yoursite.com/somepage.html은 같다.

파일명 | ch11_commAPI/06_messaging_portal.html

```
 1:  <!DOCTYPE html>
 2:  <html>
 3:  <head>
 4:  <meta charset = "UTF-8">
 5:  <title>여기는 포털입니다.</title>
 6:  <style>
 7:      #widget{display:none;}
 8:  </style>
 9:  </head>
10:  <body>
11:      <h1>구구단을 외자</h1>
12:      <label for = "dan">단</label>
13:      <input type = "text" id = "dan">
14:      <button id = "send">요청</button><hr>
15:      <div id = "display"></div>
16:      <iframe id = "widget"></iframe>
17:  </body>
18:  <script>
19:      var dan = document.getElementById("dan");
20:      var widget = document.getElementById("widget");
21:      var trust = "http://yoursite.com:8080";
22:      widget.src = trust +
23:          "/HTML5Application/ch11_commAPI/07_messaging_widget.html";
24:      document.getElementById("send").addEventListener("click", function() {
25:          widget.contentWindow.postMessage(dan.value, trust);
26:      });
27:
28:      window.addEventListener("message", function(e) {
29:          if(e.origin == trust) {
30:              display.innerHTML = e.data;
31:          }
32:      });
33:  </script>
34:  </html>
```

[소스 설명]

16행 id = "widget"으로 <iframe>을 선언한다.

21행 신뢰할 수 있는 근원으로 http://yoursite.com:8080을 변수에 저장한다.

22행 widget의 src 속성을 설정한다. 그 근원이 http://yoursite.com:8080임을 기억하자.

25행 iframe으로 사용되는 widget의 contentWindow를 통해 postMessage 함수를 호출한다. widget.contentWindow가 바로 메시지 수신자에 대한 정보다. 함수 호출 시 요청하는 정보(dan.value)와 송신자(trust)에 대한 정보를 전달한다.

다음으로 07_messaging_widget.html을 살펴보자

파일명 | ch11_commAPI/07_messaging_widget.html

```
 1: <!DOCTYPE html>
 2: <html>
 3: <head>
 4: <meta charset = "UTF-8">
 5: <title>Gugu Widget</title>
 6: </head>
 7: <script>
 8:   var request = document.getElementById("request");
 9:   var whiteList = [ "http://yoursite.com:8080", "http://localhost:8080" ];
10:   window.addEventListener("message", function(e) {
11:     if (whiteList.includes(e.origin)) {
12:       var data = "";
13:       for (var i = 1; i < 10; i++) {
14:         data += e.data + " * " + i + " = " + (i * e.data) + "<br>";
15:       }
16:       this.top.postMessage(data, "*");
17:     }
18:   });
19: </script>
20: </html>
```

[소스 설명]

9행 접속을 허용할 근원들의 정보를 관리한다. 현재는 두 개의 근원에서 접근할 경우만 허용된다.

10행 window에 message 이벤트를 처리할 리스너를 등록한다.

11행 이벤트 객체가 가지는 origin 정보가 whiteList에 있다면 다음 동작을 진행한다.

12-15행 구구단 정보를 작성한다.

16행 window의 top(현재 이 화면은 iframe으로 구성되므로 top은 iframe을 가지고 있는 window 즉, portal의 window가 된다.)의 postMessage를 호출하면서 정보(data)와 origin(*)을 전달한다.

예제 어플리케이션을 실행해서 구구단의 단 부분에 알고 싶은 단을 입력하고 [요청] 버튼을 클릭하면 원하는 구구단이 잘 출력되는 것을 확인할 수 있다.

[그림 11.17] 다른 근원 간의 메시지 전달 확인

04 웹 소켓

웹 소켓(WebSocket)은 HTML5에 등장한 가장 강력한 통신 기능으로 웹 상에서 하나의 소켓으로 작동하는 양방향 통신 채널이다. 이를 통해서 브라우저와 서버 간보다 빠른 양방향 통신이 가능해졌고 거의 실시간 적인 응답이 이뤄진다.

4.1 웹 소켓 개요

4.1.1 HTTP vs 소켓

HTTP 방식은 요청과 응답 시 다량의 헤더 정보를 포함한다. 'A'라는 하나의 문자를 서버와 클라이언트가 교환하기 위해서 거의 킬로바이트 정도의 데이터가 전송된다. 또한, 연결이 지속되지 않기 때문에 세션이나 쿠키 등을 이용해서 앞선 사용자의 동작이 무엇이었는지 저장해야 했다.

소켓 통신은 기존의 HTTP 헤더를 통한 통신 대신 TCP 소켓을 이용해 이뤄진다. 헤더에 대한 정보가 줄어들기 때문에 전송되는 데이터의 크기가 줄어들게 된다. 또한, 소켓을 닫기 전까지는 연결이 지속되므로 이전 요청이 무엇이었는지 저장할 필요도 없고 응답 속도도 훨씬 빠르다.

4.1.2 HTTP 폴링 vs 소켓

웹을 사용하다 보면 실시간적인 정보가 유용한 경우가 많다. 예를 들어 기차표를 예매한다고 생각해보자. 페이지를 요청한 순간 현재의 잔여 좌석에 대한 정보를 알 수 있다. 하지만, 순간적으로 많은 예매가 이뤄지기 때문에 새로운 상황을 모니터링하기 위해서는 계속해서 페이지 새로 고침을 클릭해야 한다.

조금 더 자동화된 개념이 등장했는데 폴링(Polling) 방식이다. 뉴스나 주식 정보를 제공하는 사이트들은 변동된 자료들을 서버에 모아놨다가 일정 주기별로 클라이언트에게 전달한다. 이처럼 주기적으로 서버에 모인 정보를 클라이언트에게 전달하는 방식이 폴링이다. 하지만, 이런 정보가 명확히 실시간성은 아니다.

폴링 방식은 브라우저가 HTTP 요청을 규칙적으로 서버로 전송하는 방식이다. 이 방식은 서버의 데이터가 규칙적으로 변경된다면 아주 효율적인 방식이다. 하지만, 서버의 데이터가 변경이 없는 경우라면 브라우저는 계속해서 쓸데없는 요청으로 네트워크를 낭비하는 결과를 가져온다. 폴링 방식을 개선한 롱 폴링 방식도 있다.

롱 폴링 방식은 브라우저가 서버에 요청을 보내면 서버는 즉시 응답하지 않고 일정 시간 동안 대기한다. 그 시간 안에 업데이트되는 모든 정보를 취합한 후 시간이 지나면 모인 정보를 한꺼번에 전송하는 방식이다. 하지만, 단순히 폴링 방식의 확장 버전이고 롱 폴링이 요청된 초기의 데이터는 일정 대기 시간을 거쳐야만 브라우저에 전송될 수 있다. 네트워크에 대한 낭비는 줄일 수 있지만 실시간성과는 거리가 여전히 멀다.

웹 소켓은 브라우저의 요청이 있을 때 바로 서버가 응답한다. 또한, 서버가 변경된 데이터를 인지하면 브라우저의 요청이 없이도 브라우저에게 응답을 전달할 수도 있다. 즉 서버에 새로운 뉴스가 전송되면 서버는 즉시 소켓에 연결된 브라우저들에게 뉴스를 전송할 수 있다. 진정한 실시간이 구현되는 것이다.

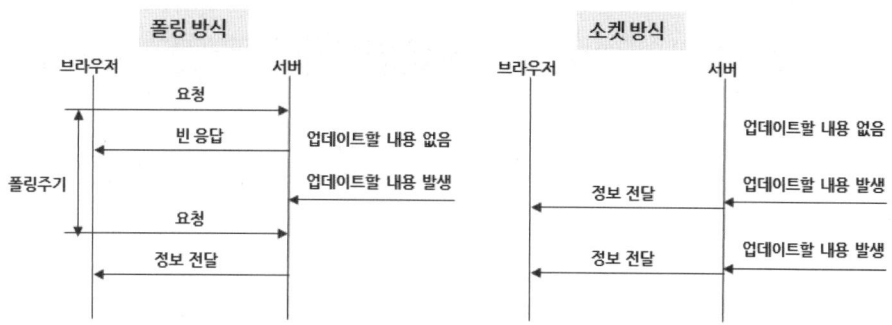

[그림 11.18] 폴링 방식과 소켓 방식

4.1.3 웹 소켓 API
웹 소켓은 대부분의 브라우저에서 잘 지원하고 있는 API이다.

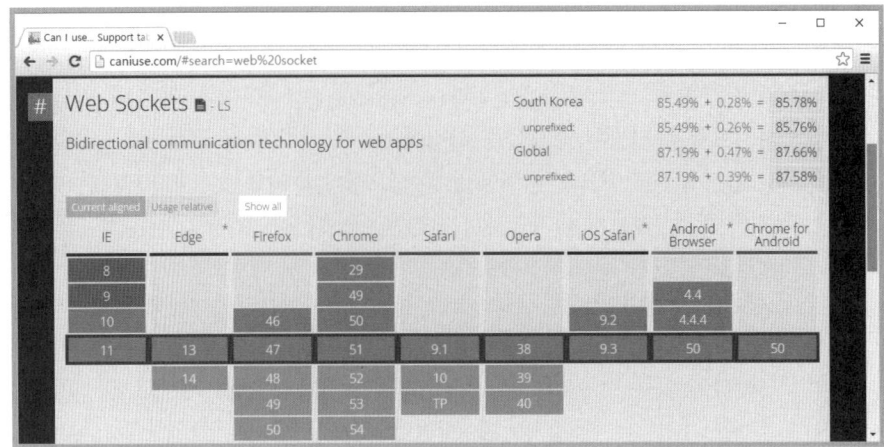

[그림 11.19] 브라우저별 웹 소켓 지원 현황

다음은 웹 소켓 API의 주요 특성이다. [표 11.10]은 웹 소켓의 생성자에 대한 내용이다.

표 11.10 WebSocket 생성자

생성자	설명
WebSocket(url)	접속할 서버의 URL을 이용해 웹 소켓 객체를 생성한다. URL은 서버소켓이 대기하는 주소를 나타내며 이 책에서 사용하는 톰캣 서버의 경우 ws://host_name:port_no/의 형태를 띤다.

다음은 WebSocket의 속성을 [표 11.11]에서 설명한다.

표 11.11 WebSocket의 속성

속성 이름	설명
url	어플리케이션이 연결된 서버의 url로 생성자에 넘겨준 값이 절대 경로로 표시된다.
readyState	연결에 대한 현재의 상태를 나타내는 정수값이다. 0은 아직 연결되지 않은 상태이다. 1은 연결되어 통신 가능한 상태, 2는 연결이 닫히고 있는 상태, 3은 연결이 완전히 닫힌 상태를 나타낸다.
bufferedAmount	send() 함수를 통해 서버로 전송을 요청했으나 아직 전송되지 못한 데이터의 양을 나타낸다. 이 값이 계속 증가한다는 것은 서버에서 처리를 못 하고 있다는 의미이므로 서버의 과부하 여부를 점검해야 한다.

다음은 WebSocket에서 제공하는 함수를 [표 11.12]에서 설명한다.

표 11.12 WebSocket의 함수

함수 이름	설명
send(data)	문자열 데이터를 서버로 전송한다.
close()	서버와의 연결을 닫는다.

다음은 WebSocket의 이벤트 종류를 [표 11.13]에서 설명한다.

표 11.13 WebSockeet의 이벤트

이벤트 이름	설명
open	서버와의 연결이 오픈되었을 때 발생하는 이벤트이다.
message	서버로부터 메시지가 전달되었을 때 발생하는 이벤트이다. 이때 전달되는 이벤트 객체는 MessageEvent이다.
error	에러가 일어났을 때 발생하는 이벤트이다.
close	서버와의 연결이 닫혔을 때 발생하는 이벤트이다.

4.1.4 기타

웹 소켓을 사용하려면 서버에서 소켓을 지원해야 한다. 현재 실습에서 사용하는 톰캣 서버의 경우 7.0 버전부터 소켓 통신을 지원한다. 서버의 소켓 통신에 대해서는 http://tomcat.apache.org/tomcat-8.0-doc/web-socket-howto.html을 참조한다.

4.2 웹 소켓 API 사용

4.2.1 echo 어플리케이션

간단하게 클라이언트의 메시지에 응답하는 서버를 만들어보자. 클라이언트가 서버에게 메시지를 보내면 서버는 다시 클라이언트에게 동일한 메시지를 보내는 어플리케이션을 작성한다.

먼저 서버 측 구현 방식을 알아보자. 서블릿에서 소켓을 구현하기 위해서는 @ServerEndpoint를 선언한다. 파라미터로 클라이언트가 요청할 URL 정보가 문자로 설정된다. 클라이언트가 서버 측 소켓으로 접속을 시도할 때마다 하나의 소켓 객체가 생성된다. 소켓과 관련해서 추가로 제공되는 애노테이션은 @OnOpen, @OnMessage, @OnError, @OnClose가 있다.

- @OnOpen은 소켓에 새로운 클라이언트가 연결될 때 호출되는 메서드에 선언한다.
- @OnClose는 소켓 연결이 종료되었을 때 호출되는 메서드에 선언한다.
- @OnMessage는 클라이언트로부터 어떤 메시지를 수신하는 경우 호출되는 메서드에 선언한다. 현재의 세션과 연결된 클라이언트로부터 어떤 메시지가 전달할 때마다 서버는 새로운 쓰레드를 생성하고 이 메서드를 실행하도록 한다.
- @OnError는 에러가 발생했을 때 동작할 메서드에 선언한다.

javax.websocket.Session(이하 세션)은 클라이언트와의 연결을 관리하는 객체이다. 세션을 통해서 javax.websocket.RemoteEndpoint.Async 또는 javax.websocket.RemoteEndpoint.Basic 객체를 얻을 수 있는데 이 객체들을 이용해 다시 클라이언트에게 정보를 보낼 수 있다.

파일명 | src/HTML5/app/chap11/WebSocketEcho.java

```
 1:  @ServerEndpoint("/echo")
 2:  public class WebSocketEcho {
 3:      @OnOpen
 4:      public void open(Session session) {
 5:          System.out.println("Session 연결 : " + session.getId());
 6:      }
 7:
 8:      @OnMessage
 9:      public void echoTextMessage(Session session, String msg) {
10:          if (session.isOpen()) {
11:              System.out.println("서버 메시지 수신: " + msg);
12:              session.getAsyncRemote().sendText("서버 에코: " + msg);
13:          }
14:      }
15:
16:      @OnError
17:      public void error(Session session, Throwable e) {
18:          System.out.println("error 발생: " + e.getMessage());
19:      }
20:
21:      @OnClose
22:      public void close(Session session, CloseReason reason) {
23:          System.out.println("session 종료: " + reason.getReasonPhrase());
24:      }
25:  }
```

[소스 설명]

1행 서버 소켓을 사용하기 위해 @ServerEndpoint를 선언한다. 클라이언트의 접속 URL은 '/echo'이다.

3-6행 @OnOpen은 클라이언트가 소켓에 연결될 때마다 실행할 메서드에 선언한다.

8-14행 @OnMessage는 클라이언트로부터 메시지를 전달받을 때마다 실행할 메서드에 선언한다. 세션을 통해 Async 객체를 얻은 후 sendText() 로 메시지를 전송한다.

16-19행 @OnError는 소켓 사용 중 에러가 발생할 때 실행할 메서드에 선언한다.

21-24행 @OnClose는 클라이언트와 연결된 소켓이 닫힐 때마다 실행할 메서드에 선언한다.

다음으로 클라이언트에 대해 알아보자. 클라이언트는 서버의 @ServerEndPoint에 설정한 URL을 이용해 WebSocket 객체를 생성한다. 소켓에는 open, message, error 등 이벤트에 대한 리스너를 등록해서 관련 동작을 수행한다. 특히 message 이벤트는 서버로부터 메시지를 받을 때마다 동작하는데 이때 전달되는 이벤트 객체는 MessageEvent 타입이다. MessageEvent는 data 속성을 가지고 있는데 이 속성에 실제 전달받은 데이터가 담겨 있다.

파일명 | ch11_commAPI/08_socket_echo.html

```
 1:  <!DOCTYPE html>
 2:  <html>
 3:  <head>
 4:  <meta charset = "UTF-8">
 5:  <title>Echo Client</title>
 6:  </head>
 7:  <body>
 8:     <button id = "open">연결</button><br>
 9:     <label for = "message">메시지</label><input type = "text" id = "message">
10:     <button id = "send">전송</button><br>
11:     <button id = "close">종료</button>
12:     <ul id = "output"></ul>
13:  </body>
14:  <script>
15:
16:     var output = document.getElementById("output");
17:     var message = document.getElementById("message");
18:     var socket;
19:
20:     document.getElementById("open").addEventListener("click", function() {
21:        var wsUri = "ws://localhost:8080/HTML5Application/echo";
22:        socket = new WebSocket(wsUri);
23:        socket.addEventListener("open", function() {
24:           output.innerHTML= "<li>연결 성공: " + socket.url + output.innerHTML;
25:        });
26:        socket.addEventListener("message", function(e) {
27:           output.innerHTML = "<li>message 수신: " + e.data + output.innerHTML;
28:        });
29:        socket.addEventListener("error", function(e) {
30:           output.innerHTML = "<li>error 발생: " + e + output.innerHTML;
31:        });
32:     });
33:     document.getElementById("send").addEventListener("click", function() {
34:        output.innerHTML = "<li>data 전송: " + message.value + output.innerHTML;
35:        socket.send(message.value);
36:     });
37:     document.getElementById("close").addEventListener("click", function() {
38:        output.innerHTML = "<li>연결 종료: " +
39:                        socket.bufferedAmount + output.innerHTML;
40:        socket.close();
41:     });
42:  </script>
43:  </html>
```

[소스 설명]

18행 전역 변수로 socket을 선언한다.

20행 id 속성값이 open인 [연결] 버튼이 클릭될 때 동작할 이벤트 리스너를 등록한다.

21행 서버의 URL을 선언한다. 처음 스키마 부분이 http가 아니라 ws임을 주의한다.

22행 서버의 URL을 이용해 웹 소켓 객체를 생성한다.

23-25행 소켓에서 open 이벤트가 발생했을 때 동작할 리스너를 등록한다. 화면에 연결 성공 메시지를 출력한다.

26-28행 소켓에서 message 이벤트가 발생했을 때 동작할 리스너를 등록한다. 리스너의 파라미터인 MessageEvent의 data를 화면에 출력한다.

29-31행 소켓에서 error 이벤트가 발생했을 때 동작할 리스너를 등록한다.

33-36행 id가 send인 [전송] 버튼이 클릭되었을 때 동작할 리스너를 등록한다. 화면상에 전송할 데이터를 출력한 후 소켓의 send()를 이용해 서버로 데이터를 전송한다.

37-41행 id가 close인 [종료] 버튼이 클릭되었을 때 동작할 리스너를 등록한다. 현재 소켓의 버퍼에 남아 있는 데이터의 양(socket.bufferedAmount)를 출력하고 socket의 close()를 호출한다.

예제 어플리케이션을 실행시켜보자. [연결] 버튼을 클릭하면 연결 성공에 대한 메시지가 출력된다. 메시지를 입력하고 [전송] 버튼을 클릭하면 서버로 메시지를 전송하고 결과인 에코 메시지를 화면에 출력한다. [종료] 버튼을 클릭하면 연결 종료에 대한 메시지가 출력된다. 이후는 소켓이 끊겼기 때문에 메시지를 전송해도 서버를 통해 응답되지 않는다.

[그림 11.20] 소켓을 이용한 에코 어플리케이션

4.2.2 소켓을 이용한 채팅

채팅은 실시간 기능을 테스트하기 아주 좋은 어플리케이션이다. 여러 클라이언트가 소켓을 이용해 서버와 연동되어 채팅하는 형태의 어플리케이션을 만들어보자. 사실 채팅이라도 클라이언트 부분은 에코와 별다를 내용이 없다. 중요한 부분은 서버지만 이 책에서 주로 다룰 내용은 아니기 때문에 상세한 설명은 생략하고 소스에 대한 설명으로 대체한다.

파일명 | src/HTML5/app/chap11/ChattingServer.java

```
 1:  @ServerEndpoint(value = "/chat")
 2:  public class ChattingServer {
 3:
 4:      private static final String GUEST_PREFIX = "손님";
 5:      private static final AtomicInteger connectionIds = new AtomicInteger(0);
 6:      private static final Set<ChattingServer> connections =
```

```
 7:                       new CopyOnWriteArraySet<>();
 8:
 9:     private final String nickname;
10:     private Session session;
11:
12:     public ChattingServer() {
13:         nickname = GUEST_PREFIX + connectionIds.getAndIncrement();
14:         System.out.println("생성자: " + nickname);
15:     }
16:
17:     @OnOpen
18:     public void start(Session session) {
19:         System.out.println("클라이언트 접속됨 " + session);
20:         this.session = session;
21:         connections.add(this);
22:         String message = String.format("[공지] %s %s", nickname, " 입장");
23:         broadcast(message);
24:     }
25:
26:     @OnClose
27:     public void end() {
28:         connections.remove(this);
29:         String message = String.format("[공지] %s %s", nickname, " 퇴장");
30:         broadcast(message);
31:         try {
32:             session.close();
33:         } catch (IOException e) {
34:             System.out.println("사용자 접속 종료됨");
35:         }
36:     }
37:
38:     @OnMessage
39:     public void incoming(String message) {
40:         if (message == null || message.trim().equals(""))
41:             return;
42:         String filteredMessage = String.format("%s: %s", nickname, message);
43:         broadcast(filteredMessage);
44:     }
45:
46:     @OnError
47:     public void onError(Throwable t) throws Throwable {
48:         System.err.println("채팅 오류: " + t.toString());
49:     }
50:
51:     private void broadcast(String msg) {
52:         for (ChattingServer client : connections) {
53:             try {
54:                 synchronized (client) {
55:                     client.session.getBasicRemote().sendText(msg);
56:                 }
```

```
57:        } catch (IOException e) {
58:            client.end();
59:        }
60:    }
61:   }
62: }
```

[소스 설명]

1행 서버 소켓을 사용하기 위해 @ServerEndpoint를 선언한다. 클라이언트의 접속 URL은 /chat이다.

5행 초기값을 0으로 하는 AtomicInteger 객체를 생성한다. 이 객체는 getAnd Increment() 함수를 호출할 때마다 카운터를 1씩 증가하는 기능을 가지고 있다. 이를 통해 순차적인 클라이언트의 이름을 생성한다.

6-7행 접속한 클라이언트의 목록을 관리할 Set 타입의 객체를 생성한다.

9행 클라이언트의 이름을 저장하는 변수이다.

10행 클라이언트와 연결되는 Session 객체를 선언한다. 이 세션 객체를 6행의 connections에 저장하고 해당 클라이언트에게 데이터를 전송할 때마다 사용한다.

12-15행 생성자이다. GUEST_PREFIX와 connectionsIds를 이용해 새로운 사용자를 위한 nickname을 생성한다.

17-24행 클라이언트 연결 시마다 호출되는 메서드이다. 파라미터로 전달되는 세션 객체를 맴버 변수에 할당하고 collections에 추가한다. 새로운 사용자 입장에 대한 공지 메시지를 작성한 후 broadcast 메서드를 호출한다.

26-36행 클라이언트 연결이 종료되는 경우 collections에서 해당 객체를 삭제하고 퇴장에 대한 공지 메시지를 작성 후 broadcast 메서드를 호출한다. 이후 세션을 종료한다.

38-44행 클라이언트에서 메시지가 전달될 때 호출되는 메서드이다. 메시지의 내용이 없을 경우 바로 메서드를 종료하고, 내용이 있을 경우는 nickname와 message를 조합해서 boradcast를 호출한다.

46-49행 에러가 발생하는 경우 호출되는 메서드이다. 콘솔에 관련 내용을 출력한다.

51-61행 메시지를 connections에 등록된 모든 소켓들에게 전송한다.

이제 클라이언트 부분을 살펴보자. 클라이언트 부분은 앞서 살펴봤던 에코 버전과 큰 차이가 없다.

파일명 | ch11_commAPI/09_socket_chatting.html

```
1:  <!DOCTYPE html>
2:  <html>
3:  <head>
4:  <meta charset = "UTF-8">
5:  <title>소켓 체팅</title>
6:  <style type = "text/css">
7:  input#chat {
```

```
 8:      width: 410px
 9:   }
10:   #console-container {
11:      width: 400px;
12:   }
13:   #console {
14:      border: 1px solid #CCCCCC;
15:      border-right-color: #999999;
16:      border-bottom-color: #999999;
17:      height: 170px;
18:      overflow-y: scroll;
19:      padding: 5px;
20:      width: 100%;
21:   }
22:   #console p {
23:      padding: 0;
24:      margin: 0;
25:   }
26:   </style>
27:
28:   </head>
29:   <body>
30:      <div>
31:         <p>
32:            <input type = "text" placeholder = "메시지 입력 후 엔터" id = "chat" />
33:         </p>
34:         <div id = "console-container">
35:            <ul id = "msglist"></ul>
36:         </div>
37:      </div>
38:   </body>
39:   <script>
40:      var ws;
41:      var msglist = document.getElementById("msglist");
42:      function initialize() {
43:         var url = 'ws://localhost:8080/HTML5Application/chat';
44:         ws = new WebSocket(url);
45:
46:         ws.addEventListener("open", function(e) {
47:            msglist.innerHTML = "<li>채팅 서버 연결</li>" + msglist.innerHTML;
48:            ws.send("새로운 클라이언트 입장");
49:         });
50:         ws.addEventListener("message", function(e) {
51:            msglist.innerHTML = "<li>" + e.data + "</li>" + msglist.innerHTML;
52:         });
53:      }
54:
55:      document.getElementById("chat").addEventListener("keydown",
56:            function(event) {
57:               if (event.keyCode == 13 && this.value) {
```

```
58:              ws.send(this.value);
59:              this.value = "";
60:          }
61:       });
62:
63:    initialize();
64: </script>
65: </html>
```

[소스 설명]

43-44행 접속할 서버의 url을 구성하고 웹 소켓 객체를 생성한다.

46-49행 웹 소켓의 open 이벤트에 대한 리스너를 구성한다. 화면에 채팅 서버 연결 메시지를 출력하고 서버에 '새로운 클라이언트 입장'이라는 메시지를 전달한다.

50-52행 웹 소켓의 message 이벤트에 대한 리스너를 구성한다. 웹 소켓이 메시지를 받으면 화면에 출력한다.

55-61행 chat에 대한 keydown 이벤트 리스너를 등록한다. 값을 입력하고 엔터키(keyCode ==13)가 눌렸을 때 웹 소켓의 send() 함수를 이용해 값을 서버로 전송하고 chat의 값을 ""으로 변경한다.

두 개 이상의 어플리케이션을 실행하면 서로 실시간 채팅이 이뤄지는 것을 확인할 수 있다.

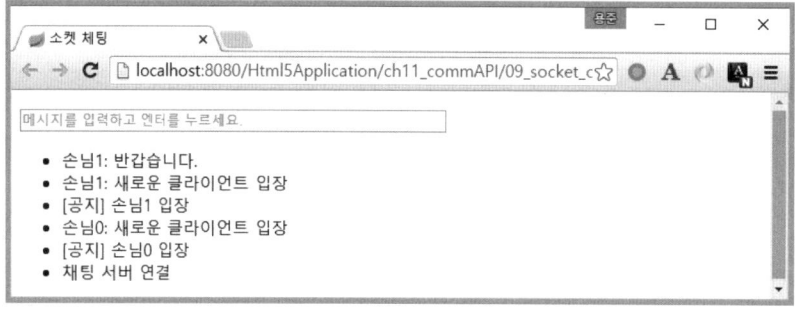

[그림 11.21] 웹 소켓을 이용한 채팅

요약 정리

1. XMLHttpRequest API

□ **생성자**

- **XMLHttpRequest** : XMLHttpRequest 객체를 생성한다.

□ **속성**

XMLHttpRequest의 속성은 XMLHttpRequestEventTarget과 EventTarget의 속성을 포함한다.

- **readyState** : 요청의 상태를 0~4의 정수값으로 표현한다.
- **response** : responseType 속성의 값에 따라 ArrayBuffer, Blob, JSON, 문자열 등 다양한 형태의 응답을 반환한다.
- **responseText** : 요청에 대한 응답을 텍스트 형태로 반환한다. 요청이 실패하면 null이 반환된다.
- **responseType** : 응답의 타입으로 "arraybuffer", "blob", "document", "json", "text" 등을 가질 수 있다. 기본은 "text"이다.
- **responseXML** : 요청에 대한 응답을 XML 형태로 반환한다. 요청이 실패하면 null이 반환된다.
- **status** : 응답의 HTTP 상태값을 반환한다. 예를 들어 정상적으로 응답을 받은 경우 200이다.
- **timeout** : 서버로부터의 응답을 기다리는 최대 시간이다.
- **upload** : XMLHttpRequestUpload 객체를 반환한다.

□ **함수**

- **abort** : 이미 전송한 요청을 취소시킨다.
- **getAllResponseHeaders** : 모든 응답 헤더를 반환한다. 아무런 헤더를 받지 못했을 경우 null이 반환된다.
- **getResponseHeader(name)** : 특정 이름의 응답 헤더를 반환한다. name에 해당하는 값이 없을 경우 null이 반환된다.
- **open(method, url, async [, user, password])** : 요청을 초기화하는 메서드이다. method는 "GET", "POST", "PUT", "DELETE" 중 하나를 사용한다. url은 요청을 받아서 처리할 서버의 주소이다. async는 비동기 처리 여부로 동기 처리 시 false, 비동기 처리 시 true이다. user와 password는 옵션으로 인증이 필요한 경우 사용하며 기본은 빈 문자열이다.
- **overrideMimeType(newType)** : 기존의 마임 타입을 새로운 타입으로 변경한다. 이 함수는 send() 가 실행되기 전에 호출해야 한다.
- **send([data])** : 실제로 서버로 요청하는 메서드다. 전송할 데이터가 없는 경우 생략하며 필요에 따라 ArrayBufferView, Blob, Document, FormData, 문자열을 전송할 수 있다.
- **setRequestHeader(name, value)** : name의 헤더에 value를 할당한다. 이 함수는 반드시 open()과 send() 사이에 호출해야 한다.

- ㅁ 이벤트
  - readystatechange : readyState 속성이 변경될 때 발생하는 이벤트이다.
  - timeout : 요청에 대한 응답 시간 초과가 발생했을 때 동작하는 이벤트이다.
  - loadstart : 요청을 처음 시작할 때 발생하는 이벤트이다.
  - progress : 데이터를 전송하거나 로딩할 때 주기적으로 발생한다. 이 이벤트를 통해서 응답의 진행 상태를 확인할 수 있다.
  - abort : 요청이 중단될 때 발생하는 이벤트이다.
  - error : 요청 처리 중에 에러가 일어날 때 발생하는 이벤트이다.
  - load : 요청이 성공적으로 완료되었을 때 발생하는 이벤트이다.
  - loadend : 요청이 성공 또는 실패로 종료되었을 때 발생하는 이벤트이다.

2. FormData API

- ㅁ 생성자
  - FormData([form]) : FormData 객체를 생성한다. 옵션으로 〈form〉 객체를 넣을 수 있는데 현재 〈form〉을 구성하고 있는 요소들의 name과 value를 자동으로 FormData에 저장한다.

- ㅁ 함수
  - append(key, value) : FormData 객체에 데이터를 추가한다. value 속성은 문자열 또는 Blob이 될 수 있으며 반환된 데이터는 폼 필드를 나타낸다.
  - get(name) : name으로 등록된 값을 반환한다. 여러 자료가 있으면 처음 자료가 반환된다.
  - getAll(name) : name으로 등록된 모든 값들을 반환한다.
  - has(name) : name에 해당하는 자료가 있는지 boolean 형태로 반환한다.
  - set(name, value) : 기존에 name으로 등록된 자료를 새로운 값으로 변경한다.

3. 크로스 근원 요청

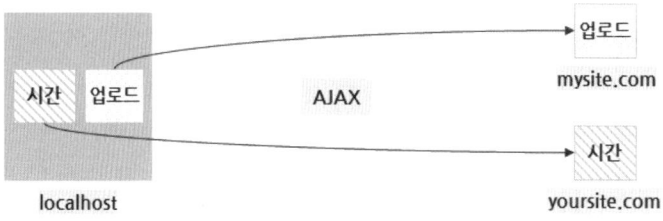

4. 다른 근원 간의 문서 메시징과 관련 API

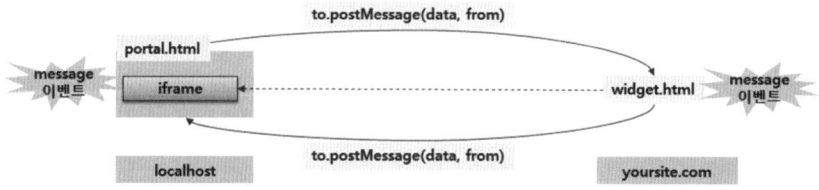

5. window API

□ 함수
- **otherWindow.postMessage(message, targetOrigin)** : otherWindow는 현재 페이지에서 참조되는 다른 window에 대한 레퍼런스이다. 예를 들면 iframe의 content 속성이나 window.open 함수의 반환값, window.frames의 인덱스 값이 있다. message는 otherWindow에 보낼 데이터를 나타낸다. 이 값은 직렬화 될 수 있는 구조여야 하며 가장 쉬운 객체는 문자열이다. targetOrigin은 타깃 문서의 근원으로 scheme, host, port로 구성된다.

  웹 메시징 API는 비동기 방식으로 통신한다. API는 메시지 수신자가 정보를 알기 위해 window 객체에 message 이벤트를 제공한다.

6. MessageEvent API

□ 속성
- **data** : 메시지가 가지고 있는 콘텐트를 반환한다.
- **origin** : 메시지를 보낸 페이지의 근원을 반환한다.
- **source** : 메시지의 소스를 식별하는 객체를 반환한다.

7. 웹 소켓 API

□ 생성자
- **WebSocket(url)** : 접속할 서버의 URL을 이용해 웹 소켓 객체를 생성한다. URL은 서버소켓이 대기하는 주소를 나타내며 이 책에서 사용하는 톰캣 서버의 경우 ws://host_name:port_no/의 형태를 띤다.

□ 속성
- **url** : 어플리케이션이 연결된 서버의 url로 생성자에 넘겨준 값이 절대경로로 표시된다.
- **readyState** : 연결에 대한 현재의 상태값을 나타내는 정수값이다. 0은 아직 연결되지 않은 상태이다. 1은 연결돼서 통신이 가능한 상태, 2는 연결이 닫히고 있는 상태, 3은 연결이 완전히 닫힌 상태를 나타낸다.
- **bufferedAmount** : send() 함수를 통해 서버로 전송을 요청했으나 아직 전송되지 못한 데이터의 양을 나타낸다. 이 값이 계속 증가한다는 것은 서버에서 처리를 못하고 있다는 의미이므로 서버의 과부하 여부를 점검해야 한다.

□ 함수
- **send(data)** : 문자열 데이터를 서버로 전송한다.
- **close()** : 서버와의 연결을 닫는다.

□ **이벤트**

- **open** : 서버와의 연결이 오픈되었을 때 발생하는 이벤트이다.
- **message** : 서버로부터 메시지가 전달되었을 때 발생하는 이벤트이다. 이때 전달되는 이벤트 객체는 MessageEvent이다.
- **error** : 에러가 일어났을 때 발생하는 이벤트이다.
- **close** : 서버와의 연결이 닫혔을 때 발생하는 이벤트이다.

Web Worker API

01 Web Worker 개요

웹에서 사용되던 자바스크립트를 전통적으로는 간단한 효과나 클라이언트 브라우저에서의 동작을 지원하기 위한 도구로 간주해 왔다. 하지만, 지금까지의 내용을 잘 학습해왔다면 더 이상은 자바스크립트가 단순 조력자로 머물지 않을 것이라는 것을 느꼈을 것이다.

하지만, 자바스크립트는 기본적으로 단일 스레드 언어이다. 특히나 자바스크립트가 복잡하고 무거운 작업을 수행하면서 메인 스레드(보통 UI 스레드)에 큰 부담을 주면 버튼 클릭이나 텍스트 입력 등의 작업을 수행할 수가 없게 된다.

Note

스레드(Thread)는 프로그램을 이루는 작은 구성 단위를 말한다. 일반적으로 실행시키는 프로그램은 프로세스라고 한다. 예을 들어 이클립스나 채팅 프로그램 들은 모두 프로세스들이다. 이 프로세스는 여러 개의 스레드로 구성된다. 채팅 프로그램의 예를 들면 다른 사람과 채팅을 하면서 파일 전송을 할 수 있다. 이때 채팅과 파일 전송은 각각 프로세스를 구성하는 스레드인 것이다.

Windows 계열에서는 작업관리자 --> 성능 --> 리소스 모니터 보기에서 현재 구동중인 프로세스와 스레드의 정보를 확인할 수 있다.

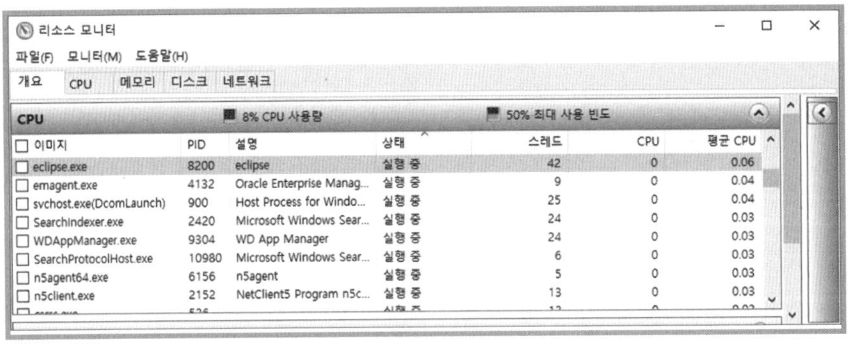

[그림 12.1] eclipse.exe 프로세스는 42개의 스레드로 구성

모든 프로세스는 최소한 하나의 스레드를 포함하는데 이 스레드를 메인 스레드라고 하고 일반적으로 사용자의 화면 조작과 연관된 작업을 진행하므로 UI 스레드라고도 한다. 메인 스레드에서 필요시 다른 스레드를 만들어 처리할 수 있는데 이때 생성되는 스레드를 작업 스레드라고 한다. 예를 들어 채팅 어플리케이션을 실행하면 화면이 표시되는데 이를 메인 스레드라고 하고 파일 전송 같은 무거운 작업을 처리할 때 작업 스레드를 하나 만들어서 파일 전송을 전담시킨다. 그만큼 메인 스레드는 할 일이 줄어들기 때문에 프로그램은 효율적으로 동작할 수 있다. 파일 전송이 끝나면 해당 스레드는 역시 소멸될 수 있기 때문에 프로세스마다 스레드의 개수는 유동적이다. 이처럼 하나의 프로세스에서 여러 개의 스레드가 동작하는 것을 멀티 스레드라고 하고 단 하나의 스레드에서 모든 일을 처리하는 것을 싱글 스레드라고 한다.

다음 예제를 살펴보자.

01_problem.html은 두 개의 이벤트 동작으로 구성된다. 첫 번째는 입력받은 숫자만큼 반복을 실행하고 반복 회수를 화면에 출력한다. 두 번째는 입력받은 숫자의 제곱 수를 화면에 출력한다.

파일명 | ch12_webworker/01_problem.html

```
 1: <!DOCTYPE html>
 2: <html>
 3: <head>
 4: <meta charset = "UTF-8">
 5: <title>Single Thread</title>
 6: </head>
 7: <body>
 8:     <label for = "loop">반복</label>
 9:     <input type = "number" id = "loop">
10:     <button id = "doLoop">반복</button>
11:     <div id = "loopResult"></div>
12:     <hr>
13:     <label for = "square">제곱</label>
14:     <input type = "number" id = "square">
15:     <button id = "getSquare">제곱</button>
16:     <div id = "squareResult"></div>
17: </body>
18: <script>
19:     var loop = document.getElementById("loop");
20:     var square = document.getElementById("square");
21:
22:     var doloop = document.getElementById("doLoop");
23:     var getSquare = document.getElementById("getSquare");
24:
25:     var loopResult = document.getElementById("loopResult");
26:     var squareResult = document.getElementById("squareResult");
27:
28:     doloop.addEventListener("click", function() {
29:         this.disabled = true;
30:         for (var i = 0; i < loop.value; i++) {
31:             // do something
32:         }
33:         loopResult.innerHTML = i;
34:         this.disabled = false;
35:     });
36:
37:     getSquare.addEventListener("click", function() {
38:         squareResult.innerHTML = Math.pow(square.value, 2);
39:     });
40: </script>
41: </html>
```

[소스 설명]

28행 doloop가 클릭될 때 동작할 이벤트 리스너를 등록한다.

29행 버튼의 disabled 속성을 true로 변경해서 연속 클릭할 수 없게 한다.

30-32행 입력받은 회수만큼 반복을 실행한다.

33행 반복 회수를 화면에 출력한다.

37-38행 getSquare가 클릭되면 화면에 입력값의 제곱(Math.pow)을 출력하기 위한 이벤트
리스너를 등록한다.

예제 어플리케이션을 실행하고 반복할 숫자를 작게(100 정도)입력한 후 [반복] 버튼을
클릭하고 동시에 다른 요소들을 변경해보자. 순식간에 반복이 잘 마무리 되고 다른 동작
도 무리가 없다.

다시 좀 더 큰 숫자(123455678)를 입력 후 테스트를 진행해보자. 화면이 반응하지 않을
뿐 아니라 시간이 지난 후는 응답하지 않는 페이지라는 경고 창이 표시되면서 작업을 계
속 진행할 것인지 사용자의 결정을 기다린다. 메인 스레드가 화면을 유지하느라 바쁜데
무거운 연산까지 진행해야 해서 부담이 증가됐고 결국엔 요청된 작업을 처리하지 못하기
때문에 응답할 수 없게 된 것이다.

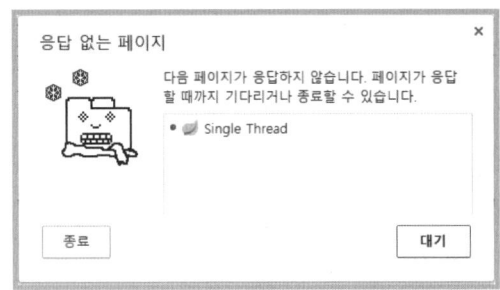

[그림 12.2] 긴 작업에 응답하지 않는 페이지

웹 워커(Web Worker) API는 자바스크립트를 멀티 스레드 형태로 사용하기 위한 방법을
제시한다. 웹 워커는 스크립트의 동작을 주 메인 스레드와 분리된 작업 스레드로 만들어
실행시킨다. 이로써 얻는 장점은 무거운 작업이 별도의 스레드에서 진행되기 때문에 메
인 스레드가 멈추거나 늦게 동작하는 것을 방지할 수 있다.

[그림 12.3] 자바스크립트의 멀티 스레드 구조

1.1 웹 워커 API

웹 워커는 현재 대부분의 브라우저에서 지원한다.

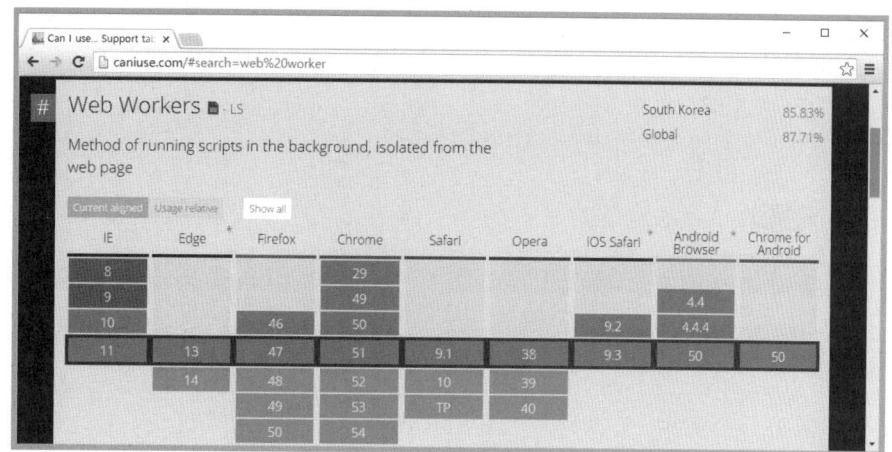

[그림 12.4] 브라우저별 웹 워커 지원 현황

워커는 두 가지로 나뉜다. 먼저 전용 워커(Dedicated Worder)가 있다. 전용 워커는 워커를 생성한 메인 코드에서만 사용할 수 있다. 다른 워커로는 공유 워커(Shared Worker)가 있다. 이 워커는 여러 문서에서의 요청에 응답할 수 있다.

먼저 전용 워커의 동작 방식에 대해 알아보자. 워커를 사용하기 위해서는 먼저 워커에서 실행할 코드를 별도의 자바스크립트 파일로 만드는 일에서 시작한다. (당연히 이 파일의 확장자는 .js이다.) 메인 코드에서는 Worker() 생성자를 호출하면서 파라미터로 앞서 생성한 파일의 이름을 넘겨준다. 이로써 워커의 준비가 끝났다.

워커의 코드와 메인 코드는 MessageEvent 기반으로 동작한다. 메인 코드에서는 워커에서 처리할 데이터를 메시지에 첨부해서 보내고 워커는 수신 정보를 이용해 작업을 진행한 후 결과를 다시 메시지로 메인 코드에게 전송한다.

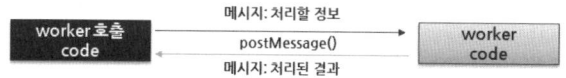

[그림 12.5] 워커의 동작 과정

워커의 코드는 메인의 코드와는 별개의 전역 컨텍스트에서 실행된다. 즉 메인 코드의 window가 속한 영역과 다른 영역에 존재하기 때문에 window 객체도 없고 실행에 있어서도 다음의 제약 사항을 갖는다.

- 워커 내부에서 직접 DOM에 접근할 수 없다.

- 일부 window의 속성을 사용할 수 없다. (주로 사용되는 기능들은 WorkerGlobakScope 객체를 이용해서 평소처럼 사용할 수 있다.)[28]
- 메인 코드의 자바스크립트 함수와 변수는 워커에 접근할 수 없다.

웹 워커의 API에 대해 알아보자.

[표 12.1]은 웹 워커의 생성자를 설명한다.

표 12.1 Worker 생성자

생성자	설명
Worker(scripturl)	scripturl의 코드를 실행하는 워커를 생성한다. 스크립트는 동일 근원 정책(Same-Origin Policy)에 어긋나지 않아야 한다.

다음의 [표 12.2]는 웹 워커에서 지원하는 함수에 대한 설명이다.

표 12.2 Worker의 함수

함수 이름	설명
postMessage(message)	워커 코드와 메인 코드 간에 메시지를 교환하기 위해서 사용되는 함수이다. 파라미터인 message는 단순한 문자열이나 복제가 가능한 자바스크립트 객체(JSON)이다.
terminate()	메인 코드에서 동작중인 워커를 즉시 중지시키는 함수이다.
close()	워커 코드에서 워커를 종료하는 함수이다.
importScripts(scriptfile[, scriptfile ...])	워커에서 다른 스크립트 파일을 가져와서 사용할 때 호출하는 함수다. 필요에 따라서 하나 이상의 스크립트 파일을 import할 수 있다.

다음의 [표 12.3]은 웹 워커에서 발생하는 이벤트에 대한 설명이다.

표 12.3 Worker의 이벤트

이벤트 이름	설명
message	워커 코드와 메인 코드 간에 메시지를 수신했을 때 발생하는 이벤트로 MessageEvent 타입이다. 이벤트 객체가 가지는 data 속성으로 전송된 데이터를 확인할 수 있다.
error	워커에서 에러가 발생됐을 때 동작하는 이벤트이다.

---

28) 워커에서 사용할 수 있는 API들에 대해서는 다음 링크를 참조한다.
https://developer.mozilla.org/en-US/docs/Web/API/Web_Workers_API/Functions_and_classes_available_to_workers

02 웹 워커 API 활용

2.1 간단한 웹 워커의 동작

앞서 살펴봤던 ch12_webworker/01_problem.html 예제를 워커를 이용한 구조로 변경해보자. 기존 코드에서는 메인 코드에서 직접 반복문을 처리했으나 다음 예제에서는 반복 작업은 워커에게 실행하고 결과를 전달받아서 사용하는 형태이다.

파일명 | ch12_webworker/02_solution.html

```
 1:  <!DOCTYPE html>
 2:  <html>
 3:  <head>
 4:  <meta charset = "UTF-8">
 5:  <title>Simple Worker</title>
 6:  </head>
 7:  <body>
 8:      <label for = "loop">반복문 동작 회수</label>
 9:      <input type = "number" id = "loop">
10:      <button id = "doLoop">반복</button>
11:      <div id = "loopResult"></div>
12:      <hr>
13:      <label for = "square">제곱 구하기</label>
14:      <input type = "number" id = "square">
15:      <button id = "getSquare">제곱</button>
16:      <div id = "squareResult"></div>
17:  </body>
18:  <script>
19:      var loop = document.getElementById("loop");
20:      var square = document.getElementById("square");
21:
22:      var doloop = document.getElementById("doLoop");
23:      var getSquare = document.getElementById("getSquare");
24:
25:      var loopResult = document.getElementById("loopResult");
26:      var squareResult = document.getElementById("squareResult");
27:
28:      doloop.addEventListener("click", function() {
29:         this.disabled = true;
30:         var worker = new Worker("02_solution_worker.js");
31:         worker.addEventListener("message", function(e) {
32:            loopResult.innerHTML = e.data;
33:            doloop.disabled = false;
34:         });
35:         worker.postMessage(loop.value);
```

```
36:    });
37:    getSquare.addEventListener("click", function() {
38:        squareResult.innerHTML = Math.pow(square.value, 2);
39:    });
40: </script>
41: </html>
```

[소스 설명]

30행 02_solution.js를 실행하는 워커 객체를 생성한다.

31~34행 워커에 message 이벤트를 처리할 리스너를 등록한다. 이벤트가 발생하면 이벤트 객체의 data 값을 화면에 출력한다.

35행 워커에게 메시지를 전달한다.

다음은 워커가 실행하는 자바스크립트 파일이다.

파일명 | ch12_webworker/02_solution_worker.js

```
1: addEventListener("message", function(e) {
2:     console.log("worker에서 message 수신");
3:     for(var i = 0; i < e.data; i++) {
4:         // do something
5:     }
6:     postMessage(i);
7: });
```

[소스 설명]

1~7행 워커에 message 이벤트에 대한 리스너를 추가한다. 이벤트가 발생하면 반복 작업을 수행한 후 결과를 postMessage() 함수를 통해 메인 코드에게 전달한다.

ch12_webworker/02_solution.html 예제를 실행하고 앞서 테스트해봤듯이 버튼을 클릭하는 등 다른 화면 요소들을 사용해보자. 반복의 결과가 표시되지 않더라도 다른 요소들을 사용할 수 있고(제곱 구하기가 잘 동작한다.) '응답 없는 페이지'와 같은 에러 메시지도 출력되지 않는다.

[그림 12.6] 워커를 이용한 긴 작업의 분리

2.2 오류 처리

워커는 별도의 컨텍스트에서 실행된다. 따라서 웹 워커에서 발생한 오류는 자동으로 메인 코드에서 파악할 수 없다. 워커에서 try~catch를 통해서 처리되지 않은 오류는 자동으로 메인 코드에 이벤트 형태로 전달된다. 이 이벤트를 처리하기 위해서는 워커에 error 이벤트에 대한 리스너를 등록한다.

이때 전달되는 이벤트 객체는 오류와 관련된 [표 12.4]와 같은 정보를 제공한다.

표 12.4 이벤트 객체의 속성

속성 이름	설명
message	오류에 대한 정보를 리턴한다.
filename	오류가 발생한 파일의 이름을 리턴한다.
lineno	오류가 발생한 라인의 번호를 리턴한다.

간단하게 error 이벤트를 받아서 처리하는 예제를 구현해보자.

파일명 | ch12_webworker/03_error.html

```
 1:  <!DOCTYPE html>
 2:  <html>
 3:  <head>
 4:  <meta charset = "UTF-8">
 5:  <title>오류 처리</title>
 6:  </head>
 7:  <body>
 8:  <p>오류 처리</p>
 9:  <div id = "result"></div>
10:  </body>
11:  <script>
12:     var result = document.getElementById("result");
13:
14:     var worker;
15:
16:     function init() {
17:        worker = new Worker("03_error_worker.js");
18:        worker.addEventListener("error", function(e) {
19:           var data = "";
20:           data += "에러: " + e.message + "<br>";
21:           data += "파일: " + e.filename + "<br>";
22:           data += "행: " + e.lineno;
23:           result.innerHTML = data;
24:        });
25:        worker.postMessage("hello");
26:     }
27:
28:     init();
```

```
29: </script>
30: </html>
```

[소스 설명]

> 17행 03_error_worker.js를 이용하는 워커를 생성한다.
>
> 18행 워커에 error 이벤트를 처리할 리스너를 등록한다.
>
> 19-23행 이벤트 객체에서 정보를 추출해서 화면에 출력한다.

이제 워커에서 호출되는 자바스크립트를 살펴보자. 여기서는 존재하지 않는 test() 함수를 실행하므로 Uncaught ReferenceError가 발생한다.

파일명 | ch12_webworker/03_error_worker.js

```
1:  addEventListener("message", function(e) {
2:      test();
3:  });
```

[소스 설명]

> 1-3행 워커에 message 이벤트에 대한 리스너를 등록한다. 콜백에서 test()를 호출해서 에러를 유발시킨다.

예제 어플리케이션을 실행시켜보자. 화면에 오류의 종류, 파일명, 오류 발생 행이 표시되어 디버깅을 쉽게 한다.

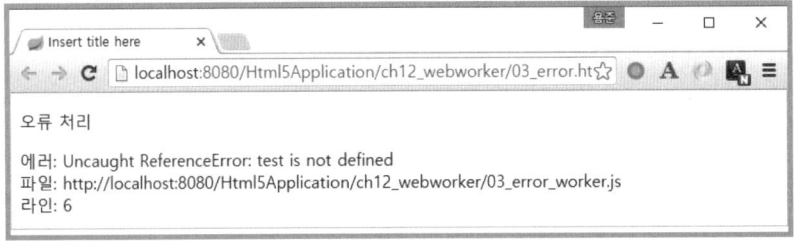

[그림 12.7] 워커 오류의 표시

2.3 워커 작동 중지

한번 생성한 워커는 자동으로 멈추지 않고 계속해서 message 이벤트를 수신대기 한다. 일반적으로 워커는 계속해서 실행되어야 하는 작업이라기보다는 작업이 필요할 때 한 번씩 동작하며 더 이상 필요치 않은 경우 처리를 중지하거나 종료해야 한다.

워커가 종료되기 위해서는 terminate와 close 두 가지의 함수를 사용한다. 먼저 terminate() 함수는 메인 코드에서 워커를 즉시 종료시킨다. 이 함수는 워커에게 자원

반납을 위한 기회를 주지 않고 종료시키므로 사용에 주의해야 한다.

close() 함수는 워커 내부에서 사용된다. 워커에서 사용하던 시스템 리소스가 있다면 모두 반납한 후 워커를 종료시키면 된다. 한 번 중단된 워커는 더 이상 사용할 수 없지만 동일한 스크립트 이름으로 새로운 워커를 이용할 수 있다.

다음 예제를 통해 워커의 생명주기를 관리해보자.

이 예제에서는 create, work, terminate, close 4개의 버튼을 이용해 워커를 관리한다. create를 클릭하면 워커를 생성해서 전역 레벨의 변수로 등록한다. work를 클릭하면 워커에게 작업을 시키는데 워커는 인덱스드디비를 이용한 무거운 작업을 수행한다. terminate 버튼을 클릭하면 워커의 작업을 즉시 중지시켜버린다. 따라서 앞서 진행하고 있던 작업의 완료여부, 리소스 반납 여부 등을 전혀 개의치 않고 워커는 중지된다. close를 클릭하면 워커에게 close라는 메시지를 전송하게 되고 워커는 이 메시지를 받은 후 필요한 정리 작업을 수행하고 종료된다.

파일명 | ch12_webworker/04_control.html

```
 1:  <!DOCTYPE html>
 2:  <html>
 3:  <head>
 4:  <meta charset = "UTF-8">
 5:  <title>워커 작동 중지</title>
 6:  </head>
 7:  <body>
 8:  <p>워커 제어</p>
 9:  <button id = "create">create</button>
10:  <button id = "work">work</button>
11:  <button id = "terminate">terminate</button>
12:  <button id = "close">close</button>
13:
14:  <ul id = "result"></ul>
15:  </body>
16:  <script>
17:      var result = document.getElementById("result");
18:      var create = document.getElementById("create");
19:      var work = document.getElementById("work");
20:      var terminate = document.getElementById("terminate");
21:      var close = document.getElementById("close");
22:
23:      var worker;
24:      create.addEventListener("click", function() {
25:          worker = new Worker("04_control_worker.js");
26:          worker.addEventListener("message", function(e) {
27:              updateResult("메시지 수신"+e.data);
28:          });
29:          updateResult("worker 시작");
```

```
30:      });
31:      work.addEventListener("click", function() {
32:        worker.postMessage("do work");
33:      });
34:      terminate.addEventListener("click", function() {
35:        worker.terminate();
36:      });
37:      close.addEventListener("click", function() {
38:        worker.postMessage("close");
39:      });
40:      function updateResult(newMessage) {
41:        result.innerHTML = "<li>" + newMessage + result.innerHTML;
42:      }
43:  </script>
44:  </html>
```

[소스 설명]

24~30행　[create] 버튼이 클릭되었을 때 동작할 리스너를 등록한다. 리스너에서는 04_ control_worker.js 파일을 이용하는 워커를 생성하고 전역 변수인 worker에 할당한다. worker에는 message 이벤트 시 전달받은 정보를 updateResult에 넘겨준다.

31~33행　[work] 버튼이 클릭되었을 때 동작할 리스너를 등록한다. 리스너에서는 워커의 postMessage를 "do work" 문자열을 파라미터로 호출한다.

34~36행　[terminate] 버튼이 클릭되었을 때 동작할 리스너를 등록한다. 리스너에서는 워커의 terminate를 호출해 워커를 즉시 종료시킨다.

37~39행　[close] 버튼이 클릭되었을 때 동작할 리스너를 등록한다. 리스너에서는 워커의 postMessage를 "close" 파라미터로 호출한다.

40~42행　newMessage를 result에 출력하기 위한 함수이다.

다음은 워커의 코드이다. 워커에서는 message 이벤트의 data를 이용해 동작을 결정한다. 즉 close 명령이 전달되면 사용하는 시스템 리소스인 인덱스드디비를 정리하고 워커가 종료된다. 그렇지 않으면 워커의 원래 목표인 heavyTask()를 수행한다.

파일명 | ch12_webworker/04_control_worker.js

```
1:   var db = indexedDB;
2:   addEventListener("message", function(e) {
3:     if (e.data == "close") {
4:       closeWorker();
5:     } else {
6:       heavyTash();
7:     }
8:   });
9:
10:  function heavyTask() {
11:    postMessage("indexed DB를 이용한 작업 중." + db.toString());
```

```
12:      for(var i = 0; i < 12345678901; i++) {
13:         // do long task
14:      }
15:      postMessage("indexed DB를 이용한 작업 종료");
16:  }
17:
18:  function closeWorker() {
19:      postMessage("indexed DB 작업 정리");
20:      close();
21:  }
```

[소스 설명]

2-8행 워커에 message 이벤트의 data 속성에 따라 분기되는 리스너를 등록한다. e.data 가 close인 경우는 closeWorker()를 호출하고 나머지 경우는 heavyTask()를 호출한다.

10-16행 워커에서 진행할 무거운 작업을 정의한다. 내부에서 인덱스드디비를 사용하고 상황을 postMessage()로 메인 코드에게 전달한다.

18-21행 워커를 종료하는 작업을 정의한다. 사용하던 인덱스드디비 리소스를 정리하고 close()를 호출한다.

[create] 버튼을 클릭하면 worker 시작 메시지가 출력된다. [work] 버튼을 클릭하면 인 덱스드디비를 이용한 작업의 시작을 알리는 메시지가 출력된다. 종료 메시지가 나오기 전에 [terminate] 버튼을 클릭하면 워커는 리소스를 반납하지 않은 채 즉시 종료된다. 이 상황에서 다시 work를 클릭해도 한 번 종료된 워커는 다시 동작하지 않는다.

다시 [create]->[work] 버튼을 클릭 후 종료 메시지 전에 [close] 버튼을 클릭해보자. 이 번에는 바로 종료 메시지가 출력되지 않고 heavyWork()가 다 끝난 후 closeWorker()가 동작함을 알 수 있다. 따라서 아주 긴급한 상황이 아니라면 두 번째 방식으로 워커를 종 료시키는 것을 추천한다.

[그림 12.8] 워커의 종료

2.4 워커에서 외부 자바스크립트 파일 로딩

일반적으로 html에서는 자바스크립트 파일의 재사용성을 높이기 위해 별도의 .js 파일로 작성 후 script 태그의 src 속성을 이용해서 참조한다.

워커에서도 역시 다른 자바스크립트를 참조할 수 있는데 이때는 importScripts 함수를 사용할 수 있다.

다음 그림은 자주 사용되는 기능을 commons.js 로 분리하고 worker1.js와 worker2.js 가 importScripts 함수를 이용해서 재사용하는 모습이다.

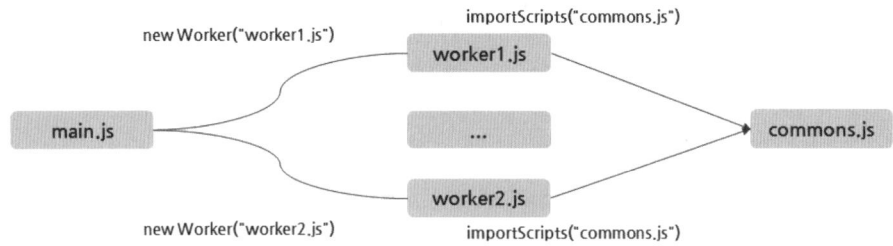

[그림 12.9] importScripts를 이용한 워커의 스크립트 재사용

다음 파일을 살펴보자.

05_import_worker_import.js는 앞서 살펴봤던 04_control_worker.js와 유사하다. 차이점은 importScripts 함수를 이용해서 05_import_worker_common.js를 사용한다는 점이다. 여전히 message 이벤트를 처리하는 부분에서는 closeWorker() 함수를 사용하고 있지만, 이 파일에는 closeWorker()가 정의되어 있지 않다. 대신 05_import_worker_common.js에 해당 함수가 정의되어 있다. 이로써 closeWorker()는 워커를 포함한 다른 모든 자바스크립트에서 재활용할 수 있다.

파일명 | ch12_webworker/05_import_worker_import.js

```
 1:  importScripts("05_import_worker_common.js");
 2:
 3:  var db = indexedDB;
 4:  addEventListener("message", function(e) {
 5:     if (e.data == "close") {
 6:        closeWorker();
 7:     } else {
 8:        heavyTask();
 9:     }
10:  });
11:
12:  function heavyTask() {
13:     postMessage("indexed DB를 이용한 작업 중." + db.toString());
14:     for(var i = 0; i < 12345678901; i++) {
15:        // do long task
```

```
16:    }
17:    postMessage("indexed DB를 이용한 작업 종료");
18: }
```

[소스 설명]

　　1행　외부 파일인 05_import_worker_common.js를 importScripts로 참조한다.

　　6행　closeWorker() 함수를 호출한다. (하지만, 파일에는 해당 함수가 존재하지 않는다.)

파일명 | ch12_webworker/05_import_worker_common.js

```
1: function closeWorker() {
2:    postMessage("리소스 정리");
3:    close();
4: }
```

03 공유 워커

공유 워커는 전용 워커와 달리 여러 개의 문서에서 활용이 가능하다. 즉 공유 워커를 사용하면 서로 다른 윈도우, 탭, 프레임에서 동일한 워커를 공유할 수 있다.

먼저 공유 워커의 특징에 대해 알아보자. [표 12.5]는 공유 워커(SharedWorker)의 생성자를 설명한다.

표 12.5 SharedWorker 생성자

생성자	설명
SharedWorker(scripturl)	scripturl의 코드를 실행하는 워커를 생성한다. 스크립트는 동일근원 정책(Same-Origin Policy)에 위배되지 않아야 한다.

다음의 표 [12.6]은 공유 워커(SharedWorker)의 속성을 설명한다.

표 12.6 SharedWorker의 속성

속성 이름	설명
port	공유 워커와 메인 코드 간 연결된 포트이다. 하나의 공유 워커에는 연결된 메인 코드별로 port가 할당된다.

다음의 [표 12.7]은 공유 워커(SharedWorker)의 이벤트를 설명한다.

표 12.7 SharedWorker의 이벤트

이벤트 이름	설명
error	공유 워커에서 처리되지 않은 오류가 있는 경우 발생하는 이벤트이다.

사실 공유 워커는 port 와 메인 코드의 연결만을 담당하며 이후 데이터 전송에는 관여하지 않는다. 이후 동작은 공유 워커의 port 속성인 MessagePort 객체가 담당한다.

다음은 MessagePort 객체의 특징이다. [표 12.8]은 MessagePort의 함수에 대해 설명한다.

표 12.8 MessagePort의 함수

함수 이름	설명
postMessage(message)	message를 연결된 코드에 전송한다. 받는 쪽에서는 message 이벤트가 발생한다.
start()	메시지 큐에 쌓여있는 메시지들을 보내기 시작하는 함수이다. postMessage를 통해서 메시지를 보내더라도 start가 호출되지 않은 경우 메시지는 전송되지 않는다. MessagePort 생성 후 한 번만 호출하면 된다.
close()	포트를 종료하는 함수로 close()가 호출되면 포트는 더 이상 동작하지 않는다.

다음의 [표 12.9]는 MessagePort의 이벤트에 대해 설명한다.

표 12.9 MessagePort의 이벤트

이벤트 이름	설명
message	워커 코드와 메인 코드 간에 메시지를 수신했을 때 발생하는 이벤트로 MessageEvent 타입이다. 이벤트 객체가 가지는 data 속성으로 전송된 데이터를 확인할 수 있다.

공유 워커의 예제를 살펴보자. 이번 예제를 끝말잇기 어플리케이션이다. 어플리케이션을 실행시키면 초기화 과정으로 공유 워커 객체를 생성한다. 공유 워커의 포트들은 message 이벤트를 받을 때마다 화면에 데이터를 갱신한다. 값을 입력하고 전달 버튼을 클릭하면 공유 워커의 포트가 가지는 postMessage 함수를 이용해 입력값이 전달된다.

파일명 | ch12_webworker/06_shared.html

```
1:  <!DOCTYPE html>
2:  <html>
3:  <head>
4:  <meta charset = "UTF-8">
5:  <title>공유 워커</title>
6:  </head>
```

```
 7:   <body>
 8:     <label for = "name">끝말잇기: </label>
 9:     <input type = "text" id = "name" name = "name">
10:     <button id = "click">클릭</button>
11:     <div id = "result"></div>
12:   </body>
13:   <script>
14:     var result = document.getElementById("result");
15:     var worker;
16:     function init() {
17:       worker = new SharedWorker("06_shared_worker.js");
18:       worker.addEventListener("error", function(e) {
19:         console.log("공유 워커 오류 발생 - " + e);
20:       });
21:
22:       worker.port.addEventListener("message", function(e) {
23:         result.innerHTML += e.data
24:       });
25:
26:       worker.port.start();
27:
28:       document.getElementById("click").addEventListener("click", function() {
29:         worker.port.postMessage(document.getElementById("name").value + " > ");
30:       });
31:     }
32:     init();
33:   </script>
34:   </html>
```

[소스 설명]

17행 06_shared_worker.js 파일을 이용해 공유 워커를 생성한다.

18-20행 공유 워커에서 error 이벤트가 발생하는 경우 동작할 리스너를 등록한다.

22-24행 공유 워커의 포트에 message 이벤트가 발생하는 경우 이벤트 객체의 data를 이용
해 화면을 업데이트할 리스너를 등록한다.

26행 포트의 start() 함수를 호출해서 메시지 큐의 내용을 전송할 수 있게 한다.

28-30행 id 속성값이 click인 [클릭] 버튼이 클릭되면 포트의 postMessage를 통해 공유 워
커에게 데이터를 전송한다.

다음은 공유 워커가 사용하는 스크립트 부분이다.

파일명 | ch12_webworker/06_shared_worker.js

```
1:   var ports = new Array();
2:   var prev = "";
3:   addEventListener("connect", function(e) {
4:     var clientPort = e.ports[0];
5:     ports.push(clientPort);
```

```
 6:
 7:     clientPort.addEventListener("message", function(e) {
 8:        prev += e.data;
 9:        for(var i = 0; i < ports.length; i++) {
10:           ports[i].postMessage(e.data)
11:        }
12:     });
13:     clientPort.start();
14:     clientPort.postMessage(prev);
15:  });
```

[소스 설명]

1행 공유 워커를 사용하는 메인 코드들과 연관된 포트를 저장할 배열을 생성한다.

2행 기존의 게임 데이터를 보관하기 위한 변수 prev를 선언한다.

3행 공유 워커의 connect 이벤트를 처리하기 위한 리스너를 등록한다. 메인 코드에서 6_shared_worker.js를 사용해 공유 워커를 만들 때마다 connect 이벤트가 동작한다.

4행 이벤트 객체에서 포트 정보를 가져온다.

5행 포트 정보를 ports 배열에 저장한다.

7-12행 포트가 메시지를 받았을 때 동작할 message 이벤트에 대한 리스너를 등록한다. 기존의 prev에 이벤트에서 받은 data를 추가하고 모든 포트의 postMessage() 함수를 이용해 data를 전달한다.

13행 새로 연결한 포트를 시작한다.

14행 새로 연결된 포트에 기존 게임 데이터를 전송한다.

예제 어플리케이션을 실행시켜보자. ch12_webworker/06_shared.html를 실행하고 워커를 입력한 후 클릭해보면 하단에 입력한 단어가 출력된다. 위의 예제 html을 다른 창을 통해 실행해 보자. 앞서 입력했던 데이터가 하단에 출력되어 있다. 다시 서로의 창에서 데이터를 입력하면 연관된 모든 창에 데이터가 추가되는 것을 확인할 수 있다.

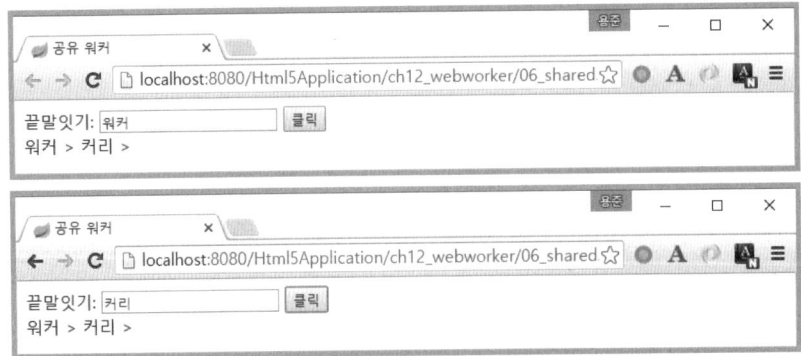

[그림 12.10] 공유 워커를 통한 어플리케이션 간 데이터 공유

요약 정리

1. 웹 워커의 특징
- 워커 내부에서 직접 DOM에 접근할 수 없다.
- 일부 window의 속성을 사용할 수 없다. (주로 사용되는 기능들은 WorkerGlobakScope 객체를 이용해서 평소처럼 사용할 수 있다.)
- 메인 코드의 자바스크립트 함수와 변수는 워커에 접근할 수 없다.

2. 웹 워커 API

☐ **생성자**
- Worker(scripturl) : scripturl의 코드를 실행하는 워커를 생성한다. 스크립트는 동일근원 정책(Same-Origin Policy)에 어긋나지 말아야 한다.

☐ **함수**
- postMessage(message) : 워커 코드와 메인 코드 간에 메시지를 교환하기 위해서 사용되는 함수이다. 파라미터인 message는 단순한 문자열이나 복제 가능한 자바스크립트 객체(JSON)이다.
- terminate() : 메인 코드에서 동작중인 워커를 즉시 중지시키는 함수이다.
- close() : 워커 코드에서 워커를 종료하는 함수이다.
- importScripts(scriptfile[, scriptfile ...]) : 워커에서 다른 스크립트 파일을 가져와서 사용할 때 호출하는 함수다. 필요에 따라서 하나 이상의 스크립트 파일을 import 할 수 있다.

☐ **이벤트**
- message : 워커 코드와 메인 코드 간에 메시지를 수신했을 때 발생하는 이벤트로 MessageEvent 타입이다. 이벤트 객체가 가지는 data 속성으로 전송된 데이터를 확인할 수 있다.
- error : 워커에서 에러가 발생했을 때 동작하는 이벤트이다.

3. 공유 워커 API

☐ **생성자**
- SharedWorker(scripturl) : scripturl의 코드를 실행하는 워커를 생성한다. 스크립트는 동일근원 정책(Same-Origin Policy)에 어긋나지 말아야 한다.

☐ **속성**
- port : 공유 워커와 메인 코드 간 연결된 포트이다. 하나의 공유 워커에는 연결된 메인 코드별로 port가 할당된다.

□ **이벤트**

● error : 공유 워커에서 처리되지 않은 오류가 있는 경우 발생하는 이벤트이다.

4. MessagePort API

□ **함수**

● postMessage(message) : message를 연결된 코드에 전송한다. 받는 쪽에서는 message 이벤트가 발생한다.

● start() : 메시지 큐에 쌓여 있는 메시지들을 보내기 시작하는 함수이다. postMessage를 통해서 메시지를 보내더라도 start가 호출되지 않는 경우 메시지는 전송되지 않는다. MessagePort 생성 후 한 번만 호출하면 된다.

● close() : 포트를 종료하는 함수로 close()가 호출되면 포트는 더 이상 동작하지 않는다.

□ **이벤트**

● message : 워커 코드와 메인 코드 간에 메시지를 수신했을 때 발생하는 이벤트로 MessageEvent 타입이다. 이벤트 객체가 가지는 data 속성으로 전송된 데이터를 확인할 수 있다.

HTML5
API
프로그래밍

인쇄 일자 : 2017년 2월 13일 초판 인쇄

발행 일자 : 2017년 2월 20일 초판 발행

펴낸곳 : 가메출판사(http://www.kame.co.kr)

발행인 : 성만경

지은이 : 조용준

주소 : 서울특별시 마포구 양화로 56 (서교동, 동양한강트레벨) 504호

전화 : 031)923-8317

팩스 : 031)923-8327

ISBN : 978-89-8078-288-8

등록번호 : 제313-2009-264호

정가 : 23,000원